新时代高等学校计算机类专业教材

Java程序设计 第2版

——基于JDK 9与NetBeans实现

宋 波 李 晋 李妙妍 陈良生 编著

清华大学出版社
北京

内容简介

本书基于 JDK 9 编写，书中不仅介绍了 Java 语言的基本语法和面向对象程序设计等内容，还介绍了如何基于 NetBeans 开发 JavaFX 应用。书中每章都有大量的实例，并给出若干 JavaFX 应用开发的综合案例。作者对重点实例阐述了编程思想并归纳了必要的概念和结论。本书电子教案中附有 Sun 认证的考试题与解答。本书的程序实例源代码、Word 版纸质授课教案、电子课件、课后习题解答、实验报告、教学和实验大纲等配套教学资源均可在清华大学出版社官方网站免费下载。

本书适合作为高等学校计算机类专业“Java 程序设计”相关课程的教材，也可供 Java 语言爱好者自学参考。

图书在版编目(CIP)数据

Java 程序设计：基于 JDK 9 与 NetBeans 实现/宋波等编著. --2 版. --北京：清华大学出版社，2024.7. --(新时代高等学校计算机类专业教材). --ISBN 978-7-302-66612-7

Ⅰ. TP312

中国国家版本馆 CIP 数据核字第 2024KS1942 号

责任编辑：郭　赛　薛　阳
封面设计：常雪影
责任校对：胡伟民
责任印制：刘海龙

出版发行：清华大学出版社
网　　址：https://www.tup.com.cn，https://www.wqxuetang.com
地　　址：北京清华大学学研大厦 A 座　　**邮　　编**：100084
社 总 机：010-83470000　　**邮　　购**：010-62786544
投稿与读者服务：010-62776969，c-service@tup.tsinghua.edu.cn
质量反馈：010-62772015，zhiliang@tup.tsinghua.edu.cn
课件下载：https://www.tup.com.cn，010-83470236
印 装 者：三河市铭诚印务有限公司
经　　销：全国新华书店
开　　本：185mm×260mm　　**印　　张**：24.75　　**字　　数**：625 千字
版　　次：2011 年 2 月第 1 版　2024 年 7 月第 2 版　　**印　　次**：2024 年 7 月第 1 次印刷
定　　价：69.90 元

产品编号：104493-01

序　言

Java是使用较为广泛的计算机程序设计语言，其随着时间的推移变得越来越强大。从首次发布开始，Java就跃升到了Internet编程的前沿，后续的每一个版本都进一步巩固了这一地位。如今，Java仍是开发Web应用的流行语言。Java是一种功能强大且通用的编程语言，适合于多种不同情景下的开发。在现实世界中，很多应用都是使用Java语言开发的，所以掌握Java语言非常重要。

本书作者一直从事计算机应用的教学与科研工作，积累了较为丰富的经验，曾留学日本多年，对Java语言的最新进展有较为深入的研究，在Java语言应用开发等方面取得了独具特色的教学和科研成果。本书内容丰富、深入浅出，注重理论与实践相结合，强调对学生实践能力的培养。本书在内容的选择和组织、例题以及习题的选择上体现出先进性、系统性、科学性和实用性，适合作为大专院校的计算机教材，也可以作为Internet应用开发人员的参考书。

本书帮助读者建立起了对Java程序设计的认识，在相当程度上满足读者学习和使用Java语言的需要。相信本书的出版，对于培养高质量的IT人才，促进Java程序设计技术的普及与发展，提高Internet应用技术水平，将发挥重要的推动作用。

上海交通大学机械与动力工程学院教授、博士生导师

2024年5月

前　言

党的二十大报告提出“实施科教兴国战略，强化现代化建设人才支撑”。深入实施人才强国战略，培养造就大批德才兼备的高素质人才，是国家和民族长远发展的大计。为贯彻落实党的二十大精神，筑牢政治思想之魂，编者在牢牢把握这个原则的基础上编写了本书。

高级语言程序设计是计算机类专业重要的基础课程，它包括程序设计方法与程序设计语言这两个相辅相成的内容。Java 语言具有简单、可移植、稳定与安全、多线程等许多优良特性，这使得它成为基于 Internet 应用开发的流行编程语言。学习和掌握 Java 语言已经成为计算机专业学生的必修内容。本书对如何介绍 Java 语言的内容做了科学的教学设计，在内容的编排上力争体现新的教学思想和方法。书中内容的编写遵循从“简单到复杂”“从抽象到具体”的原则，将 OOP 的思想通过层层递进的方式展现给读者。书中通过在各个章节中穿插介绍 Java 语言的常用类库、方法以及提供大量完整的实例，阐述 Java 语言编程的基本步骤和方法，对重点实例还介绍了编程思路并归纳总结了结论，做到深入浅出、由简到繁、循序渐进。学生除了需要在课堂上学习程序设计的原理与方法，掌握编程语言的语法知识和编程技能外，还要进行大量的课外练习和实际操作，才能熟练掌握所学知识。为此，书中核心基础篇的每一章都编排了课后习题，并根据本书的知识体系在应用技术篇中介绍了若干个 JavaFX 综合应用开发案例，帮助读者在动手实践中获得宝贵的实践经验和应用能力。本书以 JDK 9 为基础，全面讲解 Java 编程语言、Java 面向对象技术和核心类库。本书共 16 章，分为核心基础篇和应用技术篇。

核心基础篇包括第 1～13 章，系统地介绍了 Java 语言的基本机制与语法。第 1 章介绍 Java 技术的起源与发展、Java 程序的运行机制、JDK 的安装与设置、Java 程序结构以及 JDK 开发工具。第 2 章介绍 Java 语言的基本语法，包括标识符、数据类型、表达式、语句、程序流程控制等。第 3 章介绍 Java 语言中类和对象的概念以及定义方式，重点介绍 Java 语言对 OOP 的 3 个主要特性（封装、继承、多态）的支持机制，最后介绍了数组。第 4 章介绍了 Java 语言面向对象的高级特性，包括基本数据类型包装类、static 和 final 关键字、抽象类、接口和内部类。第 5 章介绍了 Java 语言的异常处理机制，包括异常的概念、如何进行异常处理以及自定义异常的实现方法。第 6 章介绍了 Java 语言编程中的常用类，包括 Math、Random、String、日期类、正则表达式以及 Java 语言的国际化。第 7 章介绍了 Java 泛型及其在编程中的应用。第 8 章介绍了 Collection API 所提供的集合与映射这两个集合工具类的用法。第 9 章介绍了 Java 流式 I/O、文件的随机读写、文件管理以及对象序列化。第 10 章介绍了 Java 语言中多线程的概念，以及线程的并发控制、线程同步等技术。第 11 章介绍了 JDK 9 中新增加的自动装箱与注解。第 12 章介绍了 JDK 9 中新增加的 Lambda 表达式的相关内容，第 13 章介绍了 Java 语言网络编程。

应用技术篇包括第 14～16 章，主要介绍了 JavaFX 应用开发技术。第 14 章介绍了 NetBeans 18 的下载和安装。第 15 章介绍了 JavaFX GUI 程序设计。第 16 章介绍了

JavaFX 图表应用开发。

本书由宋波、李晋、李妙妍、陈良生编著,宋波负责本书的修订、完善、统稿和定稿工作。本书从选题到立意,从酝酿到完稿,自始至终得到了学校、院系领导和同行教师以及清华大学出版社的关心与指导。上海交通大学生物医学制造与生命质量研究所所长、博士生导师曹其新教授为本书的出版撰写了序言。本书也吸纳和借鉴了中外参考文献中的原理知识和资料,在此一并致谢。由于作者教学、科研任务繁重且水平有限,书中存在的错误和不妥之处,诚挚地欢迎读者批评指正。

宋 波

2024 年 6 月

目　录

第 2 篇 应用技术篇

第 1 篇　核心基础篇

第1章 Java语言概述

本章是对Java语言的初步介绍,内容包括Java语言的发展简史、Java程序的运行机制和安装运行环境。本章通过一个简单的Java Application程序的开发过程,对Java程序的编译、运行环境以及开发步骤做详细的介绍。

1.1 Java语言的发展简史 

1991年,美国的Sun公司(已经被Oracle公司收购)由James Gosling和Patrick McNaughton领导的Green研究小组,为了方便在消费类电子产品上开发应用程序,试图寻找一种合适的编程语言。消费类电子产品种类繁多,包括PDA、机顶盒、手机等。即使同一类消费电子产品所采用的处理器芯片和操作系统也不尽相同,同时还存在着跨平台的问题。起初,Green小组考虑用C++语言编写应用程序,但研究表明,对于消费类电子产品而言,C++过于复杂和庞大,安全性也不太令人满意。最后,Green小组基于C++开发出了一种全新的编程语言——Oak。Oak采用了许多C语言的语法,提高了安全性,并且是一种100%面向对象的程序设计语言。由于种种原因,Oak在商业上并没有获得成功。但是,随着Internet的发展,Sun公司发现Oak具有的跨平台、面向对象、安全性高等特点,非常适合Internet的需要,于是对Oak的设计做了改进,使其具有适用于Internet应用与开发的特点,并最终将这种语言命名为Java。

1995年5月23日,Sun公司在Sun World 95大会上正式发布Java语言,以及使用Java语言开发的浏览器HotJava,并被美国著名的IT杂志*PC Magazine*评为1995年十大优秀科技产品。同时,Sun公司决定通过Internet让世界上的所有开发人员可以免费地下载用于开发和运行Java程序的JDK(Java Development Kit)。1996年1月,Sun公司发布JDK 1.0。JDK是用于编译、运行Java Application和Applet的Java SDK(Software Development Kit)。1997年2月,Sun公司发布JDK 1.1。与JDK 1.0的编译器不同,JDK 1.1增加了即时JIT(Just-In-Time)编译器,它可以将指令保存在内存中,当下次调用时不再需要重新编译,从而提升了Java程序的执行效率。1998年12月,Sun公司发布JDK 1.2时,使用了新的命名方式,即Java 2 Platform。修订后的JDK称为Java 2 Platform Software Developing Kit——J2SDK,分为标准版J2SE(Java 2 Standard Edition)、企业版J2EE(Java 2 Enterprise Edition)和微型版J2ME(Java 2 Micro Edition)。2002年2月,Sun公司发布JDK 1.4,而且由于有IBM、Compaq、Fujitsu等公司的参与,使得Java语言在企业应用领域得到了快速发展,涌现出了大量基于Java语言的开放式源代码框架(例如Struck、Hibernate、Spring等)和大量的企业级应用服务器(例如BEA Web Logic、Oracle AS等),这标志着Java语言进入了一个飞速发展时期。2004年10月,Sun公司发布JDK 1.5。Sun公司在JDK 1.5中增加了泛型、增强的for语句、注释(Annotations)、自动拆箱和装箱等功能。2005 年 6 月,在 JavaOne 大会上,Sun 公司公布了 Java SE 6,并对各种版本的 JDK 统一更名,J2SE 更名为 Java SE,J2ME 更名为 Java ME,J2EE 更名为 Java EE。在 Java 语言的早期阶段,Applet 是 Java 编程的一个关键部分,但是由于 Applet 依赖于 Java 浏览器插件,其运行必须得到浏览器的支持,又因为官方近期对 Java 浏览器插件的支持程度正在减弱,所以在没有浏览器的支持下,Applet 是不可见的。基于这个原因,从 JDK 9 开始不再推荐使用 Java 对 Applet 的支持功能。这意味着这个特性在将来的版本中将被删除。

1.2 Java 2 SDK 版本

Java 2 SDK 版本共分为 Java SE、Java EE 和 Java ME 等 3 个版本。Java SE 为开发和部署在桌面、服务器、嵌入式和实时环境中使用的 Java 应用提供了支持,Java SE 为 Java EE 提供基础架构,Java 的主要技术都将在这个版本中体现出来。

Java EE 技术的核心基础是 Java SE,它不仅巩固了 Java SE 的优点,还包含了 EJB(Enterprise JavaBeans)、Java Servlet API 以及 JSP 等开发技术,为企业级应用的开发提供可移植、健壮、可伸缩且安全的服务器端 Java 应用。Java EE 提供的 Web 服务、组件模型、管理和通信 API,可以用来实现企业级的面向服务的体系结构 Service Oriented Architecture(SOA)和 Web 2.0 应用。

Java ME 为在移动设备和嵌入式设备(例如手机、PDA 和电视机顶盒)上运行的程序提供一个健壮且灵活的开发与运行环境。Java ME 提供了包括灵活的用户界面、健壮的安全模型、许多内置的网络协议以及可以动态下载的联网和离线程序的丰富支持。基于 Java ME 规范的程序不需要特别的开发工具。开发者只要安装 Java SDK 以及下载免费的 Sun Java Wireless Toolkit 就可以编写、编译及测试程序。目前,主流的 Java IDE(例如 NetBeans、Eclipse 等)都支持 Java ME 程序的开发。

1.3 Java 程序的运行机制

1.3.1 高级语言程序的运行机制

编译型程序设计语言是指使用专门的编译器,针对特定平台将某种高级语言程序一次性地“翻译”成可以被该平台硬件运行的机器码(包括指令和数据),并将其包装成能被该平台的操作系统识别和运行的格式,这一过程称为“编译”。经过编译而生成的程序(可执行文件),可以脱离开发环境在特定的平台上独立执行,如图 1.1 所示。编译型程序语言具有执行效率高的特点,因为它是针对特定平台一次性编译成机器码,并且可以脱离开发环境独立地执行。但是,编译型程序语言存在的主要问题是编译后生成的目标码文件无法再移植到不同的平台上。如果需要进行移植,必须修改程序代码,或者至少针对不同的平台,采用不同的编译器进行重新编译。现有的多数高级程序设计语言(例如 C、C++ 等)都是编译型的。

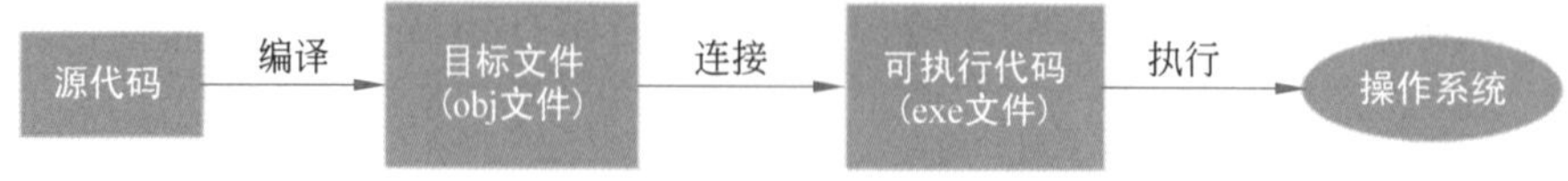

图 1.1 编译型语言程序的执行机制

解释型程序设计语言是指使用专门的解释器，将某种程序语言逐条地解释成特定平台的机器码指令并立即执行，解释一句执行一句。这类似于会场中的“同声翻译”，不进行整体性的编译和连接处理。解释型语言相当于把编译型语言相对独立的编译和执行过程整合到一起，而且每一次执行都要重复进行“编译”，因而程序的执行效率相对较低，并且不能脱离解释器独立执行，如图 1.2 所示。对于解释型语言，只要针对不同平台提供其相对应的解释器，就可以实现程序级移植。当然，这样做的结果是牺牲了程序的执行效率。一般地，程序的可移植性与执行效率存在着互斥的关系，此消彼长，难以同时达到最优化的目的。

图 1.2 解释型语言程序的执行机制

1.3.2 Java 程序运行机制与 JVM

根据自身的需求，Java 语言采用一种“半编译半解释型”的运行机制，即 Java 程序的执行要经过编译和解释两个步骤。首先，使用 Java 编译器将 Java 程序编译成与操作系统无关的字节码文件，而不是本机代码文件；其次，这种字节码文件必须通过 Java 解释器执行。任何一台机器，无论安装了什么类型的操作系统，只要安装了 Java 解释器，就可以执行 Java 字节码，而不必再考虑这种字节码是在哪一种类型的操作系统上生成的，如图 1.3 所示。

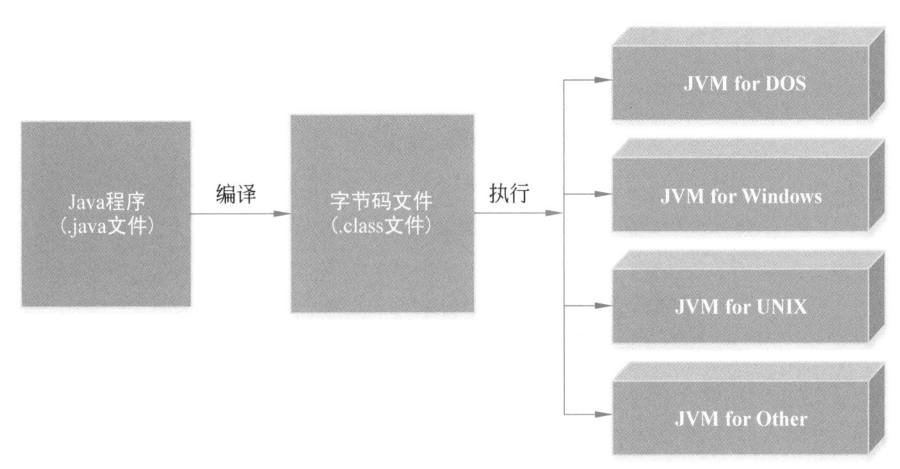

图 1.3 Java 程序的执行机制

Java 语言通过把源程序编译成字节码文件，避免了传统的解释型语言执行效率低下的性能瓶颈。但是，Java 字节码还不能在操作系统上直接执行，而是必须在一个包含 Java 虚拟机的操作系统上才能执行。JVM 是一种可执行 Java 代码的假想计算机，在 Java 中引入 JVM 的概念，即在机器与编译程序之间添加一层抽象的虚拟机器。这台虚拟机器在任何操作系统上都能够提供给编译程序一个共同的接口。编译程序只需要面向虚拟机并生成其能够解释的代码，然后由解释器将虚拟机代码转换为特定操作系统的机器码执行即可。

在 Java 语言中，这种供虚拟机解释的代码叫作字节码，它不面向任何特定的处理器而只面向虚拟机。JDK 针对每一种操作系统平台提供的解释器是不同的，但是 JVM 的实现却是相同的。Java 程序经过编译后生成的字节码将由 JVM 解释执行,然后解释器将其翻译成特定机器上的机器码,并在特定机器上执行。JVM 好比想象中能执行 Java 字节码的操作平台。JVM 规范提供了这个平台的规范说明,包括指令系统、字节码格式等。有了 JVM 规范,才能够实现 Java 程序的平台无关性。利用 JVM 把 Java 字节码与具体的软硬件平台隔离,就能保证在任何机器上编译的 Java 字节码文件都能在该机器上执行,即通常所说的"Write Once, Run Everywhere"。执行 JVM 字节码的工作由解释器来完成。解释的过程包括代码的装入、代码的校验和代码的执行,如图 1.4 所示。

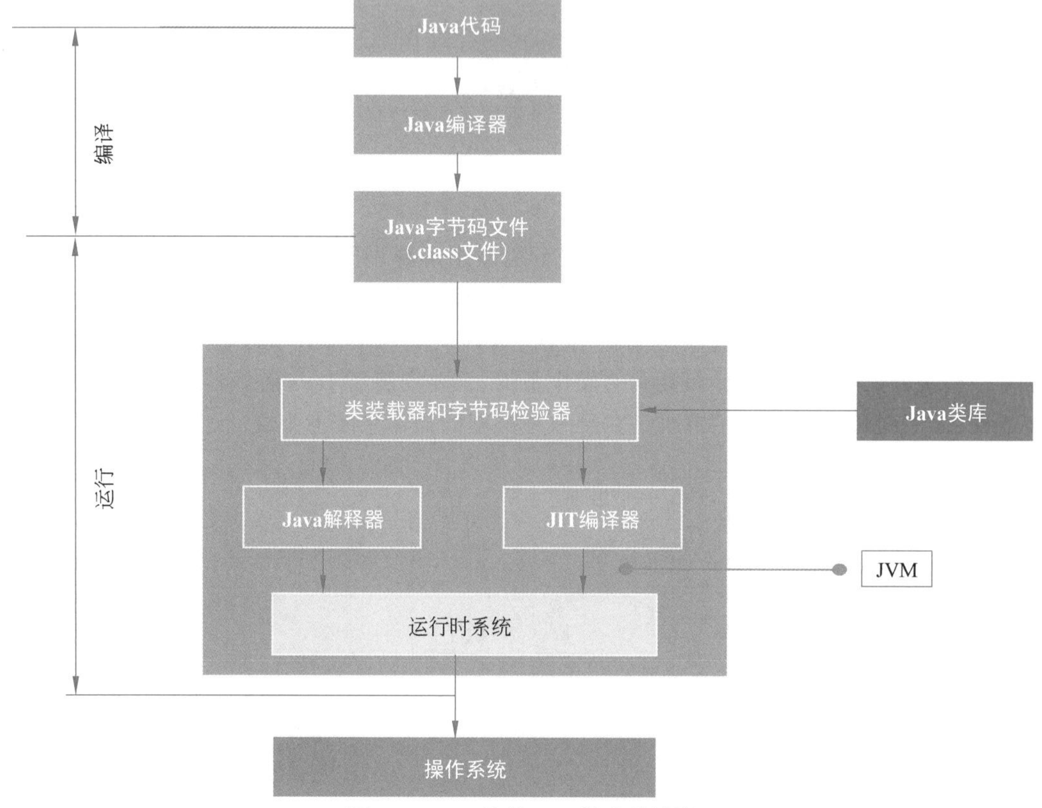

图 1.4　JVM 执行 Java 程序的过程

- 代码的装入:代码装入的工作由类装载器完成。类装载器负责装入执行一个程序所需的代码(包括所继承的类以及被调用的类)。这个类被放入自身的命名空间中。
- 代码的校验:被装入代码由字节码检验器实施检查。其检查过程由 JVM 用类装载器从磁盘或网络上取出字节码文件,每一个类文件发送到一个字节码检验器,以确保这个类的格式正确。
- 代码的执行:通过校验后,开始执行代码,虚拟机的执行单元完成字节码中指定的指令。执行的方式有如下两种:

(1) 解释执行方式:Java 解释器通过每次解释并执行一小段代码,来完成 Java 字节码的所有操作。

(2) JIT 编译方式:Java 解释器先将字节码转换为机器的本地代码指令,然后再执行该代码指令。

1.4 Java 程序的运行环境

在开发 Java 程序之前，必须在计算机上安装与配置 Java 程序的开发、执行环境。本节将介绍安装与配置 JDK 的操作步骤和注意事项。

1.4.1 安装 JDK

在 Oracle 公司的网站 https://www.oracle.com/java/technologies/javase/javase9-archive-downloads.html 上可以免费下载 JDK 安装包，本书使用 JDK 9 版本(文件名为 jdk-9.0.4_windows-x64_bin.exe，64 位操作系统)。在 Windows 10 上安装 JDK 的具体操作步骤如下所示。

(1) 关闭所有正在运行的程序，双击 Java SE 安装程序，将进入安装向导界面，如图 1.5 所示。单击“下一步”按钮，将进入“更改文件夹”界面，如图 1.6 所示。

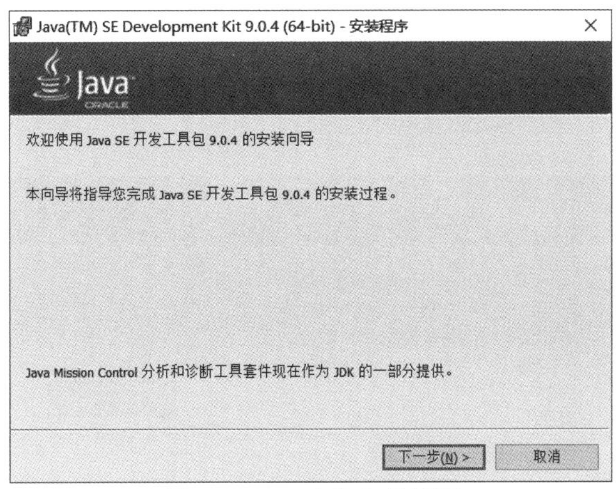

图 1.5 JDK 安装向导界面

(2) 在如图 1.6 所示的对话框中，查找或创建将要安装的文件夹(本书为 E:\jdk-9)。然后单击“确定”按钮，则进入 JDK 9 安装进度界面，如图 1.7 所示。

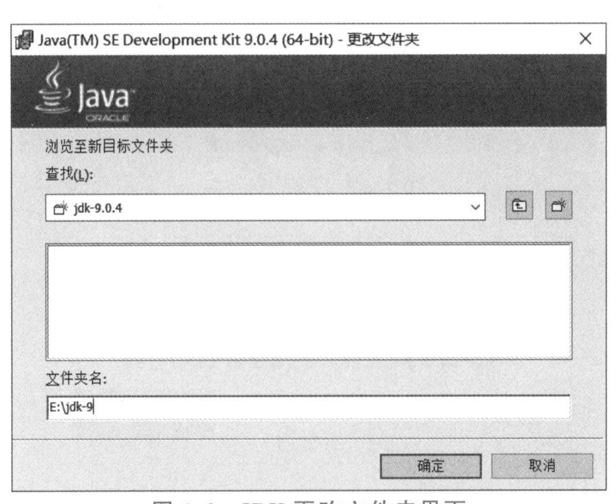

图 1.6 JDK 更改文件夹界面

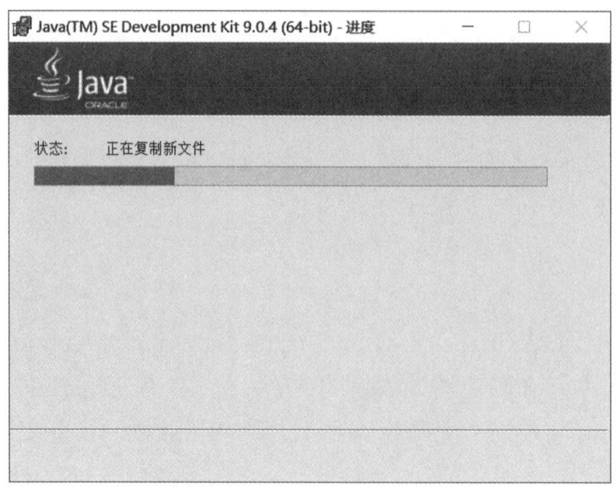

图 1.7　JDK 安装进度界面

(3) JDK 安装完成后,将会出现如图 1.8 所示的“定制安装”界面(安装 JRE 的界面)。单击“更改”按钮,将安装路径改为 E:\JRE-9(注意,要将 JDK 与 JRE 安装在两个不同的文件夹中),然后单击“下一步”按钮,则出现如图 1.9 所示的安装界面。安装完成后,将出现如图 1.10 所示的界面。单击“关闭”按钮,则完成 JDK 的安装工作。

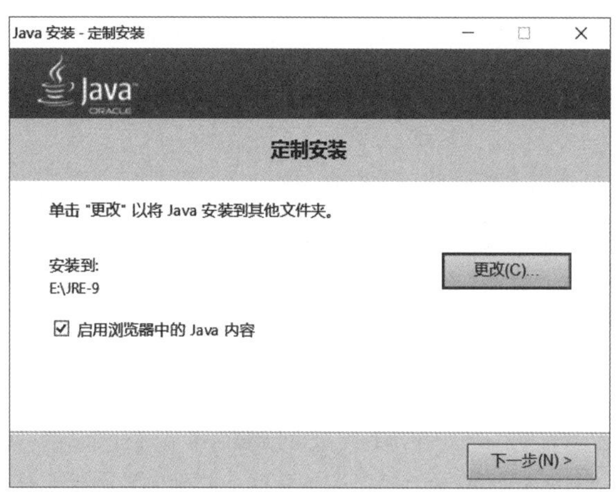

图 1.8　定制 JRE 安装的路径

图 1.9　JDK 与 JRE 安装界面

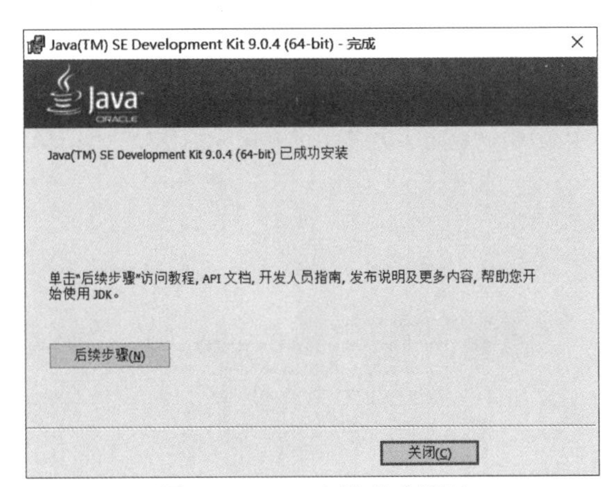

图 1.10 JDK 安装成功界面

JDK 9 成功安装之后,在指定的安装位置可以打开 JDK 9 的文件夹,如图 1.11 所示。

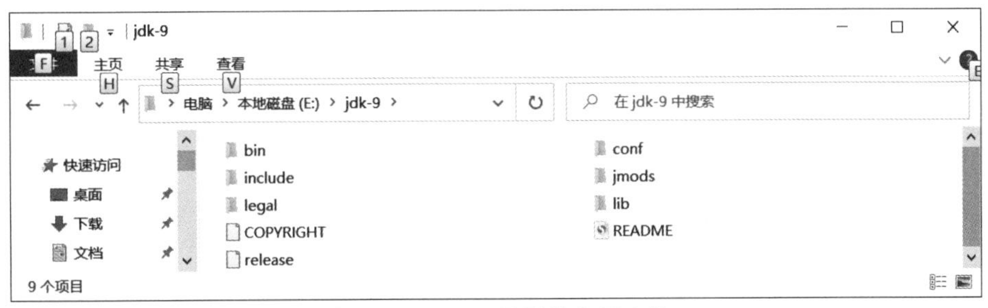

图 1.11 JDK 9 目录结构及文件

在 JDK 的安装文件夹下有 bin、include、lib 等子文件夹,下面是各个子文件夹的主要功能简介。

- bin:用来存放开发 Java 程序用到的工具,例如编译指令 javac、执行指令 java 等。
- lib:用来存放开发工具包的类库文件。
- include:用来存放编译本地方法的 C++ 头文件。
- jre:安装在 E:\JRE-9 目录下,用来存放 Java 运行时环境(JRE)。

注意:如果要开发并运行 Java Application,则应当安装 JDK。安装了 JDK 之后,也就包含了 JRE。如果只是运行 Java Application,则安装 JRE 就可以了。运行 Java Application 不仅需要 JVM,还需要类加载器、字节码检验器以及 Java 类库,而 JRE 包含了上述运行环境的支持。

1.4.2 设置 Java 程序运行环境

编译和执行 Java 程序必须经过两个步骤:第一,将 Java 代码文件(扩展名为.java)编译成字节码文件(扩展名为.class);第二,解释执行字节码文件。实现以上两个步骤需要使用 javac 和 java 命令。通过下面的步骤可以设置 Windows 的环境变量并测试 JDK 的配置是否成功,才能正确地编译和执行 Java 程序。

(1) 右击"我的电脑"图标,在弹出的菜单中选择"属性"命令,则显示"系统属性"对话框,打开"高级系统设置"选项卡,单击"环境变量"按钮,在弹出的"环境变量"对话框中,单击

“系统变量”选项组中的“新建”按钮。在弹出的“新建系统变量”对话框中,输入变量名 Java_Home 和它的值: E:\jdk-9,单击“确定”按钮,如图 1.12 所示。再新建一个 classpath 环境变量,其值为 E:\jdk-9\lib\dt.jar;E:\jdk-9\lib\tools.jar 以及 E:\JavaSamples。

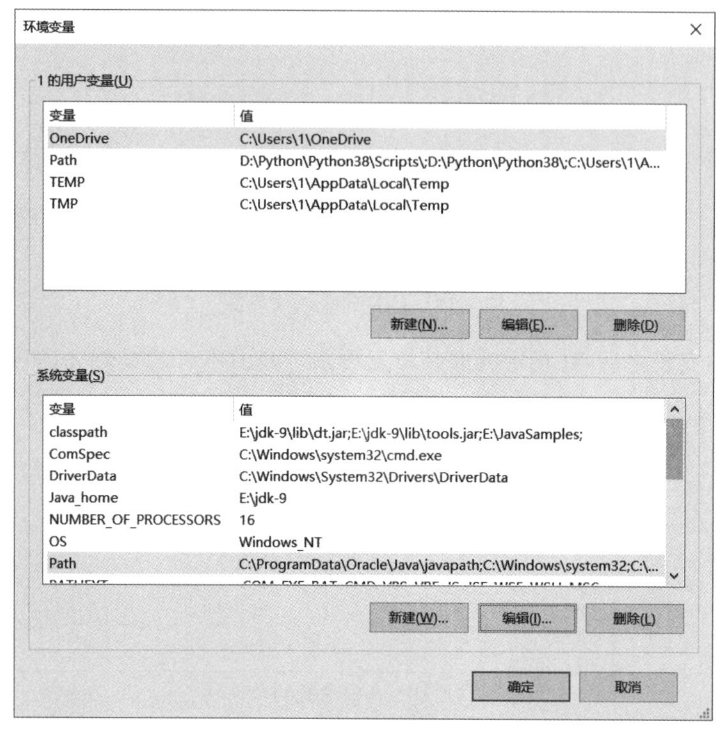

图 1.12　设置 Java_home 与 classpath 变量的值

(2) 选择“系统变量”选项组列表框中的 Path 变量,单击“编辑”按钮,在弹出的“编辑系统变量”对话框中,为 Path 变量添加%JAVA _HOME%bin,单击“确定”按钮,如图 1.13 所示。

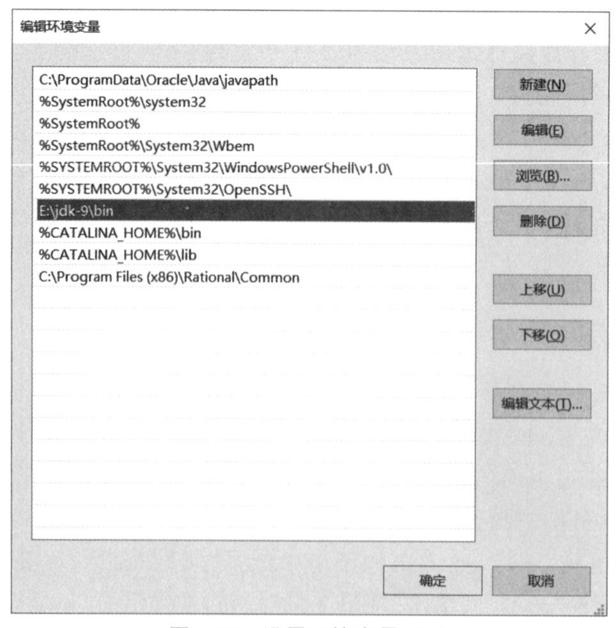

图 1.13　设置环境变量 Path

通过上述操作设置，Java 编译器命令 javac，Java 解释器命令 java 以及其他的工具命令（例如 jar、appletviewer、javadoc 等）都将位于其安装路径下的 bin 目录中。JDK 的安装和配置完成之后，就可以对 JDK 进行测试了。在命令行窗口中输入 java -version 命令，按下 Enter 键，如果系统显示输出如图 1.14 所示的 JDK 版本信息，则说明配置成功。

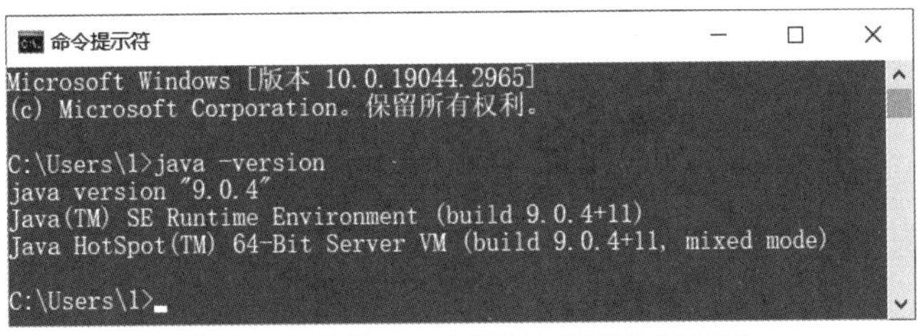

图 1.14　测试 Java 程序的编译运行环境

1.5　开发 Java Application

1.5.1　Java API 概述

Java API(Java Application Interface)是编程人员使用 Java 语言进行程序设计的相关类的集合，是 Java 平台的一个重要组成部分。Java API 中的类按照用途被分为多个包(package)，每个包又是一些相关类或接口的集合。其中，java.* 包是 Java API 的核心，下面是 Java 编程中要用到的主要包。

- java.awt：提供创建 UI 和绘图以及图像处理的类，其部分功能正在被 swing 取代。
- java.io：提供针对数据流、对象序列化和文件系统的输入/输出类。
- java.lang：提供 Java 编程所需要的基本类。
- java.net：提供实现网络应用所需要的类。
- java.util：提供常用工具类，包括集合框架、事件模型、日期时间、国际化支持工具等。
- java.sql：提供使用 Java 语言访问数据库的 API。

为了便于 Java 程序员全面地理解、正确地运行 Java API 的类库，Oracle 公司在发布 Java SE 的每个版本的同时，也发布了一个 Java API 的文档，文档详细地说明了每个类的用法。

1.5.2　Java Application 的编译与运行

1. 编辑 Java 程序

【例 1.1】　Hello World.Java。

```
01 public class HelloWorld {
02   public static void main(String[ ] args) {
03     System.out.println("Hello World!");
04   }
05 }
```

编辑 Java 程序可以使用任何无格式的文本编辑器(例如记事本等)，并将程序保存到指定的目录 E:\JavaSamples\HelloWorld.java 中。

2. Java 程序的结构

Java 程序以类的形式存在,类是 Java 程序的最小程序单位。Java 程序不允许可执行语句、方法等成分独立存在,所有的程序部分都必须放在类中定义。Java 程序的结构如图 1.15 所示。

- 在 Java 程序中,必须以包声明、导入类声明、类的定义的顺序出现。如果程序中有包语句,那么只能是除空语句和注释语句之外的第一个语句。main()方法作为程序执行的入口点,必须严格按照程序中第 2 行的格式定义。
- 一个 Java 程序只能有一个 public class 的定义,且 Java 程序名必须与包含 main()方法的 public class 的类名相同。

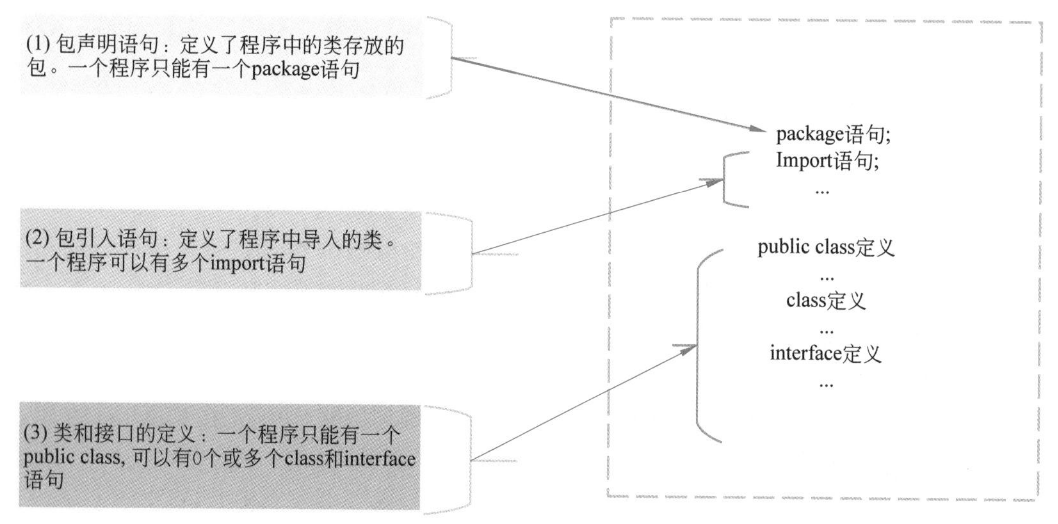

图 1.15　Java 程序的结构

3. 编译与运行 Java Application

(1) 启动 Windows 的命令行窗口。

(2) 输入命令:E:,然后按 Enter 键。在 E:\提示符下输入:cd\javaSamples,然后按 Enter 键。接着,输入命令 javac HelloWorld.java,如果没有编译错误,则在当前目录下生成 HelloWorld.class 文件。

(3) 输入命令:java HelloWorld,开始执行 java 程序,如图 1.16 所示。

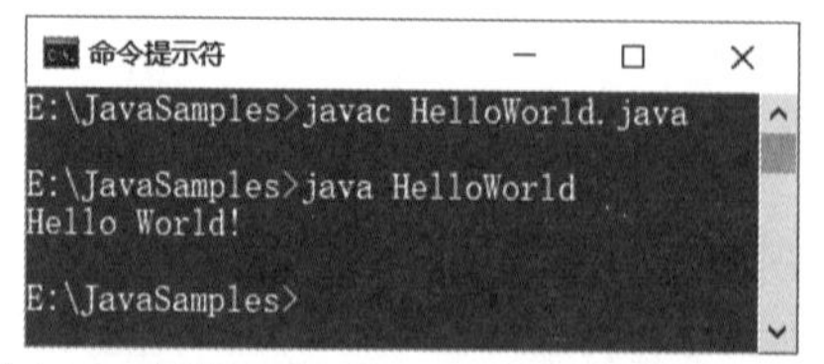

图 1.16　编译与运行 Java 程序的步骤与结果

如果没有编译错误,则在当前目录下生成 HelloWorld.class 文件。

1.6 JDK开发工具

JDK提供了编译、运行、调试Java程序的开发工具。熟练地掌握这些工具的用途、语法及使用方法，对学习Java语言程序设计会起到很好的辅助作用。

1. Java编译器

Java编译器命令javac是将Java的程序文件编译成扩展名为.class的字节码文件，它的语法如下所示。

```
javac [options] [SourceFiles]
```

其中，options是可选参数；SourceFiles是要编译的.java文件。若要一次编译多个文件，则多个文件之间用“,”分隔开。例如：

```
javac HelloWorld.java, Hello.java
```

2. Java解释器

Java解释器命令java，将直接从字节码文件执行Java程序。它的语法如下所示。

```
java [options] class [arguments...]
```

其中，options是可选参数；class表示Java解释器要执行的类文件；argument为程序运行的外部参数。例如：

```
java -jar HelloWorld
```

3. Java文档生成器javadoc

javadoc命令是将Java程序转换生成API说明文档的一个文档转换工具，生成文档的格式是HTML格式，主要用于程序文档的维护和管理。javadoc工具所生成的文档内容包括类和接口的描述、类的继承层次、类中成员变量和方法的使用介绍，以及程序员所做的注释等。它的语法如下所示。

```
Javadoc [options] [packageName] sourceFile
```

其中，options是可选参数。默认情形下，javadoc只处理public和protected修饰符修饰的成员变量和方法，但可以通过参数来控制显示private类型的信息；packageName是指程序保存的路径名；sourceFile指目标文件。

例如，在JavaSamples目录下创建一个ch01子目录，并将HelloWorld.java复制到该子目录中，然后将HelloWorld.java文件转换为HTML文档，保存在E:\java\jnbexamples\ch01文件夹中。其命令如下所示。

```
javadoc -d doc -charset GBK HelloWorld.java
```

4. Java打包工具jar

jar命令是Java类文件归档命令，它是多用途的存档及压缩工具，可以将多个文件合并为单个JAR归档文件。jar命令基于zip和zlib压缩格式，在Java程序设计中，jar主要用于将Application打包成单个归档文件。jar语法如下所示。

```
jar [options] [manifestfiles] fileName [sourceFile]
```

其中,options 表示参数,jar 一定要和参数结合使用;manifestfiles 表示 JAR 压缩包中的 Manifest 文件,它是 JAR 文件结构的定义文件,可以设置 JAR 文件的运行主类,也可以设置 JAR 文件需要引用的类;文件名是要生成的 JAR 文件名称,源文件表示需要压缩的文件。例如如下的打包命令。

```
jar cf HelloWorld.jar HelloWorld.class
```

将 HelloWorld.class 文件压缩,并保存于 HelloWorld.jar 文件中。这里,c 表示创建文件,f 表示文件名。

1.7 本章小结

本章简要介绍了 Java 语言的发展简史、Java 2 SDK 的版本、Java 程序的运行机制,并详细介绍了 JDK 的安装与设置的过程、Java 程序的编写和调试过程,简要介绍了 JDK 提供的开发工具。其中,Java 程序的运行机制和 Java 程序运行环境的设置是本章的学习重点。通过本章的学习,读者对 Java 语言有了一个初步的了解,为后续章节的学习奠定了一定的基础。

课后习题

1. Java 程序的最小程序单位是什么?
2. 下载并安装 JDK 9 以及 Java API 文档,编译并运行例 1.1。
3. 编写一个 Java Application,在屏幕上输出"欢迎进入 Java 语言的世界!"。
4. 以下哪一种类型的代码被 JVM 解释成本地代码?(　　)
   A. 源代码　　B. 处理器代码　　C. 字节码
5. 在 Java 类的定义中,下列哪一个是正确的程序代码?(　　)
   A. public static void main(String args) {　}
   B. public static void main(String args[ ]) {　}
   C. public static void main(String message[ ]) {　}
6. 下面哪一个文件中包含名为 HelloWorld 的类的字节码?(　　)
   A. HelloWorld.java　　B. HelloWorld.class　　C. HelloWorld.exe
7. 一个 Java 源程序是否可以由多个类的源程序组成?Java 解释执行程序时从哪里开始执行程序?

第2章 Java语言基础知识

Java 语言的数据类型可以分为基本数据(primitive)、数组(array)、类(class)和接口(interface)等。任何常量、变量以及表达式,都必须是上述数据类型中的一种。Java 语言的流程控制语句分为条件、循环和跳转三种类型。条件语句可以根据变量或表达式的不同状态选择不同的执行路径,它包括 if 和 switch 两个语句;循环语句使得程序可以重复执行一个或多个语句,它包括 while、for 和 do-while 三个语句;跳转语句允许程序以非线性方式执行,它包括 break、continue 和 return 三个语句。本章将主要介绍以下两方面的内容：一是 Java 语言的基本数据类型,以及属于这些类型的常量、变量和表达式的用法;二是 Java 语言的三种流程控制语句及其用法。

2.1 注释

在用 Java 语言编写程序时,添加注释(comment)可以增强程序的可读性。注释的作用主要体现在以下三方面：①说明某段代码的作用；②说明某个类的用途；③说明某个方法的功能,以及该方法的参数和返回值的数据类型及意义。Java 语言共提供了三种类型的注释：单行注释、多行注释和文档注释。

1. 单行注释

单行注释通常用于对程序中的某一行代码进行解释,从符号“//”开始到这一行结束的内容都作为注释部分。例如以下的一行代码的注释。

```
System.out.println("hello world!");                    //输出"hello world!"
```

2. 多行注释

多行注释表示从“/ * ”开始到“ * /”结束的单行或多行内容。例如下面代码片段中,在类定义前的多行注释用于说明类的功能,如下的程序使用了多行注释。

```
/* 这是一个 Java 语言入门程序,首先定义类 HelloWorld,在类中包含 main()方法。程序的作
   用是通过控制台输出字符串"Hello World!"。
*/
public class HelloWorld {
  public static void main(String[ ] args) {
    System.out.println("Hello World!");
  }
}
```

3. 文档注释

文档注释表示从“/**”开始到“ * /”结束的所有内容。文档注释的功能主要体现在,可以使用 javadoc 工具将注释内容提取出来,并以 HTML 网页的形式形成一个 Java 程序的 API 文档。

【例 2.1】 在 Java 类 HelloWorld 的定义中,使用文档注释来说明类及方法的功能。

```
01 /**
02  * 类的文档注释
03  * <br>Date: 2020.07
04  */
05 public class HelloWorld {
06   /**
07    * 方法的文档注释<br>
08    * 程序的主方法,用于输出字符串"Hello World!"<br>
09    * @param args 入口参数,可以没有
10    */
11   public static void main(String[ ] args) {
12     System.out.println("Hello World!");
13   }
14 }
```

在命令行窗口中执行命令：javadoc -d doc -charset GBK HelloWorld.java,该 Java 程序的 API 文档的生成过程如图 2.1 所示。

图 2.1 Java API 文档的生成过程

执行完 javadoc 命令后,会在当前目录下生成子目录 doc,并在其中生成该 Java 程序的 API 文档,如图 2.2 所示。

打开其中的 index.html 文件,可以看到类 HelloWorld 的说明内容,index.html 文件的内容如图 2.3 所示。从 index.html 文件的内容可以看出,类的文档注释与方法的文档注释都能被 javadoc 工具提取出来。在上面的 javadoc 命令中,-d 参数用于设置生成 API 文档的存储目录,-charset 参数用于设置生成 API 文档的字符集。在 JDK 9 中,javadoc 支持在 API 文档中进行搜索操作,并且 javadoc 的输出符合 HTML 5 标准。

此电脑 › 本地磁盘 (E:) › JavaSamples › ch02 › doc

名称	修改日期	类型	大小
legal	2023/7/6 12:09	文件夹	
resources	2023/7/6 12:09	文件夹	
script-dir	2023/7/6 12:09	文件夹	
allclasses-index	2023/7/6 12:10	HTML 文档	3 KB
allpackages-index	2023/7/6 12:10	HTML 文档	3 KB
element-list	2023/7/6 12:10	文件	1 KB
HelloWorld	2023/7/6 12:10	HTML 文档	10 KB
help-doc	2023/7/6 12:10	HTML 文档	8 KB
index	2023/7/6 12:10	HTML 文档	1 KB
index-all	2023/7/6 12:10	HTML 文档	4 KB
jquery-ui.overrides	2023/7/6 12:10	层叠样式表文档	1 KB
member-search-index	2023/7/6 12:10	JavaScript 文件	1 KB
module-search-index	2023/7/6 12:10	JavaScript 文件	1 KB
overview-tree		HTML 文档	3 KB
package-search-index		JavaScript 文件	1 KB
package-summary		HTML 文档	3 KB
package-tree	2023/7/6 12:10	HTML 文档	3 KB
script	2023/7/6 12:10	JavaScript 文件	5 KB
search	2023/7/6 12:10	JavaScript 文件	13 KB
stylesheet	2023/7/6 12:10	层叠样式表文档	20 KB
tag-search-index	2023/7/6 12:10	JavaScript 文件	1 KB
type-search-index	2023/7/6 12:10	JavaScript 文件	1 KB

类型: JavaScript 文件
大小: 45 字节
修改日期: 2023/7/6 12:10

图 2.2 在 doc 目录下生成的 API 文档

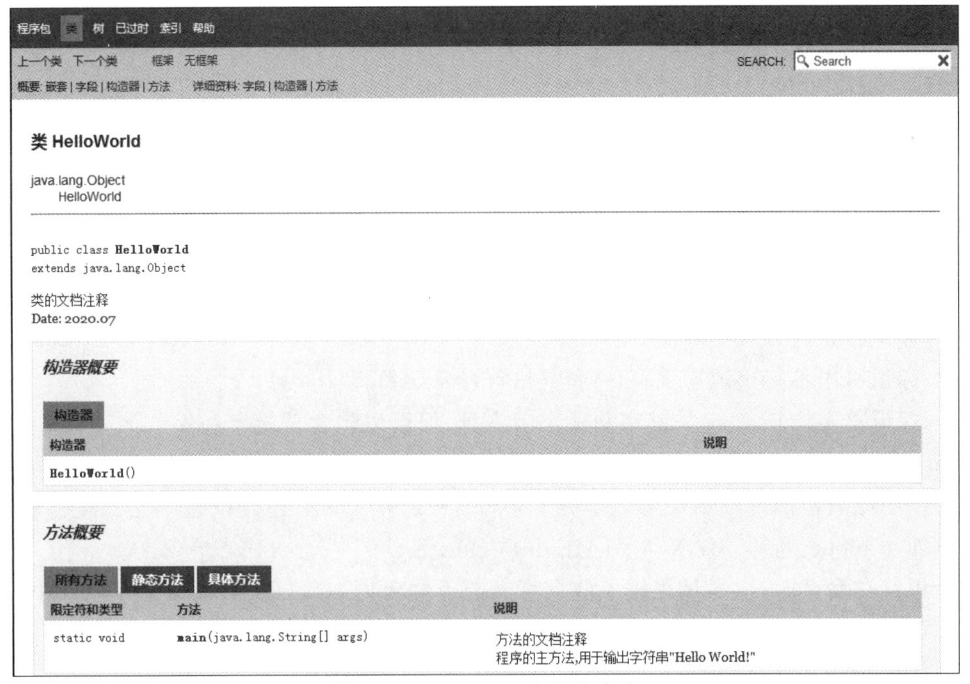

图 2.3 index.html 文件的内容

2.2 标识符与关键字

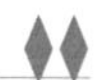

Java 语言使用标识符(identifier)作为变量、对象的名字,并提供了一系列关键字用以实现特殊的功能。本节将介绍标识符和关键字的用法。

2.2.1 分隔符

Java 语言的分号(;)、花括号({ })、方括号([ ])、圆括号(())、空格、圆点(.)都具有特殊的分隔作用,统称为分隔符。

- 分号(;):作为语句的分隔,每个语句必须使用分号作为结尾。
- 花括号({ }):用于定义一个代码块。一个代码块就是指"{"和"}"之间所包含的一段代码,代码块在逻辑上是一个整体。在 Java 语言中,类的定义、方法体等都必须放在一个代码块里。
- 方括号([ ]):用于定义数组元素。方括号通常紧跟数组变量名,而方括号里则指定希望访问的数组元素的索引。
- 圆括号(()):是一个功能非常丰富的分隔符。例如:定义方法时必须使用圆括号包含形参的说明,调用方法时也必须使用圆括号传入实参值。
- 空格:用来分隔一条语句的不同部分。注意,不要使用空格把一个变量名分隔成两个,这将导致程序出错。
- 圆点(.):用作类/对象和它的成员(包括属性、方法和内部类)之间的分隔符,表明某个类或实例的指定成员。

2.2.2 标识符

标识符是为 Java 程序中定义的变量、方法和类等所起的名字。Java 语言中标识符的命名规则如下所示。

- 标识符的首字符为字母、下画线(_)和美元符号($)。
- 标识符的后续字符可以为字母、下画线(_)、美元符号($)以及数字。
- 标识符是区分大小写的。
- 标识符中不能出现连字符(-)和空格等特殊字符。
- 标识符不能是 Java 关键字和保留字本身,但可以包含关键字和保留字。

Java 语言的字符编码采用的是十六位的 Unicode 编码,而不是八位的 ASCII 码,因而标识符中字母表示的范围不仅可以是英文字母 a～z 和 A～Z,还可以是中文、日文、希腊文等。例如 student、老师、MAX_VALUE、intValue 等。

标识符在命名时,应尽量采用一些有意义的英文单词。最好是有规律地使用大小写,这样的标识符才能有意义并且容易记忆,从而增强源代码的可读性。下面从几种不同的情况来说明标识符的命名方法。

- 类名或接口名——通常由名词组成,名称中每个单词的第一个字母大写,其余字母小写。例如 CustomerSalary。
- 方法名——通常第一个单词由动词组成,并且第一个单词全部小写,后续单词第一个字母大写，其余字母小写。

- 变量名——成员变量通常由名词组成，单词大小写的规则与方法名的规则相同，方法中的局部变量要全部小写。
- 常量名——完全大写，并且用下画线“_”作为常量名中各个单词的分隔符。例如 MIN_VALUE。

2.2.3 关键字

Java 将一些单词赋予特定的含义，并用作专门用途，不允许当作普通的标识符来使用，这些单词统称为关键字(keyword)。Java 语言中所有的关键字都是小写，true、false、null 虽然不是关键字，但也被 Java 语言保留，不能用来定义标识符。Java 语言中的关键字如下：abstract、continue、for、new、switch、assert、default、goto、package、synchronized、boolean、do、if、private、this、break、double、implements、protected、throw、byte、else、import、public、throws、case、enum、instanceof、return、transient、catch、extends、int、short、try、char、final、interface、static、void、class、finally、long、strictfp、volatile、const、float、native、super、while。

2.3 基本数据类型

Java 语言属于强类型的程序设计语言，所有的变量在使用之前都必须明确地定义其数据类型。Java 把数据类型分为基本数据类型(primitive type)和引用数据类型(reference type)两种，基本数据类型的内存空间中存储的是数值，而引用数据类型的内存空间中存储的是对象的地址，二者的区别如图 2.4 所示。

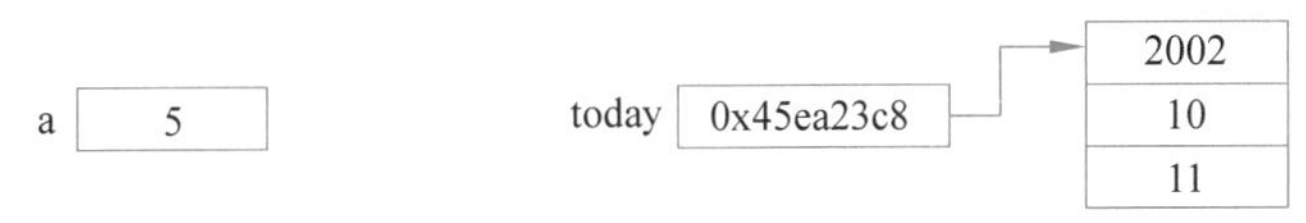

图 2.4　基本数据类型与引用数据类型的区别

Java 语言中内置了 8 种基本数据类型，分别是 byte、short、int、long、float、double、char、boolean。Java 语言中的 8 种基本数据类型在内存中所占字节数的多少是固定的，不随平台的改变而变化，从而实现了平台无关性。

2.3.1 整数类型

整数类型一共有 4 种，分别为 byte、short、int、long。整数类型的数据在内存中是以二进制补码的形式存储的，最高位为符号位，这 4 种数据类型都是有符号整数，区别在于它们在内存中占有字节数的多少。这 4 种整数类型在内存中占有字节数的多少及表示数的范围如表 2.1 所示。

表 2.1　整数类型的长度及取值范围

类　型	比 特 数	字 节 数	最 小 值	最 大 值
byte	8	1	-2^{7}	$2^{7}-1$
short	16	2	-2^{15}	$2^{15}-1$

续表

类　型	比特数	字节数	最小值	最大值
int	32	4	-2^{31}	$2^{31}-1$
long	64	8	-2^{63}	$2^{63}-1$

2.3.2 浮点数类型

浮点数类型用来表示带有小数点的数,浮点数类型有 float 和 double 两种。浮点数类型是有符号的数,它在内存中的表示形式与整数类型不同。float 称为单精度浮点数,double 称为双精度浮点数,它们在内存中占有字节数的多少及表示数的范围如表 2.2 所示。

表 2.2 浮点数类型的长度及取值范围

类　型	比特数	字节数	最小值	最大值
float	32	4	1.4E−45 −3.4028235E+38	3.4028235E+38 −1.4E−45
double	64	8	4.9E−324 −1.7976931348623157E+308	1.7976931348623157E+308 −4.9E−324

2.3.3 字符类型

字符类型可以用来表示单个字符,用关键字 char 表示。Java 中的字符编码不是采用 ASCII 码,而是采用 Unicode 码。在 Unicode 编码方式中,每个字符在内存中分配两字节,这样 Unicode 可以向下兼容 ASCII 码,但是字符的表示范围又远远多于 ASCII 码。字符类型是无符号的两个字节的 Unicode 编码,可以表示的字符编码范围为 0～65535,共 65536 个字符。Unicode 字符集涵盖了像中文、日文、朝鲜文、德文、希腊文等多国语言中的符号,是一个国际标准字符集。字符类型在内存中占有字节数的多少及表示数的范围如表 2.3 所示。

表 2.3 字符类型的长度及取值范围

类　型	比特数	字节数	最小值	最大值
char	16	2	0	65535

2.3.4 布尔类型

布尔类型用来表示具有两种状态的逻辑值,例如 yes 和 no,on 和 off 等这样的值可以用 boolean 类型表示。布尔类型的取值只能为 true 或者是 false,不能为整数类型,并且布尔类型不能与整数类型互换。

2.4 常量

上一节中我们介绍了变量的基本类型,认识到了每一种基本类型变量的内存分配的大小及表示数的范围。与基本类型变量相对应的 4 种常量分别为整型常量、浮点型常量、字符

型常量以及布尔型常量。本节将介绍这些常量的意义和用法。

2.4.1　整型常量

整型常量是指没有小数点的数值，可以用十进制、二进制、八进制或者十六进制来表示。例如以下的示例。

- 十进制整数——25、36。
- 二进制整数——0b111、0B1010。二进制整数要以 0b 或 0B 开头，并且后面数字只能是 0 和 1。
- 八进制整数——012、04523。八进制整数要以数字 0 开头，并且后面数字只能是 0～7。
- 十六进制整数——0x12、0XA2。十六进制整数要以 0x 或 0X 开头，后面数字可以为 0～9 或 a～f、A～F。

【例 2.2】　在类 IntegerLiteral1 的定义中，用 4 种进制定义整型常量并输出。

```
01 public class IntegerLiteral1 {
02   public static void main(String[ ] args) {
03     int a=97;                                    //十进制整数
04     int b=0141;                                  //八进制整数
05     int c=0x61;                                  //十六进制整数
06     int d=0B1100001;                             //二进制整数
07     System.out.println("十进制整数 97:"+a);
08     System.out.println("八进制整数 0141 对应的十进制数为:"+b);
09     System.out.println("十六进制整数 0x61 对应的十进制数为:"+c);
10     System.out.println("二进制整数 0B1100001 对应的十进制数为:"+d);
11     System.out.printf("十进制整数 97 转换为八进制数为:%o%n",a);
12     System.out.printf("十进制整数 97 转换为十六进制数为:%x%n",a);
13     System.out.printf("八进制整数 0141 转换为十六进制数为:%x%n",b);
14   }
15 }
```

【运行结果】

```
十进制整数 97:97
八进制整数 0141 对应的十进制数为:97
十六进制整数 0x61 对应的十进制数为:97
二进制整数 0B1100001 对应的十进制数为:97
十进制整数 97 转换为八进制数为:141
十进制整数 97 转换为十六进制数为:61
八进制整数 0141 转换为十六进制数为:61
```

【分析讨论】

(1) 在日常生活中 052 和 52 是相同的两个整数，但在 Java 中这两个整数是不相同的。052 表示八进制数，对应的十进制数为 42，而 52 就是十进制数的 52。

(2) 在上面输出时使用的 printf()方法是在 JDK 5 以后推出的格式化输出方法，printf()方法在执行时会用实际变量值依次置换格式控制符。%o 和%x 都是格式控制符，分别表示用八进制和十六进制整数格式输出，%n 表示输出后换行。

(3) 当给整型变量赋值时，整型常量值一定要在该整型变量的表示范围内，否则会出现编译错误。

(4) 对于整型变量而言有 byte、short、int、long 四种类型,而对于整型常量只有类型 int 和 long,没有 byte 和 short 类型。

(5) 整型常量默认类型为 int 类型,例如 5 为 int 类型。

(6) 如果要使用长整型常量,则需要在整型常量后加 l 或 L,例如 5L 为 long 类型。

【例 2.3】 在类 IntegerLiteral2 的定义中,分别将不同整数赋值给整型变量,注意观察编译过程中产生的出错信息。

```
01 public class IntegerLiteral2 {
02   public static void main(String[ ] args) {
03     short a=89;          //整型常量 89 在 short 类型表示范围内,编译正确!
04     short b=32768;       //整型常量 32768 超出 short 类型表示范围,编译错误!
05     int c=88;            //整型常量 88 默认类型为 int 类型,编译正确!
06     int d=88L;           //整型常量 88L 为 long 类型,编译错误,应改成 long d=88L
07   }
08 }
```

【编译结果】

```
D:\Java\JNBExamples\chap02>javac IntegerLiteral2.java
IntegerLiteral2.java:4: 错误: 不兼容的类型: 从 int 转换到 short 可能会有损失
    short b=32768;
            ^
IntegerLiteral2.java:6: 错误: 不兼容的类型: 从 long 转换到 int 可能会有损失
    int d=88L;
          ^
2 个错误。
```

2.4.2 浮点型常量

带有小数点的数值为浮点型常量,例如 3.2、0.689 等都为浮点型常量。浮点型常量按类型可以分为 float 和 double 两种。浮点型常量默认为 double 类型,如果要使用 float 类型浮点型常量,必须在数值后加“F”或“f”。例如 3.2F,3.2 则由原来默认的 double 类型转变为 float 类型。浮点型常量还可以使用科学记数法来表示,如 602.35 可以表示为 6.0235e2 或 6.0235E2。在这种表示方法中 e 或 E 的前面一定要有数字,并且 e 或 E 后面的数字一定要为整数,如 E8、2.6e5.2 都是错误的浮点型常量。从 JDK 7 开始,整型常量和浮点型常量可以使用下画线来更清楚地表示数值。

【例 2.4】 在类 FloatLiteral 的定义中,分别将不同表示形式的浮点型常量赋值给浮点型变量并输出。

```
01 public class FloatLiteral {
02   public static void main(String[ ] args) {
03     double a=9.6789;                //浮点型常量默认为 double 类型,编译正确!
04     float b=0.5F;                   //0.5F 为 float 类型,编译正确!
05     double c=1.23e6;                //用科学记数法来表示浮点型常量
06     double d=12_5678.34;            //使用下画线来表示浮点型常量
07     float e=0B1010_1111;            //使用下画线来表示整型常量
08     System.out.println(c);
09     System.out.println(d);
```

```
10      System.out.printf("%X%n",(int)e);
11    }
12  }
```

【运行结果】

```
1230000.0
125678.34
AF
```

【分析讨论】

JDK 5 以前版本的浮点型常量的科学记数法只能用十进制表示，从 JDK 5 之后也可以使用十六进制表示，例如 0.25 可以表示为 0x1P－2。在这种表示方法中 0x 后的数为十六进制数，p 或 P 代表指数 e 或 E，p 或 P 后的数为十进制整数。

【例 2.5】 在类 DoubleLiteral 的定义中，分别将不同的表达式赋值给浮点型变量，注意观察类在运行过程中的输出信息。

```
01  public class DoubleLiteral {
02    public static void main(String[ ] args) {
03      double a=21.0/0;
04      double b=-21.0/0;
05      double c=0.0/0;
06      System.out.println(a);            //输出 double 型的正无穷大
07      System.out.println(b);            //输出 double 型的负无穷大
08      System.out.println(c);            //输出 double 型的非数学数值
09    }
10  }
```

【运行结果】

```
Infinity
-Infinity
NaN
```

2.4.3 字符型常量

字符型常量是用单引号“'”括起的单个字符，字符型常量可以是 0～65535 中的任何一个无符号整数。例如 char c=97。字符型常量也可以为转义字符。例如 char c='\n'。常用的转义字符及其含义如表 2.4 所示。

表 2.4 转义字符及其含义

转义字符	含义	Unicode 字符	转义字符	含义	Unicode 字符
\b	退格	\u0008	\r	回车	\u000d
\t	Tab 键	\u0009	\"	双引号	\u0022
\n	换行	\u000a	\'	单引号	\u0027
\f	换页	\u000c	\\	反斜杠	\u005c

字符型常量可以为八进制数的转义序列，格式为“\nnn”，其中 nnn 是 1～3 个八进制数

字,取值范围为 0～0377。例如 char c='\141'。字符型常量也可以为 Unicode 转义序列,格式为"\uxxxx",其中 xxxx 是 4 个十六进制数字,取值范围为 0～0xFFFF。例如 char c='\u0065'。

【例 2.6】 在类 CharLiteral 的定义中,分别将不同表示形式的字符赋值给字符型变量,注意观察类在运行过程中的输出信息。

```
01  public class CharLiteral {
02    public static void main(String args[ ]) {
03      char a='a';
04      char b=97;
05      char c='\n';
06      char d='\141';
07      char e='\u0061';
08      System.out.print(a);
09      System.out.print(c);
10      System.out.print(b);
11      System.out.print('\t');
12      System.out.print(d);
13      System.out.print(c);
14      System.out.println(e);
15    }
16  }
```

【运行结果】

```
a
a       a
a
```

2.4.4 布尔型常量

布尔型常量只有 true 和 false 两种,整型数据与布尔型常量不能互换。例如:

```
boolean b=true;
System.out.println(b);                    //输出结果为 true
```

2.5 基本数据类型的相互转换

在 Java 语言中,8 种基本数据类型变量的内存分配、表示形式、取值范围各不相同,这就要求在不同的数据类型变量之间赋值及运算时要进行数据类型的转换,以保证数据类型的一致性。但是,boolean 类型变量的取值只能为 true 或 false,不能是其他值,所以基本数据类型之间的转换只能包括 byte、short、int、long、float、double 和 char 类型。基本数据类型的转换分为自动转换和强制转换两种类型。

2.5.1 自动转换

自动转换是把级别低的变量的值赋给级别高的变量时,由系统自动完成数据类型的转换。在 Java 语言中,byte、short、int、long、float、double 和 char 这 7 种基本数据类型的级别高低如下所示。

byte → short → int → long → float → double

char ↑ (→ int)

自动转换的例子如下所示。

- byte b=56;
- short s=b;　　　　//将 byte 类型变量 b 的值自动转换为 short 类型
- int i=s;　　　　//将 short 类型变量 s 的值自动转换为 int 类型
- long l=i;　　　　//将 int 类型变量 i 的值自动转换为 long 类型
- float f=l;　　　　//将 long 类型变量 l 的值自动转换为 float 类型
- double d=f;　　　　//将 float 类型变量 f 的值自动转换为 double 类型
- d=12;　　　　//将 int 类型值 12 自动转换为 double 类型
- char c=97;
- f=c;　　　　//将 char 类型变量 c 的值自动转换为 float 类型

2.5.2 强制转换

把类型级别高的变量的值赋给类型级别低的变量时,必须进行强制转换。由于把高级别变量的值存储在低级别的变量空间中会使变量的值或精度发生变化,所以这种转换要显式地指出,即需要进行强制转换。这种强制转换的过程与自动转换的方向正好相反,强制转换的语法格式如下所示。

```
(type) expression;
```

【例 2.7】 在类 TestCast 的定义中,介绍了如何根据变量的取值范围进行强制类型转换。

```
01 public class TypeCast {
02   public static void main(String[ ] args) {
03     int x=(int)25.63;              //x 的值为 25
04     long y=(long)56.78F;           //y 的值为 56
05     byte a=125;                    //125 在 byte 类型的取值范围内,不需要强制转换
06     //byte b=128;                  //128 超出 byte 类型的取值范围,会出现编译错误
07     byte c=(byte)128;              //强制转换后编译正确,转换后结果为-128
08     byte d=(byte)-129;             //强制转换后编译正确,转换后结果为 127
09     System.out.println("变量 x 的值为:"+x);
10     System.out.println("变量 y 的值为:"+y);
11     System.out.println("变量 a 的值为:"+a);
12     System.out.println("变量 c 的值为:"+c);
13     System.out.println("变量 d 的值为:"+d);
14   }
15 }
```

【运行结果】

```
变量 x 的值为:25
变量 y 的值为:56
```

```
变量 a 的值为:125
变量 c 的值为:-128
变量 d 的值为:127
```

2.6 运算符

在 Java 中,运算符(operator)分为算术运算符、逻辑运算符、关系运算符、位运算符、赋值运算符和三元运算符。本节将介绍这些运算符的意义和用法。

2.6.1 算术运算符

算术运算用于完成整数类型和浮点数类型数据的运算,这些运算包括:加法(+)、减法(-)、乘法(*)、除法(/)、取余(%)、自增(++)、自减(--)以及取正(+)和取负(-)运算。不同的基本数据类型在运算前要先转换成相同的数据类型后再进行算术运算,对于低于 int 类型的整型数据至少要先提升为 int 类型后才能进行算术运算。

【例 2.8】 在类 ArithmeticTest1 的定义中,介绍了算术运算符的用法。

```
01 public class ArithmeticTest1{
02   public static void main(String[ ] args) {
03     byte a=16;
04     byte b=90;
05     int add=a+b;              //两个 byte 类型的数据运算前先转换成 int 类型后再相加
06     System.out.println("a+b="+add);
07     int sub=a-b;
08     System.out.println("a-b="+sub);
09     int mul=a * b;
10     System.out.println("a * b="+mul);
11     int div=b/a;                                      //两个整数相除,商取整
12     System.out.println("b/a="+div);
13     int mod=b%a;                                      //两个整数取余
14     System.out.println("b%a="+mod);
15     int pos=+a;                                       //+a 的类型为 int
16     System.out.println("+a="+pos);
17     int neg=-b;                                       //-b 的类型为 int
18     System.out.println("-b="+neg);
19     float divf=35.7f/a;                               //两个浮点数相除
20     System.out.println("35.7f/a="+divf);
21     double modd=35.7%a;                               //两个浮点数取余
22     System.out.println("35.7%a="+modd);
23   }
24 }
```

【运行结果】

```
a+b=106
a-b=-74
a * b=1440
b/a=5
b%a=10
+a=16
```

```
-b=-90
35.7f/a=2.23125
35.7%a=3.700000000000003
```

【分析讨论】

(1) 两个整数相除结果要取整,两个浮点数相除结果为浮点数。

(2) 不仅两个整数可以进行取余运算,两个浮点数也可以进行取余运算。

(3) 低于 int 类型的整数在运算前至少要先转换成 int 类型后再进行运算,即使是两个 byte 类型数据其运算结果也为 int 类型。

【例 2.9】 在类 ArithmeticTest2 的定义中,介绍了自增运算符的用法。

```
01 public class ArithmeticTest2 {
02   public static void main(String[ ] args) {
03     byte a=12;
04     byte b=a++;              //a++值为 12,a 的值为 13,a++的类型为 byte
05     System.out.println("a="+a+",b="+b);
06     byte c=++a;              //++a 值为 14,a 的值为 14,++a 的类型为 byte
07     System.out.println("a="+a+",c="+c);
08   }
09 }
```

【运行结果】

```
a=13,b=12
a=14,c=14
```

【分析讨论】

(1) 自增(++)、自减(--)运算符可以放在变量的前面也可以放在变量的后面,其作用都是使变量加 1 或减 1,但对于自增或自减表达式来说是不同的。例如当 a=2 时,++a 表达式的值为 3,a++表达式的值为 2,但 a 的值都为 3。

(2) 自增(++)、自减(--)运算会将运算结果进行强制转换。例如 byte a=12; byte b=a++;,a++的类型会由 int 类型强制转换成原来的 byte 类型。

2.6.2　比较运算符

比较运算符用来比较两个操作数的大小,包括大于(>)、大于或等于(>=)、小于(<)、小于或等于(<=)、等于(==)、不等于(!=)6 个运算符。比较运算的结果是一个布尔值(true 或 false),它的两个操作数既可以是基本数据类型,也可以是引用类型。

当操作数为基本数据类型时,比较的是两个操作数的值。注意,基本数据类型中的布尔类型数据只能进行等于(==)和不等于(!=)运算,而不能进行其他的比较运算。当操作数为引用类型时,比较的是两个引用是否相同,即比较两个引用是否指向同一个对象。因此,对于引用类型操作数而言只能进行等于(==)和不等于(!=)运算。

【例 2.10】 在类 RelationalTest 的定义中,介绍了关系运算符的用法。

```
01 import java.util.*;
02 public class RelationalTest {
03   public static void main(String[ ] args) {
04     int a=12;
```

```
05        double b=9.7;
06        System.out.println("a>b:"+(a>b));
07        System.out.println("a<b:"+(a<b));
08        System.out.println("a==b:"+(a==b));
09        System.out.println("a!=b:"+(a!=b));
10        Date d1=new Date(2008,10,10);
11        Date d2=new Date(2008,10,10);
12        System.out.println("d1==d2:"+(d1==d2));
13        System.out.println("d1!=d2:"+(d1!=d2));
14      }
15  }
```

【运行结果】

```
a>b:true
a<b:false
a==b:false
a!=b:true
d1==d2:false
d1!=d2:true
```

2.6.3 逻辑运算符

逻辑运算包括逻辑与(&&、&)、逻辑或(||、|)、逻辑非(!)、逻辑异或(^),逻辑运算的操作数均为逻辑值(true 或 false),其运算结果也为逻辑值。逻辑运算的操作规则如表 2.5 所示。

表 2.5 逻辑运算的操作规则

操作数 1	操作数 2	与运算结果	或运算结果	非运算(操作数 1)结果	异或运算结果
true	true	true	true	false	false
true	false	false	true	false	true
false	true	false	true	true	true
false	false	false	false	true	false

逻辑与有以下两种运算符。

- 短路与(&&):如果操作数 1 能够决定整个表达式的结果,则操作数 2 不需要计算。
- 非短路与(&):不管操作数 1 是否能决定整个表达式的值,操作数 2 都需要计算。

逻辑或也有以下两种运算符。

- 短路或(||):如果操作数 1 能够决定整个表达式的结果,则操作数 2 不需要计算。
- 非短路或(|):不管操作数 1 是否能够决定整个表达式的值,操作数 2 都需要计算。

【例 2.11】 在类 LogicalTest 的定义中,说明了逻辑运算符的用法。

```
01 public class LogicalTest {
02   public static void main(String[ ] args) {
03     boolean a=true;
04     boolean b=false;
05     System.out.println("a && b="+(a&&b));
```

```
06      System.out.println("a || b="+(a||b));
07      System.out.println("!a="+!a);
08      System.out.println("a^b="+(a^b));
09      int i=3;
10      System.out.println("b && (++i>3)="+(b && (++i>3)));
                                                    //b 为 false,++i>3 被短路
11      System.out.println("i="+i);                 //i 的值还是 3
12      System.out.println("b & (++i>3)="+(b & (++i>3)));
                                                    //b 为 false,++i>3 要被计算
13      System.out.println("i="+i);                 //i 的值为 4
14      System.out.println("a || (++i>3)="+(a || (++i>3)));
                                                    //a 为 true,++i>3 被短路
15      System.out.println("i="+i);                 //i 的值还是 4
16      System.out.println("a | (++i>3)="+(a | (++i>3)));
                                                    //a 为 true,++i>3 要被计算
17      System.out.println("i="+i);                 //i 的值为 5
18    }
19  }
```

【运行结果】

```
a && b=false
a || b=true
!a=false
a^b=true
b && (++i>3)=false
i=3
b & (++i>3)=false
i=4
a || (++i>3)=true
i=4
a | (++i>3)=true
i=5
```

2.6.4 位运算符

位运算是指对每一个二进制位进行的操作,它包括位逻辑运算和移位运算。位运算的操作数只能为基本数据类型中的整数类型和字符型。位逻辑运算包括按位与运算(&)、按位或运算(|)、按位取反运算(~)、按位异或运算(^)。操作数在进行位运算时,将操作数在内存中的二进制补码按位进行操作。

- 按位与(&):如果两个操作数的二进制位同时为 1,则按位与(&)的结果为 1;否则按位与(&)的结果为 0。例如 5&2=0。

```
    00000000  00000000  00000000  00000101  ............  5
&   00000000  00000000  00000000  00000010  ............  2
--------------------------------------------------------------
    00000000  00000000  00000000  00000000  ............  0
```

- 按位或(|):如果两个操作数的二进制位同时为 0,则按位或(|)的结果为 0;否则按位或(|)的结果为 1。例如 5|2=7。

```
    00000000  00000000  00000000  00000101  ............  5
|   00000000  00000000  00000000  00000010  ............  2
--------------------------------------------------------------
    00000000  00000000  00000000  00000111  ............  7
```

- 按位取反(～)：如果操作数的二进制位为 1,则按位取反(～)的结果为 0;否则按位取反(～)的结果为 1。例如～(－5)＝4。

```
~     11111111   11111111   11111111   11111011   ............   -5
-------------------------------------------------------------------------
      00000000   00000000   00000000   00000100   ............    4
```

- 按位异或(^)：如果两个操作数的二进制位相同,则按位异或(^)的结果为 0;否则按位异或(^)的结果为 1。例如－5^3＝－8。

```
      11111111   11111111   11111111   11111011   ............   -5
^     00000000   00000000   00000000   00000011   ............    3
-------------------------------------------------------------------------
      11111111   11111111   11111111   11111000   ............   -8
```

移位运算是指将整型数据或字符型数据向左或向右移动指定的位数,移位运算包括左移运算(＜＜)、右移运算(＞＞)和无符号位右移运算(＞＞＞)。

- 左移(＜＜)：将整型数据在内存中的二进制补码向左移出指定的位数,向左移出的二进制位丢弃,右侧添 0 补位。例如 5＜＜3＝40。

```
        00000000   00000000   00000000   00000101          ............   5
<<3        00000   00000000   00000000   00000101   000
-------------------------------------------------------------------------------
           00000   00000000   00000000   00000101   000   ............   40
```

- 右移(＞＞)：将整型数据在内存中的二进制补码向右移出指定的位数,向右移出的二进制位丢弃,左侧进行符号位扩展。即如果操作数为正数则左侧添 0 补位,否则添 1 补位。例如－5＞＞3＝－1。

```
            11111111   11111111   11111111   11111 011   ............ -5
>>3    111  11111111   11111111   11111111   11111
-------------------------------------------------------------------------------
       111  11111111   11111111   11111111   11111       ............ -1
```

- 无符号位右移(＞＞＞)：将整型数据在内存中的二进制补码向右移出指定的位数,向右移出的二进制位丢弃,左侧添 0 补位。例如－5＞＞＞25＝127。

```
                                        11111111   11111111   11111111   11111011 ... -5
>>>25                                   1111111
-------------------------------------------------------------------------------------------
0  00000000   00000000   00000000       1111111                                   ... 127
```

【例 2.12】 在类 BitsTest 的定义中,介绍了位运算符的用法。

```
01 public class BitsTest {
02   public static void main(String[ ] args) {
03     byte a=12;
04     byte b=2;
05     int c=a>>b;                  //a 与 b 转换成 int 类型后再移位,运算结果为 int 类型
06     System.out.println("12>>2="+c); //移位运算后产生一个新的整型数据
07     System.out.println("a="+a);     //变量 a 的值不会发生变化
08     c=a>>32;                        //实际移动位数为 0
09     System.out.println("12>>32="+c);
10     c=a>>33;                        //实际移动位数为 1
11     System.out.println("12>>33="+c);
12   }
13 }
```

【运行结果】

```
12>>2=3
a=12
12>>32=12
12>>33=6
```

【分析讨论】

(1) 在进行移位运算之前,级别低于 int 类型的整型数据要先转换成 int 类型。

(2) 移位运算会产生新的数据,而参与移位运算的数据不会发生变化。

(3) 移位前先将要移动的位数与 32 或 64 进行取余运算,余数才是真正要移动的位数。

2.6.5 赋值运算符

赋值运算是指将一个值写到变量的内存空间中的一种运算,因此被赋值的对象一定得是变量而不能是表达式。在给变量赋值时,要注意赋值号两端类型的一致性。与 C 语言类似,Java 语言也使用"="作为赋值运算符。

赋值运算符可以分为简单赋值运算符和扩展赋值运算符。简单赋值运算的语法格式为"变量=表达式",表示把右侧表达式的值写到左侧变量中。扩展赋值运算符指在赋值运算符前加上其他的运算符,从而构成扩展赋值运算符。注意,简单赋值运算没有类型强制转换功能,而扩展赋值运算具有类型强制转换功能。Java 语言中的扩展赋值运算符如表 2.6 所示。

表 2.6 扩展赋值运算符

扩展赋值运算符	表 达 式	功 能
+=	Operand1 += Operand2	Operand1 =Operand1 + Operand2
-=	Operand1 -= Operand2	Operand1 =Operand1 - Operand2
*=	Operand1 *= Operand2	Operand1 =Operand1 * Operand2
/=	Operand1 /= Operand2	Operand1 =Operand1 / Operand2
%=	Operand1 %= Operand2	Operand1 =Operand1 % Operand2
&=	Operand1 &= Operand2	Operand1 =Operand1 & Operand2
|=	Operand1 |= Operand2	Operand1 =Operand1 | Operand2
^=	Operand1 ^= Operand2	Operand1 =Operand1 ^ Operand2
>>=	Operand1 >>= Operand2	Operand1 =Operand1 >> Operand2
<<=	Operand1 <<= Operand2	Operand1 =Operand1 << Operand2
>>>=	Operand1 >>>= Operand2	Operand1 =Operand1 >>> Operand2

【例 2.13】 在类 AssignmentTest 的定义中,介绍了赋值运算符的用法。

```
01 public class AssignmentTest {
02   public static void main(String[ ] args) {
03     byte a=34;
04     a+=2;                              //a 的值为 36
```

```
05      System.out.println(a+=2+3);       //a 的值为 41
06    }
07  }
```

【运行结果】

```
41
```

2.6.6 三元运算符

三元运算符的语法如下所示。

```
布尔表达式?表达式 1:表达式 2
```

三元运算符的运算规则是:首先计算布尔表达式的值,如果布尔表达式的值为 true,则表达式 1 的值作为整个表达式的结果;如果布尔表达式的值为 false,则表达式 2 的值作为整个表达式的结果。

【例 2.14】 在类 ThreeOperatorTest 的定义中,介绍了三元运算符的用法。

```
01 public class ThreeOperatorTest {
02   public static void main(String[ ] args){
03     int a=12;
04     int b=89;
05     int max=a>b? a:b;
06     System.out.println("a 的值为:"+a+",b 的值为:"+b);
07     System.out.println("a 与 b 的较大者为:"+max);
08   }
09 }
```

【运行结果】

```
a 的值为:12,b 的值为:89
a 与 b 的较大者为:89
```

2.7 运算符的优先级与结合性

我们通过学习 Java 的运算符,了解了每种运算符的运算规则。但是在一个表达式中往往有多种运算符,在运算时要先进行哪一种运算呢?这就涉及运算符的优先级问题。优先级高的运算符先执行,优先级低的运算符后执行。对于同一优先级别的运算,则按照其结合性依次计算。Java 语言中各种运算符的优先级与结合性如表 2.7 所示。

表 2.7 运算符的优先级与结合性

优先级	运 算 符	结合性
1	[ ] . ()(方法调用)	从左到右
2	new ()(强制类型转换)	从左到右
3	! ~ ++ -- +(取正) -(取负)	从右到左

续表

<table>
<tr><th>优先级</th><th>运 算 符</th><th>结合性</th></tr>
<tr><td>4</td><td>* / %</td><td>从左到右</td></tr>
<tr><td>5</td><td>+ -</td><td>从左到右</td></tr>
<tr><td>6</td><td><< >> >>></td><td>从左到右</td></tr>
<tr><td>7</td><td>> >= < <=</td><td>从左到右</td></tr>
<tr><td>8</td><td>== !=</td><td>从左到右</td></tr>
<tr><td>9</td><td>&</td><td>从左到右</td></tr>
<tr><td>10</td><td>^</td><td>从左到右</td></tr>
<tr><td>11</td><td>|</td><td>从左到右</td></tr>
<tr><td>12</td><td>&&</td><td>从左到右</td></tr>
<tr><td>13</td><td>||</td><td>从左到右</td></tr>
<tr><td>14</td><td>?:</td><td>从右到左</td></tr>
<tr><td>15</td><td>= += -= *= /= %= ^= |= &= <<= >>= >>>=</td><td>从右到左</td></tr>
</table>

2.8 流程控制

Java 程序的流程控制分为顺序结构、分支结构和循环结构三种。其中,顺序结构是按照语句的书写顺序逐一执行,分支结构是根据条件选择性地执行某段代码,循环结构是根据循环条件重复执行某段代码。本节将介绍分支结构和循环结构。

2.8.1 分支结构

1. if-else 语句

if-else 语句的语法如下:

```
if ( 逻辑表达式 )
    语句 1;
else
    语句 2;
```

if-else 语句的执行流程是:当 if 后面的逻辑表达式的值为 true 时,执行语句 1,然后顺序执行 if-else 后面的语句;否则执行语句 2,然后顺序执行 if-else 后面的语句。

if-else 语句中的 else 分支也可以省略,省略后的 if-else 语句的语法如下:

```
if ( 逻辑表达式 )
    语句 1;
```

- if 括号中的表达式只能为逻辑表达式。
- 语句 1 和语句 2 可以为单条语句,也可以为用{}括起来的复合语句。

• 当 if-else 语句出现嵌套时,if-else 语句的匹配原则是: else 总是与在它上面且离它最近的 if 进行匹配。

【例 2.15】 在类 IfElseTest 的定义中,用嵌套的 if-else 语句判断随机整数的范围。

```
01  public class IfElseTest {
02    public static void main(String[ ] args){
03      int i=(int)(Math.random() * 100);        //产生一个[0,100)范围内的随机整数
04      if(i>=90)
05        System.out.println("这个随机数在[90,100)范围内");
06      else if(i>=80)
07        System.out.println("这个随机数在[80,90)范围内");
08      else if(i>=70)
09        System.out.println("这个随机数在[70,80)范围内");
10      else if(i>=60)
11        System.out.println("这个随机数在[60,70)范围内");
12      else
13        System.out.println("这个随机数在[0,59 ]范围内");
14      System.out.println("这个随机数的大小为:"+i);
15    }
16  }
```

【运行结果】

```
这个随机数在[80,90)范围内
这个随机数的大小为:87
```

2. switch 语句

switch 语句的语法如下所示。

```
switch (表达式){
    case 常量 1: 语句组 1;
                 break;
    case 常量 2: 语句组 2;
                 break;
    …
    case 常量 n: 语句组 n;
                 break;
    default:     语句组;
                 break;
}
```

switch 语句的执行流程是:先计算 switch 语句中表达式的值,并将该值与 case 后面的常量进行匹配,如果与哪一个常量相匹配,则从哪个 case 所对应的语句组开始执行,直至遇到 break 结束 switch 语句;如果表达式的值不与任何一个常量相匹配,则执行 default 后面的语句组。

在 JDK 5 之前,switch 语句中的表达式只能是 byte、short、char、int 类型的值。在 JDK 5 之后,enum 枚举类型值也可以作为 switch 语句表达式的值。在 JDK 7 中,switch 语句还可以接收 String 类型的值。

【例 2.16】 在类 SwitchTest 的定义中,用随机数表示学生成绩,用 switch 语句判断成绩范围及等级。

```
01 public class SwitchTest {
02   public static void main(String[ ] args) {
03     int score=(int)(Math.random() * 100);
04     System.out.println("成绩为:"+score);
05     String grade;
06     switch(score/10) {
07       case 9: System.out.println("成绩在[90,100)范围内");
08               grade="优秀";
09               break;
10       case 8: System.out.println("成绩在[80,90)范围内");
11               grade="良好";
12               break;
13       case 7: System.out.println("成绩在[70,80)范围内");
14               grade="中等";
15               break;
16       case 6: System.out.println("成绩在[60,70)范围内");
17               grade="及格";
18               break;
19       default:System.out.println("成绩在[0,59)范围内");
20               grade="不及格";
21               break;
22     }
23     switch(grade){
24         case "优秀":System.out.println("Excellent!");
25                   break;
26         case "良好":System.out.println("Good!");
27                   break;
28         case "中等":System.out.println("Average!");
29                   break;
30         case "及格":System.out.println("Pass!");
31                   break;
32         case "不及格":System.out.println("Fail!");
33                   break;
34     }
35   }
36 }
```

【运行结果】

```
成绩为:85
成绩在[80,90)范围内
Good!
```

【分析讨论】

(1) case后面的语句可以有break也可以没有break。当case后面有break时,执行到break则从switch语句中跳出;否则,将继续执行下一个case后面的语句,直至遇到break或者switch语句执行结束。

(2) case后面只能跟常量表达式。

(3) 多个case以及default之间没有顺序的要求。

(4) default为可选项。当有default时,如果表达式的值不能与case后面的任何一个常量相匹配,则执行default后面的语句。

2.8.2 循环结构

循环结构可以在满足一定条件的情况下反复执行某段代码,这段被重复执行的代码称为循环体。在执行循环体时,需要在适当时把循环条件设置为假,从而结束循环。循环语句可以包含如下 4 部分。

- 初始化语句(init_statements):可能包含一条或多条语句,用于完成初始化工作。初始化语句在循环开始之前被执行。
- 循环条件(test_expression):一个值为 boolean 类型的表达式,能够决定是否执行循环体。
- 循环体(body_statements):循环的主体。如果循环条件允许,则循环体将被重复执行。
- 迭代语句(iteration_statements):在一次循环体执行结束后,对循环条件进行求值前执行,通常用于控制循环条件中的变量,使得循环在合适时结束。

1. while 循环语句

while 循环语句的语法如下所示。

```
[init_statements ]
while (test_expression) {
    statements;
    [iteration_statements]
}
```

while 循环结构在每次执行循环体之前,先对循环条件 test_expression 求值。如果值为 true,则执行循环体部分。iteration_statements 语句总是位于循环体的最后,用于改变循环条件的值,使得循环在合适的时候结束。

【例 2.17】 在类 WhileTest 的定义中,用 while 循环求 1～50 的整数和。

```
01 public class WhileTest {
02   public static void main(String[ ] args) {
03     int sum=0;
04     int i=1;
05     while(i<=50) {
06       sum+=i;
07       i++;
08     }
09     System.out.println("1~50 的整数和为:"+sum);
10   }
11 }
```

【运行结果】

```
1~50 的整数和为:1275
```

2. do-while 循环语句

do-while 循环语句的语法如下所示。

```
[init_statements ]
do {
```

```
    statements;
    [iteration_statements]
}
while (test_expression);
```

do-while 循环与 while 循环的区别在于：while 循环先判断循环条件，如果条件成立才执行循环体；而 do-while 循环则先执行循环体，然后再判断循环条件，如果循环条件成立则执行下一次循环，否则中止循环。

【例 2.18】 在类 DoWhileTest 的定义中，用 do-while 循环求 1～50 的整数和。

```
01  public class DoWhileTest {
02    public static void main(String[ ] args) {
03      int sum=0;
04      int i=1;
05      do {
06        sum+=i;
07        i++;
08      }while(i<=50);
09      System.out.println("1~50 的整数和为:"+sum);
10    }
11  }
```

3. for 循环语句

for 循环语句的语法如下。

```
for([init_statements]; [test_expression]; [iteration_statements]) {
    statements;
}
```

for 循环在执行时，先执行循环的初始化语句 init_statements，初始化语句只在循环开始前执行一次。每次执行循环体之前，先计算 test_expression 循环条件的值，如果循环条件值为 true，则执行循环体部分，循环体执行结束后执行循环迭代语句。对于 for 循环而言，循环条件总比循环体要多执行一次，因为最后一次执行循环条件值为 false，将不再执行循环体。

- 初始化语句、循环条件、迭代语句这三个部分都可以省略，但三者之间的分号不可以省略。当循环条件省略时，循环条件的默认值为 true。
- 初始化语句、迭代语句这两个部分的语句可以为多条语句，语句之间用逗号分隔。
- 在初始化部分定义的变量，其范围只能在 for 循环语句内有效。

【例 2.19】 在类 ForTest 的定义中，用 for 循环求 1～50 的整数和。

```
01  public class ForTest {
02    public static void main(String[ ] args) {
03      int sum=0;
04      for(int i=1;i<=50;i++){
05        sum+=i;
06      }
07      System.out.println("1~50 的整数和为:"+sum);
08    }
09  }
```

for-each 循环是一种简洁的 for 循环结构,使用这种循环结构可以自动遍历数组或集合中的每个元素。for-each 循环的语法格式如下所示。

```
for ( declaration : expression ) { loop body }
```

- declaration——新声明的变量,其类型与正在访问的数组或集合中元素的类型兼容,该变量在 for-each 循环内可用,其值等于数组或集合中当前元素的值。
- expression——数组或集合。
- loop body——循环体。

【例 2.20】 在类 ForEachTest 的定义中,介绍了 for-each 循环的使用。

```
01  import java.util.*;
02  public class ForEachTest {
03    public static void main(String[ ] args) {
04      List<String> strList=new ArrayList<String>();
05      strList.add("circle");
06      strList.add("rectangle");
07      strList.add("triangle");
08      for(String s : strList) {
09        System.out.println(s);
10      }
11    }
12  }
```

【运行结果】

```
circle
rectangle
triangle
```

2.8.3 控制循环结构

Java 没有使用 goto 语句来控制程序的跳转,这种设计思路虽然提高了程序流程控制的可读性,但降低了灵活性。为了弥补这种不足,Java 提供了 continue 和 break 语句来控制循环结构。另外,Java 还提供了 return 语句用于结束整个方法,这也就等于结束了一次循环。

1. break 语句

当循环体中出现 break 语句时,其功能是从当前所在的循环中跳出来,结束本层循环,但对其外层循环没有影响。break 语句还可以根据条件结束循环。

【例 2.21】 在类 BreakTest 的定义中,用 break 语句实现了求 200～300 范围内的素数。

```
01  public class BreakTest {
02    public static void main(String[ ] args) {
03      boolean b;
04      int col=0;
05      System.out.println("200~300 范围内的素数为:");
06      for(int i=201;i<300;i+=2) {
07        b=true;
08        for(int j=2;j<i;j++) {
09          if(i%j==0) {
```

```
10              b=false;
11              break;
12            }
13          }
14          if(b) {
15            System.out.print(i);
16            col++;
17            if(col%10==0)
18              System.out.println();
19            else
20              System.out.print("\t");
21          }
22        }
23        System.out.println();
24      }
25    }
```

【运行结果】

200～300 范围内的素数为：

```
211     223     227     229     233     239     241     251     257     263
269     271     277     281     283     293
```

【分析讨论】

该例中的 break 语句出现在内层 for 循环中，如果被测试的数 i 能够被 2～(i－1)的任何一个整数整除，则 i 不是素数，跳出内层循环。

带标签的 break 语句不仅能够跳出本层循环，还能够跳出多层循环，而且标签 label 可以指出要跳出的是哪一层循环。带标签的 break 语句的语法如下。

```
break  label;
```

- 标签 label 是一个标识符，应该符合 Java 语言中标识符的定义。
- 标签 label 应该定义在循环语句的前面。
- 在有多层循环的嵌套结构中，可以定义多个标签，但多个标签不能重名。

【例 2.22】　在类 BreakLabelTest 的定义中，介绍了带标签 break 语句的用法。

```
01  public class BreakLabelTest {
02    public static void main(String[ ] args) {
03      outer: for(int i=0;i<3;i++) {
04        innner: for(int j=0;j<3;j++) {
05          if(j>1) break outer;
06            System.out.println(j+" and "+i);
07        }
08      }
09    }
10  }
```

【运行结果】

```
0 and 0
1 and 0
```

2. continue 语句

在循环体中出现 continue 语句时,其作用是结束本次循环,直接进行当前所在层的下一次循环。continue 语句的功能是根据条件有选择地执行循环体。

【例 2.23】 在类 ContinueTest 的定义中,用 continue 语句实现了在 10 个[0,100)范围内的随机整数中,输出小于 50 的随机整数。

```
01  public class ContinueTest {
02    public static void main(String[ ] args) {
03      int rad;
04      for(int i=0;i<10;i++) {
05        rad=(int)(Math.random() * 100);       //产生一个[0,100)范围内的随机整数
06        if(rad>=50) {
07          continue;
08        }
09        System.out.println(rad);
10      }
11    }
12  }
```

【运行结果】

```
44
36
33
32
7
46
```

与 break 语句一样,continue 后面也可以加标签,构成带标签的 continue 语句。它能结束当前所在层的本次循环,跳到标签 label 所在层进行下一次循环。带标签的 continue 语句的语法如下所示。

```
continue label;
```

【例 2.24】 在类 ContinueLabelTest 的定义中,用带标签的 continue 语句求 200~300 范围内的素数。

```
01  public class ContinueLabelTest {
02    public static void main(String[ ] args) {
03      int num=0;
04      System.out.println("200~300 范围内的素数为:");
05      outer:for(int i=201;i<300;i+=2) {
06        for(int j=2;j<i;j++) {
07          if(i%j==0)     continue outer;
08        }
09        System.out.print(i);
10        num++;
11        if(num%10==0)
12          System.out.println();
13        else
14          System.out.print("\t");
15      }
```

```
16        System.out.println();
17      }
18    }
```

2.9 本章小结

本章讲解了 Java 的基本语法,包括注释、标识符与关键字、基本数据类型、常量、运算符及优先级与结合性、流程控制。这些知识是进行 Java 程序设计的前提和基础,也是必须要掌握的知识。

课后习题

1. 下列方法的定义中哪些是错误的?(　　)

A. public int method() {
　　return 4;
}

B. public double method() {
　　return 4;
}

C. public void method() {
　　return;
}

D. public int method(){
　　return 3.14;
}

2. 在下列标识符中,哪些是不合法的?(　　)

A. here　　B. _there　　C. this　　D. that

E. 2tolodds

3. 下列关于整型常量的表示方法中哪些是正确的?(　　)

A. 22　　B. 0x22　　C. 022　　D. 22H

4. 在下列选项中,哪一个是 char 类型变量的取值范围?(　　)

A. $2^7 \sim 2^7-1$　　B. $0 \sim 2^{16}-1$　　C. $0 \sim 2^{16}$　　D. $0 \sim 2^8$

5. 在下列选项中,哪些是 Java 语言中的关键字?(　　)

A. double　　B. Switch　　C. then　　D. instanceof

6. 当编译运行下列代码时,运行结果是什么?(　　)

```
01  int i=012;
02  int j=034;
03  int k=056;
04  int l=078;
05  System.out.println(i);
06  System.out.println(j);
07  System.out.println(k);
```

A. 输出 12,34 和 56　　B. 输出 24,68 和 112

C. 输出 10,28 和 46　　D. 编译错误

7. 在下列给字符型变量 c 的赋值语句中哪一个是正确的?(　　)

A. char c='\"　　B. char c= "cafe"

C. char c='\u01001"　　D. char c='0x001'

8. 下列代码的输出结果是什么?(　　)

```
01 int a=-1;
02 int b=-1;
03 a=a>>>31;
04 b=b>>31;
05 System.out.println("a="+a+",b="+b);
```

A. a=1,b=1　　B. a=-1,b=-1　　C. a=1,b=0　　D. a=1,b=-1

9. 下列赋值语句中,哪些是不合法的?(　　)

A. long l=698.65;　　B. float f=55.8;

C. double d=0x45876;　　D. int i=32768;

10. 当编译运行下列代码时,运行结果是什么?(　　)

```
01 int i=0;
02 while(i--<0){
03     System.out.println("value of i is "+i);
04 }
05 System.out.println("the end");
```

A. 编译时错误　　B. 运行时异常　　C. value of i is 0　　D. the end

11. 下列代码的运行结果是什么?(　　)

```
01 class Test {
02     public static void main(String[ ] args) {
03         int x=5;        boolean y=true;        System.out.println(x<y);
04     }
05 }
```

A. 编译错误　　B. 运行时出现异常

C. true　　D. false

12. 下列赋值语句中哪一个是错误的?(　　)

A. float f=11.1;　　B. double d=5.3E12;

C. double d=3.14159;　　D. double d=3.14D;

13. 在下面代码中,变量 s 可以为哪种数据类型?(　　)

```
01 switch(s) {
02     default:System.out.println("Best Wishes");
03 }
```

A. byte　　B. long　　C. float　　D. double

14. 下列代码的运行结果是什么?(　　)

```
01 void looper(){
02     int x=0;
03     one:
04     while(x<10){
05         two:
06         System.out.print(++x);
07         if(x>3)
```

```
08            break two;
09        }
10  }
```

A. 编译错误　　B. 0　　C. 1　　D. 2

15. 选出下列代码的所有输出结果。（　　）

```
01  one:
02  two:
03  for(int i=0;i<3;i++) {
04     three:
05       for(int j=10;j<30;j+=10) {
06         System.out.println(i+j);
07         if(i>0)    break one;
08       }
09  }
```

A. 10　　B. 20　　C. 11　　D. 21

16. 请完成下面程序，使得程序的输出结果如图 2.6 所示。

```
01  public class LoopControl {
02      public static void main(String[] args) {
03          outer: for (int i = 0; i < 10; i++) {
04              for (int j = 0; j < 10; j++) {
05                  if (j > i) {
06                      ________;
07                      ________;
08                  }
09                  System.out.print(" * ");
10              }
11          }
12      }
13  }
```

```
*
*  *
*  *  *
*  *  *  *
*  *  *  *  *
*  *  *  *  *  *
*  *  *  *  *  *  *
*  *  *  *  *  *  *  *
*  *  *  *  *  *  *  *  *
*  *  *  *  *  *  *  *  *  *
```

图 2.6　题 16 图

17. 编写程序，计算 1!＋2!＋3!＋…＋20!的值。

18. 编写程序，随机产生一个(50,100)范围内的整数并判断其是否为素数。

19. 编写程序，输出从 1 到 9 的乘法口诀表。

第3章　Java语言面向对象特性

本章将介绍三方面的内容：一是Java语言中类和对象的定义；二是Java语言对OOP(Object Oriented Programming)的三个主要特性——封装、继承和多态的支持机制；三是数组对象这种数据结构。面向对象是Java语言的最基本特性之一，深刻理解这个特性是学好Java语言程序设计的关键。

3.1　类与对象

类描述了同一类对象共同拥有的数据和行为，包含了被创建对象的属性和方法的定义。学习Java编程就是学习怎样编写类，也就是怎样利用Java语言的语法描述一类事物的公共属性和行为。在Java语言中，对象的属性通过变量来描述，对象的行为通过方法来实现。方法可以操作属性以形成一个算法实现一个具体的功能，把属性和方法封装成一个整体就形成了一个类。

3.1.1　类与对象的定义

Java程序是由一个或若干个类组成的，类是Java程序的基本组成单位。编写Java程序就是定义类，然后再根据定义的类创建对象。类由成员变量和成员方法两部分组成，成员变量的类型可以是基本数据类型、数组类型、自定义类型，成员方法用于处理类的数据。一个Java类从结构上可以分为类的声明和类体两部分，如图3.1所示。

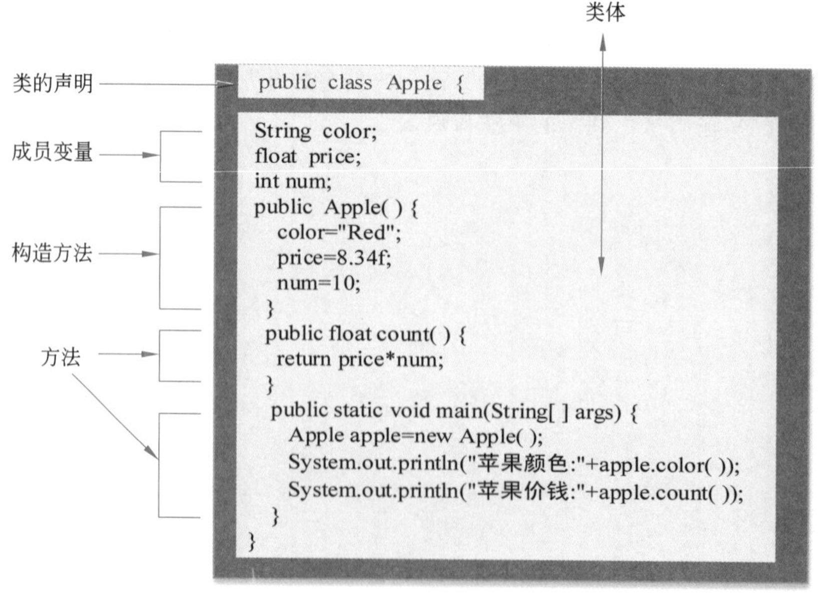

图3.1　类定义的结构示意图

1. 类的声明

类的声明用于描述类的名称以及类的属性(访问权限、与其他类之间的关系等)。类的声明的语法如下。

```
[public] [abstract | final] class < className > [extends superClassName]
[implements interfaceNameList] {...}
```

- “[ ]”：表示可选项，“< >”表示必选项，“|”表示多选一。
- public、abstract 或 final：指定类的访问权限及其属性，用于说明所定义类的相关特性(后续章节介绍)。
- class：Java 语言的关键字，表明这是一个类的定义。
- className：指定类名称的标识符。
- extends superClassName：指定所定义的类继承自哪一个父类。使用 extends 关键字时，父类名称为必选参数。
- implements interfaceNameList：指定该类实现哪些接口。当使用 implement 关键字时，接口列表为必选参数。

2. 类体

类体指的是出现在类声明后面的花括号中的内容。类体提供了类的对象在生命周期中需要的所有代码：①构造和初始化新对象的构造方法；②表示类及其对象状态的变量；③实现类及其对象的方法；④进行对象清除的 finalize()方法。

3.1.2 成员变量与局部变量

当一个变量的声明出现在类体中，并且不属于任何一个方法时，则该变量称为类的成员变量。在方法体中声明的变量以及方法的参数统称为方法的局部变量。

1. 成员变量

成员变量表示类的状态和属性，其声明的语法如下。

```
[public | protected | private ] [static] [final] [transient] [volative] <type> <
varibleName>;
```

- public、protected 或 private：指定变量的访问权限。
- static：指定变量为静态变量(也称为类变量)。其特点是可以通过类名直接访问。如果省略，则表示为实例变量。
- final：指定变量为常量。
- transient：声明变量为暂时性变量，告知 JVM 该变量不属于对象的持久状态，从而不能被持久存储。如果省略，则类中的所有变量都是对象持久状态的一部分，当对象被保存到外存时，这些变量必须同时被保存。
- volatile：指定变量在被多个并发线程共享时，JVM 将采取优化的控制方法提高线程的并发执行效率。该修饰符是 Java 语言的一种高级编程技术，一般程序员很少使用。
- type：指定变量的数据类型。
- variableName：指定变量的名称。

【例 3.1】 在类 Apple1 的定义中,声明了三个类的成员变量,并在 main()方法中通过输出它们的值来说明其状态特征。

```
01 public class Apple1 {
02     public String color;                       //公共变量 color
03     public static int num;                     //静态变量 num
04     public final boolean MATURE=true;          //常量 MATURE,并赋值
05     public static void main(String[ ] args) {
06       System.out.println("苹果数量:"+Apple.num);
07       Apple apple=new Apple();
08       System.out.println("苹果颜色:"+apple.color);
09       System.out.println("苹果是否成熟:"+apple.MATURE);
10     }
11 }
```

【运行结果】

```
E:\JavaSamples>java Apple1
苹果数量:0
苹果颜色:null
苹果是否成熟:true
```

【分析讨论】

(1) num 是静态变量(类变量),在运行时 JVM 只为类变量分配一次内存,并在加载类过程中完成其内存分配,所以可以通过类名直接访问(第 06 行)。

(2) color 与 MATURE 都是实例变量,必须通过创建对象的名称 apple 实现访问(第 07~09 行)。

2. 局部变量

局部变量作为方法或语句块的成员,存在于方法的参数列表和方法体的定义中。其定义的语法如下。

```
[final]  <type> <变量名字>
```

- final: 可选项,指定局部变量为常量。
- type: 指定局部变量的数据类型,它可以是任意一种 Java 语言的数据类型。
- 变量名: 变量名必须是合法的 Java 语言标识符。
- 对于类中定义的成员变量,如果没有进行初始化,Java 语言将自动给它们赋予一个初值,即默认初始值。而对于局部变量,在使用之前必须进行初始化,然后才能使用。

【例 3.2】 在类 Apple2 的定义中,解释了使用局部变量要注意的问题。

```
01  public class Apple2 {
02    String color="Red";                //成员变量 color,赋初值"Red"
03    float price;                       //成员变量 price,默认初始值为 0.0f
04    public String getColor() {
05      return color;
06    }
07    public float count() {
08      int num;                         //局部变量 num
```

```
09      if(num<0)                          //错误语句,因为局部变量 num 还没有被赋值就使用
10        return 0;
11      else
12        return price * num;
13    }
14    public static void main(String[ ] args) {
15      Apple apple=new Apple();
16      System.out.println("苹果总价钱:"+apple.count());
17    }
18  }
```

【编译结果】

```
E:\JavaSamples>javac Apple2.java
Apple.java:8: 错误: 可能尚未初始化变量 num
    if(num<0)                              //错误语句,因为局部变量 num 还没有被赋值就使用
        ^
1 个错误
```

【分析讨论】

在程序中的第 16 行,通过对象 apple 调用了方法 count(),而此时在 count 方法中定义的局部变量 num,在使用之前没有进行初始化,所以造成了程序编译错误(第 8 句)。

3. 变量的有效范围

变量的有效范围是指变量在程序中的作用区域,在区域外不能直接访问变量。有效范围决定了变量的生存周期——指从声明一个变量并为其分配内存空间、使用变量开始,然后释放变量并清除其所占用内存空间的过程。变量声明的位置,决定了变量的有效范围。根据变量的有效范围的不同,可以将变量分为两种。

- 成员变量:类体中声明的成员变量在整个类的范围内有效。
- 局部变量:在方法内或方法内的语句块(方法内部,"{"与"}"之间的代码块)中声明的变量称为局部变量。在语句块以外,方法体内声明的变量在整个方法内有效。

【例 3.3】 在类 Olympics1 的定义中,说明了成员变量与局部变量的有效范围。

```
01 public class Olympics1 {
02   private int medal_All=800;              //成员变量
03   public void China() {
04     int medal_CN=100;                     //代码块外、方法体内的局部变量
05     if(medal_CN<1000) {                   //代码块
06       int gold=50;                        //代码块的局部变量
07       medal_CN+=30;                       //允许访问本方法的局部变量
08       medal_All-=130;                     //允许访问本类的成员变量
09     }                                     //代码块结束
10   }
11 }
```

【分析讨论】

在第 05 行定义的语句块中,允许访问类的成员变量 medal_All 和方法中定义的局部变量 medal_CN。

3.1.3 成员方法

类的成员方法由方法声明和方法体两部分组成,其语法如下所示。

```
[accessLevel] [static] [final] [abstract] [native] [synchronized] <return_type>
<name> ([<argument_list>]) [throws <exception_list>] {  [block]
}
```

- accessLevel: 方法的访问权限,可选值为 public、protected 或 private。
- static: 指定成员方法为静态方法。
- final: 指定成员方法为最终方法。
- abstract: 指明方法为抽象方法。
- native: 指定方法为本地方法,即方法用其他语言实现。
- synchronized: 控制多个并发线程对共享数据的访问。
- return_type: 确定方法的返回类型,可以是任意的 Java 语言的数据类型。如果方法没有返回值,可以指定为 void 标识。
- name: 成员方法的名称。
- argument_list: 形式参数列表。方法可分为有参数和无参数两种。参数类型可以是 Java 语言的数据类型。
- throws <exception_list>: 列出方法将要抛出的异常。
- block: 方法体包括局部变量的声明和所有合法的 Java 语句。方法体可以省略,但是外面的一对花括号不能省略。
- 方法体中的局部变量作用域只在方法内部,当方法调用返回时,局部变量也不再存在。
- 如果局部变量的名字和所在类的成员变量的名字相同,则类的成员变量被隐藏。如果要将成员变量显式地表现出来,则需要在成员变量的前面加上关键字 this。

【例 3.4】 在类 Olympics2 的定义中,说明了在成员变量与局部变量同名的情形下,用 this 标识成员变量的方法。

```
01 public class Olympics2 {
02   private int gold=0;
03   private int silver=0;
04   private int copper=0;
05   public void changeModel(int a,int b,int c) {
06     gold=a;
07     int silver=b;                          //silver 使同名类成员变量隐藏
08     int copper=50;                         //copper 使同名类成员变量隐藏
09     System.out.println("In changeModel:"+"金牌="+gold+" 银牌="+silver+" 铜
牌="+copper);
10     this.copper=c;                         //给类成员变量 copper 赋值
11   }
12   String getModel() {
13     return "金牌="+gold+" 银牌="+silver+" 铜牌="+copper;
14   }
15   public static void main(String args[ ]) {
16     Olympics2 o2=new Olympics2();
```

```
17          System.out.println("Before changeModel:"+o2.getModel());
18          o2.changeModel(100,100,100);
19          System.out.println("After changeModel:"+o2.getModel());
20      }
21  }
```

【运行结果】

```
E:\JavaSamples>java Olympics2
Before changeModel:金牌=0 银牌=0 铜牌=0
In changeModel:金牌=100 银牌=100 铜牌=50
After changeModel:金牌=100 银牌=0 铜牌=100
```

【分析讨论】

(1) 在 main()方法中，创建了类 Olympics2 的对象 o2。第 17 行通过 o2 调用了 getModel()方法。getModel()方法中操作的全部是成员变量，而且第 02～04 行中的成员变量进行的是显式初始化，所以得到了第一行的输出结果。

(2) 成员变量 silver 和 copper 与方法 changeModel()中定义的局部变量同名，如果不加以特殊标识 this，则在方法 changeModel()中操作的是局部变量 silver 和 copper。因此在第 18 行调用 changeModel()方法时，得到了第二行的输出结果。

(3) changeModel()方法更新了成员变量 gold 和 copper 的值，所以第 19 行在调用 getModel()方法时，能得到第 2 行的输出结果。

(4) 注意，return 通常放在方法的最后，用于退出当前方法并返回一个值，使程序把控制权交给调用它的语句。return 语句中的返回值必须与方法声明中的返回值类型相匹配。

3.1.4　对象的创建

在 Java 语言中，对象是通过类创建的，对象是类的动态实例。一个对象在程序运行期间的生存周期包括创建、使用和销毁三个阶段。Java 语言的对象创建、使用和销毁有一套完整的机制。在 Java 语言中，创建一个对象的语法如下。

```
<className> <objectName>
```

- className：指定一个已经定义的类。
- objectName：指定一个对象的名称。

例如声明 Apple1 类的一个对象 redApple 的语句如下。

```
Apple1  redApple;
```

在声明对象时，只是在内存中为其分配一个引用空间，并设置其值为 null，表示不指向任何的存储空间，然后为对象分配存储空间。这个过程称为对象的实例化。实例化对象使用关键字 new 来实现，它的语法如下。

```
<objectName> = new <SomeClass>([argument_list]);
```

- objectName：指定已经声明的对象名称。
- SomeClass：指定需要调用的构造方法名称。
- argument_list：指定构造方法的入口参数。如果无参数，则可省略。

在声明 Apple1 类的一个对象 greenApple 后,通过下面的语句可为对象 greenApple 分配存储空间,执行 new 运算符后的构造方法将完成对象的初始化,并返回对象的引用。当对象创建不成功时,new 运算符将返回 null 给变量 redApple。

```
greenApple = new Apple1();
```

在声明对象时,也可以直接实例化对象,即把上述步骤合二为一。

```
Apple1 greenApple = new Apple1();
```

【例 3.5】 在类 Point1 中,定义了两个成员变量,在构造方法中定义了两个整数的参数列表。

```
01  public class Point1 {
02    int x=1;
03    int y=1;
04    public Point1(int x,int y) {
05      this.x=x;
06      this.y=y;
07    }
08  }
```

如果执行如下的语句,则可以创建 Point 类的对象。

```
Point pt=new Point(2,3);
```

下面是上述语句的对象创建与初始化的过程。

(1) 声明一个 Point 类的对象 pt,并为其分配一个引用空间,初始值为 null。此时引用没有指向任何存储空间,即没有分配存储地址。

(2) 为对象分配存储空间,并将成员变量进行默认初始化,数值型变量的初值为 0,逻辑型变量的初值为 false,引用类型变量的初值为 null。

(3) 执行显式初始化,即执行在类成员变量声明时带有的简单赋值语句。

(4) 执行构造方法,进行对象的初始化。

(5) 最后执行语句中的赋值操作,将新创建对象的存储空间的首地址赋给 pt 的引用空间。

如图 3.2 所示,为执行上述过程中 5 个步骤时的对象状态。

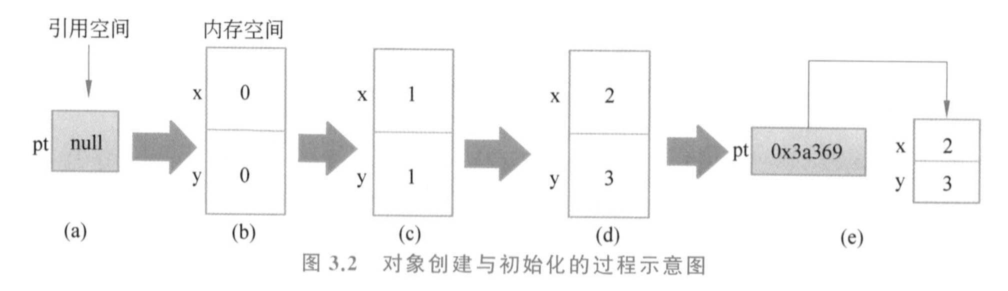

图 3.2 对象创建与初始化的过程示意图

3.1.5 对象的使用

创建对象以后,可以通过“.”操作符对成员变量进行访问。访问对象的成员变量的语法如下。

```
objectReference.variableName;
```

- objectReference：指定调用成员变量的对象名称。
- variableName：指定要调用的成员变量的名称。

一般地，不提倡通过对象对成员变量进行直接的访问。规范的对象变量访问方式是通过对象提供的统一接口 setter 和 getter（即成员方法）对变量进行读写操作的，其优点是可以实现变量的正确性、完整性的约束检查。当需要对对象变量进行直接访问时，可以使用 Java 语言的访问控制机制，以控制哪些类能够直接对变量进行访问。

调用对象的成员方法的语法如下。

```
objectReference.methodName([argument_list]);
```

- objectReference：指定调用成员方法的对象名称。
- methodName：指定要调用的成员方法的名称。
- Argument_list：指定被调用的成员方法的参数列表。
- 对象的方法可以通过设置访问权限来允许或禁止其他对象的访问。

【例 3.6】　创建 Point2 类的对象 pt，访问其成员方法和成员变量。

```
01 public class Point2 {
02   int x=1;
03   int y=1;
04   public void setXY(int x,int y) {
05     this.x=x;
06     this.y=y;
07   }
08   public int getXY() {
09     return x * y;
10   }
11   public static void main(String[ ] args) {
12     Point2 pt=new Point2();                    //声明并创建 Point 类的对象 pt
13     pt.x=2;                                    //访问对象 pt 的成员变量 x，并改变其值
14     System.out.println("x与y的乘积为:"+pt.getXY());
15     pt.setXY(3,2);                             //调用对象 pt 带参数的成员方法 setXY()
16     System.out.println("x与y的乘积为:"+pt.getXY());  //调用成员方法 getXY()
17   }
18 }
```

【运行结果】

```
E:\JavaSamples>java Point2
x与y的乘积为:2
x与y的乘积为:6
```

【分析讨论】

(1) 在 main()方法中，创建了类 Point2 的对象 pt（第 12 行），通过 pt 修改了 x 的值（第 13 行）。

(2) 第 14 行通过调用方法 getXY()输出更新前的执行结果。第 15 行通过访问 setXY()方法，传递参数 3 和 2 来修改变量 x 和 y，即将成员变量更新。最后再次调用 getXY()输出

更新后的执行结果(第 16 行)。

3.1.6 对象的销毁

在 Java 语言中,程序员可以创建所需要的对象,但是不必关心对象的销毁。因为 Java 语言提供了垃圾回收机制,可以自动地判断对象是否还在使用,并能够自动销毁不再使用的对象,回收对象所占的系统资源。Object 类提供了 finalize()方法,自定义的 Java 类可以覆盖这个方法,并在这个方法中释放对象所占的资源。JVM 的垃圾回收操作的生命周期如图 3.3 所示。

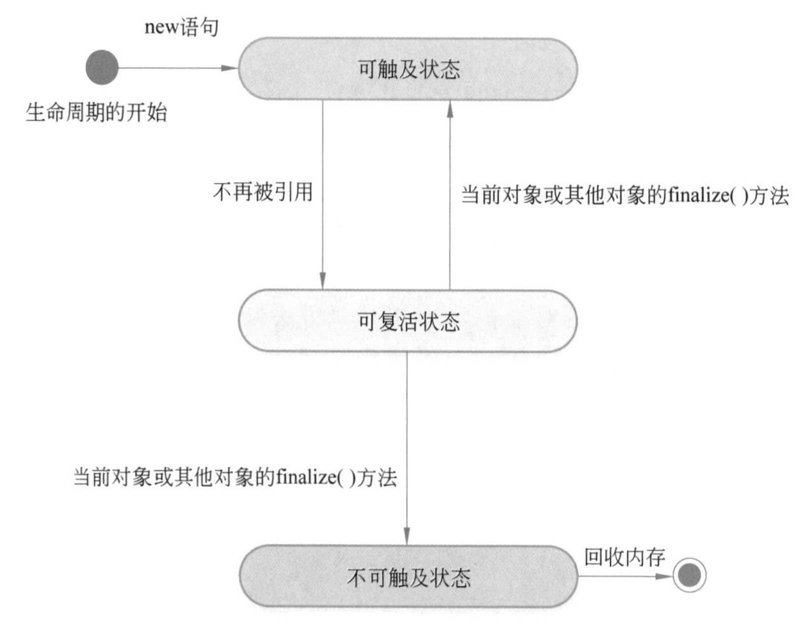

图 3.3 JVM 的垃圾回收操作的生命周期图

在 JVM 的垃圾回收器看来,存储空间中的每个对象都可能处于以下三个状态之一。

- 可触及状态:当一个对象被创建之后,只要程序中还有引用变量在引用它,那么它就始终处于可触及状态。
- 可复活状态:当程序不再有任何引用变量对象时,就进入可复活状态。在这个状态中,垃圾回收器将会释放它占用的存储空间。在释放之前,将会调用它及其他处于可复活状态的对象的 finalized()方法。这些 finalized()方法有可能使对象重新转到可触及状态。
- 不可触及状态:JVM 执行完所有可复活对象的 finalized()方法之后,假如这些方法都没有使该对象转到可触及状态,那么该对象将进入到不可触及状态。只有当对象处于不可触及状态时,垃圾回收器才真正回收它占用的存储空间。

3.1.7 方法重载

当在同一个类中定义了多个同名而内容不同的成员方法时,称这些方法为重载方法(overloading method)。重载方法根据形式参数列表中参数个数、参数类型和参数顺序的不同加以区分。在编译阶段,Java 语言的编译器要检查每个方法所用的参数数量和类型,然后调用正确的方法,即实现了 Java 语言的编译时多态。Java 语言规定重载方法必须遵循以下原则。

- 方法的参数列表必须不同,包括参数的个数或类型,以此区分不同的方法体。
- 方法的返回值类型、修饰符可以相同,也可以不同。
- 在实现方法重载时,方法返回值的类型不能作为区分方法重载的标志。

【例 3.7】 在类 Calculate 的定义中,定义了两个名称为 getArea()的方法(参数个数不同)和两个名称为 draw()的方法(参数类型不同),用以输出不同图形的面积。

```
01 public class Calculate {
02   final float PI=3.14159f;
03   public float getArea(float r) {                 //计算面积的方法
04     return PI * r * r;
05   }
06   public float getArea(float l, float w) {        //重载方法 getArea()
07     return l * w;
08   }
09   public void draw(int num) {                     //画任意形状的图形
10     System.out.println("画"+num+"个任意形状的图形");
11   }
12   public void draw(String shape) {                //画指定形状的图形
13     System.out.println("画一个"+shape);
14   }
15   public static void main(String[ ] args) {
16     Calculate c=new Calculate();                  //创建 Calculate 类的对象
17       float l=20;
18       float w=40;
19       System.out.println("求长为"+l+"宽为"+w+"的矩形面积是:"+c.getArea(l,w));
20       float r=6;
21       System.out.println("求半径为"+r+"的圆形面积是:"+c.getArea(r));
22       int num=8;
23       c.draw(num);
24       c.draw("矩形");
25   }
26 }
```

【运行结果】

```
E:\JavaSamples>java Calculate
求长为 20.0 宽为 40.0 的矩形面积是:800.0
求半径为 6.0 的圆形面积是:113.097244
画 8 个任意形状的图形
画一个矩形
```

【分析讨论】

(1) 在第 19 行中,调用了 getArea()方法,由于传递的实际参数是 2 个 float 类型变量,所以此时对象 c 调用的是第 06～08 行定义的 getArea()方法。

(2) 在第 21 行中调用的 getArea()方法,由于传递的实际参数是一个 float 类型的变量 r,所以此时对象 c 调用的是第 03～05 行定义的 getArea()方法。

(3) 在第 23 行中调用的 draw()方法,由于传递的实际参数是一个 int 型变量 num,所以此时对象 c 调用的是第 09～11 行定义的方法。

(4) 第 24 行中调用的 draw()方法,由于传递的是一个 String 类型的参数,所以此时对象 c 调用的是第 12~24 行中定义的方法 draw()。

3.1.8 关键字 this

关键字 this 表示对象本身,常用于一些容易混淆的情形。例如当成员方法的形式参数名称与数据所在类的成员变量名称相同时,或者当成员方法的局部变量名称与类的成员变量名称相同时,在方法内部可以借助 this 关键字指明引用的是类的成员变量,而不是形式参数或局部变量,从而提高程序的可读性。

this 代表了当前对象的一个引用,可以将其理解为当前对象的另外一个名字,通过这个名字可以顺利地访问对象、修改对象的数据成员以及调用对象的方法。归纳起来,this 的使用情形有如下三种。

- 用来访问当前对象的一个引用,使用格式为:this.数据成员。
- 用来访问当前对象的成员方法,使用格式为:this.成员方法(参数列表)。
- 重载构造方法时,用来引用同类的其他构造方法,使用格式为:this.(参数列表)。

【例 3.8】 通过关键字 this 区别成员变量 color 和局部变量 color,并通过 this 访问当前对象的成员方法 count()。

```
01 public class Fruit {
02   String color="绿色";
03   double price;
04   int num;
05   public void harvest() {
06     String color="红色";
07     //此时输出的是成员变量 color
08     System.out.println("水果原来是:"+this.color+"的!");
09     System.out.println("水果已经收获!");
10     System.out.println("水果现在是:"+color+"的!");   //此时输出的是局部变量
11     //使用 this 调用成员方法 count()
12     System.out.println("水果的总价是:"+this.count(2.14,50)+"元。");
13   }
14   public double count(double price, int num) {
15     this.price=price;                   //将形参 price 赋值给成员变量 price
16     this.num=num;                       //将形参 num 赋值给成员变量 num
17     return price * num;
18   }
19   public static void main(String[ ] args) {
20     Fruit obj=new Fruit();
21     obj.harvest();
22   }
23 }
```

【运行结果】

```
E:\JavaSamples>java Fruit
水果原来是:绿色的!
水果已经收获!
水果现在是:红色的!
水果的总价是:107.0 元。
```

【分析讨论】

(1) 在方法 count(double price, int num)中,如果不使用 this,则作为类的成员变量的 price 和 num 将被隐藏,将不会得到预期的对象初始化的结果。

(2) 在方法 harvest()中,使用 this 调用方法 count()的语句(第 12 行),这个 this 的使用是不必要的。当一个对象的方法被调用时,Java 语言会自动给对象的变量和方法都加上 this 引用,指向内存中的对象,所以有些情形下不需要使用 this 关键字。

3.1.9 构造方法

Java 语言中所有的类都有构造方法,用于对象的初始化。构造方法也有名称、参数、方法体以及访问权限的限制。

1. 构造方法的声明

定义构造方法的语法如下所示。

```
[accessLevel] <className>([argument_list]) {
    [block]
}
```

- accessLevel:指定构造方法的访问权限。
- class_Name:指定构造方法的名称,这个名称必须与所属类的名称相同。
- Argument_list:指定构造方法中所需要的参数。
- block:方法体是构造方法的实现部分,包括局部变量的声明和所有合法的 Java 语句。当方法体省略时,其外面的一对花括号不能省略。

构造方法与一般方法在声明上的区别如下。

- 构造方法的名字必须与类名相同,并且构造方法不能有返回值。
- 用户不能直接调用构造方法,必须通过关键字 new 自动调用它。

【例 3.9】 在类 Apple3 的定义中,声明了两个构造方法,并通过这两个构造方法分别创建了两个 Apple3 类的对象。

```
01 public class Apple3 {
02   private int num;
03   private double price;
04   public Apple3() {
05     num=10;
06     price=2.34;  }
07   public Apple3(int num,double price) {
08     this.num=num;
09     this.price=price;
10   }
11   public void display() {
12     System.out.println("苹果的数量:"+num);
13     System.out.println("苹果的单价:"+price);
14   }
15   public static void main(String args[ ]){
16     Apple3 a1=new Apple3();
17     Apple3 a2=new Apple3(50,3.15)
18     a1.display();
```

```
19      a2.display();
20    }
21  }
```

【运行结果】

```
E:\JavaSamples>java Apple3
苹果数量:0
苹果颜色:null
苹果是否成熟:true
```

【分析讨论】

(1) 在类 Apple3 的定义中,第 04～07 行定义了一个没有参数的构造方法;第 08～11 行定义了含有两个参数的构造方法。

(2) 在 main()方法中,通过这两个构造方法分别创建了两个对象。其中,a1 的成员变量的值为 10 与 2;a2 的成员变量的值为传递的实际参数 50 和 3.15。然后对象 a1 和 a2 通过调用了 display()方法输出各自成员变量的值,得到了上述输出结果。

2. 缺省的构造方法

在 Java 语言中,类可以不定义构造方法,而其他的类仍然可以通过调用无参数的构造方法实现该类的实例化。这是因为 Java 语言为每个类都自动提供一个特殊的、不带参数且方法体为空的缺省构造方法。其语法形式如下。

```
public <className> { }
```

- 当用缺省的构造方法初始化对象时,系统将用默认值初始化对象的成员变量。
- 一旦在类中定义了显式的构造方法,无论一个或多个,系统将不再提供缺省的无参数构造方法。此时如果在程序中使用缺省的构造方法,将会出现编译错误。

3. 构造方法的重载

构造方法也可以重载,重载的目的是使类的对象具有不同的初始值,从而为对象的初始化提供便利。一个类若干个构造方法之间还可以实现相互调用。当一个构造方法需要调用另一个构造方法时,可以使用关键字 this。同时这个调用语句应该是整个构造方法的第一个可执行语句。这样可以最大限度地提高已有代码的利用率,减少程序维护的工作量。

【例 3.10】 对类 Apple4 的构造方法进行重载,使用关键字 this 来引用同类的其他构造方法。

```
01 class Apple4 {
02   private String color;
03   private int num;
04   public Apple4(String c,int n) {
05     color=c;
06     num=n;                  }
07   public Apple4(String c) {
08     this(c,0);            }
09   public Apple4() {
10     this("Unknown");   }
11   public String getColor() {
12     return color;          }
```

```
13    public int getNum() {
14      return num;      }
15  }
16  public class AppleDemo {
17    public static void main(String args[ ]) {
18      Apple4 apple=new Apple4();
19      System.out.println("苹果颜色:"+apple.getColor());
20      System.out.println("苹果数量:"+apple.getNum());  }
21  }
```

【运行结果】

```
E:\JavaSamples>java AppleDemo
苹果颜色:Unknown
苹果数量:0
```

【分析讨论】

(1) 关键字 this 用来调用同类的其他的构造方法。

(2) 在 main()方法中,第 18 行调用了无参数的构造方法 Apple4(),它的执行导致了第 10 行调用了含有一个参数的构造方法,而第 10 行的执行同样导致了第 08 行调用了含有两个参数的构造方法(第 04 行)。

3.2　封装与数据隐藏

封装是面向对象程序设计的一个重要特性。一般地,封装是将客户端不应看到的信息包裹起来,使内部的执行在外部看来是一种不透明的黑箱,客户端不需要了解内部资源就能够达到目的。为数据提供良好的封装是保证类设计的最基本方法之一。

3.2.1　封装

封装也称数据隐藏,是指将对象的数据与操作数据的方法相结合,通过方法将对象的数据与实现的细节保护起来,只保留一些对外接口,以便与外界发生联系。系统的其他部分只有通过包裹在数据外面的被授权的操作来访问对象,因此封装同时也实现了对象的隐藏。也就是说,用户无须知道对象内部方法的实现细节,但可以根据对象提供的外部接口(对象名和参数)访问对象。封装具有如下特征。

- 在类的定义中,通过设置访问对象的属性及方法的权限,限制该类的对象以及其他类的对象的使用范围。
- 提供一个接口来描述其他对象的使用方法。
- 其他对象不能直接修改对象所拥有的属性和方法。

封装反映了事物的相对独立性。封装在编程上的作用是使对象以外的部分不能随意存取对象的内部数据,从而有效地避免了外部错误对它的"交叉感染"。通过封装和数据隐藏机制,将一个对象相关的变量和方法封装为一个独立的软件体,单独进行实现与维护,并使对象能够在系统内部方便地进行传递。另外也保证了对象数据的一致性并使程序易于维护。面向对象程序设计的封装单位是对象。类的概念本身也具有封装的含义,因为对象的特性是由类来描述的。

3.2.2 访问控制

访问控制是通过在类的定义中使用权限修饰符来实现的，以达到保护类的变量以及方法的目的。Java 语言支持 4 种不同的访问权限。

- 私有的：用 private 修饰符指定。
- 保护的：用 protected 修饰符指定。
- 共有的：用 public 修饰符指定。
- 默认的，也称为 default 或 package：不使用修饰符指定。

访问控制的对象有包、类、接口、类成员和构造方法。除了包的访问控制由系统决定外，其他的对象的访问控制均通过访问控制符来实现。访问控制符是一组限定类、接口、类成员是否可以被其他类访问的修饰符。其中，类和接口只有 public 和 default 两种。类成员和构造方法可以是 public、private、protected 和 default 四种，如表 3.1 所示。

表 3.1 Java 语言的类成员的 4 种访问控制权限及其可见性

访问控制符	可否直接访问			
	同一个类中	同一个包中	不同包中的子类	任何场合
private	√			
default	√	√		
protected	√	√	√	
public	√	√	√	√

1. private

类中带有 private 修饰符的成员只能在该类的内部使用，在其他类中则不允许直接访问。一般地，把那些不想让外界访问的数据和方法声明为私有的，将有利于数据的安全并保证数据的一致性，也符合编程中隐藏内部信息处理细节的基本原则。

构造方法也可以定义为 private。如果一个类的构造方法声明为 private，则其他类不能生成该类的实例对象。一个类不能访问其他类的对象的 private 成员，但是同一个类两个对象之间是可以相互访问对方的 private 成员的。这是因为访问控制是在类层次上(不同类的所有实例对象)，而不是在对象级别上(同一个类的特定实例)。

【例 3.11】 在类 Parent 中，通过成员方法 isEqualTo()，验证了同一个类的对象之间可以访问其私有的成员。

```
01 class Parent {
02 private int privateVar;
03 public Parent(int p) {
04 privateVar=p;
05 }
06 boolean isEqualTo(Parent anotherParent) {
07 if(this.privateVar==anotherParent.privateVar)
08 return true;
09 else
10 return false;
```

```
11 }
12 }
13 public class PrivateDemo {
14 public static void main(String[ ] args) {
15 Parent p1=new Parent(20);
16 Parent p2=new Parent(40);
17 System.out.println(p1.isEqualTo(p2));
18 }
19 }
```

【运行结果】

```
E:\JavaSamples>java PrivateDemo
false
```

【分析讨论】

(1) 在 Parent 类中,定义了一个方法 isEqualTo(),它比较了 Parent 类当前对象的私有变量 privateVar 与另一个对象 another 的私有变量 privateVar 是否相等。如果相等,则返回 true,否则返回 false。

(2) 在测试类 PrivateDemo 中,虽然 p1 和 p2 同为 Parent 类的对象,但是它们的私有成员变量 p1.privateVar 和 p2.privateVar 的值却不同,分别为 20 和 40,因此最后的输出结果为 false。

(3) 该程序说明了访问控制是应用于类层次(class)或者类型层次(type),而不是对象层次。

2. default

如果一个类没有显式地设置成员的访问控制级别,那么它使用的是默认的访问权限,称为 default 或 package。default 权限允许被这个类本身或者相同包中的类访问其成员,这个访问级别假设在相同包中的类是相互信任的。对于构造方法,如果不加任何访问权限,那么也是 default 权限,说明除这个类本身和同一个包中的类以外,其他的类均不能生成该类的对象实例。

【例 3.12】 在类 Parent 中,定义了具有 default 访问权限的变量和方法。它属于 p1 包,Child 类也属于 p1 包,所以 p1 包中的其他类也可以访问 Parent 类的 default 的成员变量和方法。

```
01 package p1;
02 class Parent {
03   int packageVar;
04   void packageMethod() {
05     System.out.println("I am packageMethod!");
06   }
07 }
```

下面是 Child 类的定义。

```
package p2;
class Child {
  void accessMethod() {
    Alpha a=new Alpha();
```

```
        a.packageVar=10;                        //合法的
        a.packageMethod();                      //合法的
    }
}
```

3. protected

protected 类型的类成员可以被同一个类、同一个包中的其他类以及它的子类访问。因此在允许类的子类和相同包中的类访问而禁止其他不相关的类访问时,可以使用 protected 修饰符。protected 修饰符将子类和相同包中的类看作是一个家族,只允许家族成员之间相互访问,而禁止这个家族之外的类和对象涉足其中。

假设定义有 3 个类:Parent、Person 和 Child,其中 Child 是 Parent 的子类,Parent 类和 Person 类在包 p1 中,而 Child 类在包 p2 中。Parent 类的定义如下。

```
01 package p1;
02 class Parent {
03   protected int protectedVar;
04   protected void protectMethod() {
05     System.out.println("I am protectedMethod!");
06   }
07 }
```

因为 Person 类与 Parent 类都属于同一个包中,所以 Person 类可以访问 Parent 对象的 protected 成员变量和方法。下面是 Person 类的定义。

```
01 package p1;
02 class Person {
03   void accessMethod() {
04     Parent p=new Parent();
05     p.protectedVar=100;
06     p.protectedMethod();
07   }
08 }
```

Child 类继承了 Parent 类,但是却在包 p2 中。Child 类的对象虽然可以访问 Parent 类的 protected 成员变量和方法,但是只能通过 Child 类的对象或者它的子类对象访问,不能通过 Parent 类的对象直接对这两个类的 protected 成员进行访问。因此 Child 类的方法 accessMethod()试图通过 Parent 类的对象 p 访问其变量 protectedVar 和方法 protectedMethod()是非法的,而通过 Child 类的对象 c 访问该变量和方法则是合法的。下面是类 Child 类的定义。

```
01 package p2;
02 import p1.*;
03 class Child extends Parent {
04   void accessMethod(Parent p, Child c) {
05     p.protectedVar=10;                    //非法的
06     c.protectedVar=10;                    //合法的
07     p.protectedMethod();                  //非法的
08     c.protectedMethod();                  //合法的
09   }
10 }
```

【分析讨论】

如果Child类与Parent类属于同一个包,则上述非法语句就是合法的。

4. public

带有public修饰符的成员可以被所有的类访问。如果构造方法的访问权限为public,则所有的类都可以生成该类的实例对象。一般地,一个成员只有在被外部对象使用后不会产生不良结果时,才会被声明为public。在类中的方法被定义为public时,表示该方法是这个类对外的接口,程序的其他部分可以通过调用它们达到与当前类交换信息、传递消息甚至影响当前类的目的,从而避免了程序的其他部分直接去操作这个类的数据。

3.2.3 package与import

用面向对象技术开发软件系统时,程序员需要定义许多类并使之共同工作,有些类可能需要在多处反复地被使用。为了使这些类易于查找和使用,避免命名冲突和限定类的访问权限,程序员可以将一组相关的类与接口包裹在一起形成一个包(package)。包是接口和类的集合(或称为容器),它将一组类集中到一起。Java语言通过包就可以方便地管理程序中的类了。包的优点主要体现在以下三方面。

(1) 编程人员可以很容易地确定包中的类是相关的,并且根据所需的功能找到相应的类。

(2) 防止类命名的混乱。每个包都创建一个新的命名空间,因此不同包中的相同的类名不会冲突。

(3) 控制包中的类、接口、成员变量和方法的可见性。在包中,除了声明为private的私有成员外,类中所有的成员都可以被同一个包中的其他类和方法访问。

1. package语句

包的创建就是将Java程序文件中的接口与类纳入指定的包中,创建包可以通过在类和接口中用package语句实现。package语句的语法如下。

```
package pk1[.pk2[.pk3...]];
```

其中“.”符号代表目录分隔符,pk1是最外层的包,pk2、pk3依次是内层的包。

创建一个包就是在当前文件夹下创建一个子文件夹,存放这个包中包含的所有类的class文件。Java编译器把包对应于文件系统的目录进行管理,因此包可以嵌套使用,即一个包中可以含有类的定义也可以含有子包,其嵌套层数没有限制。

【例3.13】 用关键字package将类Circle打包到com下的graphics包中。

```
01 package com.graphics;
02 public class Circle {
03   final float PI=3.14159f;              //定义一个用于表示圆周率的常量 PI。
04   public static void main(String[ ] args) {
05     System.out.println("画一个圆形!");
06   }
07 }
```

类Circle属于com.graphics包,所以该类的名字为com.graphics.Circle。假设Circle.java保存在E:\JavaSamples\ch04中,而类com.graphics.Circle位于C:\mypkg中,那么编

译和运行该类的步骤如下。

(1) 将 C:\mypkg 添加到 Classpath 中。

(2) 在命令行窗口中将 E:\JavaSxamples\ch04 作为当前目录,输入编译命令: javac -d c:\mypkg Circle.java,则在当前目录下产生 Circle.class 类文件(javac 命令中的-d 选项用于指定所产生的类文件的路径)。

(3) 在命令行窗口中输入: java com.graphics.Circle,则会得到运行结果"画一个圆"。

【分析讨论】

(1) package 语句必须在 Java 程序的第一行,该行之前只能有空格和注释。每个 Java 程序中只能有一个 package 语句,一个类只能属于一个包。

(2) 如果没有 package 语句,则 Java 程序为无名包。此时将会把 Java 程序保存在当前目录下。

2. import 语句

通常一个类只能引用与它在同一个包中的类。如果要使用其他包中的 public 类,则可以用以下两种方式。

- 导入包中的类。在每个要导入的类的名称前加上完整的包名。
- 使用 import 语句导入包中的类。其语法如下。

```
import pkg1[.pkg2[.pkg3...]].<类名| * >
```

其中 pkg1[.pkg2[.pkg3[...]]]表明包的层次,"*"表示导入多个类。Java 编译器默认为所有的 Java 程序导入了 JDK 中的 java.lang 包中的所有类。

【例 3.14】 在包 graphics 中有两个类: Point 类和 Circle 类,在 TestPackage 类中导入 graphics 包中的全部类。验证关键字 package 和 import 的使用方法。

Point 类的定义如下,将其保存在 graphics 包中。

```
01  package graphics;
02  public class Point  {
03    public int x=0;
04    public int y=0;
05    public Point(int x,int y) {
06      this.x=x;
07      this.y=y;
08    }
09  }
```

Circle 类的定义如下,将其保存在 graphics 包中。

```
01  package graphics;
02  public class Circle {
03    final float PI=3.14159f;                //定义一个用于表示圆周率的常量 PI
04    public int r=0;                         //定义一个用于表示半径的变量 r
05    public Point origin;
06    public Circle(int r,Point origin) {
07      this.r=r;
08      this.origin=origin;
09    }
10    public void move(int x,int y) {
```

```
11      origin.x=x;
12      origin.y=y;
13    }
14    public float area() {
15      return PI * r * r;
16    }
17  }
```

测试类 TestPackage 的定义如下,将其保存在 graphics 包中。

```
01  package graphics;
02  public class TestPackage {
03    public static void main(String[ ] args) {
04      Point p=new Point(2,3);
05      Circle c=new Circle(3,p);
06      System.out.println("The area of the circle is:"+c.area());
07    }
08  }
```

【编译与执行结果】

```
E:\JavaSamples\graphics>javac Point.java
E:\JavaSxamples\graphics>javac Circle.java
E:\JavaSxamples\graphics>javac TestPackage.java
E:\JavaSxamples\graphics>java TestPackage
The area of the circle is:28.274311
```

【分析讨论】

注意,public 类只能在同一个包中被使用,public 类可以在不同的包中被使用。

3.3 类的继承与多态

继承是面向对象程序设计语言的基本特性,也是面向对象程序设计方法中实现代码重用的一种重要手段。通过继承可以更有效地组织程序的结构,明确类之间的关系,充分利用已有的类创建新的类,以完成更复杂的设计与开发工作。多态可以统一多个相关类的对外接口,并在运行时根据不同的情形执行不同的操作,提供类的抽象度和灵活性。

3.3.1 类的继承

1. 继承的概念

类的继承是面向对象程序设计的一个重要特性。当一个类自动拥有另一个类的所有属性和方法时,则称这两个类之间具有继承关系。被继承的类称为父类(parent class)、超类(super class)或基类(base class),由继承得到的类称为子类(sub class)。继承是类之间的"IS-A"关系,反映出子类是父类的特例。子类不仅能够继承父类的状态和行为,还可以修改父类的状态或重写父类的行为,并且可以为自身添加新的状态和行为。

在类的声明中,可以使用关键字 extends 指明其父类,语法如下。

```
[accessLevel] class <subClassName> extends <superClassName> {
    [类体]
}
```

- accessLevel：指定类的访问权限，可选值为 public、abstract。
- subClassName：指定子类的名称。
- extends superClassName：指定要定义的子类继承自哪一个父类。

【例 3.15】 类 Bird 在继承了类 Animal 的基础上，定义了自身的成员变量和方法，并对方法 move()进行了重写。

```
01 class Animal {
02   boolean live=true;
03   public void eat() {
04     System.out.println("动物需要吃食物");
05   }
06   public void move(){
07     System.out.println("动物会运动");
08   }
09 }
10 class Bird extends Animal {
11   String skin="羽毛";
12   public void move() {
13     System.out.println("鸟会飞翔");
14   }
15 }
16 public class Zoo {
17   public static void main(String[ ] args) {
18     Bird bird=new Bird();
19     bird.eat();
20     bird.move();
21     System.out.println("鸟有"+bird.skin);
22   }
23 }
```

【运行结果】

```
E:\JavaSxamples>java Zoo
动物需要吃食物
鸟会飞翔
鸟有羽毛
```

【分析讨论】

(1) 在程序中定义了一个 Animal 类的子类 Bird，在子类中定义了自身的成员变量和方法，并且重写了方法 move()(第 12～14 行)。

(2) 在测试类 Zoo 中，创建了子类对象 Bird，并调用了其成员变量和方法。其中 eat()方法是从父类继承的，move()方法是重写了父类的方法，变量 skin 为子类独有的。

面向对象程序设计的一个基本原则是：不必每次都从头开始定义一个新的类，而是将新的类作为一个或若干个现有类的扩充或特殊化。如果不使用继承，则每个类都必须显式地定义它的所有特征。利用继承机制，在定义一个新类时只需定义那些与其他类不同的特征，与其他类相同的通用特征可以从其他类继承下来，而不必逐一显式地定义。注意，子类不能继承父类中的 private 属性。

2. 单继承

Java 语言不支持多重继承，而只支持单继承，所以 Java 语言的关键字 extends 后面的类名称只能有一个。单继承的优点是可以避免追溯过程中多个直接父类之间可能产生的冲突，使代码更加安全可靠。多重继承在现实世界中普遍存在，Java 语言虽然不支持多重继承，但是提供了接口实现机制，允许一个类实现多个接口。这样既避免了多重继承的复杂性，又实现了多重继承的效果。

3. super 关键字

关键字 super 指向该关键字所在类的父类，用来引用父类中的成员变量和方法。在子类中可以使用 super 调用父类中的成员变量和方法，但是必须在子类构造方法的第一行使用 super 来调用。其语法如下。

```
Super(参数列表);
```

参数列表：指定父类构造方法的入口参数。如果父类中的构造方法包括形式参数，则该项为必选项。

【例 3.16】　在子类 Bird 的构造方法中，通过 super 实现了调用父类 Animal 的构造方法。

```
01 class Animal {
02   boolean live=true;
03   String skin=" ";
04   public Animal(boolean l,String s) {
05     live=l;
06     skin=s;
07   }
08 }
09 class Bird extends Animal {
10   public Bird(boolean l,String s) {
11     super(l,s);                    //用 super 关键词调用父类包含两个参数的构造方法
12   }
13 }
14 public class Zoo {
15   public static void main(String[ ] args) {
16     Bird bird=new Bird(true,"羽毛");
17     System.out.println("鸟有:"+bird.skin);
18   }
19 }
```

【运行结果】

```
E:\JavaSxamples>java Zoo
鸟有羽毛
```

【分析讨论】

(1) Java 的安全模型要求子类的对象在初始化时，必须从父类继承以实现完全的初始化。因此，在执行子类的构造方法之前一定要调用父类的一个构造方法。

(2) 在子类的构造方法的第一行通过 super 调用父类的构造方法时，如果不使用 super 指定，则将调用父类默认的构造方法(即不带参数的构造方法)，将会产生编译错误。

(3) 在子类 Bird 的定义中,第 11 行调用了父类中含有两个参数的构造方法,因此,将会得到第 17 行的输出结果。

子类可以继承父类中非私有的成员变量和方法,但是在实际应用时要注意:

(1) 如果子类中的成员变量与父类的同名,则父类的成员变量将被隐藏。

(2) 如果子类中的成员方法与父类的同名,并且参数个数、类型和顺序也相同,则子类的成员方法将覆盖父类的。此时,如果要在子类中访问父类中被隐藏的成员变量和方法,就需要使用关键字 super:

- super.成员变量名;
- Super.成员方法名([参数列表]);

【例 3.17】 在子类 Bird 的成员方法 move()中,通过 super 调用了父类 Animal 的成员方法 move()。

```
01  class Animal {
02    boolean live=true;
03    String skin="";
04    public void move() {
05      System.out.println("动物会运动。");
06    }
07  }
08  class Bird extends Animal {
09    String skin="羽毛";                  //子类的 skin 变量隐藏了父类的 skin 变量
10    public void move() {                 //子类的 move()方法覆盖了父类的 move()方法
11      super.move();                      //用 super 关键字调用父类被覆盖的方法 move()
12      System.out.println("例如,鸟会飞翔。");
13    }
14  }
15  public class Zoo {
16    public static void main(String[ ] args) {
17      Bird bird=new Bird();
18      bird.move();
19      System.out.println("鸟有:"+bird.skin);
20    }
21  }
```

【运行结果】

```
E:\JavaSxamples>java Zoo
动物会运动。
例如,鸟会飞翔。
鸟有:羽毛
```

【分析讨论】

(1) 子类 Bird 的第 10~13 行,重写了父类 Animal 的方法 move(),如果要调用父类中被覆盖的方法,则必须用 super(第 11 行)。

(2) 如果要在子类中改变父类的成员变量的值 skin,则可以使用 super.skin = "羽毛";实现。

3.3.2 方法的重写

类的继承,既可以是子类对父类的扩充,也可以是子类对父类的改造。当类的扩充不能很好地满足功能需求时，就要在子类中对从父类继承的方法进行改造，这称为方法的重写(overriding)。

- 子类中重写的方法必须和父类中被重写的方法具有相同的名称、参数列表和返回值类型。
- 子类中重写的方法的访问权限不能缩小。
- 子类中重写的方法不能抛出新的异常。

【例 3.18】 类 Dog 和 Cat 作为 Animal 的子类，均重写了父类的成员方法 cry()，通过在测试类中生成每个子类的对象验证了方法的重写机制。

```
01 class Animal {
02   boolean live=true;
03   public void cry() {
04     System.out.println("动物发出叫声!");
05   }
06 }
07 class Dog extends Animal {
08   public void cry() {                          //子类重写了父类的成员方法 cry()
09     System.out.println("狗发出"汪汪"声!");
10   }
11 }
12 class Cat extends Animal {
13   public void cry() {                          //子类重写了父类的成员方法 cry()
14     System.out.println("猫发出"喵喵"声!");
15   }
16 }
17 public class Zoo {
18   public static void main(String[ ] args) {
19     Dog dog=new Dog();
20     System.out.println("执行 dog.cry();语句时的执行结果是:")
21     dog.cry();
22     Cat cat=new Cat();
23     System.out.println("执行 cat.cry();语句时的执行结果是:")
24     cat.cry();
25   }
26 }
```

【运行结果】

```
E:\JavaSamples>java Zoo
执行 dog.cry();语句时的执行结果是:
狗发出汪汪声!
执行 cat.cry();语句时的执行结果是:
猫发出喵喵声!
```

【分析讨论】

(1) 在子类 Dog 和 Cat 中，第 07～11 行和第 12～16 行，重写了父类的成员方法 cry()，所以在 main()方法中，通过 2 个子类对象调用 cry()时，执行的也分别是各自子类的 cry()方法。

(2) 从执行结果中可以看出，重写体现了子类补充或改变父类方法的能力，通过重写可以使一个方法在不同的子类中表现出不同的行为。

3.3.3 运行时多态

多态性是面向对象程序设计的 3 个重要特性之一。多态是指在一个 Java 程序中相同名字的成员变量和方法可以表现出不同的实现。Java 语言的多态性主要表现在方法重载、方法重写以及变量覆盖 3 方面。

- 方法重载：指在一个类中可以定义多个名字相同而实现不同的成员方法，是一种静态多态性，或称编译时多态。
- 方法重写(覆盖)：指子类可以隐藏与父类同名的成员方法，是一种动态多态性，或称为运行时多态。
- 变量覆盖：指子类可以隐藏与父类中同名的成员变量。

多态性提高了程序的抽象性和简洁性。从静态与动态的角度可以将多态分为编译时多态和运行时多态。

- 编译时多态：指编译器在编译阶段根据实参的不同，静态地判定具体调用的方法，Java 语言中的方法重载属于编译时多态。
- 运行时多态：指 Java 运行时系统能够根据对象状态的不同，调用其相应的成员方法，即动态绑定。Java 语言中的方法属于运行时多态。

1. 上溯造型

类之间的继承关系使得子类具有父类的非私有变量和方法的访问权限，这意味着父类中定义的方法也可以在它派生的各级子类中使用，发给父类的消息也可以发送给子类，所以子类对象可以作为父类来使用。程序中凡是使用父类对象的地方，都可以用子类对象来代替。

上溯造型(upcasting)指的是可以通过引用子类的实例来调用父类的方法，从而将一种类型(子类)对象的引用转换成另一种类型(父类)对象的引用。子类通常包含比父类更多的变量和方法，可以认为子类是父类的超集，所以上溯造型是一个从特殊、具体的类型到一个通用、抽象类型的转换，类型安全是能够得到保障的。因此，Java 编译器不需要任何特殊的标注，便允许使用上溯造型。

例如，父类 Animal 派生了 3 个子类：Parrot、Dot 和 Cat 类，利用上溯造型创建如下 3 个对象：

```
Animal a1 = new Parrot();
Animal a2 = new Dog();
Animal a3 = new Cat();
```

上述 3 个对象 a1、a2、a3 虽然都声明为父类类型，但是指向的是子类对象。

2. 运行时多态

上溯造型使得一个对象既可以是它自身的类型，也可以是它的父类类型。这意味着子类对象可作为父类的对象使用，即父类的对象变量可以指向子类对象。通过一个父类变量发出的方法调用，执行的方法既可以是在父类中的实现，也可以是在子类中的实现，只能在运行时根据该变量指向的具体对象类型来确定，这就是运行时多态。

运行时多态实现的原理是动态联编技术。将一个方法调用和一个方法体连接到一起就成为联编(binding)。在程序执行之前执行的联编操作称为早联编；在运行时刻执行的联编称为晚联编。在晚联编中，联编操作是在程序的运行时刻根据对象的具体类型进行的。也就是说，在晚联编中，编译器此时依然不知道对象的类型，但是运行时刻的方法调用机制能够自己确定并找到正确的方法体。

【例 3.19】 运行时多态的实例。

```
01 import java.util.*;
02 class Animal {                          //定义父类 Animal
03   void cry() {   }
04   void move() {   }
05 }
06  class Parrot extends Animal {          //定义子类 Parrot
07    void cry() {                         //重写父类的成员方法 cry()
08      System.out.println("鹦鹉会说话!");
09    }
10    void move() {                        //重写父类的成员方法 move()
11      System.out.println("鹦鹉正在飞行!");
12    }
13  }
14  class Dog extends Animal {             //定义子类 Dog
15    void cry() {                         //重写父类的成员方法 cry()
16      System.out.println("狗发出汪汪声!");
17    }
18    void move() {                        //重写父类的成员方法 move()
19      System.out.println("小狗正在奔跑!");
20    }
21  }
22  class Cat extends Animal {             //定义子类 Cat
23    void cry() {                         //重写父类的成员方法 cry()
24      System.out.println("猫发出喵喵声!");
25    }
26    void move() {                        //重写父类的成员方法 move()
27      System.out.println("小猫正在爬行!");
28    }
29  }
30  public class Zoo {                     //定义包含 main()的测试类
31    static void animalsCry(Animal aa[ ]) {
32      for(int i=0;i<aa.length;i++) {
33        aa[i].cry();
34      }
35    }
36    public static void main(String[ ] args) {
37      Random rand=new Random();
38      Animal a[ ]=new Animal[8];
39      for(int i=0;i<a.length;i++) {
40        switch(rand.nextInt(3)) {
41          case 0:a[i]=new Parrot();break;
42          case 1:a[i]=new Dog();break;
43          case 2:a[i]=new Cat();break;
44        }
45      }
46      animalsCry(a);
47    }
48 }
```

【运行结果】

```
E:\JavaSamples>java Zoo
鹦鹉会说话!
狗发出汪汪声!
鹦鹉会说话!
猫发出喵喵声!
猫发出喵喵声!
鹦鹉会说话!
狗发出汪汪声!
狗发出汪汪声!
```

【分析讨论】

在本例中,之所以要随机地创建 Animal 的各个子类对象,是为了加深对多态概念的理解,即对 Animal 类型对象的 cry()方法的调用,是在执行时刻通过动态联编进行的。

3.3.4 对象类型的强制转换

对象的强制类型转换也称为向下造型(downcasting),是将父类类型的对象变量强制(显式)地转换为子类类型。这样,才能通过该变量访问子类的特有成员。注意,对象强制类型的转换,要先测试确定对象的类型,然后再执行转换。

1. 关键字 instanceof

在 Java 语言中,操作符 instanceof 用于测试对象的类型,由该运算符构造的表达式的语法格式如下:

```
aObjectVariable instanceof SomeClass
```

当操作符左侧的对象变量所引用的对象类型是其右侧类型或其子类类型时,表达式结果为 ture,否则为 false。

【例 3.20】 instanceof 操作符的使用实例。

```
01 class Animal {   }
02 class Cat extends Animal {   }
03 class Dog extends Animal {   }
04 public class TestInstanceof {
05   public void doSomething(Animal a) {
06     if(a instanceof Cat) {
07       //处理 Cat 类型及其子类类型对象
08       System.out.println("This is a Cat");
09     } else if(a instanceof Dog) {
10     //处理 Dog 类型及其子类类型对象
11           System.out.println("This is a Dog");
12     } else {
13       //处理 Animal 类型对象
14         System.out.println("This is an Animal");
15     }
16   }
17   public static void main(String[ ] args)   {
18     TestInstanceof t=new TestInstanceof();
19     Dog d=new Dog();
20     t.doSomething(d);
```

```
21    }
22 }
```

【运行结果】

```
E:\JavaSamples>java TestInstanceof
This is a Dog
```

【分析讨论】

(1) 在类 TestInstanceof 的定义中，doSomething()方法将接收 Animal 类型的参数(第05行)，而在运行中该方法接收的对象可能是 Cat 或 Dog 类型。此时，可以使用 instanceof 对对象类型进行测试，即06～15行，根据不同的类型进行相应的处理。

(2) 从第19、20行可以看出，运行时传递的参数是 Dog 类型的对象，因此在访问 doSomething()方法时与第09行的分支语句相匹配，并执行相应的处理(第11行)，故得到上述执行结果。

(3) 通俗地讲，用 instanceof 操作符，可以将“冒充”父类类型出现的子类对象“现出原形”，然后再进行针对性处理。

2. 强制类型转换

强制类型转换的语法如下：

```
(SomeClass) aObjectVariable
```

- SomeClass：指定试图强制转换的数据类型，即子类类型。
- aObjectVariable：指定被强制转换的对象，即父类类型。
- 为保证转换能够成功地进行，可以先使用 instanceof 进行对象类型的测试，当结果为 true 时再进行转换。

【例3.21】 在类 Casting 中定义的方法 someMethod()，父类参数必须通过强制类型转换才能调用子类的方法 getSkin()，否则将会产生编译异常。

```
01 class Animal {
02   String skin;
03 }
04 class Bird extends Animal {
05   String skin="羽毛";
06   public String getSkin() {
07     return skin;
08   }
09 }
10 public class Casting {
11   public void someMethod(Animal a) {
12     System.out.println(a.getSkin());          //非法
13     if(a instanceof Bird) {
14       Bird b=(Bird)a;                         //强制类型转换
15       System.out.println(b.getSkin());        //合法
16     }
17   }
18   public static void main(String[ ] args) {
19     Casting t=new Casting();
20       Bird bird=new Bird();
```

```
21      t.someMethod(bird);
22    }
23  }
```

【编译结果】

```
E:\JavaSamples>javac Casting.java
Casting.java:12: 错误: 找不到符号
    System.out.println(a.getSkin());      //非法
                        ^
  符号:   方法 getSkin()
  位置: 类型为 Animal 的变量 a
1 个错误
```

【运行结果】

```
E:\Java\JNBExamples>javac Casting.java
E:\Java\JNBExamples>java Casting
羽毛
```

【分析讨论】

(1) 第 12 行由于使用父类变量 a 调用子类的成员方法而导致非法。

(2) 在执行强制类型转换时,需要注意:一是无继承关系的引用类型之间的转换是非法的,会导致编译错误;二是对象变量转换的类型,一定要是当前对象类型的子类;三是在运行时也要进行对象类型的检查。

(3) 在进行对象类型转换的过程中,如果省略了类型测试,并且对象的类型并不是要转换的目标类型,那么程序中将抛出异常。

3.3.5 Object 类

在 Java 语言中,java.lang 包中定义的 Object 类是包括自定义类在内的所有 Java 类的根父类。也就是说,Java 中的每个类都是 Object 类的直接或间接子类。由于 Object 类的这种特殊地位,这个类中定义了所有对象都需要的状态和行为。例如,对象之间的比较,将对象转换为字符串等。

1. equals()方法

Object 类定义的 public boolean equals(Object obj),用于判断某个指定对象与当前对象(调用 equals 方法的对象)是否等价。“等价”的含义是指当前对象的引用是否与参数 obj 指向同一个对象,如果是,则返回 true。注意,数据等价是指两个数据的值相等,而引用类型的数据比较的是对象的地址。另外,“==”运算符可以比较引用类型和基本类型,而 equals()方法只能比较引用类型。

【例 3.22】 用“equals()”方法和“==”来分别比较引用类型以及基本类型。

```
01 public class TestEquals {
02   public static void main(String args[ ]) {
03     String s1=new String("Hello");
04     String s2=new String("Hello");
05     if(s1==s2) {
06       System.out.println("s1==s2");
```

```
07        } else {
08          System.out.print("s1!=s2");
09        }
10        if(s1.equals(s2)) {
11          System.out.println("s1 is equal to s2");
12        } else {
13          System.out.println("s1 is not equal to s2");
14        }
15        s2=s1;
16        if(s1==s2) {
17          System.out.println("s1==s2");
18        } else {
19          System.out.println("s1!=s2");
20        }
21      }
22  }
```

【运行结果】

```
E:\JavaSamples>java TestEquals
s1!=s2s1 is equal to s2
s1==s2
```

【分析讨论】

(1) 第 03、04 行分别声明并创建了 2 个对象 s1 和 s2,引用类型变量的值是其引用地址而不是对象本身,因此 s1 和 s2 引用存储空间的地址不相同。

(2) 第 05 行,比较的是 s1 和 s2 的引用地址。第 15 行是将 s1 的引用地址赋给 s1,因此得到的输出结果是“s1==s2”。

(3) 第 10 行比较的是对象的内容,而不是引用地址,因此输出结果是“s1is equals to s2”。

2. toString()方法

public String toString()方法用于描述当前对象的信息,表达内容因具体对象而异。Object 类中实现的 toString()方法是返回当前对象的类型和内存地址信息,但是在一些子类(例如 String、Date 等)中进行了重写。另外,该方法在程序调试时对确定对象的内部状态很有价值,为此在用户自定义类中都将该方法进行重写,以返回更适用的信息。

除了显式地调用 toString()方法外,在进行 String 与其他类型数据的连接操作时,也将自动调用 toString()方法,其中又分为以下两种情形:

- 引用数据类直接调用其 toString()方法转换为 String 类型。
- 基本数据类型先转换为对应的封装类型,再调用该封装类的 toString()方法转换为 String 类型。

在用 System.out.println()方法输出引用类型的数据时,是先自动调用该对象的 toString()方法,再将返回的字符串输出。

3.4 数组

数组是相同数据类型的元素按顺序组成的一种复合数据类型。虽然组成数组的元素是基本数据类型,但是在 Java 语言中,数组作为一种引用类型应用在程序设计中。在程序中引入数组可更有效地处理数据,提高程序的可读性和可维护性。Java 语言的数组按维数可以分为一维数组和多维数组。

3.4.1 一维数组

一维数组是一种线性数据序列。数组的使用要经过定义、创建、初始化、使用等过程。

1. 数组的定义

数组的定义包括数组的名字和数组元素两部分。一维数组的定义有以下两种形式:

```
dataType[ ] arrayName;
dataType arrayName[ ];
```

- dataType:数据类型,可以是基本数据类型,也可以是对象类型。
- arrayName:数组名称。
- 上述两种声明形式完全等价,并且“[ ]”与“数组类型”或“数组变量名”之间可以有 0 个到多个空格。

数组定义的实例如下:

```
int n[ ];           //定义了数据类型为 int,数组名为 n 的数组
Point p[ ];         //定义了数据类型为 Point,数组名为 p 的数组
int [ ] a, b, c;    //定义了 3 个数据类型为 int,数组名为 a、b、c 的数组
```

2. 数组的创建

数组的定义只是声明了数组类型的变量,实际上数组在内存空间中并不存在。为了使用数组,必须用 new 操作符在内存中申请连续的空间来存放申请的数组变量。为数组分配内存空间必须指明数组的长度,创建数组就是为数组分配内存空间。创建数组的语法如下。

```
arrayName=dataType[arraySize];
```

- arrayName:已经定义的数组名称。
- dataType:数组的数据类型。
- arraySize:数组占用的内存空间,即数组元素的个数。

3. 数组的长度

数组中元素的个数称为数组的长度。Java 语言为数组设置了一个表示数组长度的变量 length,作为数组的一部分存储起来。Java 语言用该变量在运行时进行数组下标越界的检查,在程序中也可以访问该变量获得当前数组的长度。其调用的语法为:arrayName.length;注意,定义数组时不能指定数组的长度。因为 Java 语言中的数组是作为类来处理的,而类的声明并不创建该类的对象,所以在声明一个数组类型变量时,只是在内存中为该数组变量分配引用空间,并没有创建一个真正的数组对象,更没有为数组中的每个元素分配存储空间。此时,还不能使用该数组的任何元素,也就不能指定其长度了。

4. 静态初始化

在声明一个数组的同时对数组中的每个元素进行赋值,称为数组的静态初始化。这可以通过一条语句完成数组的声明、创建与初始化 3 项功能。例如:

```
String str = {"Hello", "my", "Java"};
```

- 上述语句声明并创建了一个长度为 3 的字符串数组，并为每个数组元素赋初值。
- 静态初始化方式创建数组时不能事先指定数组中元素的个数，系统会根据所给出的初始值的个数自动计算出数组的长度，然后分配所需要的存储空间并赋值。
- 如果在静态初始化数组时指定长度，就会在编译时出错。

5. 动态初始化

在声明(或创建)一个数组类型对象时，只是通过 new 为其分配所需的存储空间，而不对其元素赋值，这种初始化方式称为动态初始化。其语法如下。

```
new dataType[arraySize];
```

- dataType：数组的数据类型。
- arraySize：数组占用的内存空间，即数组元素的个数。

动态初始化数组的例子如下：

(1) int n[ ]；

(2) n = new int[3]；

(3) n[0] = 1；

(4) n[1] = 2；

(5) n[2] = 3；

上述各个语句的执行过程如下：

语句(1)只是声明了一个数组类型的变量 n，并为其分配定长的引用空间(值为 null)。

执行语句(2)，创建一个含有 3 个元素的 int 型数组对象，为数组 n 分配 3 个 int 型数组空间，并将 3 个元素的值初始化为 0。

语句(3)、(4)、(5)为各个数组元素显式地赋初值。

上述各个语句的内存状态如图 3.4 所示。

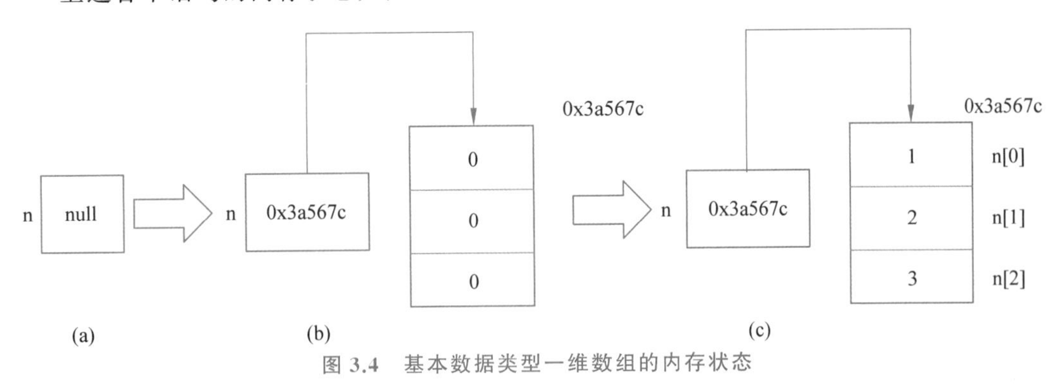

图 3.4 基本数据类型一维数组的内存状态

上面介绍的是基本数据类型数组的动态初始化。引用类型数组的动态初始化要进行两级的空间分配。因为每一个数组元素又是一个引用类型的对象，所以要先为每个数组元素分配空间(定长的引用空间)，接下来再为每个数组元素所引用的对象分配存储空间。引用类型数组的动态初始化的例子如下：

(1) String s[]；

(2) S = new String[3]；

(3) s[0] = new String("Hello")；

(4) s[1] = new String("my");

(5) S[2] = new String("Java");

上述语句执行完毕后,数组 s 的内存状态如图 3.5 所示。

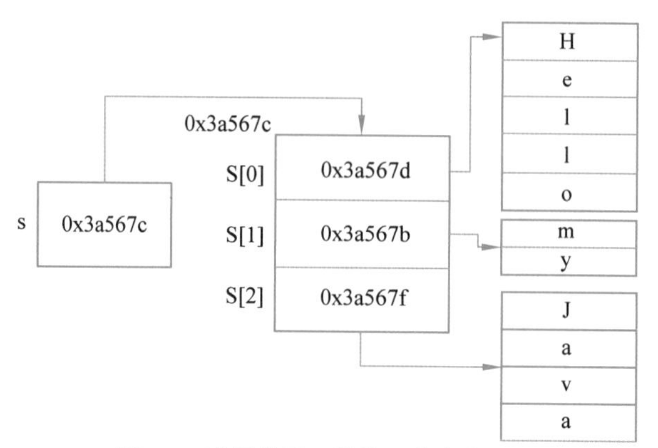

图 3.5　引用类型一维数组的内存状态

6. 数组元素的引用

在声明并初始化一个数组后(为数组元素分配空间并进行显式或默认的赋初值),才可以引用数组中的每个元素。数组元素的引用方式为:

```
arrayName[index];
```

index 为数组元素的下标,可以是整型常量或表达式。例如 a[0]、b[i]、c[i+2]。数组元素的下标从 0 开始,长度为 n 的数组合法的下标取值范围是 0～n－1。

【例 3.23】 创建一维数组 array[]并进行静态初始化,然后通过 for 循环语句对该数组进行打印输出操作。

```
01 public class ArrayElement {
02   public static void main(String args[ ]) {
03     int array[ ]={12,14,16,18};
04     for(int i=0;i<array.length;i++) {
05       System.out.println("array["+i+"]="+array[i]);
06     }
07   }
08 }
```

【运行结果】

```
E:\JavaSamples>java ArrayElement
array[0]=12
array[1]=14
array[2]=16
array[3]=18
```

【例 3.24】 创建一维数组 anArray[ ],并定义其长度为 10,通过 new 为其分配存储空间,然后通过 for 循环语句对数组进行动态初始化,并打印输出结果。

```
01 public class ArrayDemo {
02   public static void main(String[ ] args) {
```

```
03      int anArray[ ];                      //声明一个整型数组
04      anArray=new int[10];                 //创建数组
05      //给数组中每个元素赋值并打印输出
06      for(int i=0;i<anArray.length;i++) {
07        anArray[i]=i;
08        System.out.print(anArray[i]+" ");
09      }
10      System.out.println();
11    }
12  }
```

【运行结果】

```
E:\JavaSamples>java ArrayDemo
0 1 2 3 4 5 6 7 8 9
```

3.4.2 多维数组

在 Java 语言中，多维数组称为“数组中的数组”，即一个 n 维数组是一个 n－1 维数组的数组。本节以二维数组为例讲解多维数组的概念和用法。

1. 多维数组的定义

多维数组的声明要用多对[ ]来表示数组的维数。一般地，n 维数组要用 n 对[ ]。例如：

```
int a[ ] [ ];
int [ ] [ ] a;
```

上述两个语句是等价的，声明了一个二维 int 型数组 a。注意，声明二维数组时，无论是高维还是低维，都不能指定维数。

2. 多维数组的实例化

多维数组的实例化可以分为静态和动态两种。静态初始化二维数组的示例如下：

```
int a [ ] [ ] = {{1,2},{3,4},{5,6}};
int b [ ] [ ] = {{1,2},{3,4,5,6},{7,8,9}};
```

可以把二维数组 a 和 b 看作一个特殊的一维数组，其中 3 个(高维的长度)元素为 a[i]，0≤i≤2。

每个元素又是一个 int 型一维数组，而每个元素对应的一维数组的长度可以相同，也可以不同。

二维数组 a 中的 3 个一维数组的长度均为 2，而二维数组 b 中的 3 个一维数组的长度就不相同，分别为 2、4、3。

动态初始化二维数组，将直接为每一维分配内存，并创建规则数组。例如：

```
int a[ ] [ ];
a = new int[3][3];
```

第一个语句声明了一个一维数组 a，第 2 个语句创建了一个 3 行 3 列的数组。

由于 Java 语言中二维数组是一维数组的数组，所以创建二维数组 a 实际上是分配了 3 个 int 型数组的引用空间，分别指向 3 个能容纳 3 个 int 型数值的存储空间，如图 3.6 所示。

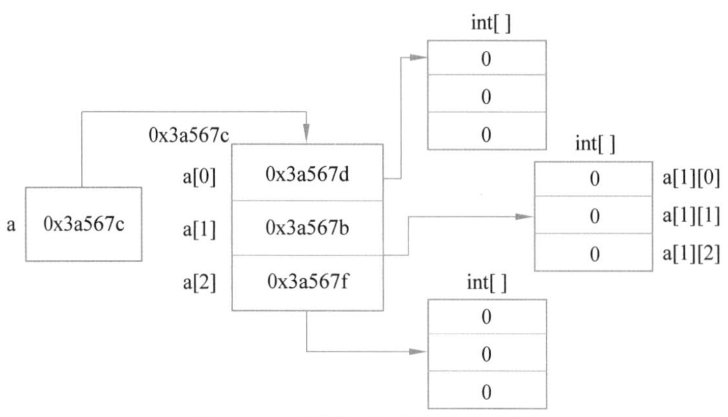

图 3.6　二维数组的内存结构实例

动态初始化二维数组,并且从最高维起分别为每一维分配空间,这种方式可以构建不规则数组。例如:

```
int a[ ][ ] = new int[3][ ];
a[0] = new int[2];
a[1] = new int[4];
a[2] = new int[3];
```

在多维数组的使用中,必须先为数组的高维分配引用空间,然后再依次为低维分配空间;反之则不可以,即维数的指定必须按照从高到低的顺序。例如:

```
int a[ ][ ] = new int[2][ ];                //合法,只有最低维可以不赋值,其他的都要赋值
int b[ ][ ] =new int[ ][3];                 //非法,必须先为高维分配空间
```

另外,可以使用"数组名称+各维下标"的形式引用多维数组的元素。例如,引用二维 int 型数组的元素可以使用 a[i][j],0≤i≤a.length−1,0≤j≤a[i].length−1。

【例 3.25】 创建一个二维 int 型数组,并将其元素以矩阵形式打印输出。

```
01  public class ArrayofArrayDemo1 {
02    public static void main(String args[ ]) {
03      int[ ][ ] aMatrix=new int[3][ ];
04      //创建每个 int 型一维数组,并赋值
05      for(int i=0;i<aMatrix.length;i++){
06        aMatrix[i]=new int[4];
07        for(int j=0;j<aMatrix[i].length;j++){
08          aMatrix[i][j]=i+j;
09        }
10      }
11      //将数组以矩阵的形式打印输出
12      for(int i=0;i<aMatrix.length;i++){
13        for(int j=0;j<aMatrix[i].length;j++){
14          System.out.print(aMatrix[i][j]+" ");
15        }
16        System.out.println();
17      }
18    }
19  }
```

【运行结果】

```
E:\JavaSamples>java ArrayofArrayDemo1
0 1 2 3
1 2 3 4
2 3 4 5
```

【分析讨论】

第 03 行创建了维数为 3 的二维数组并将其动态初始化，然后通过 for 循环语句指定该数组的低维维数为 4，变量 i 代表数组的行，变量 j 将代表数组的列，通过双层 for 循环对数组进行赋值操作，并将其打印输出。

3.4.3 数组的复制

数组变量之间的赋值是引用赋值，因而不能实现数组数据的赋值。例如：

```
int a[ ] = new int[4];
int b[ ];
b =a;
```

如图 3.7 所示为上述代码片段的执行结果示意图。

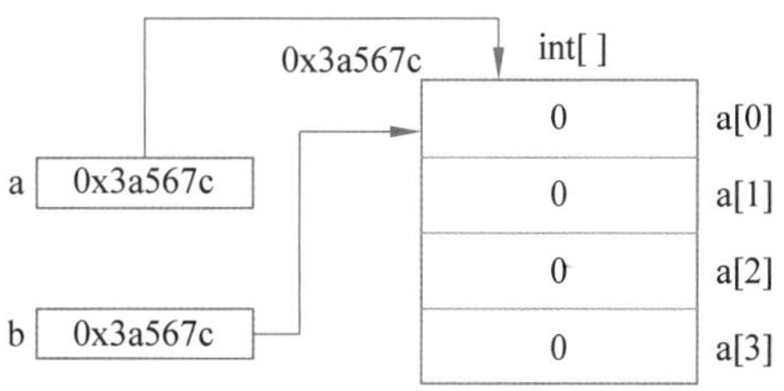

图 3.7 数组变量之间的赋值示例

JDK 的 System 类定义的静态方法 arraycopy()提供了实现数组复制的操作。该方法的定义如下：

```
public static void arraycopy (Object source, int srcIndex, Object dest, int
destIndex, int length)
```

- source：源数组。
- srcIndex：源数组开始复制的位置。
- dest：目标数组。
- destIndex：目标数组中开始存放复制数组的位置。
- length：复制元素的个数。

【例 3.26】 将一个字符数组的部分数据复制到另一个数组中。

```
01 public class ArrayCopyDemo {
02   public static void main(String[ ] args) {
03     char[ ] copyFrom={'d', 'e', 'a', 'm', 'i', 'n', 'a', 't', 'e','d'};
04     char[ ] copyTo=new char[7];
05     System.arraycopy(copyFrom,2,copyTo,0,copyTo.length);
06     for(int i=0;i<copyTo.length;i++){
07         System.out.print(copyTo[i]);
```

```
08        }
09        System.out.println();
10    }
11  }
```

【运行结果】

```
E:\JavaSamples>java ArrayCopyDemo
aminate
```

【分析讨论】

在第 05 行中,通过类名调用了静态方法 arraycopy(),从字符数组 copyFrom 的第 2 个元素开始,赋值 7 个元素到字符数组 copyTo 中,如图 3.8 所示。

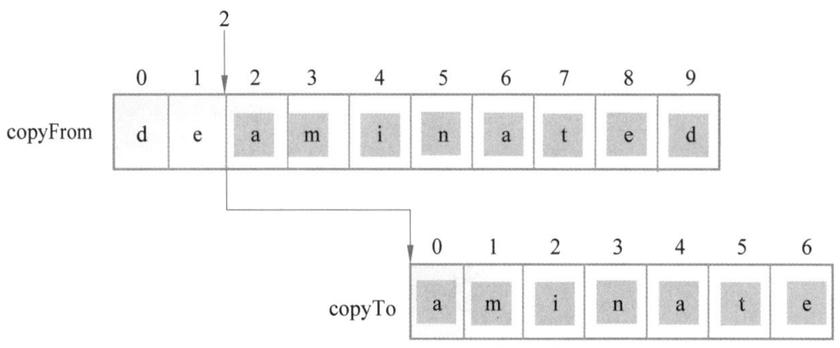

图 3.8　例 3.26 执行结果示意图

3.5 本章小结

面向对象特性是 Java 语言的最基本特性之一,对其的深刻理解是学好 Java 语言的关键。本章围绕面向对象程序设计的 3 个基本特性——封装、继承和多态,详细讲解了类的定义和构建、对象的创建和使用、数据的隐藏和封装、类的继承和多态,以及数组的创建和使用等方面的知识。其中,多态是本章的难点。多态可以提高程序的可读性、扩展性与维护性。深入理解和掌握多态的概念,对于充分使用 Java 语言的面向对象特性是至关重要的。

课后习题

1. 类的定义要求它的某个成员变量不能被外部类直接访问,那么应该使用下面的哪一个修饰符获得需要的访问控制?(　　)

A. public　　B. default　　C. protected　　D. private

2. 怎样才能执行强制对象的垃圾收集?(　　)

A. 垃圾收集不能被强制立即执行

B. 调用 System.gc();

C. 调用 System.gc();,并传递一个对象的引用给垃圾回收器

D. 调用 Runtime.gc();

3. 有如下所示的代码：

```
public class Array {
static String arr[ ]=new String[10];
public static void main(String[ ] args) {
System.out.println(arr[1]);
}
}
```

下列哪一项叙述是正确的？（　　）

A. 编译时出错　　　　B. 编译时正确但运行时出错

C. 输出为0　　　　D. 输出为null

4. 编写程序，要求利用二维数组创建一个整型4×4矩阵，并将其输出显示。

5. 编写一个Java程序片段，定义表示雇员的类Employee。雇员的属性包括雇员号、姓名、性别、部门、职位；雇员的方法包括设置与获取雇员号、姓名、性别、部门、职位。

6. 为习题5中的类Employee增加一个方法public String toString()，该方法把Employee类的对象的所有属性信息组合成一个字符串以便显示输出。编写一个Java应用程序，要求创建Employee类的对象，并验证新增加的功能。

7. 假定根据学生的3门学位课程的分数以决定其是否可以拿到学位。对于本科生，如果3门课程的平均分超过60分即表示通过；对于研究生，则需要3门课程的平均分超过80分才能通过。根据上述要求，使用类的继承及相关机制完成如下设计：

(1) 设计一个基类Student描述学生的共同特征。

(2) 设计一个描述本科生的类Undergraduate，该类继承并扩展了Student类。

(3) 设计一个描述研究生的类Graduate，该类继承并扩展了Student类。

(4) 设计一个测试类StudentDemo，分别创建本科生和研究生两个类的对象，并输出相关的学位信息。

第 4 章　Java 语言面向对象高级特性

本章讲解 Java 语言面向对象的高级特性，包括 Java 基本数据类型的包装类（wrapper class）、通过 static 关键词定义的类变量、类方法和初始化程序块、final 关键词、抽象类（abstract class）、接口（interface）、内部类（inner class）以及枚举类（enum）等。其中，抽象类与接口是 Java 语言面向对象的重要高级特性，也是本章的重点。本章是在第 3 章基础上的深入与扩展，是 Java 面向对象程序设计的重要基础。

4.1 基本数据类型包装类

Java 程序中的数据有基本类型和对象类型两种，与此相对应的有基本类型的变量和引用类型的变量。有时要将基本类型的数据构造成一个对象来使用，有时需要将对象中保存的基本类型数据提取出来。这种基本类型与对象类型的相互转换，就需要使用基本数据类型的包装类。在 Java 语言中，每一种基本数据类型都有其包装类，基本数据类型及其对应的包装类如表 4.1 所示。

表 4.1　基本数据类型及其包装类

基本数据类型	包　装　类	基本数据类型	包　装　类
byte	Byte	char	Character
short	Short	boolean	Boolean
int	Integer	float	Float
long	Long	double	Double

1. 构造方法

Java 语言中的包装类包括 Byte、Short、Integer、Long、Character、Boolean、Float 和 Double 共 8 个类，分别对应于基本类型的 byte、short、int、long、char、boolean、float 和 double。包装类的对象只包含一个基本类型的字段，通过该字段包装基本类型的值。包装类的构造方法如表 4.2 所示。

表 4.2　包装类的构造方法

方　法　名	参数类型	方　法　名	参数类型
public Byte(byte value)	byte	public Character(char value)	char
public Byte(String s)	String	public Boolean(boolean value)	boolean
public Short(short value)	short	public Boolean(String s)	String
public Short(String s)	String	public Float(float value)	float

续表

方 法 名	参数类型	方 法 名	参数类型
public Integer(int value)	int	public Float(double value)	double
public Integer(String s)	String	public Float(String s)	String
public Long(long value)	long	public Double(double value)	double
public Long(String s)	String	public Double(String s)	String

【例 4.1】 基本数据类型包装类的构造方法使用示例。

```
01 public class Wrapper {
02   public static void main(String[ ] args) {
03     byte b = 12;
04     short s = 456;
05     long l = 4568L;
06     char c = 'a';
07     Byte bw = new Byte(b);
08     System.out.println("Byte 对象封装的值为:" + bw);
09     Short sw = new Short(s);
10     System.out.println("Short 对象封装的值为:" + sw);
11     Integer iw = new Integer("123");
12     System.out.println("Integer 对象封装的值为:" + iw);
13     System.out.println("Long 对象封装的值为:" + new Long(l));
14     Character cw = new Character(c);
15     System.out.println("Character 对象封装的值为:" + cw);
16     Float fw = new Float(5.6);
17     System.out.println("Float 对象封装的值为:" + fw);
18     Boolean bow = new Boolean(true);
19     System.out.println("Boolean 对象封装的值为:" + bow);
20     System.out.println("Double 对象封装的值为:" + new Double("8.9"));
21   }
22 }
```

【运行结果】

```
Byte 对象封装的值为:12
Short 对象封装的值为:456
Integer 对象封装的值为:123
Long 对象封装的值为:4568
Character 对象封装的值为:a
Float 对象封装的值为:5.6
Boolean 对象封装的值为:true
Double 对象封装的值为:8.9
```

2. 静态工厂方法

除了可以用每种包装类的构造方法来创建包装类的对象外,还可以使用静态工厂方法 valueOf()来创建包装类的对象。valueOf()方法是静态的,可以直接通过类来调用。包装类的静态工厂方法如表 4.3 所示。

表 4.3 包装类的静态工厂方法

方法名	说明
valueOf(基本类型)	将基本类型数据封装成相应类型的包装类对象
valueOf(String s)	将字符串中基本类型数据封装成相应类型的包装类对象,Character 类无此方法
valueOf(String s, int i)	将字符串中整型数据封装成相应类型的包装类对象,字符串中的整型数据是用变量 i 所指定的进制数表示的

【例 4.2】 包装类的静态工厂方法使用示例。

```
01  public class WrapperValueOfTest {
02    public static void main(String[ ] args) {
03      Byte b=Byte.valueOf("12");
04      System.out.println("Byte 类型对象中封装的值为:"+b);
05      Double d=Double.valueOf(12.45);
06      System.out.println("Double 类型对象中封装的值为:"+d);
07      Integer i=Integer.valueOf("105",8);
08      System.out.println("Integer 类型对象中封装的值为:"+i);
09    }
10  }
```

【运行结果】

```
Byte 类型对象中封装的值为:12
Double 类型对象中封装的值为:12.45
Integer 类型对象中封装的值为:69
```

3. 获取基本类型数据

将包装类对象中的基本类型的值提取出来,可以通过使用其对应的 xxxValue()方法实现。下面是包装类中的方法。

- public boolean booleanValue()
- public char charValue()
- public byte byteValue()
- public short shortValue()
- public int intValue()
- public long longValue()
- public float floatValue()
- public double doubleValue()

【例 4.3】 获取包装类对象中基本类型数据的示例。

```
01  public class WrapperValueTest {
02    public static void main(String[ ] args) {
03      Double d=new Double(129.89);
04      System.out.println("byteValue:"+d.byteValue());
05      System.out.println("shortValue:"+d.shortValue());
06      System.out.println("intValue:"+d.intValue());
07      System.out.println("floatValue:"+d.floatValue());
08      System.out.println("doubleValue:"+d.doubleValue());
```

```
09      Boolean b=new Boolean("True");
10      System.out.println("booleanValue:"+b.booleanValue());
11      Character c=new Character('A');
12      System.out.println("charValue:"+c.charValue());
13    }
14  }
```

【运行结果】

```
byteValue:-127
shortValue:129
intValue:129
floatValue:129.89
doubleValue:129.89
booleanValue:true
charValue:A
```

4. 提取字符串中的基本类型数据

包装类中的静态方法 public static xxx parseXxx(String s),可以将字符串中的基本类型数据提取出来。

【例 4.4】 提取字符串中基本类型数据的示例。

```
01  public class WrapperParseTest {
02    public static void main(String[ ] args) {
03      boolean b=Boolean.parseBoolean("TRUE");
04      double d=Double.parseDouble("7.8");
05      byte bb=Byte.parseByte("127");
06      int i=Integer.parseInt("15",8);
07      System.out.println(b);
08      System.out.println(d);
09      System.out.println(bb);
10      System.out.println(i);
11    }
12  }
```

【运行结果】

```
true
7.8
127
13
```

5. 静态 toString()方法

每种基本数据类型包装类中都有静态的 toString()方法,其定义为 public static String toString(xxx c),其功能为返回一个指定×××类型值的 String 对象。

【例 4.5】 基本数据类型包装类中的静态 toString()方法的示例。

```
01  public class StaticToStringTest {
02    public static void main(String[ ] args) {
03      String s=Integer.toString(25);
04      int i=Integer.parseInt(s);
05      Integer iw=new Integer(i);
```

```
06      System.out.println(iw);
07    }
08  }
```

【运行结果】

```
25
```

6. 自动装箱/拆箱

自动装箱/拆箱的功能可以使数据在基本类型和相应的包装类之间由系统进行自动转换。在自动装箱过程中,系统隐含地调用了包装类的构造方法将基本类型数据转换为相应的包装类;在自动拆箱过程中,系统隐含地调用了包装类的解析方法将包装类数据转换为相应的基本类型的值。

【例 4.6】 在类 AutoBoxingTest 的定义中,介绍了自动装箱/拆箱的使用。

```
01  import java.util.*;
02  public class AutoBoxingTest {
03    public static void main(String[ ] args) {
04      List<Integer> intList=new ArrayList<Integer>();
05      for(int i=0;i<10;i++) {
06        intList.add(i);
07      }
08      for(int i : intList) {
09        System.out.print(i+"\t");
10      }
11    }
12  }
```

【运行结果】

```
0    1    2    3    4    5    6    7    8    9
```

4.2 处理对象

4.2.1 打印对象与 toString()方法

在使用 System.out.println(i)语句输出变量 i 时,如果 i 为基本类型,则直接输出 i 的值;如果 i 为引用类型,则 i 为空引用时输出 null;否则,调用 i 所指向对象的 toString()方法。在 Java 语言中,所有的类都直接或间接地继承了 Object 类。Object 类中 toString()方法的定义如下:

```
public String toString()
```

该方法返回的字符串组成为类名+标记符“@”+此对象哈希码的无符号十六进制数。在用户自定义类中如果重写了 toString()方法,则在输出该类型变量时调用的是重写后的 toString()方法,否则调用的是从 Object 继承的 toString()方法。

在 Java 语言中,每种基本数据类型包装类中都有重写的 public String toString()方法,该方法返回包装类对象中封装的基本类型数据的字符串形式。

【例 4.7】 打印对象和 toString()方法的示例。

```
01 class Square {
02   double length;
03   double width;
04   Square(double length,double width) {
05     this.length=length;
06     this.width=width;
07   }
08 }
09 class Triangle {
10   double a;
11   double b;
12   double c;
13   Triangle(double a,double b,double c) {
14     this.a=a;
15     this.b=b;
16     this.c=c;
17   }
18   public String toString() {
19     return "Triangle[a="+a+",b="+b+",c="+c+"]";
20   }
21 }
22 public class ToStringTest {
23   public static void main(String[ ] args) {
24     Square s=new Square(3.4,7.9);
25     System.out.println(s.toString());
26     System.out.println(s);
27     Triangle t=new Triangle(1.3,4.6,9.2);
28     System.out.println(t);
29   }
30 }
```

【运行结果】

```
Square@c17164
Square@c17164
Triangle[a=1.3,b=4.6,c=9.2]
```

【分析讨论】

(1) s 为引用类型时,语句 System.out.println(s.toString())与 System.out.println(s)是等价的。

(2) 输出 Square 类的对象时执行从 Object 类继承的 toString()方法,输出 Triangle 类的对象时执行该类重写之后的 toString()方法。

4.2.2 "= ="与 equals()方法

"= ="与 equals()方法都能进行比较运算。"= ="既可以比较两个基本类型数据,也可以比较两个引用类型变量。当对两个引用类型变量进行比较时,比较的不是两个对象是否相同,而是比较两个引用是否相同,即两个引用是否指向同一个对象。如果两个引用指向同一个对象,则比较结果为 true;否则,比较结果为 false。

equals()是 Object 类中定义的方法,其定义如下:

```
public boolean equals(Object obj)
```

Object 类中的 equals()方法只能比较引用类型变量。在对两个引用进行比较时,如果两个引用指向同一个对象,则比较结果为 true;否则,比较结果为 false。

【例 4.8】 "= ="与 equals()方法的使用示例。

```
01  class MyDate {
02    int year;
03    int month;
04    int day;
05    MyDate(int year,int month,int day) {
06      this.year=year;
07      this.month=month;
08      this.day=day;
09    }
10  }
11  public class EqualsTest {
12    public static void main(String[ ] args) {
13      MyDate md1=new MyDate(2009,2,10);
14      MyDate md2=new MyDate(2009,2,10);
15      if(md1==md2) {
16        System.out.println("md1==md2");
17      }
18      else {
19        System.out.println("md1!=md2");
20      }
21      if(md1.equals(md2)) {
22        System.out.println("md1==md2");
23      }
24      else {
25        System.out.println("md1!=md2");
26      }
27    }
28  }
```

【运行结果】

```
md1!=md2
md1!=md2
```

【分析讨论】

(1) 在对引用类型变量进行比较时,"= ="运算符比较的是两个引用是否相等。

(2) Object 类中的 equals()方法不是比较对象内容是否相同,而是比较对象的引用是否相等。

【例 4.9】 equals()方法重写的示例。

```
01  class MyDate1 {
02    int year;
03    int month;
04    int day;
05    MyDate1(int year,int month,int day) {
```

```
06      this.year=year;
07      this.month=month;
08      this.day=day;
09    }
10    public boolean equals(Object obj) {
11      if(obj instanceof MyDate1) {
12        return year==((MyDate1)obj).year&&month==((MyDate1)obj).month&&day
    ==((MyDate1)obj).day;
13      }
14      else
15        return false;
16    }
17  }
18  public class EqualsOverriding {
19    public static void main(String[ ] args) {
20      MyDate1 m1=new MyDate1(2009,2,10);
21      MyDate1 m2=new MyDate1(2009,2,10);
22      if(m1.equals(m2))
23        System.out.println("m1==m2");
24      else
25        System.out.println("m1!=m2");
26      Integer i1=new Integer(15);
27      Integer i2=new Integer(15);
28      if(i1.equals(i2))
29        System.out.println("i1==i2");
30      else
31        System.out.println("i1!=i2");
32    }
33  }
```

【运行结果】

```
m1==m2
i1==i2
```

【分析讨论】

(1) 通过重写 Object 类中的 equals()方法可以实现对象内容的比较。

(2) 基本数据类型的包装类及 String 等都对 equals()方法进行了重写。

4.3 static 修饰符

static 修饰符可用来修饰类中的变量和方法，用 static 修饰的成员变量称为静态变量或类变量，用 static 修饰的成员方法称为静态方法或类方法。

4.3.1 类变量与实例变量

类的成员变量可以分为类变量和实例变量，类变量属于类，而实例变量属于对象。不同对象的实例变量有不同的存储空间，而该类所有对象共享同一个类变量空间。当 Java 程序执行时，字节码文件被加载到内存中，类变量会分配相应的存储空间，而实例变量只有在创建了该类对象后才会分配存储空间。一个对象对类变量的修改会影响其他对象。类变量依赖于类,可以通过类来访问类变量。

【例 4.10】 类中静态/非静态成员变量的使用示例。

```
01 class Student {
02   static int count;                          //类变量
03   int sno;                                   //实例变量
04   Student(int sno) {
05     this.sno=sno;
06     count++;
07   }
08 }
09 public class StaticVarTest {
10   public static void main(String[ ] args) {
11     System.out.println("类变量为:"+Student.count);
12     Student s1=new Student(10010);
13     Student s2=new Student(10011);
14     Student s3=new Student(10012);
15     System.out.println("实例变量为:");
16     System.out.println("s1.sno="+s1.sno);
17     System.out.println("s2.sno="+s2.sno);
18     System.out.println("s3.sno="+s3.sno);
19     System.out.println("类变量为:"+Student.count);
20     System.out.println("s1.count="+s1.count);
21     System.out.println("s2.count="+s2.count);
22     System.out.println("s3.count="+s3.count);
23   }
24 }
```

【运行结果】

```
类变量为:0
实例变量为:
s1.sno=10010
s2.sno=10011
s3.sno=10012
类变量为:3
s1.count=3
s2.count=3
s3.count=3
```

【分析讨论】

(1) static 成员变量可以通过类和对象来访问,推荐通过类来访问 static 成员变量。

(2) 方法中的局部变量不能用 static 修饰。

4.3.2 类方法与实例方法

在类中用关键词 static 修饰的方法称为类方法,而没有用 static 修饰的方法称为实例方法,类方法依赖于类而不依赖于对象。类方法不能访问实例变量,只能访问类变量,而实例方法可以访问类变量和实例变量。

【例 4.11】 类中静态方法的使用示例。

```
01 public class StaticMethodTest {
```

```
02    int i=9;
03    public static void main(String[ ] args) {
04      System.out.println(i);
05    }
06  }
```

【编译结果】

```
C:\JavaExample\chapter04\4-11\StaticMethodTest.java:4: 无法从静态上下文中引用非
静态变量 i
                System.out.println(i);
                                   ^
1 错误。
```

4.3.3 静态初始化程序

static关键词除了修饰类中成员变量和成员方法,还可以修饰类中的代码块,这样的代码块称为静态代码块。静态代码块在类加载时执行并且只执行一次,它可以完成类变量的初始化。在类中除了静态代码块,还可以有非静态代码块。非静态代码块在类中定义,并且代码块前无static修饰,它用于实例变量的初始化。对象中实例变量的初始化可以分为三步:

(1) 用new运算符给实例变量分配空间时的默认初始化。

(2) 类定义中的显式初始化,非静态代码块的初始化。

(3) 执行构造方法进行初始化。

【例4.12】 静态与非静态初始化代码块的使用示例。

```
01  public class StaticBlockTest {
02    int i=2;
03    static int is;
04    //静态初始化代码块
05    static {
06      System.out.println("in static block!");
07      is=5;
08      System.out.println("static variable is="+is);
09    }
10    //非静态初始化代码块
11    {
12      System.out.println("in non-static block!");
13      i=8;
14    }
15    StaticBlockTest() {
16      i=10;
17    }
18    public static void main(String[ ] args) {
19      System.out.println("in main()");
20        StaticBlockTest sbt1=new StaticBlockTest();
21        System.out.println(sbt1.i);
22    }
23  }
```

【运行结果】

```
in static block!
static variable is=5
in main()
in non-static block!
10
```

【分析讨论】

(1) 程序运行时,首先加载 StaticBlockTest 类,然后为静态变量分配空间、默认初始化、执行静态代码块,最后执行 main()方法。

(2) 静态代码块与非静态代码块是在类中定义的,而不是在方法中定义的。

(3) 静态代码块与非静态代码块在类中定义的顺序可以是任意的。

4.3.4 静态导入

在 JDK 1.5 以前的版本中,静态成员要通过类名或者对象引用作为其前缀来进行访问。静态导入功能则可以直接对静态成员进行访问,而不需要类名或者对象引用作为其前缀。静态导入的语法格式如下:

```
import static 包名.类名.静态成员;
import static 包名.类名.*;
```

【例 4.13】 在类 StaticImportTest 的定义中,介绍了静态导入功能的使用。

```
01  import static java.lang.Integer.MAX_VALUE;
02  import static java.lang.Integer.MIN_VALUE;
03  import static java.lang.Math.*;
04  public class StaticImportTest {
05    public static void main(String[ ] args) {
06      System.out.println(MAX_VALUE);
07      System.out.println(MIN_VALUE);
08      System.out.println(PI);
09      System.out.println(sin(PI/6));
10    }
11  }
```

【运行结果】

```
2147483647
-2147483648
3.141592653589793
0.49999999999999994
```

4.4 final 修饰符

final 修饰符表示"最终"的含义,可以用来修饰类、成员变量、成员方法及方法中的局部变量。

1. final 修饰类

如果用 final 来修饰类,则这样的类为"最终"类。最终类不能被继承,它也就不能有子类。JDK 类库中的一些类被定义成 final 类,例如 String、Math、Boolean、Integer 等,这样可以防止用户通过继承这些类而对类中的方法进行重写，从而保证了这些系统类是不能被随便修改的。

2. final 修饰成员变量

类中的一般成员变量即使没有明确赋初值也会有默认值，但是用 final 修饰的成员变量则要求一定要明确地赋初始值，否则会出现编译错误。对于 final 类型的实例变量，其明确赋初始值的位置有三处：一是定义时的显式初始化；二是非静态代码块；三是构造方法。

【例 4.14】 final 类型实例变量初始化的示例。

```
01 public class FinalNonStaticTest {
02   final int i=5;
03   final double d;
04   final boolean b;
05   {
06     d=3.6;
07   }
08   FinalNonStaticTest() {
09     b=true;
10   }
11   public static void main(String[ ] args) {
12     FinalNonStaticTest fnst=new FinalNonStaticTest();
13     System.out.println(fnst.i);
14     System.out.println(fnst.d);
15     System.out.println(fnst.b);
16   }
17 }
```

【运行结果】

```
5
3.6
true
```

final 修饰的类变量也必须明确赋初始值，由于类变量不依赖于对象，所以 final 修饰的类变量初始化位置有两处：一是定义时的显式初始化；二是静态代码块。

【例 4.15】 final 类型类变量初始化的示例。

```
01 public class FinalStaticTest {
02   static final int i=7;
03   static final double d;
04   static {
05     d=7.8;
06   }
07   public static void main(String[ ] args) {
08     System.out.println(FinalStaticTest.i);
09     System.out.println(FinalStaticTest.d);
10   }
11 }
```

【运行结果】

```
7
7.8
```

用 final 修饰的成员变量其值不能改变。如果 final 修饰的变量为基本类型,则该变量不能被重新赋值;如果 final 修饰的变量为引用类型变量,则该变量不能再指向其他对象,但所指向对象的成员变量值可以改变。

【例 4.16】 final 类型成员变量不能被重新赋值的示例。

```
01 class MyDate2 {
02   int year;
03   int month;
04   int day;
05 }
06 public class FinalTest {
07   final int i;
08   final MyDate2 md;
09   FinalTest() {
10     i=4;
11     md=new MyDate2();
12   }
13   public static void main(String[ ] args) {
14     FinalTest ft=new FinalTest();
15     System.out.println(ft.i);
16     System.out.println("md:"+ft.md.year+"," +ft.md.month+","+ft.md.day);
17     //ft.i=8;  编译错误!
18     ft.md.year=2009;
19     ft.md.month=2;
20     ft.md.day=20;
21     System.out.println("md:"+ft.md.year+","+ft.md.month+","+ft.md.day);
22     //ft.md=new MyDate();  md 指向新的对象,编译错误!
23   }
24 }
```

【运行结果】

```
4
md:0,0,0
md:2009,2,20
```

final 修饰符还可以用来修饰方法,这样的方法不能在子类中重写。用 final 修饰的局部变量必须先赋值后使用,并且不能重新赋值。

4.5 抽象类

在日常生活中,常把具有相同性质的事物定义为一个类。以交通工具类为例,属于该类的对象可以是自行车、汽车、火车、飞机等。因为使用交通工具时面对的是具体对象,这些对象具有交通工具所共有的性质。所以,可以把对具体对象的抽象定义成父类,在父类中描述这类事物的相同性质,而把具体事物定义成它的子类。有了这样的继承关系后,在使用时只会产生子类的对象,而不会存在父类的对象,这样的父类就可以定义为抽象类。

4.5.1 抽象类的定义

在定义类时,前面再加上一个关键词 abstract,这样的类就被定义成抽象类。抽象类定

义的语法如下：

```
[<modifiers>] abstract class <class_name> {   }
```

- Modifiers：修饰符，访问限制修饰符可以为 public，或者什么都不写，如果抽象类定义成 public，则要求文件名与类的名字完全相同。
- abstract class：抽象类。
- class_name：类名，符合 Java 标识符定义规则即可。

抽象类不能实例化，即不能产生抽象类的对象。在抽象类中可以定义抽象方法，抽象方法也是用关键词 abstract 来标识的。抽象方法的语法如下：

```
abstract <returnType> methodName([param_list]);
```

在抽象方法中只包含方法的声明部分，而不包含方法的实现部分。

【例 4.17】 抽象类及抽象方法定义示例。

```
01  abstract class Student {
02    abstract void isPassed() { };
03  }
04  public class AbstractClassTest {
05    public static void main(String[ ] args) {
06      Student s;
07      s=new Student();
08    }
09  }
```

【编译结果】

```
C:\JavaExample\chapter04\4-17\AbstractClassTest.java:2: 抽象方法不能有主体
        abstract void isPassed() { };
                                 ^
C:\JavaExample\chapter04\4-17\AbstractClassTest.java:7: Student 是抽象的;无法
对其进行实例化
        s=new Student();
          ^
2 错误。
```

抽象类中既可以有抽象方法，也可以有非抽象方法。如果一个类中所有的方法都是非抽象方法，这样的类可以定义成抽象类。一个类中如果有一个方法是抽象方法，则该类必须声明为抽象类，否则会出现编译错误。当一个类继承抽象类时，一定要实现抽象类中的所有抽象方法，否则该类仍为抽象类。

【例 4.18】 抽象类的继承示例。

```
01  //抽象类 AbstractClass1 中有两个抽象方法
02  abstract class AbstractClass1 {
03    abstract void amethod1();
04    abstract void amethod2();
05  }
06  //继承抽象类 AbstractClass1,但没实现其抽象方法,因此要定义成抽象类
07  abstract class AbstractClass2 extends AbstractClass1 {
08  }
```

```
09 //实现了抽象类 AbstractClass1 的两个抽象方法
10 class Class3 extends AbstractClass1 {
11   void amethod1() {
12     System.out.println("重写之后的 amethod1 方法。");
13   }
14   void amethod2() {
15     System.out.println("重写之后的 amethod2 方法。");
16   }
17 }
18 public class AbstractClassExtendsTest {
19   public static void main(String[ ] args) {
20     AbstractClass1 c3=new Class3();
21     c3.amethod1();
22     c3.amethod2();
23   }
24 }
```

【运行结果】

```
重写之后的 amethod1 方法。
重写之后的 amethod2 方法。
```

【分析讨论】

(1) 类 AbstractClass2 继承抽象类 AbstractClass1,但没实现其抽象方法,所以类 AbstractClass2 要定义成抽象类。

(2) 抽象类中抽象方法的访问限制修饰符不能定义为 private。

(3) 抽象类中也可以定义构造方法,但不能用 new 运算符产生抽象类的实例。

(4) 关键词 abstract 与 final 不能同时用来修饰类与方法。

4.5.2 抽象类的作用

在抽象类中定义的抽象方法只包含方法的声明部分,而不包含方法的实现部分。如果把抽象类作为父类,则所有子类都具有的功能就应该在抽象类中进行定义,而子类如何实现这个功能,则由子类如何实现父类中的抽象方法来决定。抽象类(父类)的引用可以指向具体的子类对象,所以会执行不同子类重写后的方法,从而形成了多态。

【例 4.19】 通过抽象类实现多态的示例。

```
01 abstract class Shape {
02   abstract double getArea();
03   abstract String getShapeInfo();
04 }
05 class Triangle1 extends Shape {
06   double a;
07   double b;
08   double c;
09   Triangle1(double a,double b,double c) {
10     this.a=a;
11     this.b=b;
12     this.c=c;
13   }
```

```
14   double getArea() {
15     double p=(a+b+c)/2;
16     return Math.sqrt(p*(p-a)*(p-b)*(p-c));
17   }
18   String getShapeInfo() {
19     return "Triangle: ";
20   }
21 }
22 class Rectangle extends Shape {
23   double a;
24   double b;
25   Rectangle(double a,double b) {
26     this.a=a;
27     this.b=b;
28   }
29   double getArea() {
30     return a*b;
31   }
32   String getShapeInfo() {
33     return "Rectangle: ";
34   }
35 }
36 public class AbstractOverridingTest {
37   public void printArea(Shape s) {
38     System.out.println(s.getShapeInfo()+s.getArea());
39   }
40   public static void main(String[ ] args) {
41     AbstractOverridingTest aot=new AbstractOverridingTest();
42     Shape s=new Triangle1(3,4,5);
43     aot.printArea(s);
44     s=new Rectangle(5,6);
45     aot.printArea(s);
46   }
47 }
```

【运行结果】

```
Triangle: 6.0
Rectangle: 30.0
```

【分析讨论】

(1) 类 Triangle 和 Rectangle 分别继承抽象类 Shape 并实现了其抽象方法。在 main() 方法中,Shape 类型引用可以分别指向其子类对象 Triangle 和 Rectangle。

(2) 在类 AbstractOverridingTest 中 printArea(Shape s)方法的参数可以指向 Triangle 和 Rectangle 对象,则调用的方法 getShapeInfo()和 getArea()应为 Triangle 或 Rectangle 类中重写之后的方法。

在上面的程序中,如果增加一个 Square(正方形)类,只需要将 Square 类继承抽象类 Shape 并实现两个抽象方法,而 AbstractOverridingTest 类中的 public void printArea (Shape s)方法并不需要改变,从而增强了程序的可维护性。

【例 4.20】 通过抽象类实现程序扩展的示例。

```
01 abstract class Shape {
02   abstract double getArea();
03   abstract String getShapeInfo();
04 }
05 class Triangle extends Shape {
06   double a;
07   double b;
08   double c;
09   Triangle(double a,double b,double c) {
10     this.a=a;
11     this.b=b;
12     this.c=c;
13   }
14   double getArea() {
15     double p=(a+b+c)/2;
16     return Math.sqrt(p*(p-a)*(p-b)*(p-c));
17   }
18   String getShapeInfo() {
19     return "Triangle: ";
20   }
21 }
22 class Rectangle extends Shape {
23   double a;
24   double b;
25   Rectangle(double a,double b) {
26     this.a=a;
27     this.b=b;
28   }
29   double getArea() {
30     return a*b;
31   }
32   String getShapeInfo() {
33     return "Rectangle: ";
34   }
35 }
36 class Square extends Shape {
37   double a;
38   Square(double a) {
39     this.a=a;
40   }
41   double getArea() {
42     return a*a;
43   }
44   String getShapeInfo() {
45     return "Square: ";
46   }
47 }
48 public class AbstractOverridingTest {
49   public void printArea(Shape s) {
50     System.out.println(s.getShapeInfo()+s.getArea());
51   }
```

```
52     public static void main(String[ ] args) {
53       AbstractOverridingTest aot=new AbstractOverridingTest();
54       Shape s=new Triangle(3,4,5);
55       aot.printArea(s);
56       s=new Rectangle(5,6);
57       aot.printArea(s);
58       s=new Square(8);
59       aot.printArea(s);
60     }
61   }
```

【运行结果】

```
Triangle: 6.0
Rectangle: 30.0
Square: 64.0
```

4.6　接口

在 Java 语言中,类的继承是单继承,一个类只能有一个直接父类。为了实现多重继承,就必须通过接口来实现。接口实现了多重继承,又很好地解决了 C++ 多重继承在语义上的复杂性。在 Java 语言中,一个类可以同时实现多个接口来实现多重继承。

4.6.1　接口的定义

接口与类属于同一个层次,接口中也有变量和方法,但接口中的变量和方法有特定的要求。接口的定义如下:

```
<modifier> [abstract] interface <interface_name> [extends super_interfaces] {
    [<attribute_declarations>]
    [<abstract method_declarations>]
}
```

- modifier:修饰符,修饰符可以为 public 或者是默认的。如果接口定义成 public,则要求文件名与 public 接口名必须相同。
- abstract:是可选项,可写可不写。
- interface_name:接口名,符合 Java 语言标识符定义规则即可。
- extends super_interfaces:接口与接口之间可以继承,并且一个接口可以同时继承多个接口,多个接口之间用逗号分隔。

【例 4.21】　接口定义的示例。

```
01  interface Flyer {   }
02  interface Sailer {   }
03  public interface InterfaceExtendTest extends Flyer, Sailer {   }
```

【分析讨论】

类之间只能单继承,但一个接口可以同时继承多个接口。

同类的定义一样,在接口中也可以定义成员变量和成员方法。接口中定义的成员变量默认具有 public、static、final 属性,并且这些常量在定义时必须要赋值,赋值后其值不能改变。接口中所定义的成员方法默认具有 public、abstract 属性。

【例 4.22】 接口内成员定义及访问的示例。

```
01  interface Inter1 {
02    int i=8;
03    double d=2.3;
04    void m1();
05  }
06  public class InterfaceDefiTest {
07    public static void main(String[ ] args) {
08      System.out.println(Inter1.i);
09      System.out.println(Inter1.d);
10      Inter1.d=Inter1.i+3;
11    }
12  }
```

【编译结果】

```
C:\JavaSamples\chap04\4-22\InterfaceDefiTest.java:10: 无法为最终变量 d 指定值
                Inter1.d=Inter1.i+3;
                      ^
1 错误。
```

【分析讨论】

(1) 接口中定义的变量为常量,所以不能为常量重新赋值。

(2) 接口本身是抽象的,所以接口不能用 final 来修饰。

(3) 接口中的所有方法都是抽象的,抽象方法不能用 static 来修饰。

4.6.2 接口的实现

接口与接口之间可以有继承关系,而类与接口之间是 implements 关系,即类实现接口。接口实现的定义如下:

```
<modifier> class <name> [extends <superclass>] [implements <interface1> [,<
interface2>] * ] {
    <declarations> *
}
```

- 接口列表中可以有多个接口,多个接口之间用逗号分隔。
- 一个类实现接口时,要将接口中的所有抽象方法都实现;否则这个类必须定义为抽象类。
- 由于接口中抽象方法的访问限制属性默认为 public,在类中实现抽象方法时其访问限制属性不能缩小,所以在类中实现后的非抽象方法其访问限制属性只能是 public。

【例 4.23】 接口实现的示例。

```
01  interface Interface1 {
02    void amethod1();
03    void amethod2();
```

```
04 }
05 abstract class C1 implements Interface1 {
06   public void amethod1() {
07   }
08 }
09 class C2 implements Interface1 {
10   public void amethod1() {
11     System.out.println("实现抽象方法 1");
12   }
13   public void amethod2() {
14     System.out.println("实现抽象方法 2");
15   }
16 }
17 public class InterfaceImpleTest {
18   public static void main(String[ ] args) {
19     Interface1 cim=new C2();
20     cim.amethod1();
21     cim.amethod2();
22   }
23 }
```

【运行结果】

```
实现抽象方法 1
实现抽象方法 2
```

4.6.3 多重继承

在 C++ 中,一个类可以同时继承多个父类。为了避免多重继承后语义上的复杂性,Java 语言中类是单继承,而多重继承可以通过实现多个接口来完成。由于接口中的所有方法都是抽象方法,当类实现多个接口时,多个接口中的同名抽象方法在类中只有一个实现,从而避免了多重继承后语义上的复杂性。当类实现多个接口时,该类的对象可以被多个接口类型的变量来引用。

【例 4.24】 通过接口实现多重继承的示例。

```
01 interface I1 {
02   void aa();
03 }
04 interface I2 {
05   void aa();
06   void bb();
07 }
08 abstract class A {
09   abstract void cc();
10 }
11 class C extends A implements I1, I2 {
12   public void aa() {
13     System.out.println("aa");
14   }
15   public void bb() {
16     System.out.println("bb");
```

```
17    }
18    void cc() {
19      System.out.println("cc");
20    }
21  }
22  public class MultiInterfactTest {
23    public static void main(String[ ] args) {
24      I1 ic1=new C();
25      ic1.aa();
26      I2 ic2=new C();
27      ic2.aa();
28      ic2.bb();
29      A a=new C();
30      a.cc();
31    }
32  }
```

【运行结果】

```
aa
aa
bb
cc
```

【分析讨论】

(1) 当类同时继承父类并实现接口时,关键字 extends 在 implements 之前。

(2) 当类实现多个接口时,多个接口类型变量都可以引用该类对象。

4.6.4 接口与抽象类

接口与抽象类中可以有抽象方法,但二者在语法上不同,不同点如下:

- 抽象类使用 abstract class 来定义,而接口用 interface 来定义。
- 抽象类中既可以有抽象方法,也可以没有抽象方法,但接口中的方法只能是抽象方法。
- 抽象类中的抽象方法前必须用 abstract 来修饰,而且访问限制修饰符可以是 public、protected 和默认的这三种中的任意一种;而接口中的方法其默认属性为 abstract 或 public。
- 抽象类中的成员变量定义与非抽象类中的成员变量定义相同,而接口中的成员变量其默认属性为 public、static、final。
- 类只能继承一个抽象类,但可以同时实现多个接口。

接口与抽象类在本质上是不同的。当类继承抽象类时,子类与抽象类之间有继承关系;而类实现接口时,类与接口之间没有继承关系,接口更注重的是具有什么样的功能或可以充当什么样的角色。通过接口也可以实现多态。

【例 4.25】 通过接口实现多态的示例。

```
01  interface Flyer {
02    void fly();
03  }
```

```
04  class Bird implements Flyer {
05    public void fly() {
06      System.out.println("鸟在空中飞翔!");
07    }
08  }
09  class Airplane implements Flyer {
10    public void fly() {
11      System.out.println("飞机在空中飞行!");
12    }
13  }
14  public class InterfacePolymorTest {
15    public static void main(String[ ] args) {
16      Flyer fy=new Bird();
17      fy.fly();
18      fy=new Airplane();
19      fy.fly();
20    }
21  }
```

【运行结果】

```
鸟在空中飞翔!
飞机在空中飞行!
```

通过接口类型的变量来引用具体对象时，只能访问接口中定义的方法，而访问具体对象中定义的方法时，则需要将接口类型引用强制转换成具体对象类型的引用。在转换之前可以使用 instanceof 进行测试，instanceof 的语法如下：

```
<引用>  instanceof  <类或接口类型>
```

上述表达式的运算结果为 boolean 值。当引用所指向的对象是类或接口类型及子类型时，返回值为 true；否则，返回值为 false。

【例 4.26】　instanceof 运算符的示例。

```
01  interface Flyer1 {
02    void fly();
03  }
04  class Bird1 implements Flyer1 {
05    public void fly() {
06      System.out.println("鸟在空中飞翔!");
07    }
08    public void sing() {
09      System.out.println("鸟在歌唱!");
10    }
11  }
12  class Airplane1 implements Flyer1 {
13    public void fly() {
14      System.out.println("飞机在空中飞行!");
15    }
16    public void land() {
17      System.out.println("飞机在降落!");
18    }
19  }
```

```
20 public class InstanceofTest {
21   public static void main(String[ ] args) {
22     Flyer1 fy=new Bird1();
23     testType(fy);
24     fy=new Airplane();
25     testType(fy);
26   }
27   public static void testType(Flyer fy) {
28     if(fy instanceof Flyer1) {
29       System.out.println("引用所指向的对象可以看作是 Flyer 类型");
30       fy.fly();
31       //fy.sing();
32       //fy.land();
33     }
34     if(fy instanceof Bird) {
35       System.out.println("引用所指向的对象是 Bird 类型");
36       ((Bird1) fy).sing();
37     }
38     if(fy instanceof Airplane1) {
39       System.out.println("引用所指向的对象是 Airplane 类型");
40       ((Airplane1) fy).land();
41     }
42   }
43 }
```

【运行结果】

```
引用所指向的对象可以看作是 Flyer 类型
鸟在空中飞翔!
引用所指向的对象是 Bird 类型
鸟在歌唱!
引用所指向的对象可以看作是 Flyer 类型
飞机在空中飞行!
引用所指向的对象是 Airplane 类型
飞机在降落!
```

【分析讨论】

使用运算符 instanceof 可以测试引用所指向对象的实际类型。

4.6.5 接口的新特性

在 JDK 8 版本之前,接口中的方法具有 public、abstract 默认属性。从 JDK 8 开始,可以在接口方法中添加默认实现以及定义静态接口方法。从 JDK 9 开始,接口中还可以定义私有方法。

1. 接口中的默认方法

在 JDK 8 之前,接口中的方法是抽象方法,不包含方法体,这是传统的接口定义形式。在 JDK 8 中,接口定义方法时如果加上关键词 default,则这样的方法为接口中的默认方法。通过使用默认方法,可以为接口中的方法提供方法体,使其不再是抽象方法。当类实现接口时,由于默认方法已经有具体实现,所以可以直接使用默认方法,而不需要重写这个方法。如果默认方法不能满足实现类的需求,则实现类可以重写该默认方法。如果要在接口中增加新的方法，则可以使用默认方法，这样对于实现该接口的类不用作任何修改。在接口中使用默认方法，可以优雅地完成接口的演化。

【例 4.27】 接口中的默认方法使用示例。

```
01 interface Flyer{
02   public String getName();
03   public default void fly() {
04     System.out.println("Flyer.fly()");
05   }
06 }
07 class Bird implements Flyer{
08   public String getName() {
09     return "Bird";
10   }
11 }
12 class Airplane implements Flyer{
13   public String getName() {
14     return "Airplane";
15   }
16   public void fly() {
17     System.out.println("Airplane.fly()");
18   }
19 }
20 public class InterfaceDefaultTest {
21   public static void main(String[ ] args) {
22     Bird bird=new Bird();
23     System.out.println(bird.getName());
24     bird.fly();
25     Airplane airplane=new Airplane();
26     System.out.println(airplane.getName());
27     airplane.fly();
28   }
29 }
```

【运行结果】

```
Bird
Flyer.fly()
Airplane
Airplane.fly()
```

在 Java 语言中一个类可以同时实现多个接口，如果多个接口中有同名的 default 方法，则要求在类中对 default 方法做重写，否则将出现编译错误。在实现类中，通过＜接口名＞.super.＜方法名＞()来调用指定接口中的 default 方法。

【例 4.28】 多个接口中有同名 default 方法的使用示例。

```
01 interface A1 {
02   default void out(){
03     System.out.println("A1.out()");
04   }
05 }
06 interface B1 {
```

```
07    default void out() {
08      System.out.println("B1.out()");
09    }
10  }
11  class C implements A1,B1 {
12    public void out() {
13      System.out.println("C3.out()");
14      A1.super.out();
15      B1.super.out();
16    }
17  }
18  public class MultiInterfaceDefaultTest {
19    public static void main(String[ ] args) {
20      C3 c=new C3();
21      c.out();
22    }
23  }
```

【运行结果】

```
C.out()
A.out()
B.out()
```

2. 接口中的静态方法

JDK 8 为接口添加了另一项新功能,可以在接口中定义静态方法,接口中的静态方法在使用时可以直接通过接口名来调用。在类实现接口时,接口中的静态方法只能使用接口来调用,而不能使用类来调用。在子接口继承父接口时,父接口中的静态方法不能通过子接口调用,只能通过父接口调用。

【例 4.29】 接口中静态方法的使用示例。

```
01  interface A2 {
02    public static void a(){
03      System.out.println("A2.a()");
04    }
05  }
06  interface B2 extends A{
07    public static void b(){
08      System.out.println("B2.b()");
09    }
10  }
11  class C4 implements B{
12    public static void c(){
13      System.out.println("C4.c()");
14    }
15  }
16  public class InterfaceStaticTest {
17    public static void main(String[ ] args) {
18      A2.a();
19      B2.b();
20      //在接口 A 中定义的静态方法 a()不能使用子接口 B 来调用
21      //B.a();
```

```
22       C4.c();
23       //在接口 B 中定义的静态方法 b()不能使用实现类 C4 来调用
24       //C4.b();
25     }
26   }
```

【运行结果】

```
A.a()
B.b()
C.c()
```

3. 接口中的私有方法

从 JDK 9 开始，在接口中可以定义私有方法。接口中的私有方法可以被同一接口中的默认方法或其他私有方法调用，从而避免代码的重复。接口中的私有方法既可以是静态的，也可以是非静态的。

【例 4.30】 接口中私有方法的使用示例。

```
01  interface A5 {
02    public static void staticMethod() {
03      privateStaticMethod();
04      System.out.println("调用接口中的静态方法");
05    }
06    private static void privateStaticMethod() {
07      System.out.println("调用接口中的私有静态方法");
08    }
09    public default void defaultMethod() ;
10    private void privateMethod() {
11      System.out.println("调用接口中的私有方法");
12    }
13  }
14  class B5 implements A5 {
15    static {
16      A5.staticMethod();
17    }
18    public B5() {
19      this.defaultMethod();
20    }
21    public void defaultMethod() {
22      System.out.println("类 B 中重写之后的默认方法");
23    }
24  }
25  public class InterfacePrivateTest {
26    public static void main(String[ ] args) {
27      B5 b=new B5();
28      b.defaultMethod();
29    }
30  }
```

【运行结果】

```
调用接口中的私有静态方法
调用接口中的静态方法
```

```
类 B 中重写之后的默认方法
类 B 中重写之后的默认方法
```

4.7 内部类

一个类被嵌套定义于另一个类中，称为内部类，包含内部类的类为外部类。与外部类一样，内部类也可以有成员变量和成员方法，通过创建内部类对象也可以访问其成员变量和调用其成员方法。

4.7.1 内部类的定义

【例 4.31】 内部类定义的示例。

```
01 //定义外部类
02 class Outter {
03   int oi;
04   //定义内部类
05   private class Inner {
06     int ii;
07     Inner(int i) {
08       ii=i;
09     }
10     void outIi() {
11       System.out.println("内部类对象的成员变量的值为:"+ii);
12     }
13   }
14 }
```

在类 Outter 中定义了类 Inner，类 Outter 为外部类而类 Inner 为内部类。在内部类 Inner 中定义了成员变量、成员方法及构造方法。

4.7.2 内部类的使用

【例 4.32】 内部类的使用示例。

```
01 //定义外部类
02 class Outter {
03   int oi;
04   //定义内部类
05   private class Inner {
06     int ii;
07     Inner(int i) {
08       ii=i;
09     }
10     void outIi() {
11       System.out.println("内部类对象成员变量的值为:"+ii);
12     }
13   }
14   //在外部类方法中创建内部类对象,并调用内部类对象的成员方法
15   void outOi() {
16     Inner in=new Inner(5);
```

```
17       in.outIi();
18     }
19   }
20   public class InnerClassDeTest {
21     public static void main(String[ ] args) {
22       Outter ot=new Outter();
23       ot.outOi();
24     }
25   }
```

【运行结果】

```
内部类对象成员变量的值为:5
```

【分析讨论】

在外部类 Outter 中定义了内部类 Inner,程序运行时先创建外部类对象,当外部类对象的实例方法 outOit()运行时会创建内部类对象并调用其成员方法。

4.7.3 内部类的特性

内部类被嵌套定义在另一个类中,这样内部类定义的位置可以有两处:作为外部类的一个成员来定义,或者将内部类定义于外部类的方法中。

1. 非静态内部类

外部类的成员既可以是变量和方法,也可以是一个类。作为外部类成员的内部类与其他成员一样,其访问控制修饰符可以为 public、protected、default 或 private。非静态内部类与外部类中的其他非静态成员一样,它是依赖于外部类对象的,要先创建外部类对象之后才能创建内部类对象。内部类对象既可以在外部类的成员方法中创建,也可以在外部类之外创建。在外部类之外创建内部类对象的语法如下:

```
<外部类类名>.<内部类类名> 引用变量=<外部类对象引用>.new<内部类构造方法>;
<外部类类名>.<内部类类名> 引用变量=new <外部类构造方法>.new<内部类构造方法>;
```

【例 4.33】 在外部类之外创建非静态内部类对象的示例。

```
01 class Outter1 {
02   int oi;
03   class Inner {
04     int ii;
05     Inner(int i) {
06       ii=i;
07     }
08     void outIi() {
09       System.out.println("内部类对象成员变量的值为:"+ii);
10     }
11   }
12 }
13 //在外部类之外创建非静态内部类对象
14 public class InnerClassObjTest {
15   public static void main(String[ ] args) {
16     //先创建外部类对象
17     Outter1 ot=new Outter1();
```

```
18      //通过外部类对象再创建内部类对象
19      Outter1.Inner oti1=ot.new Inner(8);
20      //调用内部类对象的方法
21      oti1.outIi();
22      //第二种方法创建非静态内部类对象
23      Outter1.Inner oti2=new Outter1().new Inner(10);
24      oti2.outIi();
25    }
26  }
```

【运行结果】

```
内部类对象成员变量的值为:8
内部类对象成员变量的值为:10
```

【分析讨论】

(1) 非静态内部类对象是依赖于外部类对象的,先创建外部类对象后才能创建非静态内部类对象。

(2) 上述代码编译后,外部类字节码文件为 Outter.class,内部类字节码文件为 Outter$Inner.class。

非静态内部类作为外部类的一个成员,它可以访问外部类中的所有成员,即使外部类的成员定义为 private 也可以访问。反之,在外部类中也可以访问内部类的所有成员,但访问之前要先创建内部类对象。

【例 4.34】 非静态内部类与外部类成员访问的示例。

```
01  class Outter2 {
02    private int oi=4;
03    private class Inner {
04      private int ii;
05      //static double di;   不能声明静态成员,否则编译错误
06      Inner(int i) {
07        ii=i;
08      }
09      //访问外部类中的私有成员变量
10      private void outIo() {
11        System.out.println("外部类中私有成员变量的值为:"+oi);
12      }
13      private void outIi() {
14        System.out.println("内部类中私有成员变量的值为:"+ii);
15      }
16    }
17    //在外部类方法中创建非静态内部类对象并访问其私有方法
18    void outO() {
19      Inner in=new Inner(7);
20      in.outIo();
21      in.outIi();
22    }
23  }
24  public class OutterInnerClassTest {
25    public static void main(String[ ] args) {
26      Outter2 ou=new Outter2();
```

```
27      ou.outO();
28    }
29  }
```

【运行结果】

```
外部类中私有成员变量的值为:4
内部类中私有成员变量的值为:7
```

【分析讨论】

(1) 非静态内部类可以访问外部类中的 private 成员,外部类通过非静态内部类对象可以访问非静态内部类的 private 成员。

(2) 非静态内部类中不能定义静态属性、静态方法、静态初始化块。

在定义内部类时,内部类类名不能与外部类的类名相同,但内部类中成员的名字可以与外部类中成员的名字相同。当内部类成员方法中的局部变量、内部类成员变量、外部类成员变量的名字相同时,有效的变量是局部变量。内部类成员变量的访问方式是: this.内部类成员变量名;外部类成员变量的访问方式是: 外部类类名.this.外部类成员变量名。

【例 4.35】 非静态内部类与外部类同名变量的访问示例。

```
01 class Outter3 {
02   int i;
03   class Inner3 {
04     int i;
05     Inner3(int i) {
06       this.i=i;
07     }
08     void outI() {
09       int i=8;
10       System.out.println("内部类中方法的局部变量的值为:i="+i);
11       System.out.println("内部类中成员变量的值为:this.i="+this.i);
12       System.out.println("外部类中成员变量的值为:Outter3.this.i="+Outter3.
this.i);
13     }
14   }
15   Outter3(int i) {
16     this.i=i;
17   }
18 }
19 public class OutterInnerVarNameTest {
20   public static void main(String[ ] args) {
21     Outter3 ou=new Outter3(2);
22     Outter3.Inner3 in=ou.new Inner3(4);
23     in.outI();
24   }
25 }
```

【运行结果】

```
内部类中方法的局部变量的值为:i=8
内部类中成员变量的值为:this.i=4
外部类中成员变量的值为:Outter.this.i=2
```

2. 静态内部类

作为外部类成员的内部类定义时加上关键词 static 就成为静态内部类。静态内部类作为外部类的一个静态成员,它是依赖于外部类而不是外部类的某个对象,所以在创建静态内部类对象时不用先创建外部类对象。同时,在静态内部类里不能访问外部类的非静态成员。

【例 4.36】 静态内部类定义及使用示例。

```
01 class Outter {
02   static int i=3;
03   double d=5.6;
04   //静态内部类
05   static class Inner {
06     double id=8.9;
07     static double sid=7.2;
08     void out() {
09       System.out.println("外部类中的静态成员变量的值为:"+i);
10       //在静态内部类中不能访问外部类中的非静态成员
11       //System.out.println("外部类中的非静态成员变量的值为:"+d);
12     }
13   }
14 }
15 public class StaticInnerClassTest {
16   public static void main(String[ ] args) {
17     //不产生外部类对象,直接创建静态内部类对象
18     Outter.Inner oi=new Outter.Inner();
19     oi.out();
20     System.out.println("内部类中的静态成员变量的值为:"+Outter.Inner.sid);
21   }
22 }
```

【运行结果】

```
外部类中的静态成员变量的值为:3
内部类中的静态成员变量的值为:7.2
```

【分析讨论】

(1) 静态内部类依赖于外部类,所以静态内部类对象可以直接创建而不依赖于外部类对象,并且它只能访问外部类中的静态成员。

(2) 在静态内部类中可以定义静态成员。

3. 局部内部类

在外部类方法中定义的局部内部类与方法中的局部变量一样,具有"局部"的特性。局部内部类的有效范围为方法内,所以局部内部类的对象应在外部类的方法中创建。局部内部类可以访问外部类中的所有成员变量,但只能访问外部类方法中变量为 final 类型的局部变量。

【例 4.37】 局部内部类定义及使用示例。

```
01 class Outter6 {
02   private int i=2;
03   public void method() {
04     final double d=2.5;
05     double w=1.2;
```

```
06      System.out.println("在外部类的方法内!");
07      //定义局部内部类
08      class Inner6 {
09        int i=5;
10        Inner6(int i) {
11          this.i=i;
12        }
13        void out() {
14          System.out.println("内部类对象的成员变量的值为:"+i);
15          System.out.println("外部类对象的成员变量的值为:"+Outter6.this.i);
16          System.out.println("外部类成员方法的局部常量的值为:"+d);
17          //w 不是 final 型的局部变量,对其进行访问会产生编译错误!
18          //System.out.println("外部类成员方法的局部变量的值为:"+w);
19        }
20      }
21      //创建内部类对象并调用方法
22      Inner6 in=new Inner6(7);
23      in.out();
24      System.out.println("外部类成员方法的局部变量的值为:"+w);
25    }
26  }
27  public class LocalInnerClassTest {
28    public static void main(String[ ] args) {
29      Outter6 ou=new Outter6();
30      ou.method();
31    }
32  }
```

【运行结果】

```
在外部类的方法体内!
内部类对象的成员变量的值为:7
外部类对象的成员变量的值为:2
外部类成员方法的局部常量的值为:2.5
外部类成员方法的局部变量的值为:1.2
```

【分析讨论】

(1) 局部内部类定义时不能使用任何访问控制修饰符和 static 关键词。

(2) 局部内部类可以访问外部类中 private 成员和所在方法中 final 类型的局部变量。

4. 匿名内部类

匿名内部类就是没有类名的内部类。由于这样的内部类没有类名,在匿名内部类定义之后就无法再产生对象及通过该类型来引用对象,因此匿名内部类在定义的同时就要创建其对象。匿名内部类的定义要通过继承类或实现接口来完成,并且在匿名内部类中要实现接口或抽象类中的所有抽象方法。匿名内部类定义的语法如下:

```
new 父类构造方法(参数列表) | 接口名() {
    匿名内部类的类体;
}
```

【例 4.38】 匿名内部类定义及使用示例。

```
01  class Book {
```

```
02    String name;
03    double price;
04    Book() {
05    }
06    Book(String name, double price) {
07      this.name=name;
08      this.price=price;
09    }
10    public String toString() {
11      return name+"\t"+price;
12    }
13  }
14  interface Calculator {
15    public void multify();
16  }
17  public class AnnoymousInnerClassTest {
18    public static void main(String[ ] args) {
19      Book b1=new Book() {   };
20      System.out.println(b1);
21      Book b2=new Book("Java", 25.8) {
22        int page=300;
23        public String toString() {
24          return name+"\t"+price+"\t"+page;
25        }
26      };
27      System.out.println(b2);
28      test(new Calculator() {
29        public void multify() {
30          System.out.println("multify ");
31        }
32      });
33    }
34    public static void test(Calculator c) {
35      c.multify();
36    }
37  }
```

【运行结果】

```
null  0.0
Java  25.8  300
multify
```

【分析讨论】

(1) 匿名内部类必须继承一个父类,或者实现一个接口。定义匿名类的同时会创建匿名内部类对象。

(2) 第 19 行代码通过继承 Book 类创建匿名内部类对象;第 21～26 行代码通过继承 Book 类创建匿名内部类,并且在类中增加成员变量及对成员方法重写;第 28～32 行代码通过实现接口创建匿名内部类并在类中实现抽象方法。

(3) 上面代码编译后生成三个匿名内部类字节码文件,分别为 AnnoymousInnerClassTest $ 1.class、AnnoymousInnerClassTest $ 2.class、AnnoymousInnerClassTest $ 3.class。

4.8　枚举类

从 JDK 1.5 开始，Java 引进了关键词 enum 用来定义一个枚举类型。在 JDK 1.5 之前，对枚举类型的描述是采用整型的静态常量方式，但这种方式中的枚举值从本质上说是整型，所以在给枚举型变量赋值时可以是任何整数而不局限于指定的枚举值，并且枚举型变量赋值的合法性检查不能在编译时进行。JDK 1.5 提供的枚举类型很好地解决了上述问题。

4.8.1　枚举类的定义

枚举类定义的语法如下：

```
<访问限制修饰符> enum <枚举类型名称> {枚举选项列表}
```

【例 4.39】　枚举类定义的示例。

```
01  public enum TrafficSignalsEnum {
02    RED,
03    YELLOW,
04    GREEN;
05  }
```

【分析讨论】

枚举类型本质上就是类，上述枚举类型编译后生成 TrafficSignalsEnum.class 字节码文件。

定义了枚举类型以后，枚举类型变量的取值只能是枚举类型中定义的值，这样取值的合法性问题就可以在编译阶段进行检查了。

【例 4.40】　枚举类型变量赋值的示例。

```
01  enum TrafficSignalsEnum {
02    RED,
03    YELLOW,
04    GREEN
05  }
06  public class TrafficSignalsEnumTest {
07    public static void main(String[ ] args) {
08      TrafficSignalsEnum ts1=TrafficSignalsEnum.RED;
09      //枚举类型变量取值为非枚举类型定义的值时会出现编译错误
10      //TrafficSignalsEnum ts2=TrafficSignalsEnum.BLUE;
11      switch(ts1) {
12        case RED:
13          System.out.println("现在是红灯");break;
14        case YELLOW:
15          System.out.println("现在是黄灯");break;
16        case GREEN:
17          System.out.println("现在是绿灯");break;
18        //出现编译错误
19        //case BLUE:
20          //System.out.println("现在是蓝灯");break;
21      }
22    }
23  }
```

【运行结果】

```
现在是红灯
```

【分析讨论】

(1) 枚举类型变量的取值只能为相应枚举类中定义的值。

(2) 在 switch 语句中,case 后面的枚举值不能写成枚举类型.枚举值,而要直接写出其枚举值。

枚举类型解决了用静态整型常量表示枚举值的弊端,并且能够对枚举值的合法性在编译时进行检查。枚举类也可以作为类的一个成员定义在另一个类中,此时枚举类可以看作是成员内部类。

【例 4.41】 枚举类型作为成员内部类的示例。

```
01 class Student3 {
02   //定义成员枚举类
03   enum Grade {
04     FRESHMAN,
05     SOPHOMORE,
06     JUNIOR,
07     SENIOR
08   }
09   int sno;
10   String sname;
11   Grade sgrade;
12   Student(int sno, String sname, Grade sgrade) {
13     this.sno=sno;
14     this.sname=sname;
15     this.sgrade=sgrade;
16   }
17 }
18 public class StudentGradeEnumTest {
19   public static void main(String[ ] args) {
20     Student3 s=new Student3(10011,"zhanghong",Student.Grade.JUNIOR);
21     System.out.println("学号为:"+s.sno);
22     System.out.println("姓名为:"+s.sname);
23     System.out.print("年级为:");
24     switch(s.sgrade) {
25       case FRESHMAN:
26         System.out.println("大学一年级");break;
27       case SOPHOMORE:
28         System.out.println("大学二年级");break;
29       case JUNIOR:
30         System.out.println("大学三年级");break;
31       case SENIOR:
32         System.out.println("大学四年级");break;
33     }
34   }
35 }
```

【运行结果】

```
学号为:10011
姓名为:zhanghong
年级为:大学三年级
```

【分析讨论】

(1) 第03～08行代码中定义的枚举类为外部类Student的内部类。

(2) 枚举类可以作为独立的类来定义,也可以将其定义为成员内部类,但不能在方法中定义枚举类。

(3) 在类中定义的枚举类通过所在类名来引用它。

当使用关键词enum定义枚举类型时,定义的枚举类型继承自java.lang.Enum类,而不是java.lang.Object类,通过枚举类型对象可以调用其继承的方法。

【例4.42】 枚举类型常用方法的示例。

```
01 enum TrafficSignalsEnum1 {
02   RED,
03   YELLOW,
04   GREEN
05 }
06 public class EnumMethodsTest {
07   public static void main(String[ ] args) {
08     TrafficSignalsEnum1 tse=TrafficSignalsEnum1.YELLOW;
09     System.out.println(tse.toString());
10     TrafficSignalsEnum1[ ] ts=TrafficSignalsEnum1.values();
11     for(int i=0;i<ts.length;i++)
12       System.out.print(ts[i]+ "    ");
13   }
14 }
```

【运行结果】

```
YELLOW
RED    YELLOW    GREEN
```

【分析讨论】

(1) Enum类中方法public String toString()可以返回枚举常量的名称。

(2) 枚举类中静态方法values()的功能是返回包含全部枚举值的一维数组。

可以在枚举类型中定义成员变量、成员方法以及构造方法,而在每个枚举类中的枚举值就是枚举类型的一个实例。

【例4.43】 枚举类型中枚举值定义的示例。

```
01 enum TrafficSignalsEnum3 {
02   //枚举类 TrafficSignalsEnum 的三个实例对象
03   RED("现在是红灯!"),
04   YELLOW("现在是黄灯!"),
05   GREEN("现在是绿灯");
06   //枚举类中定义的成员变量
07   private String signals;
08   //枚举类中定义的构造方法,其默认访问控制权限为 private
```

```
09    TrafficSignalsEnum3(String signals) {
10      this.signals=signals;
11    }
12    //枚举类中定义的成员方法
13    String getSignals() {
14      return signals;
15    }
16  }
17  public class EnumTest {
18    public static void main(String[ ] args) {
19      String s=TrafficSignalsEnum3.RED.getSignals();
20      System.out.println(s);
21      //不能通过实例化普通对象的方式来实例化枚举实例
22      //TrafficSignalsEnum3 tse=new TrafficSignalsEnum3("现在是蓝灯!");
23    }
24  }
```

【运行结果】

```
现在是红灯!
```

【分析讨论】

(1) 枚举类中构造方法的访问控制属性为 private,所以枚举值只能在定义枚举类时进行声明。

(2) 枚举类中的枚举值(即枚举类型的实例)具有 public、static、final 属性。

4.8.2 实现接口的枚举类

在定义类时可以实现接口,同样在定义枚举类时也可以实现接口。

【例 4.44】 实现接口的枚举类定义示例。

```
01  interface SignalsTimer1 {
02    public void nextSignals();
03  }
04  enum TrafficSignalsEnum implements SignalsTimer1 {
05    RED("现在是红灯!"),
06    YELLOW("现在是黄灯!"),
07    GREEN("现在是绿灯");
08    private String signals;
09    TrafficSignalsEnum(String signals) {
10      this.signals=signals;
11    }
12    public String getSignals() {
13      return signals;
14    }
15    public void nextSignals() {
16      System.out.println("2 分钟后,信号灯将发生变化!");
17    }
18  }
19  public class EnumInterfaceTest {
20    public static void main(String[ ] args) {
21      String s=TrafficSignalsEnum.RED.getSignals();
```

```
22        System.out.println(s);
23        TrafficSignalsEnum.RED.nextSignals();
24        System.out.println(TrafficSignalsEnum.YELLOW.getSignals());
25        TrafficSignalsEnum.YELLOW.nextSignals();
26    }
27  }
```

【运行结果】

```
现在是红灯!
2 分钟后,信号灯将发生变化!
现在是黄灯!
2 分钟后,信号灯将发生变化!
```

上面的枚举类在实现接口时,每个枚举值对象拥有相同的接口实现方法,但枚举值对象还可以拥有接口的不同实现方法。

【例 4.45】 具有不同接口实现的枚举类定义示例。

```
01  interface SignalsTimer {
02    public void nextSignals();
03  }
04  enum TrafficSignalsEnum implements SignalsTimer {
05    RED("现在是红灯!") {
06      public void nextSignals() {
07        System.out.println("2 分钟后,信号灯将发生变化!");
08      }
09    },
10    YELLOW("现在是黄灯!") {
11      public void nextSignals() {
12        System.out.println("1 分钟后,信号灯将发生变化!");
13      }
14    },
15  GREEN("现在是绿灯") {
16      public void nextSignals() {
17        System.out.println("3 分钟后,信号灯将发生变化!");
18      }
19    };
20    private String signals;
21    TrafficSignalsEnum(String signals) {
22      this.signals=signals;
23    }
24    String getSignals() {
25      return signals;
26    }
27  }
28  public class EnumInterfaceTest1 {
29    public static void main(String[ ] args) {
30      String s=TrafficSignalsEnum.RED.getSignals();
31      System.out.println(s);
32      TrafficSignalsEnum.RED.nextSignals();
33      System.out.println(TrafficSignalsEnum.YELLOW.getSignals());
34      TrafficSignalsEnum.YELLOW.nextSignals();
35      System.out.println(TrafficSignalsEnum.GREEN.getSignals());
36      TrafficSignalsEnum.GREEN.nextSignals();
```

```
37     }
38  }
```

【运行结果】

```
现在是红灯!
2分钟后,信号灯将发生变化!
现在是黄灯!
1分钟后,信号灯将发生变化!
现在是绿灯
3分钟后,信号灯将发生变化!
```

4.8.3 包含抽象方法的枚举类

在定义枚举类时,枚举类中可以包含抽象方法,而这些抽象方法要在枚举实例中进行实现。

【例 4.46】 包含抽象方法的枚举类定义示例。

```
01  enum TrafficSignalsEnum2 {
02    RED("现在是红灯!") {
03      public void nextSignals() {
04        System.out.println("2分钟后,信号灯将发生变化!");
05      }
06    },
07    YELLOW("现在是黄灯!") {
08      public void nextSignals() {
09        System.out.println("1分钟后,信号灯将发生变化!");
10      }
11    },
12    GREEN("现在是绿灯") {
13      public void nextSignals() {
14        System.out.println("3分钟后,信号灯将发生变化!");
15      }
16    };
17    private String signals;
18    TrafficSignalsEnum2(String signals) {
19      this.signals=signals;
20    }
21    String getSignals() {
22      return signals;
23    }
24    //枚举类中定义的抽象方法
25    public abstract void nextSignals();
26  }
27  public class EnumInterfaceTest2 {
28    public static void main(String[ ] args) {
29      String s=TrafficSignalsEnum2.RED.getSignals();
30      System.out.println(s);
31      TrafficSignalsEnum2.RED.nextSignals();
32      System.out.println(TrafficSignalsEnum2.YELLOW.getSignals());
33      TrafficSignalsEnum.YELLOW.nextSignals();
34      System.out.println(TrafficSignalsEnum2.GREEN.getSignals());
```

```
35      TrafficSignalsEnum2.GREEN.nextSignals();
36    }
37  }
```

4.9 本章小结

在 Java 语言中,基本数据类型的包装类可以实现基本类型数据与对象类型数据的相互转换;当使用输出语句输出对象时,实际调用的是该对象的 toString()方法;当两个引用类型变量比较是否相等时,可以使用"= =",也可以使用 equals()方法;Object 类中定义的 equals()方法与"= ="比较的是两个引用是否指向同一个对象,而通过重写 Object 类中定义的 equals()方法可以实现对象内容的比较;static 修饰符可以修饰类中的变量、方法及初始化程序块;final 修饰符可以修饰类、成员变量和方法以及方法中的局部变量;抽象类和接口可以实现面向对象思想中的多态机制;内部类定义在其他类的内部,把内部类隐藏在外部类之内,不允许同一个包中的其他类访问该内部类,从而对内部类提供了更好的封装;匿名内部类更适合于创建那些仅需要一次使用的类;Java 中的枚举类提供了对枚举类型更好的描述和支持。本章讲解了 Java 面向对象的高级特性,理解与掌握这些特性对于深入学习 Java 语言程序设计具有重要的意义。

课后习题

1. 当编译运行下列代码时,运行结果是什么?(　　)

```
class Base {
  protected int i=99;
}
public class Ab {
  private int i=1;
  public static void main(String argv[ ]) {
    Ab a=new Ab();
    a.hallow();
  }
  abstract void hallow() {
    System.out.println("Claines "+i);
  }
}
```

A. 编译错误　　B. 编译正确,运行时输出: Claines 99

C. 编译正确,运行时输出: Claines 1　　D. 编译正确,但运行时无输出

2. 当编译运行下列代码时,运行结果是什么?(　　)

```
public class Example {
  int arr[ ]=new int[10];
  public static void main(String a[ ]) {
    System.out.println(arr[1]);
  }
}
```

A. 编译错误　　B. 编译正确,但运行时出现异常

C. 输出 0　　D. 输出 null

3. 下列代码的输出结果是什么?(　　)

```
public class Example {
  public static void main(String args[ ]) {
    static int x[ ]=new int[15];
    System.out.println(x[5]);
  }
}
```

A. 编译错误　　B. 编译正确,但运行时出现异常

C. 输出 0　　D. 输出 null

4. 下列代码的运行结果是什么?(　　)

```
class A {
  private int counter=0;
  public static int getInstanceCount() {
    return counter;
  }
  public A() {
    counter++;
  }
}
public class Example {
  public static void main(String args[ ]) {
    A a1=new A();
    A a2=new A();
    System.out.println(A.getInstanceCount());
  }
}
```

A. 输出 1　　B. 输出 2

C. 运行时出现异常　　D. 编译错误

5. 下列选项中能够正确编译的是哪些?(　　)

```
abstract class Shape {
  private int x;
  private int y;
  public abstract void draw();
  public void setAnchor(int x,int y) {
    this.x=x;
    this.y=y;
  }
}
```

A.
```
class Circle implements Shape {
    private int radius;
}
```

B.
```
abstract class Circle extends Shape {
    private int radius;
}
```

C.
```
class Circle extend Shape {
    private int radius;
    public void draw();
}
```

D.
```
abstract class Circle implements Shape {
    private int radius;
    public void draw();
}
```

E.
```
class Circle extends Shape {
    private int radius;
    public void draw(){ }
}
```

6. 下列哪个选项可以插入到代码中×××位置？（　　）

```
class OuterClass {
  private String s="i am outer class member variable";
  class InnerClass {
    private String s1="i am inner class member variable";
    public void innerMethod() {
      System.out.println(s);
      System.out.println(s1);
    }
  }
  public static void outerMethod() {
    //××× legal code here
    inner.innerMethod();
  }
}
```

A. OuterClass.InnerClass inner=new OuterClass().new InnerClass();

B. InnerClass inner=new InnerClass();

C. new InnerClass();

D. 以上选项都不对

7. 当编译运行下列代码时，运行结果是什么？（　　）

```
public class Example {
  private final int id;
  public Example(int id) {
    this.id=id;
  }
  public void updateId(int newId) {
    id=newId;
  }
  public static void main(String args[ ]) {
    Example fa=new Example(42);
    fa.updateId(69);
    System.out.println(fa.id);
  }
}
```

A. 编译时错误　　B. 运行时异常　　C. 42　　D. 69

8. 下列代码的运行结果是什么?(　　)

```
public class Example {
  static{
    System.out.print("Hi here ");
  }
  public void print() {
    System.out.print("Hello ");
  }
  public static void main(String args[ ]) {
    Example st1=new Example();
    st1.print();
    Example st2=new Example();
    st2.print();
  }
}
```

A. Hello Hello　　B. Hi here Hello Hello

C. Hi here Hello Hi here Hello　　D. Hi here Hi here Hello Hello

9. 下列代码的运行结果是什么?(　　)

```
class MyExample {
  public void myExample() {
    System.out.print("class MyExample. ");
  }
  public static void myStat() {
    System.out.print("class MyExample. ");
  }
}
public class Example extends MyExample {
  public void myExample() {
    System.out.print("class Example. ");
  }
  public static void myStat() {
    System.out.print("class Example. ");
  }
  public static void main(String args[ ]) {
    MyExample mt=new Example();
    mt.myExample();
    mt.myStat();
  }
}
```

A. 输出 class MyExample. class MyExample.

B. 输出 class Example. class MyExample.

C. 输出 class Example. class Example.

D. 输出 class MyExample. class Example.

10. 下列代码的运行结果是什么?(　　)

```
class Bird {
    System.out.print("b1 ");
```

```
  public Bird() {
    System.out.print("b2 ");
  }
}
class Raptor extends Bird {
  static {    System.out.print("r1 ");     }
  public Raptor() {    System.out.print("r2 ");     }
    System.out.print("r3 ");
  static {    System.out.print("r4 ");     }
}
class Hawk extends Raptor {
  public static void main(String[ ] args) {
    System.out.print("pre ");
    new Hawk();
    System.out.println("hawk ");
  }
}
```

A. r1 r4 pre b1 b2 r3 r2 hawk　　B. pre b1 b2 r1 r4 r3 r2 hawk

C. pre hawk　　D. r1 r4 pre b2 r2 hawk

11. 下列关于静态内部类的说法中哪些是正确的？(　　)

A. 静态内部类对象的创建必须要通过外部类实例引用

B. 静态内部类不能访问外部类中的非静态成员

C. 静态内部类中的成员变量与成员方法必须是静态的

D. 如果外部类命名为 MyOuter，静态内部类命名为 MyInner，则可以通过语句 new MyOuter.MyInner()来实例化静态内部类对象

E. 静态内部类必须要继承外部类

12. 下列选项中哪个是正确的？(　　)

```
public interface Top {    public void twiddle(String s);     }
```

A. public abstract class Sub implements Top {　　public abstract void twiddle (String s) { }　　}

B. public abstract class Sub implements Top { }

C. publicclass Sub extends Top {　　public void twiddle(Integer i) { }　　}

D. public class Sub implements Top {　　public void twiddle(Integer i) { }　　}

E. publicclass Sub implements Top {　　public void twiddle(String s) { };
　　public voidtwiddle(Integer i) { }　　}

13. 下列哪些关键词可用来修饰内部类型？(　　)

```
public class Example {
    public static void main(String argv[ ]) {     }
    / * modifier at XX * / class MyInner {     }
}
```

A. public　　B. private　　C. static　　D. firend

14. 下列哪些非抽象类实现了接口 A？(　　)

```
interface A {
  void method1(int i);
  void method2(int j);
}
```

A.
```
class B implements A {
     void method1() {     }
     void method2() {     }
}
```

B.
```
class B {
     void method1(int i) {     }
     void method2(int j) {     }
}
```

C.
```
class B implements A {
     void method1(int i) {     }
     void method2(int j) {     }
}
```

D.
```
class B extends A {
     void method1(int i) {     }
     void method2(int j) {     }
}
```

E.
```
class B implements A {
     public void method1(int i) {     }
     public void method2(int j) {     }
}
```

15. 下列选项中哪个是正确的?(　　)

```
abstract class Shape {
  int x;
  int y;
  public void setAnchor(int x, int y) {
    this.x=x;
    this.y=y;
  }
}
class Circle extends Shape {
  void draw() {
  }
}
```

A.
```
public class Example {
  public static void main(String[ ] args) {
    Shape s=new Shape();
    s.setAnchor(10,10);
    s.draw();
  }
}
```

B.
```
public class Example {
```

```
    public static void main(String[ ] args) {
      Circle c=new Shape();
      c.setAnchor(10,10);
      c.draw();
    }
  }
```

C.
```
public class Example {
    public static void main(String[ ] args) {
      Shape s=new Circle();
      s.setAnchor(10,10);
      ((Circle)s).draw();
    }
  }
```

16. 当编译并运行下列代码时运行结果是什么？(　　)

```
enum IceCream {
  VANILIA("white"),
  STAWBERRY("pink"),
  WALNUT("brown"),
  CHOCOLATE("dark brown");
  String color;
  IceCream(String color) {
    this.color=color;
  }
}
class Example {
  public static void main(String[ ] args) {
    System.out.println(IceCream.VANILIA);
    System.out.println(IceCream.CHOCOLATE);
  }
}
```

A. 编译错误

B. 没有错误,程序输出:

VANILIA

CHOCOLATE

C. 没有错误,程序输出:

white

dark brown

17. 下列代码中哪一行会产生编译错误?(　　)

```
interface Foo {
  int I=0;
}
class Example implements Foo {
  public static void main(String[ ] args) {
    Example s=new Example();
    int j=0;
    j=s.I;
    j=Example.I;
```

```
    j=Foo.I;
    s.I=2;
  }
}
```

A. 9　　B. 10　　C. 11　　D. 没有错误

18. 请完成下面的程序,使得程序可以输出枚举常量值 RED、GREEN 和 BLUE。

```
public class Ball {
  public _______ T {
    _______
  }
  public static void main(String [] args) {
    Ball.T[] t=Ball.T.values();
    for(int i=0;i<t.length;i++) {
      System.out.println(t[i]);
    }
  }
}
```

19. 应用抽象类及继承编写程序,输出本科生及研究生的成绩等级。要求:首先设计抽象类 Student,它包含学生的一些基本信息:姓名、学生类型、三门课程的成绩和成绩等级等;其次,设计 Student 类的两个子类——本科生类 Undergraduate 和研究生类 Postgraduate,二者在计算成绩等级时有所区别,具体计算标准如表 4.4 所示;最后,创建测试类进行测试。

表 4.4　学生成绩等级

本科生标准	研究生标准
平均分为[85～100]:优秀	平均分为[90～100]:优秀
平均分为[75～85]:良好	平均分为[80～90]:良好
平均分为[65～75]:中等	平均分为[70～80]:中等
平均分为[60～65]:及格	平均分为[60～70]:及格
平均分 60 以下:不及格	平均分 60 以下:不及格

第5章 Java语言异常处理

面向对象程序设计特别强调软件质量的两个方面：一是程序结构方面的可扩展性与可重用性，二是程序语法与语义方面的可靠性。可靠性(Reliability)是软件质量的关键因素，一个程序的可靠性体现在两方面：一是程序的正确性(Correctness)，指程序的实现是否满足了需求；二是程序的健壮性(Robustness)，指程序在异常条件下的执行能力。在Java程序中，由于程序员的疏忽和环境因素的变化，经常会出现异常情况，导致程序运行时的不正常终止。为了及时有效地处理程序运行中的错误，Java语言在参考C++语言的异常处理方法和思想的基础上，提供了一套优秀的异常处理(Exception Handling)机制，可以有效地预防错误的程序代码或系统错误所造成的不可预期的结果发生。异常处理机制通过对程序中所有的异常进行捕获和恰当的处理来尝试恢复异常发生前的状态，或对这些错误结果做一些善后处理。异常处理机制能够减少编程人员的工作量，增加程序的灵活性，有效地增加程序的可读性和可靠性。

5.1 概述 

在程序运行时打断正常程序流程的任何不正常的情况称为错误或异常。导致异常可能发生的原因有许多，例如下列的情形。

- 试图打开的文件不存在。
- 网络连接中断。
- 空指针异常，例如对一个值为null的引用变量进行操作。
- 算术异常，例如除数为0、操作符越界等。
- 要加载的类不存在。

下面是一个简单的程序，程序中声明了一个字符串数组，并通过一个for循环将该数组输出。如果不认真地阅读分析程序，一般不容易发现程序中可能导致异常的代码。

【例5.1】 Java程序异常示例。

```
01 public class Test {
02     public static void main(String[ ] args) {
03         String friends[ ]={"Lisa", "Mary", "Bily"};
04         for(int i=0;i<4;i++){
05             System.out.println(friends[i]);
06         }
07         System.out.println("Normal ended.");
08     }
09 }
```

【运行结果】

```
Lisa
Mary
Bily
Exception in thread "main" java.lang.ArrayIndexOutOfBoundsException: 3
    at Test.main (Test.java: 5)
```

【分析讨论】

(1) 程序 Test.java 能够通过编译,但运行时出现了异常,导致程序的非正常终止。

(2) 程序在执行 for 循环语句块时,前 3 次依次输出 String 类型的数组 friends 包含的 3 个元素,即执行结果的前 3 行。但是在第 4 次循环时,由于试图输出下标为 3 的数组元素,而数组的长度为 3,从而导致数组下标越界。产生异常的是第 05 行,异常类型是 java.lang.ArrayIndexOutOfBoundsException,并且系统自动显示了有关异常的信息,指明异常的种类和出错位置。

在 Java 程序中,由于程序员的疏忽和环境因素的变化,会经常出现异常情况。如果不对异常进行处理,就将导致程序的不正常终止。为保证程序的正常运行,Java 语言专门提供了异常处理机制。Java 语言首先针对各种常见的异常定义了相应的异常类,并建立了异常类体系,如图 5.1 所示。

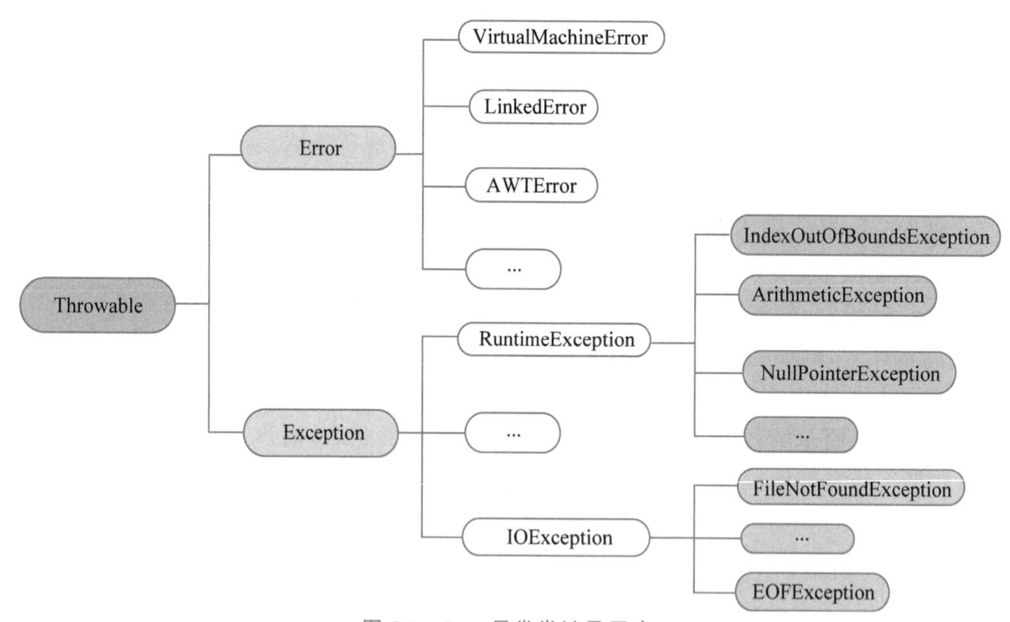

图 5.1　Java 异常类继承层次

其中,java.lang.Throwable 类是所有异常类的父类。Java 语言中只有 Throwable 类及其子类的对象才能由异常处理机制进行处理。该类提供的主要方法包括检索异常相关信息,以及输出显示异常发生位置的堆栈追踪轨迹。Java 语言异常类体系中定义了很多常见的异常,如下所示。

- ArithmeticException:算术异常,整数的除 0 操作将导致该异常的发生,例如,int i=10/0。

- NullPointerException：空指针异常，当对象没有实例化时，就试图通过该对象的变量访问其数据或方法。
- IOException：输入输出异常，即进行输入输出操作时可能产生的各种异常。
- SecurityException：安全异常，一般由浏览器抛出。例如，Applet 在试图访问本地文件、试图连接该 Applet 所来自主机之外的其他主机或视图执行其程序时，浏览器中负责安全控制的 SecurityManager 类都要抛出这个异常。

Java 语言中的异常可分为如下两类。

- 错误(Error)及其子类：JVM 系统内部错误，资源耗尽等很难恢复的严重错误，不能简单地恢复执行，一般不由程序处理。
- 异常(Exception)及其子类：其他因编程错误或偶然的外在因素导致的一般性问题，通过某种修正后程序还能继续运行，其中还可以分为以下两种情况。
  - RuntimeException(运行时异常)：也称为不检查异常，是指因为设计或实现方式不当导致的问题。例如，数组使用越界、算术运算异常、空指针异常等。也可以说是程序员的原因导致的、本来可以避免发生的情况。正确设计与实现的程序不应产生这些异常。对于这类异常，处理的策略是纠正错误。
  - 其他 Exception 类：描述运行时遇到的困难，它通常由环境而非程序员的原因引起，如文件不存在、无效 URL 等。这类异常通常是由用户的误操作引起的，可以在异常处理中进行处理。

例 5.1 中的异常即属于 RuntimeException。出错的原因是数组 friends 中只含有 3 个元素，当 for 循环执行到第 4 次时，试图访问根本不存在的第 4 个数组元素 friends[3]，因此出错。

5.2 异常处理机制

异常处理是指程序获得异常并处理，然后继续程序的执行。Java 语言要求如果程序中调用的方法有可能产生某种类型的异常，那么调用该方法的程序必须采取相应的动作处理异常。异常处理机制具体有两种方式：一是捕获并处理异常；二是将方法中产生的异常抛出。

5.2.1 捕获并处理异常

Java 程序在执行过程中如果出现异常，则会自动生成一个异常对象，该对象包含了有关异常的信息，并被自动提交给 Java 运行时系统，这个过程称为抛出异常。当 Java 运行时系统接收到异常对象时，会寻找能处理这一异常的代码并把当前异常对象交给其处理，这一过程称为捕获异常。如果 Java 运行时系统找不到可以捕获异常的方法，则运行时系统就将终止，相应的 Java 程序也将退出。

try-catch-finally 语句用于捕获程序中产生的异常，然后针对不同的异常采用不同的处理程序进行处理。try-catch-finally 语句的基本语法如下。

```
try {
    Java statements                                //一条或多条可能抛出异常的 Java 语句
```

```
} catch(ExceptionType1 e) {
    Java statements                           //当 ExceptionType1 类型的异常抛出后要执
行的代码
} catch(ExceptionType2 e) {
    Java statements                           //当 ExceptionType2 类型的异常抛出后要执
行的代码
} [finally {
    Java statements                           //执行最终清理的语句,即无条件执行的语句
} ]
```

try-catch-finally 语句把可能产生异常的语句放入 try{ }语句块中,然后在该语句块后跟一个或多个 catch 语句块,每个 catch 语句块处理一种可能抛出的特定类型的异常。在运行时刻,如果 try{ }语句块产生的异常与某个 catch 语句处理的异常类型相匹配,则执行该 catch 语句块。finally 语句定义了一个程序块,可放于 try{ }和 catch{ }块之后,用于为异常处理提供一个统一的出口,使得在控制流转到程序的其他部分以前,能够对程序的状态进行统一的管理。不论在 try{ }语句块中是否发生了异常事件,finally 块中的语句都会被执行。finally 语句是可选的,可以省略。注意,用 catch 语句进行异常处理时,可以使一个 catch 块捕获一种特定类型的异常,也可以定义处理多种类型异常的通用 catch 块。因为在 Java 语言中允许对象变量上溯造型,父类类型的变量可以指向子类对象,所以如果 catch 语句块要捕获的异常类还存在其子类,则该异常处理块就可以处理该异常类以及其所有子类表示的异常事件。这样一个 catch 语句块就是一个能够处理多种异常的通用异常处理块。例如,在下列语句中,catch 语句块将处理 Exception 类及其所有子类类型的异常,即处理程序能够处理的所有类型的异常。

```
try {
    …
}catch(Exception e) {
    System.out.println("Exception caugth: "+e.getMessage());
}
```

接下来看一看上述机制是如何处理例 5.1 中的问题的。

【例 5.2】 采用 try-catch-finally 对例 5.1 中的 RuntimeException 进行异常处理。

```
01 public class Test2 {
02     public static void main(String[ ] args) {
03         String friends[ ]={"Lisa", "Mary", "Bily"};
04         try{
05             for(int i=0;i<4;i++) {
06                 System.out.println(friends[i]);
07             }
08         }catch(ArrayIndexOutOfBoundsException e) {
09             System.out.println("Index error");
10         }
11         System.out.println("\nNormal ended.");
12     }
13 }
```

【运行结果】

```
Lisa
Mary
Bily
Index error
Normal ended
```

【分析讨论】

(1) 从输出结果中可以看出,出现异常时参数类型匹配的 catch 语句块得到执行,程序输出提示性信息后继续执行,并未异常终止,此时程序的运行仍处于程序员的控制之下。那么,既然运行错误经常发生,是不是所有的 Java 程序也都要采取这种异常处理措施呢? 答案是否定的,Java 程序异常处理的原则是:

① 对于 Error 和 RuntimeException,可以在程序中进行捕获和处理,但不是必需的。

② 对于 IOException 及其他异常类,必须在程序中进行捕获和处理。

(2) 例 5.1 和例 5.2 中的 ArrayIndexOutOfBoundsException 即属于 RuntimeException,一个正确设计和实现的程序不会出现这种异常,因此可以根据实际情况选择是否需要进行捕获和处理。而对于 IOException 及其他异常,则属于另外一种必须进行捕获和处理的情况了。

再看一个 IOException 的例子,例 5.3 的类 CreatingList 要创建一个保存 5 个 Integer 对象的数组链表,并通过 copyList 方法将该链表保存到 FileList.txt 文件中。

【例 5.3】 创建链表并保存到文件中(未加任何异常处理,存在编译错误)。

```
01 import java.io.*;
02 import java.util.*;
03 class CreatingList {
04     private ArrayList list;
05     private static final int size=5;
06     public CreatingList() {
07         list=new ArrayList(size);
08         for(int i=0;i<size;i++)
09             list.add(new Integer(i));
10     }
11     //将 list 保存到 FileList.txt 文件中
12     public void copyList() {
13         BufferedWriter bw=new BufferedWriter(new FileWriter("FileList.txt"));
14         for(int i=0;i<size;i++) {
15             bw.write("Value at: "+i+" = "+list.get(i));
16             bw.newLine();
17         }
18         bw.close();
19     }
20 }
21 public class ListDemo1 {
22     public static void main(String[ ] args) {
23         CreatingList clist=new CreatingList ();
24         clist.copyList();
25     }
26 }
```

【编译结果】

```
ListDemo1.java: 13: 未报告的异常 java.io.IOException; 必须对其进行捕捉或声明以便抛出 BufferedWriter bw=new BufferedWriter(new FileWriter("FileList.txt"));
1 错误
```

【分析讨论】

例 5.3 的第 13 行语句中调用了 java.io.FileWriter 的构造方法创建了一个文件输出流。该构造方法的声明如下：public FileWriter (String fileName) throws IOException。由于 copyList()方法中没有对 FileWriter 构造方法可能产生的异常进行处理，所以程序在编译时产生了上述错误。

例 5.4 在例 5.3 中加入了异常处理机制。将例 5.3 中的第 13～18 行语句放入 try 语句块中，用两个 catch 语句分别捕获 FileWriter("FileList.txt")调用中可能产生的 IOException 异常，以及 for 循环访问链表的 list.get(i)方法时可能产生的 ArrayIndexOutOfBoundsException 异常。try-catch 语句还有 finally 语句，执行程序的最后清理操作，此处是关闭程序打开的流。

【例 5.4】 对例 5.3 增加 try-catch-finally 异常处理。

```
01 import java.io.*;
02 import java.util.*;
03 class CreatingList {
04     private ArrayList list;
05     private static final int size=5;
06     public CreatingList () {
07         list=new ArrayList(size);
08         for(int i=0;i<size;i++)
09             list.add(new Integer(i));
10     }
11     public void copyList() {
12         BufferedWriter bw=null;
13         try {
14             System.out.println("Catching Exceptions");
15             bw=new BufferedWriter(new FileWriter("FileList.txt"));
16             for(int i=0;i<size;i++) {
17                 bw.write("Value at: "+i+" = "+list.get(i));
18                 bw.newLine();
19             }
20             bw.close();
21         }catch(ArrayIndexOutOfBoundsException e) {        //处理数组越界异常
              System.out.println("Caught ArrayIndexOutOfBoundsException.");
22         }catch(IOException e) {                           //处理 I/O 异常
23               System.out.println("Caught IOException.");
24         }
25         System.out.println("Closing BufferedWriter, Normal Ended! ");
26     }
27 }
28 public class ListDemo2 {
29     public static void main(String[ ] args) {
30         CreatingList clist=new CreatingList ();
31         clist.copyList();
```

```
32      }
33  }
```

【运行结果】

```
Catching Exceptions
Closing BufferedWriter, Normal Ended!
```

5.2.2 将方法中产生的异常抛出

将方法中产生的异常抛出是 Java 语言处理异常的第二种方式。如果一个方法中的语句执行时可能生成某种异常，但是并不能或不确定如何处理这种异常，则该方法应声明抛出该种异常，表明该方法将不对此类异常进行处理，而由该方法的调用者负责处理。

1. 使用 throws 关键字抛出异常

将异常抛出，可通过 throws 关键字来实现。throws 关键字通常被应用在声明方法时，用来指定方法可能抛出的异常，其语法格式如下：

```
<modifer> <returnType> methodName ([<argument list>]) throws <exceptionList>
```

其中，exceptionList 可以包含多个异常类型，用逗号隔开。

例 5.4 是使用 try-catch-finally 语句实现例 5.3 的异常处理的。下面的例 5.5 是采用异常处理的第二种方式对例 5.3 进行的改进。

【例 5.5】 采用声明抛出异常的方法对例 5.3 进行异常处理。

```
01 import java.io.*;
02 import java.util.*;
03 class CreatingList{
04   private ArrayList list;
05   private static final int size=5;
06   public CreatingList() {
07     list=new ArrayList(size);
08     for(int i=0;i<size;i++)
09       list.add(new Integer(i));
10     }
11     //声明抛出异常
12     public void copyList() throws IOException, ArrayIndexOutOfBounds Exception {
13     BufferedWriter bw=new BufferedWriter(new FileWriter("FileList.txt"));
14       for(int i=0;i<size;i++){
15         bw.write("Value at: "+i+" = "+list.get(i));
16         bw.newLine();
17       }
18       bw.close();
19     }
20 }
21 public class ListDemo3{
22   public static void main(String[ ] args){
23     try{
24         CreatingList clist=new CreatingList();
25         clist.copyList();
26     } catch(ArrayIndexOutOfBoundsException e) {          //处理数组越界异常
           System.out.println("Caught ArrayIndexOutOfBoundsException.");
```

```
27        }catch(IOException e) {                              //处理 I/O 异常
28            System.out.println("Caught IOException.");
29        }
30        System.out.println("A list of numbers is created and stored in FileList.txt");
31    }
32 }
```

【运行结果】

```
A list of numbers is created and stored in FileLIst.txt
```

【分析讨论】

如果被抛出的异常在调用程序中未被处理,则该异常将被沿着方法的调用关系继续上抛,直到被处理。如果一个异常返回到 main()方法,并且在 main()方法中还未被处理,则该异常将把程序非正常地终止。

2. 使用 throw 关键字抛出异常

使用 throw 关键字也可抛出异常,与 throws 不同的是,throw 用于方法体内,并且抛出一个异常类对象,而 throws 用在方法声明中来指明方法可能抛出的多个异常。

通过 throw 抛出异常后,如果想由上一级代码来捕获并处理异常,则同样需要在抛出异常的方法中使用 throws 关键字在方法的声明中指明要抛出的异常;如果想在当前的方法中捕获并处理 throw 抛出的异常,则必须使用 try-catch-finally 语句。throw 语句的一般格式如下:

```
throw someThrowableObject;
```

其中,someThrowableObject 必须是 Throwable 类或其子类的对象。执行 throw 语句后,运行流程立即停止,throw 的下一条语句将暂停执行,系统转向调用者程序,检查是否有与 catch 子句能匹配的 Throwable 实例对象。如果找到相匹配的实例对象,系统转向该子句;如果没有找到,则转向上一层的调用程序。这样逐层向上,直到最外层的异常处理程序终止程序并打印出调用栈的情况。

例如,当输入的年龄为负数时,Java 虚拟机当然不会认为这是一个错误,但实际上年龄是不能为负数的,可以通过异常的方式来处理这种情况。例 5.6 中创建 People 类,该类中的 check()方法首先将传递进来的 String 型参数转换为 int 型,然后判断该 int 型整数是否为负数,若为负数则抛出异常;然后在该类的 main()方法中捕获异常并处理。

【例 5.6】 throw 关键字的使用示例。

```
01 public class People {
02   public static int check(String strage) throws Exception {
03     int age=Integer.parseInt(strage);    //转化字符串为 int 型
04     if(age<0)                       //如果 age 小于 0,则抛出一个 Exception 异常对象
05       throw new Exception("年龄不能为负数!");
06       return age;
07     }
08     public static void main(String args[ ]) {
09       try {
10           int myage=check("-101");          //调用 check()方法
11           System.out.println(myage);
```

```
12          } catch(Exception e) {              //捕获 Exception 异常
13            System.out.println("数据逻辑错误!");
14            System.out.println("原因:"+e.getMessage());
15          }
16      }
17  }
```

【运行结果】

```
数据逻辑错误!
原因:年龄不能为负数!
```

【分析讨论】

在 check()方法中将异常抛给了调用者(main()方法)进行处理。check()方法可能会抛出以下两种异常:

- 数字格式的字符串转换为 int 型时抛出的 NumberFormatException 异常;
- 当年龄小于 0 时抛出的 Exception 异常。

5.3 自定义异常类 

通常使用 Java 内置的异常类就可以描述在编写程序时出现的大部分异常情况。但有时仍然需要根据需求创建自己的异常类,并将它们用于程序中来描述 Java 内置异常类所不能描述的一些特殊情况。下面就来介绍如何创建和使用自定义异常类。

5.3.1 必要性与原则

Java 语言允许用户在需要时创建自己的异常类型,用于表述 JDK 中未涉及的其他异常状况,这些类型也必须继承 Throwable 类或其子类。Throwable 类有两种类型的子类,即错误(Error)和异常(Exception)。大多数 Java 应用都抛出异常,错误是指系统内部发生的严重错误。所以,一般自定义异常类都以 Exception 类为父类。由于用户自定义异常类通常属于 Exception 范畴,因此依据命名惯例,自定义异常类的名称应以 Exception 结尾。用户自定义异常类未被加入 JRE 的控制逻辑中,因此永远不会自动抛出,只能由人工创建并抛出。

例如,假设我们要编写一个可重用的链表类,该类中可能包括如下方法。

- objectAt(int n):返回链表中的第 n 个对象。
- firstObject():返回链表中的第一个对象。
- indexOf(Object n):在链表中搜索指定的对象,并返回它在链表中的位置。

对于这个链表类,在其他程序员使用时可能出现对类及方法使用不当的情况,并且即使是合法的方法调用,也有可能导致某种未定义的结果。因此希望这个链表类在出现错误时尽量强壮,对于错误能够合理地处理,并把错误信息报告给调用程序。但是由于不能预知使用该类的每个用户打算如何处理特定的错误,所以在发生一种错误时最好的处理办法是抛出一个异常。上述链表类的每个方法都有可能抛出异常,并且这些异常可能是互不相同的,例如下面的异常。

- objectAt(int n)：如果传递给该方法的参数 n 小于 0,或 n 大于链表中当前含有的对象的数目,则抛出一个异常。
- firstObject()：如果链表中不包含任何对象,则抛出一个异常。
- indexOf(Object n)：如果传递给该方法的对象不在链表中,则抛出一个异常。

通过上述分析,我们可以知道这个链表类运行中会抛出的各种异常,但是,如何确定这些异常的类型？是选择 Java 异常类体系中的一个类型,还是自己定义一种新的异常类型？下面给出一些原则,提示读者何时需要自定义异常类。满足下列任何一种或多种情形就应该考虑自己定义异常类：

- Java 异常类体系中不包含所需要的异常类型。
- 用户需要将自己所提供类的异常与其他人提供类的异常进行区分。
- 类中将多次抛出这种类型的异常。
- 如果使用其他程序包中定义的异常类,将影响程序包的独立性与自包含性。

结合上面提到的链表的例子,该链表类可能抛出多种异常,用户可能需要使用一个通用的异常处理程序对这些异常进行处理。另外,如果要把这个链表类放在一个包中,那么与该类相关的所有代码应该同时放在这个包中。因此,应该定义自己的异常类并且创建自己的异常类层次。图 5.2 给出了链表类的一种自定义异常类的层次。

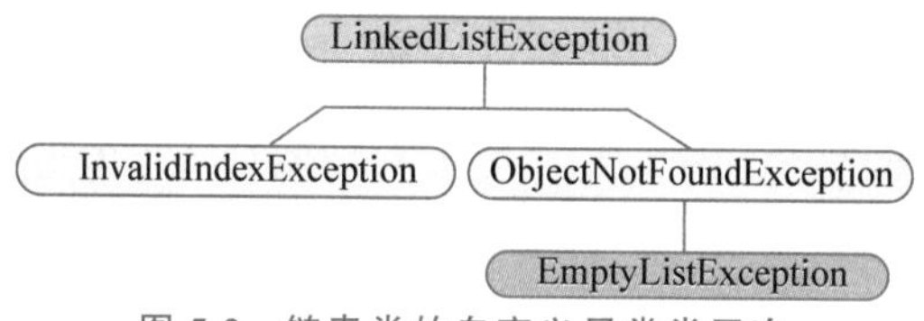

图 5.2　链表类的自定义异常类层次

LinkedListException 是链表类可能抛出所有异常类的父类。将来可以使用下列 catch 语句对该链表类的所有异常进行统一的处理：

```
catch(LinkedListException) {
    …
}
```

当然,用户也可以编写针对 LinkedListException 子类的专用的异常处理。但是,链表类的异常能够利用上述 Java 异常处理机制进行处理,还必须将这些异常类与 Java 的异常类体系融合起来。

5.3.2　定义与使用

创建自定义异常类并在程序中使用,大体可分为以下几个步骤：

(1) 创建自定义异常类。

(2) 在方法中通过 throw 抛出异常对象。

(3) 若在当前抛出异常的方法中处理异常,可使用 try-catch-finally 语句捕获并处理；否则在方法的声明处通过 throws 指明要抛出给方法调用者的异常,继续进行下一步操作。

(4) 在出现异常的方法调用代码中捕获并处理异常。

如果自定义的异常类继承自 RuntimeException 异常类,在步骤(3)中,可以不通过

throws 指明要抛出的异常。

1. 定义异常类

用户自定义异常类定义为 Exception 类的子类。这样的异常类可包含普通类的内容。例如，做一个关于银行账户的类 Bank 时，若该用户取钱数目大于他的银行存款余额则作为异常处理。

```
//自定义异常类 InsufficientFundsException
class InsufficientFundsException extends Exception {
    private Bank excepBank;                    //银行的用户对象
    private double excepAmount;                //取款数目
    public InsufficientFundsException(Bank ba, double dAmount) {
        excepBank=ba;
        excepAmount=dAmount;
    }
    public String excepMessage() {
        String str="账户存款余额:"+excepBank.balance+"\n 取款数目是:"+excepAmount;
        return str;
    }
}
```

2. 抛出自定义异常

定义了自定义异常类后，程序中的方法就可以在恰当的时候将该种异常抛出，注意要在方法的声明中声明抛出该类型的异常。例如，在银行账户类 Bank 的取钱方法 withdrawal()中可能产生异常 InsufficientFundsException，条件是存款余额少于取款数目。

```
public void withdrawal (double dAmount) throws InsufficientFundsException {
    if(balance<dAmount) {
        throw new InsufficientFundsException(this, dAmount);
    }
    balance=balance-dAmount;
}
```

3. 自定义异常的处理

Java 程序在调用声明抛出自定义异常的方法时，要进行异常处理。具体可以采用上面介绍的两种方式：一是利用 try-catch-finally 语句捕获并处理；二是声明抛出该类型的异常。在银行用户取款的例子中，处理异常安排在调用 withdrawal()方法的时候，因此 withdrawal()方法要声明抛出异常，由上级方法调用。

```
public static void main(String args[ ]) {
        Bank bank=new Bank(500);
        try {
            bank.withdrawal(1000);
            System.out.println("本次取款成功!");
        }catch(InsufficientFundsException e) {
            System.out.println("对不起,本次取款失败!");
            System.out.println(e.excepMessage());
        }
}
```

最后，我们看一个完整的用户自定义异常类的例子。

【例5.7】 使用用户自定义异常类的完整示例。

```
01 class InsufficientFundsException extends Exception {
02     private Bank excepBank;              //银行的用户对象
03     private double excepAmount;          //取款数目
04     public InsufficientFundsException(Bank ba, double dAmount) {
05         excepBank=ba;
06         excepAmount=dAmount;
07     }
08     public String excepMessage() {
09         String str="账户存款余额:"+excepBank.balance+"\n取款数目是:"
   +excepAmount;
10         return str;
11     }
12 }
13 class Bank{
14   double balance;                        //账户余额
15   public Bank(double balance) {
16     this.balance=balance;
17   }
18   //用户存款的方法
19   public void deposite(double dAmount) {
20     if(dAmount>0.0)
21       balance+=dAmount;
22   }
23     //用户取款的方法
24     public void withdrawal (double dAmount) throws InsufficientFundsException {
25       if(balance<dAmount) {
26         throw new InsufficientFundsException(this, dAmount);
27       }
28       balance=balance-dAmount;
29     }
30     //查询账户余额的方法
31     public void showBalance() {
32       System.out.println("账户余额为:"+balance);
33     }
34 }
35 public class ExceptionDemo {
36     public static void main(String args[ ]) {
37         Bank bank=new Bank(500);
38         try {
39             bank.withdrawal(1000);
40             System.out.println("本次取款成功!");
41         }catch(InsufficientFundsException e){
42             System.out.println("对不起,本次取款失败!");
43             System.out.println(e.excepMessage());
44         }
45     }
46 }
```

【运行结果】

```
对不起,本次取款失败!
账户存款余额:500.0
取款数目是:1000.0
```

5.4 Java 的异常跟踪栈

在面向对象的编程中,大多数复杂操作体现为一系列方法调用。这是由如下两个编程目标决定的:定义可重用的代码单元,将复杂任务逐步分解为更易管理的小型子任务。另外,因为定义很多对象来共同完成编程任务,在最终编程模型中,很多对象将通过一系列方法调用来实现通信,执行任务。在面向对象的应用程序运行时,经常会发生一系列的方法调用,即"调用栈"。

开发人员可根据应用程序的需要,在调用栈的任何一点处理异常:可在产生异常的方法中处理问题,也可在调用序列的某一较远位置处理异常。

在异常沿调用链上传时,它维护一个称为"栈跟踪"的结构。栈跟踪记录未处理异常的各个方法,以及发生问题的代码行。当异常传给方法调用者时,它在栈跟踪中添加一行,指示该方法的故障点。在调试代码时,如果了解如何解释信息,则栈跟踪可能是一个非常有效的工具。

例 5.8 是一个自定义异常类的例子。在该例中,定义了一个异常类 MyException,该类是 javalangException 类的子类,包含了两个构造方法。TestingMyException 类包含了两个方法 method1()和 method2(),这两个方法中分别声明并抛出了 MyException 类型的异常。在 MyExceptionDemo 类的 main()方法中,访问了 TestingMyException 类的 method1()和 method2(),并用 try-catch 语句实现了异常处理。在捕获了 method1()和 method2()抛出的异常后,将在相应的 catch 语句块中输出异常的信息,并输出异常发生位置的堆栈追踪轨迹。

【例 5.8】 使用 Java 异常跟踪栈的示例。

```
01 class MyException extends Exception {
02 MyException() {    }
03 MyException(String msg) {
04     super(msg);
05 }
06 }
07 class TestingMyException {
08 void method1() throws MyException {
09     System.out.println("Throwing MyException from method1()");
10     throw new MyException();
11 }
12 void method2() throws MyException {
13     System.out.println("Throwing MyException from method2()");
14     throw new MyException("Originated in method2()");
15 }
16 }
17 public class MyExceptionDemo {
```

```
18  public static void main(String[ ] args) {
19      TestingMyException t=new TestingMyException();
20      try {
21          t.method1();
22      }catch(MyException e) {
23          e.printStackTrace();
24      }
25      try {
26          t.method2();
27      }catch(MyException e) {
28          e.printStackTrace();
29      }
30  }
31  }
```

【运行结果】

```
Throwing MyException from method1()
MyException
        at TestingMyException.method1(MyExceptionDemo.java: 10)
        at MyExceptionDemo.main(MyExceptionDemo.java: 21)
Throwing MyException from method2()
MyException: Originated in method2()
        at TestingMyException.method2(MyExceptionDemo.java: 14)
        at MyExceptionDemo.main(MyExceptionDemo.java: 26)
```

与其他对象一样,异常对象可以访问自身的属性或方法以获取相关信息,从 Throwable 类继承来的下述方法经常被用到。

- public String getMessage():用来得到有关异常事件的信息。
- public void printStackTrace():用来跟踪异常事件发生时执行堆栈的内容。

其中,如例 5.8 所示,printStackTrace()方法经常用于 Java 的异常跟踪栈的信息输出。

5.5 本章小结

异常处理机制是保证 Java 程序正常运行、具有较高安全性的重要手段。异常处理技术可以提前分析程序可能出现的不同状况,避免程序因某些不必要的错误而终止正常运行。在理解 Java 异常概念的基础上,掌握异常处理的基本方法以及针对特定应用自行定义异常类的方法,对于开发强壮、可靠的 Java 程序是很重要的。在开发应用时,随时做好程序中的异常处理是一种良好的编程习惯。

课后习题

1. 请在下面程序的画线处填上适当的语句,使程序能够正常运行。

```
public class MyClass {
    public static void main(String args[ ]) {
        try{myMethod();
    }
```

```
        catch(MyException e) {
            System.out.println(e);
        }
    }
    public ________ void myMethod() ________{              //方法中声明抛出异常
        throw (________);
    }
}
class MyException extends ________{                        //用户自定义异常类
    public String toString() {
        return("用户自定义的异常");
    }
}
```

2. 给定下列代码：

```
public void test() {
    try {
        oneMethod();
        System.out.println("condition 1");
    }
    catch (ArrayIndexOutOfBoundsException e) {  System.out.println("condition 2");  }
    catch(Exception e) {    System.out.println("condition 3");  }
    finally {  System.out.println("finally");  }
}
```

如果方法 oneMethod()运行正常，则下列哪一行语句将被输出显示？（　　）

A. condition 1　　B. condition 2　　C. condition 3　　D. finally

3. 给定下面的代码：

```
try {
    int t=3+4;
    String xx="haha";
    xx.toUpCase();
    }
    catch(...) { }
```

请问“int t=3+4;”是否应该被 try 包含在花括号内？

4. 什么是异常？简述 Java 的异常处理机制。

5. 系统定义的异常与用户自定义的异常有何不同？如何使用并抛出这两类异常？

6. 编写程序，要求程序功能为：首先输出“这是一个异常处理的例子”，然后在程序中主动地产生一个 ArithmeticException 类型被 0 除而产生的异常，并用 catch 语句捕获这个异常。最后通过 ArithmeticException 类的对象 e 的方法 getMessage() 给出异常的具体类型并显示出来。

7. 编写从键盘读入 10 个字符放入一个字符数组，并在屏幕上显示该数组的程序，要求处理数组越界异常（ArrayIndexOutOfBoundsException）与输入输出异常（IOException）。

8. 根据 5.3 节所给的创建自定义异常类的使用格式，编写一个自定义异常的程序。

第 6 章　Java 语言执行环境类

在 Java 编程过程中，经常遇到许多重复性的操作，诸如正弦函数计算、随机数计算、日期的计算、字符串的查找等，这些操作实现起来比较复杂，应该被封装成一些独立的模块，以达到代码重用的目的。Java 作为一种成熟、快捷、已经被实践证明了的面向对象程序设计语言，在常用操作上提供了数量相当多的方法实现，并把它们封装成了面向对象的类，这些类称为 Java 语言执行环境类。本章将讲解 Java 语言执行环境类的用法，具体包括以下内容：一是 Java 编程中的常用类，包括 Math、BigDecimal、Random、String 和 StringBuffer；二是日期类，包括 Date、Calendar 以及表示时区的 TimeZone；三是正则表达式，包括它的语法、Pattern 类和 Matches 类；四是 Java 国际化的相关知识。

6.1　Java 常用类

Java 执行环境主要提供了如下的常用类。

(1) 用于数学计算的 Math 类；

(2) 用于产生伪随机数的 Random 类；

(3) 用于精确表示和计算浮点型数据的 BigDecimal 类；

(4) 用于表示和处理字符串的 String 类和 StringBuffer 类。

6.1.1　Math 类

Math 类是 java.lang 包中的一个数学工具类，提供了一些常用的数学计算，例如三角函数计算、对数计算、指数计算、绝对值计算、四舍五入计算等。在 Math 类中定义了两个静态常量。

- E：定义形式为 public static final double E。E 为自然对数的底数，其值为 2.718281828459045。
- PI：定义形式为 public static final double PI。PI 为圆的周长与直径之比，其值为 3.141592653589793。

Math 类还定义了许多用于数学计算的静态方法，下面给出一些常用的方法。

- public static xxx abs (xxx a)：返回参数 a 的绝对值，参数 a 的数据类型可以为 int、long、float 和 double。
- public static double cbrt (double a)：返回参数 a 的立方根。
- public static double sqrt (double a)：返回参数 a 的正的平方根的 double 值。
- public static double ceil (double a)：返回大于或等于 a 的最小整数的 double 值。
- public static double floor (double a)：返回小于或等于 a 的最大整数的 double 值。
- public static double sin (double a)：返回角的正弦值。

- public static double cos (double a)：返回角的余弦值。
- public static double tan (double a)：返回角的正切值。
- public static double asin (double a)：返回参数 a 的反正弦值。
- public static double acos (double a)：返回参数 a 的反余弦值。
- public static double atan (double a)：返回参数 a 的反正切值。
- public static double atan2 (double y，double x)：将矩形坐标(x，y)转换成极坐标，返回极坐标所得角。
- public static double toRadians (double angdeg)：将用度数表示的角转换为用弧度表示的角。
- public static double toDegrees (double angrad)：将用弧度表示的角转换为用度数表示的角。
- public static double exp (double a)：返回以 e 为底数、a 为指数的幂值。
- public static double pow (double a，double b)：返回以 a 为底数、b 为指数的幂值。
- public static double log (double a)：返回参数 a 的自然对数。
- public static double log10 (double a)：返回以 10 为底数的对数值。
- public static xxx max (xxx a，xxx b)：返回两个 xxx 类型参数 a 和参数 b 中的较大值，参数 a 和参数 b 的数据类型可以为 int、long、float 和 double。
- public static xxx min (xxx a，xxx b)：返回两个 xxx 类型参数 a 和参数 b 中的较小值，参数 a 和参数 b 的数据类型可以为 int、long、float 和 double。
- public static double random ()：返回[0.0，1.0)范围内的伪随机值。
- public static double rint (double a)：返回最接近参数 a 的整数的 double 值。
- public static long round (double a)：返回参数 a 四舍五入后的 long 值。
- public static int round (float a)：返回参数 a 四舍五入后的 int 值。

【例 6.1】 Math 类中方法使用示例。

```
01  public class MathTest {
02      public static void main(String[ ] args) {
03          float f=-7.89f;
04          System.out.println(f+"的绝对值为:"+Math.abs(f));
05          int i=-27;
06          System.out.println(i+"的立方根为:"+Math.cbrt(i));
07          double d=-7.5;
08          System.out.println("大于或等于"+d+"的最小整数值为:"+Math.ceil(d));
09          System.out.println("小于或等于"+d+"的最大整数值为:"+Math.floor(d));
10          System.out.println(f+"与"+d+"二者之间的较大值为:"+Math.max(f,d));
11          System.out.println(f+"与"+d+"二者之间的较小值为:"+Math.min(f,d));
12          System.out.println("与"+d+"最接近的整数值为:"+Math.rint(d));
13          System.out.println(d+"四舍五入后的整型值为:"+Math.round(d));
14          System.out.println(d+"的符号位值为:"+Math.signum(d));
15          System.out.println("30 度角所对应的弧度为:"+Math.toRadians(30));
16          System.out.println("30 度角的正弦值为:"+Math.sin(Math.toRadians(30)));
17      }
18  }
```

【运行结果】

```
-7.89 的绝对值为:7.89
-27 的立方根为:-3.0
大于或等于-7.5 的最小整数值为:-7.0
小于或等于-7.5 的最大整数值为:-8.0
-7.89 与-7.5 二者之间的较最大值为:-7.5
-7.89 与-7.5 二者之间的较小值为:-7.889999866485596
与-7.5 最接近的整数值为:-8.0
-7.5 四舍五入后的整型值为:-7
-7.5 的符号位值为:-1.0
30 度角所对应的弧度为:0.5235987755982988
30 度角的正弦值为:0.49999999999999994
```

【分析讨论】

(1) Math 类是一个 final 类,不能从它再派生子类。Math 类中的方法都是 static 类型的,通过类名直接调用该类的方法。

(2) Math 类中的静态方法 sin(double a)、cos(double a)、tan(double a)的参数为用弧度表示的角度,方法 asin(double a)、acos(double a)、atan(double a)的返回值为用弧度表示的角度。

(3) Math 类中的静态方法 signum()返回参数的符号,参数为正值时返回 1.0(或 1.0f),参数为负值时返回−1.0(或−1.0f),参数为 0 时返回 0.0(或 0.0f)。

6.1.2 Random 类

Random 类是 java.util 包中的一个工具类,其作用是产生伪随机数。Random 类中的常用方法如表 6.1 所示。

表 6.1 Random 类中的常用方法

方法名	说明
public Random()	使用当前系统时间(毫秒数)创建一个新随机数生成器
public Random(long seed)	使用参数 seed 指定的种子创建一个新随机数生成器
public boolean nextBoolean()	返回下一个类型为 boolean 的随机数
public double nextDouble()	返回下一个类型为 double 的随机数,随机数范围为[0.0,1.0)
public float nextFloat()	返回下一个类型为 float 的随机数,随机数范围为[0.0f,,1.0f)
public int nextInt()	返回下一个类型为 int 的随机数
public long nextLong()	返回下一个类型为 long 的随机数
public int nextInt(int n)	返回下一个类型为 int 的随机数,随机数范围为[0,n)
public void setSeed(long seed)	使用参数 seed 设置此随机数生成器的种子

【例 6.2】 Random 类中方法使用示例。

```
01 import java.util.*;
02 public class RandomTest {
```

```
03      public static void main(String[ ] args) {
04          Random r=new Random();
05          System.out.println("产生的 boolean 类型随机数为:"+r.nextBoolean());
06          System.out.println("产生的 int 类型随机数为:"+r.nextInt());
07          System.out.println("产生的 long 类型随机数为:"+r.nextLong());
08          System.out.println("产生的 double 类型随机数为:"+r.nextDouble());
09          System.out.println("产生的 float 类型随机数为:"+r.nextFloat());
10          int[] number=new int[6];
11          for(int i=0,j;i<1000;i++) {
12            j=r.nextInt(6);
13            number[j]++;
14          }
15          System.out.println("在随机产生的[0,5]范围内的 1000 个随机数中:");
16          for(int i=0;i<6;i++) {
17            System.out.println(i+"的个数为:"+number[i]);
18          }
19          Random rand1=new Random(100);
20          Random rand2=new Random(100);
21          for(int i=0;i<10;i++) {
22            System.out.print(rand1.nextInt(20)+"\t");
23          }
24          System.out.println();
25          for(int i=0;i<10;i++) {
26            System.out.print(rand2.nextInt(20)+"\t");
27          }
28      }
29  }
```

【运行结果】

```
产生的 boolean 类型随机数为:false
产生的 int 类型随机数为:-416160474
产生的 long 类型随机数为:4652771342787508169
产生的 double 类型随机数为:0.6019623589580623
产生的 float 类型随机数为:0.24200302
在随机产生的[0,5]范围内的 1000 个随机数中:
0 的个数为:166
1 的个数为:179
2 的个数为:163
3 的个数为:166
4 的个数为:170
5 的个数为:156
15    10    14    8    11    6    16    8    3    13
15    10    14    8    11    6    16    8    3    13
```

【分析讨论】

(1) 如果没有指定一个种子值来初始化 Random 对象,则使用系统当前时间作为 Random 对象的种子值。

(2) 第 11~14 行,循环产生 1000 个[0,5]范围内随机整数并分别统计其个数。

(3) 第 19~27 行,使用相同的种子值初始化两个不同的 Random 对象,则不同的伪随机数生成器生成的伪随机数序列内容是相同的。

6.1.3 BigDecimal 类

在 Java 语言中,浮点型数据(float 和 double)在内存中不能实现精准表示,当需要任意精度的浮点型数据时,需要使用 java.math 包中的 BigDecimal 类。下面是 BigDecimal 类中常用的方法。

- public BigDecimal (xxx val):将参数 val 转换为 BigDecimal,参数 val 的数据类型可以为 String、double、int、long。
- public static BigDecimal valueOf (double val):使用 Double.toString(double val)方法提供的 double 规范字符串表示形式将 double 转换为 BigDecimal。
- public BigDecimal add (BigDecimal augend):返回一个 BigDecimal,其值为此 BigDecimal 与参数 augend 相加之和。
- public BigDecimal subtract (BigDecimal subtrahend):返回一个 BigDecimal,其值为此 BigDecimal 与参数 subtrahend 相减之差。
- public BigDecimal multiply (BigDecimal multiplicand):返回一个 BigDecimal,其值为此 BigDecimal 与参数 multiplicand 相乘之积。
- public BigDecimal divide (BigDecimal divisor):返回一个 BigDecimal,其值为此 BigDecimal 与参数 divisor 相除之商。
- public BigDecimal pow (int n):返回一个 BigDecimal,其值为此 BigDecimal 的 n 次幂。
- public BigDecimal abs ():返回一个 BigDecimal,其值为它的绝对值。
- public xxx xxxValue ():将此 BigDecimal 转换为 int、long、float 或 double 类型的值。
- public String toString ():返回此 BigDecimal 的字符串表示形式,如果需要指数,则使用科学记数法。

【例 6.3】 BigDecimal 类中方法使用示例。

```
01 import java.math.*;
02 public class BigDecimalTest {
03     public static void main(String[ ] args) {
04         //使用 double 类型参数创建 BigDecimal 不能准确表示的 double 值
05         BigDecimal bd1=new BigDecimal(10.04);
06         System.out.println(bd1.toString());
07         //使用 String 类型参数创建 BigDecimal 能准确表示的 double 值
08         BigDecimal bd2=new BigDecimal("10.04");
09         System.out.println(bd2.toString());
10         //使用静态方法 valueOf 创建 BigDecimal 可以准确表示的 double 参数值
11         System.out.println(BigDecimal.valueOf(10.04));
12         BigDecimal bd3=new BigDecimal("0.02");
13         System.out.println("10.04+0.02="+bd2.add(bd3));
14         System.out.println("10.04-0.02="+bd2.subtract(bd3));
15         System.out.println("10.04*0.02="+bd2.multiply(bd3));
16         System.out.println("10.04/0.02="+bd2.divide(bd3));
17         System.out.println("10.04*10.04="+bd2.pow(2));
18         BigDecimal bd4=new BigDecimal("1000");
19         BigDecimal bd5=new BigDecimal("8.96");
```

```
20          System.out.print("保留小数点后 7 位并四舍五入后的结果为:");
21          System.out.print("1000/8.96=");
22          System.out.println(bd4.divide(bd5,7,BigDecimal.ROUND_HALF_UP));
23      }
24  }
```

【运行结果】

```
10.03999999999999914734871708787977695465087890625
10.04
10.04
10.04+0.02=10.06
10.04-0.02=10.02
10.04*0.02=0.2008
10.04/0.02=502
10.04*10.04=100.8016
保留小数点后 7 位并四舍五入后的结果为:1000/8.96=111.6071429
```

【分析讨论】

(1) 通过 new BigDecimal(double val)方式创建的 BigDecimal 对象不能准确表示浮点型数据。为了准确表示浮点型数据,应该使用 new BigDecimal(String val)和 BigDecimal.valueOf(double val)两种方式来创建 BigDecimal 对象。

(2) 使用 BigDecimal 类可以精确表示任意长度和精度的数据,而 BigDecimal 数据在进行加、减和乘运算时也可以精确表示其运算结果。BigDecimal 数据在进行除法运算时,如果除不尽,则会发生 ArithemeticException,这时可以指定运算结果中的精度与舍入方式。BigDecimal 类中的舍入方式 BigDecimal. ROUND_HALF_UP 为:向"最接近的"数字舍入,即四舍五入。

6.1.4 String 类

字符串就是用双撇号(" ")括起来的字符序列。Java 通过 java.lang 包中的类 String、StringBuffer 和 StringBuilder 来表示字符串对象,并提供了一系列方法来实现对字符串对象的操作。String 类的对象一经创建后其内容不可改变,所以称为字符串常量。在程序中对字符串常量的比较、查询等操作应该使用 String 类。

1. 构造方法

String 类中的常用构造方法如下所示。

- public String ():创建一个空的 String 对象。
- public String (char[ ] value):使用一个已存在的字符数组创建 String 对象。
- public String (char[ ] value, int offset, int count):使用一个已存在的字符子数组创建 String 对象。
- public String (String original):使用一个已存在的 String 对象复制一个 String 对象。
- public String (byte[ ] bytes):使用当前系统默认字符集解码指定的字节数组,并将解析出的字符依原来顺序创建 String 对象。
- public String (byte[ ] bytes, int offset, int length):使用当前系统默认字符集解

码字节子数组来创建 String 对象。

- public String (byte[ ] bytes, String charsetName) throws UnsupportedEncodingException：使用指定的字符集解码 bytes 数组创建 String 对象,如果指定字符集不受支持,则会抛出 UnsupportedEncodingException 异常。

【例 6.4】 使用不同的构造方法创建 String 类的对象。

```
01 import java.io.UnsupportedEncodingException;
02 public class StringConstructorTest {
03     public static void main(String[ ] args) {
04         String s1=new String("Hello world!");
05         System.out.println(s1);
06         char[] c={'很','高','兴','学','习','J','a','v','a','语','言','!'};
07         String s2=new String(c);
08         String s3=new String(c,5,4);
09         System.out.println(s2);
10         System.out.println(s3);
11         byte[] b={74,97,118,97};
12         try {
13           System.out.println(new String(b,"GBK"));
14         }
15         catch(UnsupportedEncodingException e) {
16           e.printStackTrace();
17         }
18     }
19 }
```

【运行结果】

```
Hello world!
很高兴学习 Java 语言!
Java
Java
```

2. String 类的主要方法

String 类提供了许多操作字符串常量的方法,下面给出了一些常用的方法。

- public int length ()：返回此字符串的长度。
- public String concat (String str)：将本字符串与指定字符串连接,并将新生成的字符串返回。如果参数字符串的长度为 0,则返回此 String 对象。
- public char charAt (int index)：返回指定索引处的字符。
- public int compareTo (String anotherString)：按照字典顺序比较两个字符串的大小。如果两个字符串相同,则返回值为 0;如果按字典顺序此 String 对象在参数字符串之前,则比较结果返回一个负整数;如果按字典顺序此 String 对象位于参数字符串之后,则比较结果返回一个正整数。
- public int compareToIgnoreCase (String str)：不考虑大小写,按字典顺序比较两个字符串。
- public boolean equals (Object anObject)：比较此字符串与指定的对象,当且仅当该参数不为 null,并且表示与此对象相同的字符序列 String 对象时,结果才为 true。
- public boolean equalsIgnoreCase (String anotherString)：将此 String 与另一个

String 进行比较，不考虑大小写。

- public int indexOf (int ch)：返回指定字符在此字符串中第一次出现处的索引，如果此字符串中没有这样的字符，则返回－1。
- public int indexOf (int ch, int fromIndex)：从指定的索引开始搜索，返回在此字符串中第一次出现指定字符处的索引。如果此字符串中没有这样的字符在位置 fromIndex 处或其后出现，则返回－1。
- public int indexOf (String str)：返回第一次出现的指定子字符串在此字符串中的索引，如果参数不作为一个子字符串出现，则返回－1。
- public int indexOf (String str, int fromIndex)：从指定的索引处开始返回第一次出现的指定子字符串在此字符串中的索引，如果字符串中没有这样的子字符串在位置 fromIndex 处或其后出现，则返回－1。
- public int lastIndexOf (int ch)：返回最后一次出现的指定字符在此字符串中的索引，如果此字符串中没有这样的字符，则返回－1。
- public int lastIndexOf (String str)：返回在此字符串中最后出现的指定子字符串的索引，如果参数不作为一个子字符串出现，则返回－1。
- public boolean contains (CharSequence s)：当且仅当此字符串包含 char 值的指定序列时才返回 true。
- public boolean startsWith (String prefix)：测试此字符串是否以指定前缀开始。
- public boolean endsWith (String suffix)：测试此字符串是否以指定后缀结束。
- public String replace (char oldChar, char newChar)：返回一个新的字符串，它是通过用 newChar 替换此字符串中出现的所有 oldChar 而生成的。如果 oldChar 在此 String 对象表示的字符序列中没有出现，则返回此 String 对象的引用。
- public String substring (int beginIndex)：返回一个新字符串，它是此字符串的一个子字符串，该子字符串始于指定索引处的字符，一直到此字符串末尾。
- public Stirng substring (int beginIndex, int endIndex)：返回一个新字符串，它是此字符串的一个子字符串，该子字符串从指定的 beginIndex 处开始，一直到索引 endIndex－1 处的字符。
- public byte[ ] getBytes()：使用平台默认的字符集将此 String 编码为字节序列，并将结果存储到一个新的字节数组中。
- public byte[ ] getBytes(String charsetName) throws UnsupportedEncodingException：使用指定的字符集将此 String 编码为字节序列，并将结果存储到一个新的字节数组中。如果指定的字符集不受支持，则抛出 UnsupportedEncodingException。
- public char[ ] toCharArray ()：将此字符串转换为一个新的字符数组。
- public String toLowerCase ()：使用默认语言环境的规则将此 String 中的所有字符都转换为小写。
- public String toUpperCase ()：使用默认语言环境的规则将此 String 中的所有字符都转换为大写。
- public String trim ()：返回一个新字符串，该字符串忽略原字符串的前导空白和尾部空白。

6.1.5 StringBuffer 类

由于 StringBuffer 类创建的对象在创建之后允许做更改和变化,所以称为字符串变量。在程序中,如果经常需要对字符串变量做添加、插入、修改之类的操作,则应选择使用 StringBuffer 类。

1. 构造方法

下面是 StringBuffer 类的构造方法。

- public StringBuffer():构造一个其中不带字符的字符串缓冲区,其初始容量为 16 个字符。
- public StringBuffer(int capacity):构造一个不带字符,但具有指定初始容量的字符串缓冲区。
- public StringBuffer(String str):构造一个字符串缓冲区,并将其内容初始化为指定的字符串内容。该字符串缓冲区的初始容量为 16 加上字符串参数的长度。

2. StringBuffer 类的主要方法

StringBuffer 类提供了许多操作字符串变量的方法,下面给出了一些常用的方法。

- public StringBuffer append(String str):将指定的字符串追加到此字符序列的尾部,并返回该 StringBuffer 对象引用。
- public StringBuffer append(StringBuffer sb):将指定 StringBuffer 对象中的字符串追加到此字符序列的尾部,并返回该 StringBuffer 对象引用。
- public int capacity():返回当前字符串缓冲区容量。
- public StringBuffer delete(int start, int end):移除此 StringBuffer 序列的子字符串中的字符,该子字符串从指定的 start 处开始到 end−1 结束,并返回该 StringBuffer 对象引用。
- public StringBuffer insert(int offset, String str):按顺序将 String 参数中的字符插入此序列中的指定位置,并返回该 StringBuffer 对象引用。
- public int length():返回当前字符序列的长度。
- public StringBuffer replace(int start, int end, String str):使用给定 String 中的字符替换此序列中从 start 开始到 end-1 结束的字符,并返回该 StringBuffer 对象引用。
- public StringBuffer reverse():将此字符序列用其反转形式取代,并返回该 StringBuffer 对象引用。
- public void setLength(int newLength):设置字符序列的长度。
- public String toString():创建一个新的 String 对象以包含当前由此对象表示的字符串序列,并返回此 String 对象引用。

【例 6.5】 StringBuffer 类中方法的使用示例,通过追加字符串操作对比其与 String 类的执行性能。

```
01 public class StringBufferTest {
02     public static void main(String[ ] args) {
03         StringBuffer sb=new StringBuffer();
04         System.out.println("sb.length="+sb.length());
```

```
05          System.out.println("sb.capacity="+sb.capacity());
06          sb.append("ABCDEFG");
07          System.out.println(sb);
08          System.out.println("sb.length="+sb.length());
09          System.out.println("sb.capacity="+sb.capacity());
10          System.out.println(sb.reverse());
11          sb.delete(0,sb.length());
12          long t1=System.currentTimeMillis();
13          for(int i=0;i<10000;i++) {
14            sb.append("hello");
15          }
16          long t2=System.currentTimeMillis();
17          System.out.println("使用 StringBuffer 类完成追加字符串所用时间为:"+
    (t2-t1));
18          String s="";
19          t1=System.currentTimeMillis();
20          for(int i=0;i<10000;i++) {
21            s+="hello";
22          }
23          t2=System.currentTimeMillis();
24          System.out.println("使用 String 类完成追加字符串所用时间为:"+(t2-t1));
25      }
26  }
```

【运行结果】

```
sb.length=0
sb.capacity=16
ABCDEFG
sb.length=7
sb.capacity=16
GFEDCBA
使用 StringBuffer 类完成追加字符串所用时间为:0
使用 String 类完成追加字符串所用时间为:1250
```

【分析讨论】

(1) StringBuffer 类型字符串对象只能通过 new 运算符和构造方法来创建。

(2) StringBuffer 类中的 append 方法及 insert 方法都进行了重载,所以这两个方法不仅可以插入字符串,还可以插入基本数据类型以及其他引用类型对象。

(3) JDK 5 中引入了一个名为 StringBuilder 的字符串类,以增强 Java 的字符串处理能力。StringBuilder 类的用途与 StringBuffer 类相同,用来进行字符串的连接和修改,但 StringBuilder 与 StringBuffer 的区别在于 StringBuilder 不是线程同步的,即意味着它不是线程安全的,StringBuilder 的优势在于更快的性能。然而,StringBuffer 类中的方法进行了同步,所以使用多线程时必须使用 StringBuffer,而不能使用 StringBuilder。

6.2 日期类

在 Java 语言中,表示日期和时间的类主要有 Date 类和 Calendar 类。Date 类中的大多数方法已经不推荐使用了,而 Calendar 类是 Date 类的一个增强版,在 Calendar 类中提供了

常规的日期修改功能。TimeZone 类表示特定时区的标准时间与格林尼治时间的偏移量。通过设置 Calendar 对象的 TimeZone(时区)值,Calendar 类可以实现日期和时间的国际化支持。

6.2.1 Calendar 类

java.util.Calendar 类提供了常规的日期修改功能,以及对日期在不同时区和语言环境中的国际化支持。Calendar 是一个抽象类,不能直接实例化 Calendar 对象,必须通过静态方法 getInstance()来获取 Calendar 对象。下面是 Calendar 类中的常用方法。

- public static Calendar getInstance():使用默认时区和语言环境获得一个日历,返回的 Calendar 基于当前时间。
- public static Calendar getInstance(TimeZone zone, Locale aLocale):使用指定时区和语言环境获得一个日历,返回的 Calendar 基于当前时间。
- public boolean after(Object when):当 Calendar 的时间在 when 表示的时间之后时返回 true,否则返回 false。
- public boolean before(Object when):当 Calendar 的时间在 when 表示的时间之前时返回 true,否则返回 false。
- public int compareTo(Calendar anotherCalendar):当参数表示的时间等于此 Calendar 表示的时间时返回 0;当 Calendar 表示的时间在参数表示的时间之前时返回小于 0 的值;当 Calendar 表示的时间在参数表示的时间之后时返回大于 0 的值。
- public boolean equals(Object obj):当此 Calendar 对象与指定的 Calendar 对象相同时返回 true。
- public abstract void add(int field, int amount):根据日历规则为给定的日历字段添加或减去指定的时间量。
- public int get(int field):返回指定日历字段的值。
- public int getActualMaximum(int field):根据 Calendar 对象的时间值返回指定日历字段的最大值。
- public int getActualMinimum(int field):根据 Calendar 对象的时间值返回指定日历字段的最小值。
- public int getFirstDayOfWeek():获得一星期中的第一天。
- public final Date getTime():返回一个表示此 Calendar 时间值的 Date 对象。
- public long getTimeInMillis():返回此 Calendar 的时间值,以毫秒为单位。
- public TimeZone getTimeZone():返回与此日历相关的时区对象。
- public void roll(int field, int amount):向指定日历字段添加指定(有符号的)时间量,不更改较大的字段,负的时间量意味着向下滚动。
- public void set(int field, int value):将给定的日历字段设置为给定值。
- public final void set(int year, int month, int date):设置字段 YEAR、MONTH、DAY_OF_MONTH 的值,保留其他日历字段以前的值。
- public final void set(int year, int month, int date, int hourOfDay, int minute, int second):设置字段 YEAR、MONTH、DAY-OF_MONTH、HOUR_OF_DAY、

MINUTE 和 SECOND 的值。

- public final void setTime(Date date)：使用给定的 Date 设置此 Calendar 的时间。
- public void setTimeInMillis(long millis)：使用给定的 long 值设置此 Calendar 的当前时间值。
- public void setTimeZone(TimeZone value)：使用给定的时区值来设置此 Calendar 的时区。
- public String toString()：返回此日历的字符串表示形式。

【例 6.6】 Calendar 类中方法使用示例。注意观察方法 add()与 roll()的区别以及 set()方法的特点。

```
01  import java.util.*;
02  public class CalendarTest {
03      public static void main(String[ ] args) {
04          Calendar c=Calendar.getInstance();
05          //Calendar.Month 字段的取值从 0 开始
06          c.set(2008,7,31,14,56,45);
07          System.out.println(c.getTime());
08          System.out.print(c.get(Calendar.YEAR)+"-");
09          System.out.print(c.get(Calendar.MONTH)+1+"-");
10          System.out.print(c.get(Calendar.DATE)+"  ");
11          System.out.print(c.get(Calendar.HOUR_OF_DAY)+":");
12          System.out.print(c.get(Calendar.MINUTE)+":");
13          System.out.println(c.get(Calendar.SECOND));
14          //当被修改的字段超出其允许范围时,add()方法会使上一级字段发生进位,
15          //下一级字段会修正到变化最小的值
16          c.add(Calendar.MONTH,6);
17          System.out.println(c.getTime());
18          c.set(2008,7,31,14,56,45);
19          //当被修改的字段超出其允许范围时,roll()方法不会使上一级字段发生进位,
20          //下一级字段会修正到变化最小的值
21          c.roll(Calendar.MONTH,6);
22          System.out.println(c.getTime());
23          //在 Calendar 处于 lenient 模式时,可将大于日历字段范围的值进行标准化
24          c.set(Calendar.MONTH,15);
25          System.out.println(c.getTime());
26          //通过 set()方法可以设置日历字段的值,但不会重新计算日历的时间
27          c.set(Calendar.DATE,31);
28          //如果 set()方法重新计算,日历的时间应为:Fri May 01 14:56:45 CST 2009
29          //System.out.println(c.getTime());
30          c.set(Calendar.MONTH,7);
31          System.out.println(c.getTime());
32      }
33  }
```

【运行结果】

```
Sun Aug 31 14:56:45 CST 2008
2008-8-31  14:56:45
Sat Feb 28 14:56:45 CST 2009
```

```
Fri Feb 29 14:56:45 CST 2008
Wed Apr 29 14:56:45 CST 2009
Mon Aug 31 14:56:45 CST 2009
```

【分析讨论】

(1) Calendar 类中的年、月、日、时、分、秒等时间字段,分别用其类中的静态属性 Calendar.YEAR、Calendar.MONTH、Calendar.DATE、Calendar.HOUR_OF_DAY、Calendar.MINUTE、Calendar.SECOND 来表示。

(2) Calendar.MONTH 月份字段的起始值从 0 开始,Calendar.HOUR_OF_DAY 小时字段的取值采用 24 小时制,Calendar.HOUR 小时字段的取值用 12 小时制。

(3) 当被修改的字段超出其允许范围时,add()方法会使上一级字段发生进位,下一级字段会修正到变化最小的值,而 roll()方法不会使上一级字段发生进位。

(4) Calendar 有两种解释日历字段的模式:lenient 和 non-lenient。当 Calendar 处于 lenient 模式时可将大于日历字段范围的值进行标准化,而处于 non-lenient 模式时设置大于日历字段范围的值将会抛出异常。

(5) 通过 set()方法可以设置日历字段的值,但不会重新计算日历的时间。如果多次调用 set()方法不会触发多次不必要的计算,直到下次调用 get()、getTime()、getTimeInMillis()、add()、roll()方法时才会重新计算日历的时间值。

6.2.2 TimeZone 类

java.util.TimeZone 类表示时区偏移量,也可以计算夏令时,每个 TimeZone 类对象记录的是特定时区的标准时间与格林尼治时间的“偏移量”。与 Calendar 类一样,TimeZone 类也被定义为抽象类,必须通过调用其静态方法 getDefault()来获得该类的对象,此时对应的是程序运行所在操作系统的默认时区。下面是 TimeZone 类的常用方法。

- public static TimeZone getDefault():获取当前主机默认时区对应的 TimeZone 实例。
- public static TimeZone getTimeZone(String ID):获取给定时区的 TimeZone 实例,其中的参数 ID 为指定时区的名称,可以通过 getAvailableIDs()方法来获取受支持的所有可用时区的名称。
- public static String[ ] getAvailableIDs():获取受支持的所有可用时区的名称。
- public static String[ ] getAvailableIDs(int rawOffset):根据给定的时区偏移量获取可用时区的名称。
- public final String getDisplayName():返回默认区域时区的长名称,不包括夏令时。
- public final String getDisplayName(boolean daylight, int style):返回默认区域时区的名称。参数 daylight 为 true 时则返回夏令时名称,style 为 LONG 时输出为长名称风格,style 为 SHORT 时输出为短名称风格。
- public final String getDisplayName(Locale locale):返回给定区域时区的长名称,不包括夏令时。
- public String getID():获取此时区的名称。

- public abstract int getRawOffset()：返回添加到 UTC 以毫秒为单位的原始偏移时间量。
- public abstract boolean inDaylightTime(Date date)：查询给定的日期是否在此时区的夏令时中。
- public void setID(String ID)：设置时区名称。
- public abstract boolean useDaylightTime()：查询此时区是否使用夏令时。

【例 6.7】 TimeZone 类中方法使用示例。

```
01 import java.util.*;
02 public class TimeZoneTest {
03   public static void main(String[ ] args) {
04     TimeZone tz=TimeZone.getDefault();
05     System.out.println(tz.getID());
06     System.out.println(tz.useDaylightTime());
07     System.out.println(tz.getDisplayName());    //默认时区的长名称表示
08     //默认时区的短名称表示
09     System.out.println(tz.getDisplayName(false, TimeZone.SHORT));
10     System.out.println(tz.getRawOffset());
11     tz=TimeZone.getTimeZone("America/Los_Angeles");
12     System.out.println(tz.getDisplayName());
13     System.out.println(tz.getDisplayName(false, TimeZone.SHORT));
14     System.out.println(tz.getRawOffset());
15   }
16 }
```

【运行结果】

```
Asia/Shanghai
false
中国标准时间
CST
28800000
太平洋标准时间
PST
-28800000
```

6.3 正则表达式

当要对字符串中的内容进行查找、提取、替换等操作时，正则表达式是一个非常强大的工具。所谓正则表达式就是一个特殊的字符串，它可以作为匹配字符串的模板。正则表达式的基本语法如表 6.2 所示。

表 6.2 正则表达式的基本语法

语　法	说　明
x	表示字符 x
\\	表示反斜线字符

续表

语　法	说　明
\0mnn	表示八进制数 0mnn 所表示的字符
\xhh　\uhhhh	分别表示十六进制数 0xhh、0xhhhh 所表示的字符
\t　\n　\r　\f　\a	分别表示制表符、换行符、回车符、换页符、报警符
[abc]	使用[ ]括起来的为一个可选取字符组，表示字符组中的任意一个字符 a、b 或 c
[^abc]	使用[^]为可选字符组的补集，表示 a、b、c 之外的任意一个字符
[a-zA-Z]	使用[-]为可选字符组的范围，表示 a～z 或 A～Z 中的任意一个字符
[a-d[m-p]]	可选字符组的并集，表示 a～d 或 m～p 中的任意一个字符
[a-z&&[def]]	使用 && 为可选字符组的交集，表示 d、e、f 中的任意一个字符
[a-z&&[^bc]]	表示 a 到 z 中除了 b 和 c 之外的任意一个字符，即 a，d～z
[a-z&&[^m-p]]	表示 a 到 z 中除了 m 到 p 之外的任意一个字符，即 a～l，q～z
.	表示除换行符以外的任意一个字符(默认情况下)
\d　\D	\d 表示数字：0～9　\D 表示非数字：[^0～9]
\s　\S	\s 表示空白字符：[\t\n\f\r\x20]　\S 表示非空白字符：[^\s]
\w　\W	\w 表示单词字符：a～zA～Z0～9　\W 表示非单词字符：[^\w]
^　$	默认情况下，^表示行的开头，$ 表示行的结尾
\b　\B	\b 表示单词边界　\B 表示非单词边界
XY	表示 X 后面为 Y
X|Y	表示 X 或 Y
(X)	表示将 X 作为一个分组
\	该字符为转义字符
X?	表示 X 可以出现 0 次或 1 次
X*	表示 X 可以出现 0 次或多次
X+	表示 X 可以出现 1 次或多次
X{n}	表示 X 恰好出现 n 次
X{n,}	表示 X 至少出现 n 次
X{m,n}	表示 X 至少出现 m 次，但是不超过 n 次

在进行匹配的过程中，有时需要指定某个字符或字符组出现的次数，这时可以使用量词。在正则表达式中使用的量词分别为?、*、+、{n}、{n,}和{m,n}。在量词的后面还可以指定匹配次数的模式。在匹配有重复字符或字符组出现的情形下，量词表示符默认采用贪婪模式。在该模式下进行匹配时，将按照最大限度的可能进行匹配。例如，对于字符串“abcabc”，如果使用正则表达式“a[\\w]+c”进行匹配，会采用贪婪模式进行匹配，则匹配到的内容为“abcabc”。程序中定义了正则表达式之后，可以使用类 Pattern 和 Matcher 来使用

正则表达式。java.util.regex.Pattern 类的对象表示通过编译的正则表达式,因此正则表达式字符串必须先被编译为 Pattern 对象。通过 Pattern 类提供的静态工厂方法可以获得 Pattern 类对象,通过 Pattern 中的方法可以实现对字符串(或字符序列)按照正则表达式进行匹配和拆分。Pattern 类中的常用方法如表 6.3 所示。

表 6.3 Pattern 类中的常用方法

方法名	说明
public static Pattern compile(String regex)	参数 regex 表示用字符串表示的正则表达式,该方法将指定的正则表达式编译成 Pattern 对象
public Matcher matcher(CharSequence input)	返回字符序列的匹配器对象
public static boolean matches(String regex, CharSequence input)	编译给定的正则表达式并与给定的字符序列匹配
public String pattern()	返回该模式对象表示的正则表达式
public String[ ] split(CharSequence input)	使用此模式对象将指定的字符序列进行拆分,并将拆分后的子串以字符串数组返回
public String toString()	返回此模式的字符串表示形式

【例 6.8】 Pattern 类中方法使用示例。通过正则表达式判断字符串的有效性及对字符串的拆分。

```
01 import java.util.regex.*;
02 public class PatternTest {
03   public static void main(String[ ] args) {
04     String regex="[a-zA-Z]\\w*[@]\\w+[.]\\w{2,}";
05     String input="abc_34@163.com";
06     boolean b=Pattern.matches(regex,input);
07     System.out.println("电子邮件"+input+"的有效性为:"+b);
08     Pattern p=Pattern.compile(",|:|;");
09     input="we,they;this:book";
10     String[] s=p.split(input);
11     System.out.println("字符串"+input+"中共有"+s.length+"个单词:");
12     for(int i=0;i<s.length;i++) {
13       System.out.println(s[i]);
14     }
15   }
16 }
```

【运行结果】

```
电子邮件 abc_34@163.com 的有效性为:true
字符串 we,they;this:book 中共有 4 个单词:
we
they
this
book
```

类 java.util.regex.Matcher 表示模式的匹配器,通过 Pattern 类对象的方法 matcher (CharSequence input)可以得到模式的匹配器对象,而 Matcher 类对象的方法可以实现对字符串的匹配及替换。下面是 Matcher 类中的常用方法。

- public boolean matches():当目标字符序列完全匹配模式时返回 true,否则返回 false。
- public boolean lookingAt():当目标字符序列的前缀匹配模式时返回 true,否则返回 false。
- public boolean find():从目标字符序列的开始进行查找,并尝试查找下一个与模式相匹配的子序列。当目标字符序列的子序列匹配模式时返回 true,否则返回 false。
- public String group():返回匹配操作所匹配的字符串形式的子序列。
- public int start():当目标字符序列中的子序列与模式匹配时,返回子序列第一个字符在目标字符序列中的索引。
- public int end():当目标字符序列中的子序列与模式匹配时,返回子序列最后一个字符在目标字符序列中的索引加 1。
- public String replaceAll(String replacement):将目标字符序列中与指定模式相匹配的所有子序列全部替换为指定的字符串,并将替换后的新字符序列以字符串的形式返回。
- public String replaceFirst(String replacement):将目标字符序列中与指定模式相匹配的第一个子序列替换为指定的字符串,并将替换后的新字符序列以字符串的形式返回。
- public Matcher appendReplacement(StringBuffer sb, String replacement):将目标字符串序列中与指定模式相匹配的子序列替换为指定的字符串,并将子序列之前及替换后的字符串追加到字符串缓冲区中。
- public Stringbuffer appendTail(StringBuffer sb):将目标字符序列中最后一次替换后剩下的字符序列添加到指定的字符串缓冲区中。

【例 6.9】 Matcher 类中方法使用示例。Matcher 类中的方法 find()和 group()实现了字符串的查找,方法 appendReplacement()和 appendTail()实现了字符串的替换。

```
01 import java.util.regex.*;
02 public class MatcherTest {
03   public static void main(String[ ] args) {
04     //找出字符串中以字符'c'开头的所有单词
05     String s="A Java project contains source code and related files for "
06       +"building a Java program. It has an associated Java builder "
07       +"that can incrementally compile Java source files as they are changed.";
08     String regex="\\b[c][a-zA-Z]*\\b";
09     Pattern p=Pattern.compile(regex);
10     Matcher m=p.matcher(s);
11     System.out.println(s);
12     System.out.println("以字符 c 开头的所有单词为:");
13     while(m.find()) {
14       System.out.print(m.group()+"  ");
15     }
16     System.out.println();
17     String[ ] input={"2009-5-22","1989-10-9","2010-01-01"};
18     regex="[1-9]\\d{3}-(0?[1-9]|1[0-2])-(0?[1-9]|[1-2][0-9]|3[0-1])";
19     p=Pattern.compile(regex);
```

```
20      Pattern pdate=Pattern.compile("-");
21      Matcher mdate=null;
22      for(int i=0;i<input.length;i++) {
23        m=p.matcher(input[i]);
24        if(m.matches()) {
25          m=pdate.matcher(input[i]);
26          int n=0;
27          StringBuffer sb=new StringBuffer();
28          while(m.find()) {
29            if(n==0)
30              m.appendReplacement(sb, "年");
31            else
32              m.appendReplacement(sb, "月");
33            n++;
34          }
35          m.appendTail(sb);
36          sb.append("日");
37          System.out.println(input[i]+"转换后为:"+sb.toString());
38        }
39      }
40    }
41  }
```

【运行结果】

```
A Java project contains source code and related files for building a Java program.
It has an associated Java builder that can incrementally compile Java source
files as they are changed.
以字符 c 开头的所有单词为:
contains  code  can  compile  changed
2009-5-22 转换后为:2009 年 5 月 22 日
1989-10-9 转换后为:1989 年 10 月 9 日
2010-01-01 转换后为:2010 年 01 月 01 日
```

【分析讨论】

以字符串形式表示的正则表达式无效时，程序运行时会抛出 java.util.regex.PatternSyntaxException 异常，该异常类派生自 RuntimeException。

使用正则表达式对字符串中的内容进行查找替换时，除了使用 Pattern 和 Matcher 类之外，实际上 String 类也提供了相应的功能。String 类中关于正则表达式操作的方法如表 6.4 所示。

表 6.4　String 类中关于正则表达式操作的方法

方 法 名	说　明
public boolean matches (String regex)	当字符串匹配给定的正则表达式时返回 true，否则返回 false
public String replaceAll (String regex, String replacement)	将字符串中与正则表达式相匹配的所有子串替换为指定的字符串，并返回替换后的新字符串
public String replaceFirst(String regex, String replacement)	将字符串中与正则表达式相匹配的第一个子串替换为指定的字符串，并返回替换后的新字符串

续表

方 法 名	说 明
public String[] split(String regex)	根据给定正则表达式拆分字符串,并将拆分结果以一维字符串数组的形式返回

6.4 Java 国际化

软件的国际化(Internationalization)是指同一种版本的软件产品能够容易地适用于不同的地域和语言环境的需要,这样程序在运行时可根据国家/地区和语言环境的不同而显示不同的用户界面和消息。为了便于表达,人们将“国际化”简称为“I18N”或“i18n”(“Internationalization”一词开头字母“I”和结尾字母“n”之间共有 18 个字母)。

一个支持国际化的软件会随着在不同区域的使用呈现出本地语言的提示,这个过程也被称为本地化(Localization)。本地化也可以简称为“L10N”或“l10n”。对于本地化的软件产品,用户可以使用自己的语言和文化习惯与产品进行交互。

1. Locale 类

Java 内核采用 Unicode 编码集,提供了对不同国家和语言的支持。java.util.Locale 类描述了特定的地理、政治和文化上的地区。Locale 类的对象主要包含两方面信息:国家/地区名称和语言种类。国家/地区名称是一个有效的 ISO 国家/地区代码,这些代码是由 ISO-3166 定义的大写的两个字母代码。常用的国家/地区代码如表 6.5 所示。

表 6.5 常用的 ISO-3166 标准国家/地区代码

国家/地区	代 码	国家/地区	代 码
AUSTRALIA	AU	ITALY	IT
CANADA	CA	JAPAN	JP
CHINA	CN	SPAIN	ES
FRANCE	FR	UNITED STATES	US
GERMANY	DE	UNITED KINGDOM	GB

语言种类是一个有效的 ISO 语言代码,这些代码是由 ISO-639 定义的两个小写字母代码,常用的语言代码如表 6.6 所示。

表 6.6 常用的 ISO-639 标准语言代码

语 言	代 码	语 言	代 码
Chinese	zh	Japanese	ja
English	en	Italian	it
French	fr	Spanish	es
German	de		

【例 6.10】 Locale 类中方法使用示例。

```
01 import java.util.Locale;
02 public class LocaleTest {
03   public static void main(String[ ] args) {
04     Locale defaultLocale=Locale.getDefault();
05     Locale japanLocale=new Locale("ja","JP");
06     display(defaultLocale);
07     display(japanLocale);
08   }
09   public static void display(Locale l) {
10     System.out.println(l+"---"+l.getDisplayName());
11     System.out.println(l.getCountry()+"---"+l.getDisplayCountry());
12     System.out.println(l.getLanguage()+"---"+l.getDisplayLanguage());
13   }
14 }
```

【运行结果】

```
zh_CN---中文 (中国)
CN---中国
zh---中文
ja_JP---日文 (日本)
JP---日本
ja---日文
```

2. DateFormat 类

由于不同语言文化传统上的差异,人们所习惯的日期表示格式也不尽相同,因此同一个日期使用不同 Locale 语言环境格式化后的字符串是符合其本地习惯的。java.text.DateFormat 类也具有国际化的能力,Locale 类与 DateFormat 类结合,可以将日期/时间格式化成各种不同语言环境的标准信息。DateFormat 是一个抽象类,只能通过其静态工厂方法来获得其对象实例。

DateFormat 类中关于日期/时间的格式化模式有 4 种: DateFormat.SHORT、DateFormat.MEDIUM、DateFormat.LONG、DateFormat.FULL。

【例 6.11】 DateFormat 类中方法使用示例。注意在不同的语言环境及输出模式下日期和时间的输出格式。

```
01 import java.util.*;
02 import java.text.DateFormat;
03 public class DateFormatTest {
04   public static void main(String[ ] args) {
05     Calendar c=Calendar.getInstance();
06     c.set(2009,11,15,11,25,45);
07     Date d=c.getTime();
08     Locale localechina=new Locale("zh","CN");
09     Locale localeamerica=new Locale("en","US");
10     displayDate(localechina,d);
11     displayDate(localeamerica,d);
12   }
13   public static void displayDate(Locale locale,Date d) {
14     System.out.println("语言环境为:"+locale);
```

```
15      DateFormat df1=DateFormat.getDateTimeInstance(DateFormat.SHORT,
   DateFormat.SHORT,locale);
16      System.out.println("SHORT 模式的日期/时间格式为:"+df1.format(d));
17      DateFormat df2=DateFormat.getDateTimeInstance(DateFormat.MEDIUM,
   DateFormat.MEDIUM,locale);
18      System.out.println("MEDIUM 模式的日期/时间格式为:"+df2.format(d));
19      DateFormat df3=DateFormat.getDateTimeInstance(DateFormat.LONG,
   DateFormat.LONG,locale);
20      System.out.println("LONG 模式的日期/时间格式为:"+df3.format(d));
21      DateFormat df4=DateFormat.getDateTimeInstance(DateFormat.FULL,
   DateFormat.FULL,locale);
22      System.out.println("FULL 模式的日期/时间格式为:"+df4.format(d));
23    }
24  }
```

【运行结果】

```
语言环境为:zh_CN
SHORT 模式的日期/时间格式为:09-12-15 上午 11:25
MEDIUM 模式的日期/时间格式为:2009-12-15 11:25:45
LONG 模式的日期/时间格式为:2009 年 12 月 15 日 上午 11 时 25 分 45 秒
FULL 模式的日期/时间格式为:2009 年 12 月 15 日 星期二 上午 11 时 25 分 45 秒 CST
语言环境为:en_US
SHORT 模式的日期/时间格式为:12/15/09 11:25 AM
MEDIUM 模式的日期/时间格式为:Dec 15, 2009 11:25:45 AM
LONG 模式的日期/时间格式为:December 15, 2009 11:25:45 AM CST
FULL 模式的日期/时间格式为:Tuesday, December 15, 2009 11:25:45 AM CST
```

3. NumberFormat 类

不同语言/国家对于数字的表示习惯也是不同的,如果要根据语言环境相关的方式来格式化数字就要使用 java.text.NumberFormat 类。Locale 类与 NumberFormat 类相结合可以将数字格式化为符合特定语言环境表述习惯的字符串以及逆向解析字符串为数字。NumberFormat 是一个抽象类,只能通过其静态工厂方法来获得其对象实例。

【例 6.12】 NumberFormat 类中方法使用示例。注意观察在不同语言环境下数值、货币和百分比的格式。

```
01 import java.text.*;
02 import java.util.*;
03 public class NumberFormatTest {
04   public static void main(String[ ] args) {
05     Locale[] locales = new Locale[3];
06     locales[0]=new Locale("zh","CN");
07     locales[1]=new Locale("en","US");
08     locales[2]=new Locale("de","CH");
09     double d=1259.23;
10     displayNumber(locales,d);
11   }
12   public static void displayNumber(Locale[ ] locales,double d) {
13     NumberFormat nf;
14     for(int i=0;i<locales.length;i++) {
15       System.out.println(locales[i].getDisplayName());
16       nf=NumberFormat.getInstance(locales[i]);
```

```
17          System.out.println("通用数值格式:"+nf.format(d));
18          nf=NumberFormat.getCurrencyInstance(locales[i]);
19          System.out.println("货币数值格式:"+nf.format(d));
20          nf=NumberFormat.getPercentInstance(locales[i]);
21          System.out.println("百分比数值格式:"+nf.format(d));
22        }
23      }
24  }
```

【运行结果】

```
中文 (中国)
通用数值格式:1,259.23
货币数值格式:¥1,259.23
百分比数值格式:125,923%
英文 (美国)
通用数值格式:1,259.23
货币数值格式:$1,259.23
百分比数值格式:125,923%
德文 (瑞士)
通用数值格式:1'259.23
货币数值格式:SFr. 1'259.23
百分比数值格式:125'923%
```

4. Java 国际化资源包

在国际化的应用程序中,可以将程序中的标签及提示信息等与运行环境相关的资源定义在资源包中,每个资源包中存储着与特定 Locale 对象相对应的资源。资源包可以是一个属性文件,也可以是一个资源绑定类。资源包采用统一的命名规则,其格式可以有以下 3 种:

- baseName_language_country;
- baseName_language;
- baseName。

其中,baseName 是资源包的基本名,它可以是任意合法的 Java 标识符。language 和 country 则必须是 Java 所支持的语言代码和国家/地区代码。属性文件是一种纯文本文件,其内容为 key-value 信息,每行保存一条 key-value 信息。每个属性文件中的 key 是不变的,但 value 会根据不同的语言和国家/地区存储不同的值。属性文件名的前缀与资源包同名,后缀为".properties"。下面两个属性文件中分别存储着使用汉语和英语进行打招呼的字符串。

属性文件 greetings_en_US.properties 的内容为:

```
greetings=Good morning!
```

属性文件 greetings_zh_CN.properties 的内容为:

```
greetings=大家早上好!
```

Java 国际化程序的资源属性文件统一采用 Unicode 编码格式进行存储,在读取属性文件时也是按照 Unicode 编码进行解析的。在 JDK 安装目录的 bin 文件夹中,提供了将属性文件进行 Unicode 编码转化的工具 native2ascii。native2ascii 命令格式为:

```
native2ascii [-reverse] [-encoding 编码] [输入文件 [输出文件]]
```

- [-reverse]用于逆向转换,可以将 Unicode 编码格式的输入文件转换为本地或者指定编码格式的输出文件。
- [-encoding 编码]可以指定输出文件的编码格式。如果没有指定编码格式,当正向转换时将输入文件的本地编码转换为 Unicode 编码。逆向转换时将 Unicode 编码格式的输入文件转换为本地格式的输出文件。

属性文件 greetings_zh_CN.properties 转换为 Unicode 编码格式后,该文件的内容为:

```
greetings=\u5927\u5BB6\u65E9\u4E0A\u597D\uFF01
```

Java 程序的国际化就是同一程序在不同的语言和国家/地区环境运行时,使用不同资源包的信息来本地化。java.util.ResourceBundle 类用于完成对资源包的操作。ResourceBundle 是一个抽象类,只能通过其静态工厂方法来创建其对象实例。

【例 6.13】 在中文(中国)语言环境下使用 ResourceBundle 类加载属性文件的使用示例。

```
01 import java.util.*;
02 public class ResourcePropertyTest {
03   public static void main(String[ ] args) {
04     Locale locale=Locale.getDefault();
05     ResourceBundle rb=ResourceBundle.getBundle("greetings",locale);
06     System.out.println(rb.getString("greetings"));
07   }
08 }
```

【分析讨论】

上面代码在中文(中国)语言环境中运行时,会加载 greetings_zh_CN.properties 属性文件。如果当前系统设置为英文(美国)语言环境,则会加载 greetings_en_US.properties 属性文件。

除了使用属性文件来保存资源信息外,还可以使用资源绑定类来保存 key-value 信息,每一个资源绑定类对应一种 Locale 的资源信息。资源绑定类的名字要与资源包同名,并且该类必须继承自类 java.util.ListResourceBundle。在类中要重写 protected abstract Object[ ][ ] getContents()方法,该方法返回一个二维对象数组。数组中的每项都是一个键-值对,每个键-值对的第一个元素是键,该键必须是 String 类型,第二个元素是和该键相关联的值。

【例 6.14】 ListResourceBundle 资源绑定类保存资源信息的使用示例。

```
01 package e1;
02 import java.util.*;
03 public class G_zh_CN extends ListResourceBundle {
04   private static final Object[ ][ ] contents={{"greetings","大家早上好!"}};
05   public Object[ ][ ] getContents() {
06     return contents;
07   }
08 }
01 package e1;
02 import java.util.*;
03 public class G_en_US extends ListResourceBundle {
```

```
04    private static final Object[ ][ ] contents={{"greetings","Good morning!"}};
05    public Object[ ][ ] getContents() {
06      return contents;
07    }
08  }
01  package e1;
02  import java.util.*;
03  public class ListResourceBundleTest {
04    public static void main(String[ ] args) {
05      Locale locale=Locale.getDefault();
06      ResourceBundle rb=ResourceBundle.getBundle("e1.G",locale);
07      System.out.println(rb.getString("greetings"));
08    }
09  }
```

【运行结果】

```
大家早上好!
```

6.5 本章小结

本章讲解了 Math 类、Random 类、BigDecimal 类、String/StringBuffer 类以及 Calendar 类和 TimeZone 类的功能和用法。其次，详细讲解了如何创建正则表达式以及使用 Pattern、Matcher、String 类来使用正则表达式。最后，介绍了 Java 国际化的相关知识，包括日期、时间、数字、消息等格式化内容。

课后习题

1. 下列哪个选项可以计算出角度为 42°的余弦值？（　　）
   A. double d=Math.cos(42);
   B. double d=Math.conine(42);
   C. double d=Math.cos(Math.toRadians(42));
   D. double d=Math.cos(Math.toDegrees(42));
   E. double d=Math.conine(Math.toRadians(42));
2. 下列哪行代码将输出整数 7？（　　）

```
class MyClass {
  public static void main(String[] args) {
    double x=6.5;
    System.out.println(Math.floor(x+1));
    System.out.println(Math.ceil(x));
    System.out.println(Math.round(x));
  }
}
```

   A. 第 4 行　　　　B. 第 4、5 行
   C. 第 4、5、6 行　　　　D. 以上都不对

3. 下列代码中类 D 和 E 的输出是什么?(　　)

```
class D {
  public static void main(String[ ] args) {
    String s1=new String("hello");
    String s2=new String("hello");
    if(s1.equals(s2))
      System.out.println("equal");
    else
      System.out.println("not equal");
  }
}
class E {
  public static void main(String[ ] args) {
    StringBuffer s1=new StringBuffer("hello");
    StringBuffer s2=new StringBuffer("hello");
    if(s1.equals(s2))
      System.out.println("equal");
    else
      System.out.println("not equal");
  }
}
```

A. D: equal; E: equal　　B. D: not equal; E: not equal

C. D: equal; E: not equal　　D. D: not equal;　E: equal

4. 当编译并运行下列代码时,其运行结果是什么?(　　)

```
public class Example {
  public static void main(String[ ] args) {
    Example s=new Example();
  }
  private Example() {
    String s="Marcus";
    String s2=new String("Marcus");
    if(s==s2) {
      System.out.println("we have a match");
    }
    else {
      System.out.println("Not equal");
    }
  }
}
```

A. 修饰构造方法的访问控制符不能为 private,所以代码会出现编译错误

B. 输出"we have a match"

C. 输出"Not equal"

D. 字符串比较不能使用运算符==,所以代码会出现编译错误

5. 当编译并运行下列代码时,其运行结果是什么?(　　)

```
public class Example {
  public static void main(String[ ] args) {
    certkiller("four");
```

```
    certkiller("tee");
    certkiller("to");
  }
  public static void certkiller(String str) {
    int check=4;
    if(check==str.length()) {
      System.out.print(str.charAt(check-=1)+" ");
    }
    else {
      System.out.print(str.charAt(0)+" ");
    }
  }
}
```

A. r t t　　B. r e o　　C. 编译错误　　D. 运行时异常

6. 当编译并运行下列代码时,其运行结果是什么?(　　)

```
public class Example {
  public static void main(String[ ] args) {
    String s="Java";
    StringBuffer sb=new StringBuffer("Java");
    change(s);
    change(sb);
    System.out.println(s+sb);
  }
  public static void change(String s) {
    s=s.concat("hello");
  }
  public static void change(StringBuffer sb) {
    sb.append("hello");
  }
}
```

A. Hellohello　　B. helloJava
C. Javahello　　D. JavaJavahello

7. 当编译并运行下列代码时,其运行结果是什么?(　　)

```
public class Example {
  static String s="Hello";
  public static void main(String[ ] args) {
    Example h=new Example();
    h.methodA(s);
    String s1=s.replace('e', 'a');
    System.out.println(s1);
  }
  public void methodA(String s) {
    s+=" World!!!";
  }
}
```

A. 编译错误　　B. 输出"Hello World!!!"
C. 输出"Hello"　　D. 输出" World!!!"
E. 输出"Hallo"

8. 下列代码的输出是什么?( )

```
public class Example {
  public static void main(String[ ] args) {
    String bar=new String("blue");
    String baz=new String("green");
    String var=new String("red");
    String c=baz;
    baz=var;
    bar=c;
    baz=bar;
    System.out.println(baz);
  }
}
```

A. Red　　B. 编译错误　　C. Blue　　D. null

E. green

9. 当编译并运行下列代码时,其运行结果是什么?( )

```
public class Example {
  public static void main(String[ ] args) {
    StringBuffer s=new StringBuffer("Java");
    String c=new String("Java");
    hello(s,c);
    System.out.println(s+c);
  }
  public static void hello(StringBuffer s,String c) {
    s.append("C");
    c=s.toString();
  }
}
```

A. 编译错误　　B. 运行错误　　C. JavaJava　　D. JavaCJava

10. 当编译并运行下列代码时,其运行结果是什么?( )

```
public class Example {
  public static void main(String[ ] args) {
    String test="This is a test";
    String[ ] tokens=test.split("\\s");
    System.out.println(tokens.length);
  }
}
```

A. 0　　B. 1　　C. 4　　D. 编译错误

11. 当编译并运行下列代码时,其运行结果是什么?( )

```
public class Example {
  public static void main(String[ ] args) {
    String s="ABCD";
    s.concat("E");
    s.replace('C','F');
    System.out.println(s);
  }
}
```

A. ABFDE　　B. ABCDE　　C. ABCD　　D. 编译错误

12. 当编译并运行下列代码时,其运行结果是什么?(　　)

```
public class Example {
  public static void main(String[ ] args) {
    String s=new String("Bicycle");
    int iBegin=1;
    char iEnd=3;
    System.out.println(s.substring(iBegin,iEnd));
  }
}
```

A. Bic　　B. ic　　C. icy　　D. 编译错误

13. 当编译并运行下列代码时,其运行结果是什么?(　　)

```
public class Example {
  public static void main(String[ ] args) {
    String test="a1b2c3";
    String tokens[ ]=test.split("\\d");
    for(String s: tokens){
      System.out.print(s+" ");
    }
  }
}
```

A. a b c　　B. 1 2 3　　C. a1b2c3　　D. a1 b2 c3

14. 当编译并运行下列代码时,其运行结果是什么?(　　)

```
public class Example {
  public static void main(String[ ] args) {
    String s5="AMIT";
    String s6="amit";
    System.out.print(s5.compareTo(s6)+" ");
    System.out.print(s6.compareTo(s5)+" ");
    System.out.println(s6.compareTo(s6));
  }
}
```

A. −32 32 0　　B. 32 32 0　　C. 32 −32 0　　D. 0 0 0

15. 1119280000000L 是从 1970 年 1 月 1 日到 2005 年 6 月 20 日所经历的毫秒值,下面代码将输出在德文(德国)的语言环境下上述日期的“长格式”,请补充代码:

```
import ________;
import ________;
public class DateTwo {
  public static void main(String[ ] args) {
    Date d=new Date(1119280000000L);
    DateFormat df=________;
    System.out.println(________);
  }
}
```

16. 请完成下面程序,使得程序的输出结果为"Equivalence! "。

```
public class StringEquals {
  public static void main(String[ ] args) {
    String a="Java";
    String b="java";
    ________{
      System.out.println("Equivalence!");
    }
    else{
      System.out.println("Nonequivalence!");
    }
  }
}
```

17. 请完成下面程序,判断随机产生 1000 个 11 位数字字符串中符合手机号码的个数。手机号码应是以 130、131、132、133、134、135、136、137、138、139、153、158、159、188、189 开头的 11 位数字。

```
import java.util.*;
public class PhoneNumber {
  public static void main(String[ ] args) {
    int count=0;
    StringBuffer sb=null;
    String regex=________;
    Random r=null;
    int n;
    char c;
    String s=null;
    System.out.println("符合手机号码的 11 位数字字符串为:");
    for(int i=0;i<1000;i++){
      r=new Random();
      sb=new StringBuffer();
      for(int j=0;j<11;j++){
          n=r.nextInt(10);
          c=(char)(n+48);
          ________
      }
      s=sb.toString();
      if(s.matches(regex)){
          count++;
          System.out.print(s+"\t");
      }
    }
    System.out.println("\n"+"一共:"+count+"个");
  }
}
```

18. 编写程序,随机生成 10 个互不相同的从'a'到'z'的字母,并将其输出,然后对这 10 个字母按从小到大的顺序排序,并输出排序后的结果。

19. 编写程序,输出 2010 年 2 月的日历。

20. 编写程序,找出给定字符串中所有以字符'a'开头的单词。

21. 编写程序,显示在中文(中国)语言环境下日期、时间及数字的输出格式。

第7章　Java语言泛型编程

Java语言中的泛型(Generic)是在JDK 1.5中引入的一个新特性，其作用是实现参数化类型(Parameterized Type)。在Java编程中，经常会遇到在容器中存放对象或从容器中取出对象，并根据需要转型为相应的对象的情形。在转型过程中极易出现错误，且很难发现。使用泛型可以在存放对象时明确地指明对象的类型，将问题暴露在编译阶段，由编译器进行检测，可以避免在运行时出现转型异常，从而增加程序的可读性与稳定性，提高程序的运行效率。本章将讲解泛型的概念及在Java编程中的应用。

7.1　概述

在Java没有引入泛型之前，如果要实现对不同引用类型的变量进行操作，可以通过Object类来实现参数类型的抽象化。

【例7.1】　类TypeObjectTest的定义中，通过Object类实现了参数类型的抽象化。

```
01 public class TypeObjectTest {
02   private Object to;
03   public void setTo(Object to) {
04     this.to=to;
05   }
06   public Object getTo() {
07     return to;
08   }
09   public static void main(String[ ] args) {
10     TypeObjectTest tot=new TypeObjectTest();
11     tot.setTo(new Integer(8));
12     System.out.println("Integer对象的值为:"+tot.getTo());
13     tot.setTo(new String("hello"));
14     System.out.println("String对象的值为:"+tot.getTo());
15   }
16 }
```

【运行结果】

```
Integer对象的值为:8
String对象的值为:hello
```

【分析讨论】

(1) 由于Java语言中所有的类都继承自Object类，所以将public void setTo(Object to)方法的参数类型设置为Object之后，该方法可以接收任何类型的引用变量。例如，该方法可以接收Integer类型和String类型的变量。

(2) 在JDK 1.4之前的版本中，为了让定义的Java类具有通用性，类中方法传入的参数或方法返回值的类型都被定义成Object类。例如，Java的集合类List、Map、Set等就是这样定义的,但是这种定义方式会产生一定的问题。

【例 7.2】 类 LinkedListTest 的定义中,介绍了通过 Object 类来实现参数类型抽象化时所产生的问题。

```
01 import java.util.*;
02 public class LinkedListTest {
03   public static void main(String[ ] args) {
04     List li=new LinkedList();
05     li.add(new String("hello"));
06     li.add(new String("world"));
07     System.out.println("链表中共有"+li.size()+"个结点");
08     for(int i=0;i<li.size();i++){
09       String s=(String)li.get(i);
10       System.out.println(s.toUpperCase());
11     }
12     li.add(new Boolean("true"));
13     System.out.println("链表中共有"+li.size()+"个结点");
14     for(int i=0;i<li.size();i++) {
15       String s=(String)li.get(i);
16       System.out.println(s.toUpperCase());
17     }
18   }
19 }
```

【运行结果】

```
链表中共有 2 个结点
HELLO
WORLD
链表中共有 3 个结点
HELLO
WORLD
Exception in thread "main" java.lang.ClassCastException: java.lang.Boolean
cannot be cast to java.lang.String at LinkedListTest.main(LinkedListTest.java:
15)
```

【分析讨论】

(1) LinkedList 类中的 add(Object element)方法和 Object get(int index)方法的参数值和返回值的类型都被定义成 Object 类型,但在通过 Object 类型来实现参数类型的抽象时产生了异常。

(2) 当通过 add(Object element)方法往链表中添加结点时,不能保证链表中的结点是相同的类型。例如,在链表中结点类型可以是 String 和 Boolean 类型。

(3) 当通过 Object get(int index)方法返回链表中的结点时,结点类型都为 Object 类型,这样会失去结点原来的类型信息。如果要获得结点原来的类型信息,则必须进行强制类型转换,而这种转换如果发生错误的话,则在编译时检查不出来,而在运行时则会发生 ClassCastException。例如,在链表中前两个结点的类型强制转换成 String 后,可以调用 String 类中的 toUpperCase()方法,但是第三个结点被错误地强制转换成 String 类型,所以在运行时出现了异常。

根据以上分析可以看出,虽然 Object 类可以实现参数类型的抽象,使类的定义更具有通用性,但是不能满足类型的安全性。在JDK 1.5中引入的泛型能够很好地实现参数化类型,并允许在创建集合时指定集合中元素的类型。

7.2 使用泛型

泛型是JDK 1.5中引入的一个新特性,目的在于定义安全的泛型类。在JDK 1.5之前,通过使用Object类解决了参数类型抽象的部分需求,而泛型类的引入最终解决了类型抽象及安全问题。Java泛型的本质是参数化类型,也就是说所操作的数据类型被指定为一个参数。

7.2.1 定义泛型类、接口

在定义泛型类或接口时,是通过类型参数来抽象数据类型的,而不是将变量的类型都定义成Object。这样做的好处是使泛型类或接口的类型安全检查在编译阶段进行,并且所有的类型转换都是自动的和隐式的,从而保证了类型的安全性。泛型类定义的语法如下:

```
<类的访问限制修饰符> class 类名<类型参数> {
    类体;
}
```

【例7.3】 类GenericsClassDeTest的定义中,介绍了泛型类的定义及使用。

```
01 public class GenericsClassDeTest<T> {
02   private T mvar;
03   public void set(T mvar) {
04     this.mvar=mvar;
05   }
06   public T get() {
07     return mvar;
08   }
09   public static void main(String[ ] args) {
10     GenericsClassDeTest<Integer> gcdt1=new GenericsClassDeTest<Integer>();
11     gcdt1.set(new Integer(10));
12     System.out.println("Integer类型对象的值为:"+gcdt1.get());
13     //gcdt1.set(new String("hello")); 当参数为String类型对象时编译错误
14     GenericsClassDeTest<String> gcdt2=new GenericsClassDeTest<String>();
15     gcdt2.set(new String("hello"));
16     System.out.println("String类型对象的值为:"+gcdt2.get());
17     //Integer i=gcdt2.get(); 方法返回值类型应为String类型
18   }
19 }
```

【运行结果】

```
Integer类型对象的值为:10
String类型对象的值为:hello
```

【分析讨论】

(1) 在泛型类GenericsClassDeTest的定义中,声明了类型参数T,它可以用来定义类

GenericsClassDeTest 中的成员变量、方法的参数及方法返回值的类型。

(2) 类型参数 T 的具体类型是在创建泛型类的对象时确定的。创建第一个泛型类的对象时,T 的类型为 Integer,则调用 set(T mvar)方法时传递的参数类型只能为 Integer 类型,否则会出现编译错误。创建第二个泛型类的对象时,T 的类型为 String,则调用 get()方法时返回值的数据类型只能为 String 类型。

通过定义泛型类,可以将变量的类型看作参数来定义,而变量的具体类型是在创建泛型类的对象时确定的。通过使用泛型类可以使程序具有更大的灵活性,但在编译时要注意以下问题:

- 在泛型类的定义中,类型参数的定义写在类名后面,并用尖括号(< >)括起来。
- 类型参数可以使用任何符合 Java 命名规则的标识符,但为了方便,通常都采用单个的大写字母。例如,用 E 表示集合元素类型,用 K 与 V 分别表示键-值对中的键类型与值类型,而用 T、U、S 表示任意类型。
- 泛型类的类型参数同时可以有多个,多个参数之间使用逗号分隔。
- 当创建泛型类的对象时,类型参数只能为引用类型,不能为基本类型。

定义泛型类的方法同样适用于泛型接口,具有泛型特点的接口定义如下:

```
<接口的访问限制修饰符> interface 接口名<类型参数> {
    接口体;
}
```

在具有泛型特点的类和接口的定义中,类名和接口名后面的类型参数可以为任意类型。如果要限制类型参数为某个特定子类型,则把这种泛型称为受限泛型。在受限泛型中,类型参数的定义如下所示。

```
类型参数 extends 父类型
    其中,类型参数 extends 父类型 1 & 父类型 2 &…& 父类型 n
```

【例 7.4】 类 GenericsClassExtendsDeTest 的定义中,介绍了受限泛型类的定义及使用。

```
01 public class GenericsClassExtendsDeTest<T extends Number> {
02   public int sum(T t1, T t2){
03     return t1.intValue()+t2.intValue();
04   }
05   public static void main(String[ ] args) {
06     GenericsClassExtendsDeTest<Integer> gcedt1=
           new GenericsClassExtendsDeTest<Integer>();       //编译正确
07     System.out.println(gcedt1.sum(new Integer(2),new Integer(5)));
08     //GenericsClassExtendsDeTest<String> gcedt2=
           new GenericsClassExtendsDeTest<String>(); 编译错误
09   }
10 }
```

【运行结果】

```
7
```

【分析讨论】

(1) 在上面的泛型类定义中,类型参数 T 继承了抽象类 Number,则在创建泛型类的对

象时，T 必须为类 Number 的子类。

（2）类型参数 T 为 Integer 时，类 Integer 继承了 Number 类，所以编译正确；T 为 String 时，类 String 并不是 Number 的子类，所以此时会出现编译错误。

如果把类 GenericsClassExtendsDeTest 定义成非受限泛型，而在创建对象时确保没有用不适当的类型来实例化类型参数，那么会出现什么问题呢？下面的示例对此进行了讨论。

【例 7.5】　类 GenericsClassExtendsDeTest 的定义中，介绍了非受限泛型类中类型参数可调用方法的限制所产生的问题。

```
01 public class GenericsClassExtendsDeTest<T> {
02   public int sum(T t1,T t2) {
03     return t1.intValue()+t2.intValue();
04   }
05   public static void main(String[ ] args) {
06     GenericsClassExtendsDeTest<Integer> gcedt1=
07         new GenericsClassExtendsDeTest<Integer>();     //编译正确
08     System.out.println(gcedt1.sum(new Integer(2),new Integer(5)));
09   }
10 }
```

【编译结果】

```
C:\JavaExample\chapter07\7-5\GenericsClassExtendsDeTest.java:3: 找不到符号
符号: 方法 intValue()
位置: 类 java.lang.Object
                return t1.intValue()+t2.intValue();
                        ^
C:\JavaExample\chapter07\7-5\GenericsClassExtendsDeTest.java:3: 找不到符号
符号: 方法 intValue()
位置: 类 java.lang.Object
                return t1.intValue()+t2.intValue();
                                       ^
2 错误
```

【分析讨论】

（1）方法 public int sum(T t1,T t2)中的类型参数 T 是非受限类型，T 的实际类型可以是 Object 类或 Object 的子类，所以通过 T 只能访问 Object 类中的方法。

（2）受限类型的泛型有以下两个优点：第一，编译时的类型检查可以保证类型参数的每次实例化都符合所设定的范围；第二，由于类型参数的每次实例化都是受限父类型或其子类型，所以通过类型参数可以调用受限父类型中的方法，而不仅仅是 Object 类中的方法。

（3）在泛型类的定义中，类型参数 T 的类型限制可以有以下 3 种形式。

- 类型参数 extends Object：这种形式实际上是直接指定类型参数，extends Object 可以省略。
- 类型参数 extends 父类型：这种形式的类型参数必须是父类型或其子类或者实现父类型的接口，父类型可以是类也可以是接口。
- 类型参数 extends 父类型 1 & 父类型 2 &…& 父类型 n：这种形式的类型参数可以继承 0 个或 1 个父类，但可以实现多个接口，并且要将接口名定义在类名的后面。

7.2.2 从泛型类派生子类

在 Java 中,类通过继承可以实现类的扩充,泛型类也可以通过继承来实现泛型类的扩充。在泛型类的子类中可以保留父类的类型参数,同时还可以增加新的类型参数。

【例 7.6】 下面 Java 程序中,介绍了由泛型类派生出子类,并在其子类中保留了父类中的类型参数的情形。

```
01 class G<T> {                                //泛型类
02   private T tt;
03   public G(T tt) {
04     this.tt=tt;
05   }
06   public void setT(T tt) {
07     this.tt=tt;
08   }
09   public T getT() {
10     return tt;
11   }
12 }
13 class SubG<T,S> extends G<T> {              //泛型类子类
14   private S ss;
15   public SubG(T tt,S ss) {
16     super(tt);
17     this.ss=ss;
18   }
19   public void setS(S ss) {
20     this.ss=ss;
21   }
22   public S getS() {
23     return ss;
24   }
25 }
26 public class GenericsClassExtendsDeTest {
27   public static void main(String[ ] args) {
28     SubG<Integer,String> sg=null;
29     sg=new SubG<Integer,String>(new Integer(4),"hello");
30     System.out.println("泛型类父类中的类型参数的值为:"+sg.getT());
31      System.out.println("泛型类子类中的类型参数的值为:"+sg.getS().
toUpperCase());
32   }
33 }
```

【运行结果】

```
泛型类父类中的类型参数的值为:4
泛型类子类中的类型参数的值为:HELLO
```

【分析讨论】

(1) 在类 class SubG<T,S> extends G<T>的定义中,子类 SubG 继承父类 G,父类 G 中的类型参数 T 被保留在子类 SubG 中,同时子类又增加了自己的类型参数 S。

(2) 如果在定义子类时没有保留父类中的类型参数,则父类中类型参数的类型为

Object。

【例 7.7】　下面 Java 程序中,介绍了由泛型类派生出子类,而在其子类中并没有保留父类中类型参数的情形。

```
01 class G<T> {                                    //泛型类
02   private T tt;
03   public G(T tt) {
04     this.tt=tt;
05   }
06   public void setT(T tt) {
07     this.tt=tt;
08   }
09   public T getT() {
10     return tt;
11   }
12 }
13 class SubG<S> extends G {                       //泛型类子类
14   private S ss;
15   public SubG(Object tt,S ss) {
16     super(tt);
17     this.ss=ss;
18   }
19   public void setS(S ss) {
20     this.ss=ss;
21   }
22   public S getS() {
23     return ss;
24   }
25 }
26 public class GenericsClassExtendsDeTest {
27   public static void main(String[ ] args) {
28     SubG<Integer> sg=null;
29     sg=new SubG<Integer>("hello",new Integer(4));
30     //编译错误
31      System. out. println ( " 泛 型 类 父 类 中 的 类 型 参 数 的 值 为:" + sg. getT ( ).
toUpperCase());
32     System.out.println("泛型类子类中的类型参数的值为:"+sg.getS().intValue
());
33   }
34 }
```

【编译结果】

```
C:\JavaExample\chapter07\7-7\GenericsClassExtendsDeTest.java:31: 找不到符号
符号: 方法 toUpperCase()
位置: 类 java.lang.Object
        System. out. println ( " 泛 型 类 父 类 中 的 类 型 参 数 的 值 为:" + sg. getT ( ).
toUpperCase());
                                                                    ^
注意:C:\JavaExample\chapter07\7-7\GenericsClassExtendsDeTest.java 使用了未经检
查或不安全的操作。
注意:要了解详细信息,请使用 -Xlint:unchecked 重新编译。
1 错误
```

【分析讨论】

(1) 在泛型类子类 class SubG<S> extends G 的定义中,子类并没有保留父类中的类型参数 T,父类中的类型参数 T 的类型自动转换为 Object 类型,泛型类父类中的方法 public T getT()返回类型应为 Object 而不是 String 类型。

(2) 泛型类父类在定义时含有类型参数,而在使用时并没有传入实际的类型参数,所以 Java 编译器发出了警告信息:使用了未经检查或不安全的操作。

7.3 类型通配符

在 Java 语言中,Object 类是所有类的父类。当泛型类中的类型参数为 Object 类时,该泛型参数是否可以为其他泛型参数的父类呢?下面的示例对此进行了讨论。

【例 7.8】 类 GenericsClassWildcardTest 的定义中,介绍了泛型类中类型参数为 Object 的泛型参数并不是其他泛型参数的父类的情形。

```
01  import java.util.*;
02  public class GenericsClassWildcardTest {
03    public static void main(String[ ] args) {
04      Collection<Object> co=new ArrayList<Object>();
05      co.add(new Object());
06      co.add(new Integer(6));
07      co.add(new String("hello"));
08      Collection<String> cs=new ArrayList<String>();
09      cs.add(new String("ok"));
10      co=cs;                              //编译错误
11    }
12  }
```

【编译结果】

```
C:\JavaExample\chapter07\7-8\GenericsClassWildcardTest.java:10: 不兼容的类型
找到: java.util.Collection<java.lang.String>
需要: java.util.Collection<java.lang.Object>
        co=cs;                              //编译错误
            ^
1 错误
```

【分析讨论】

在上面代码中,虽然 String 是 Object 的子类,但是泛型类 Collection<String>却不是 Collection<Object>的子类,二者是不兼容的类型。

我们可以使用类型通配符(?)表示泛型类 Collection<T>的父类。类型通配符可以表示任意具体类型,是一个不确定的、未知的类型。

【例 7.9】 类 GenericsClassWildcardTest 的定义中,介绍了泛型类中使用类型通配符的类型参数可以作为其他类型参数的父类的情形。

```
01  import java.util.*;
02  public class GenericsClassWildcardTest {
03    public static void main(String[ ] args) {
```

```
04      GenericsClassWildcardTest gcwt=new GenericsClassWildcardTest();
05        Collection<Object> co=new ArrayList<Object>();
06        co.add(new Boolean("true"));
07        co.add(new Integer(6));
08        co.add(new String("hello"));
09        gcwt.printElement(co);
10        Collection<String> cs=new ArrayList<String>();
11        cs.add(new String("ok"));
12        cs.add(new String("world"));
13        gcwt.printElement(cs);
14    }
15    public void printElement(Collection<?> c) {
16        System.out.println("集合中的元素为:"+c);
17    }
18  }
```

【运行结果】

```
集合中的元素为:[true, 6, hello]
集合中的元素为:[ok, world]
```

【分析讨论】

在上面代码中，通过类型通配符来表示任何类型的泛型参数，这样可以分别将 ArrayList<Object>和 ArrayList<String>泛型类对象传递给 Collection<？>类型的引用，从而可以输出不同类型参数集合中的所有元素。

类型通配符表示任意一个具体的类型，Java 中 Object 类为所有类的父类，所以类型通配符可以表示为 G<? extends Object>。如果要表示某一个类的任何一个子类，则可以使用有界通配符。有界通配符的语法格式如下：

```
? extends 父类型
? extends 父类型 1 & 父类型 2 &…& 父类型 n
```

【例 7.10】　下面 Java 程序中介绍了使用有界通配符作为泛型参数父类的情形。

```
01  import java.util.*;
02  interface Shape {
03    public void draw();
04  }
05  class Circle implements Shape {
06    public void draw() {
07      System.out.println("Circle draw()");
08    }
09  }
10  class Triangle implements Shape {
11    public void draw() {
12      System.out.println("Triangle draw()");
13    }
14  }
15  class Rectangle implements Shape {
16    public void draw() {
17      System.out.println("Rectangle draw()");
18    }
```

```
19 }
20 public class GenericsClassWildcardExtTest {
21   public static void main(String[ ] args) {
22     GenericsClassWildcardExtTest gcwt=new GenericsClassWildcardExtTest();
23     List<Circle> cc=new ArrayList<Circle>();
24     cc.add(new Circle());
25     gcwt.drawAll(cc);
26     List<Triangle> ct=new ArrayList<Triangle>();
27     ct.add(new Triangle());
28     gcwt.drawAll(ct);
29     List<Rectangle> cr=new ArrayList<Rectangle>();
30     cr.add(new Rectangle());
31     gcwt.drawAll(cr);
32   }
33   public void drawAll(List<? extends Shape> c) {
34     for(int i=0;i<c.size();i++) {
35        c.get(i).draw();
36     }
37   }
38 }
```

【运行结果】

```
Circle draw()
Triangle draw()
Rectangle draw()
```

【分析讨论】

(1) 在方法 public void drawAll(List＜? extends Shape＞ c)中,参数 c 的类型为有界通配符,这样传递给参数 c 的列表就可以是 List＜Circle＞、List＜Triangle＞和 List＜Rectangle＞。

(2) 如果将类型通配符的使用格式写成泛型类＜? ＞这种形式,则表示:泛型类＜? extends Object＞。

(3) 类型通配符只能用于引用类型变量的声明中,而不能用于定义泛型类及创建泛型类对象。

(4) 类型通配符表示的是未知类型,不是一个确定的类型,所以不能通过具有类型通配符的引用类型变量来调用具体类型参数的方法。

【例 7.11】 下面 Java 程序中,介绍了具有类型通配符的引用类型变量不能调用具体类型参数方法的情形。

```
01 class A<T extends Number> {
02   private T mvar;
03   public void setT(T mvar) {
04     this.mvar=mvar;
05   }
06   public T getT() {
07     return mvar;
08   }
09   public void aa() {
```

```
10      System.out.println(mvar.toString());
11    }
12  }
13  public class GenericsClassWildcardTest {
14    public static void main(String[ ] args) {
15      A<Integer> a1=new A<Integer>();
16      a1.setT(new Integer(4));
17      A<? extends Number> a2=a1;
18      a2.aa();                          //编译正确
19      a2.setT(new Integer(5));          //编译错误
20    }
21  }
```

【编译结果】

```
C:\JavaExample\chapter07\7-11\GenericsClassWildcardTest.java:19: 无法将 A<
capture of ? extends java.lang.Number> 中的 setT(capture of ? extends java.lang.
Number) 应用于 (java.lang.Integer)        a2.setT(new Integer(5));  //编译错误
    ^
1 错误
```

【分析讨论】

(1) 在上面的代码中,变量 a2 为有界通配符的泛型类 A＜? extends Number＞,故其类型参数可以为 Integer、Double 等。

(2) 由于类型通配符可以表示任意具体类型,是不确定的,所以在调用与具体参数类型相关的方法时会出现编译错误。

7.4 泛型方法

与泛型类或接口的声明一样,方法的声明也可以被泛型化,即在定义方法时带有一个或多个类型参数。泛型方法(Generic Method)的定义如下所示:

```
<类型参数> 方法返回值类型 方法名(参数列表){
    方法体
}
```

【例 7.12】 下面 Java 程序中,介绍了泛型方法的定义及使用。

```
01  import java.util.*;
02  class A {
03    //泛型方法
04    <T> void array(T[ ] ta,Vector<T> vt) {
05      for(int i=0;i<ta.length;i++) {
06        vt.add(ta[i]);
07      }
08    }
09  }
10  public class GenericsMethodTest {
11    public static void main(String[ ] args) {
12      A a=new A();
13      String[ ] s={"hello","world","ok"};
```

```
14      Integer[ ] i={new Integer(1),new Integer(2)};
15      Vector<String> vs=new Vector<String>();
16      a.<String>array(s,vs);    //调用泛型方法时明确给出类型参数为 String
17      System.out.println(vs);
18      Vector<Integer> vi=new Vector<Integer>();
19      a.array(i,vi);            //没有明确给出类型参数,根据传递的引用类型来确定
20      System.out.println(vi);
21    }
22  }
```

【运行结果】

```
[hello, world, ok]
[1, 2]
```

【分析讨论】

(1) 在上面代码中,方法<T> void array(T[] ta,Vector<T> vt)含有用< >括起的类型参数 T,该方法为泛型方法。

(2) 通过泛型方法可以参数化方法参数及返回值的类型,当实际调用该方法时再确定其具体类型。

7.5 擦除与转换

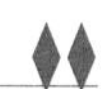

泛型类和接口中的类型参数可以实现数据类型的抽象化,从而增强程序的健壮性和可读性,所以 JDK 1.5 中的集合类都支持泛型。通过使用泛型,集合框架中的各种集合类既可以在编译时检查集合中元素类型的错误,又可以避免元素类型的强制转换,从而提高了开发效率。但是,JDK 1.5 之前的集合类并不支持泛型,为了保证没有使用泛型的 Java 程序也能够在新环境中运行,JDK 1.5 提供了泛型自动擦除与转换的功能,从而实现新旧 Java 程序的兼容。

如果在使用一个已经声明了泛型参数的类时不给出具体的泛型参数类型,则系统会自动按照一定的规则来设置泛型参数的类型,这就是所谓的泛型自动擦除。具体的擦除规则如下:

- 如果泛型参数没有限定范围,则泛型参数的类型将设置为 Object 类。
- 如果泛型参数为有界类型,则泛型参数的类型将设置为有界类型的上限类型。

【例 7.13】 下面 Java 程序中,介绍了泛型参数为无限定范围类型的自动擦除情形。

```
01 class A<T> {
02   private T a;
03   A(T a) {
04     this.a=a;
05   }
06   public void setA(T a) {
07     this.a=a;
08   }
09   public T getA() {
10     return a;
11   }
```

```
12  }
13  public class GenericsEraseTest {
14    public static void main(String[ ] args) {
15      A<String> as=new A<String>(new String("hello"));
16      //as 为 A<String>类型的对象,setA()方法的参数只能为 String 类型
17      //as.setA(new Integer(6)); 当参数为 Integer 对象时编译错误
18      System.out.println(as.getA());
19      A ao=new A(new String("ok"));      //无类型参数时,泛型参数类型为 Object
20      ao.setA(new Integer(4));
21      Object aogetA=ao.getA();
22      System.out.println(aogetA);
23      ao=as;
24      ao.setA(new Double(5.6));
25      //String asgetA=as.getA();      运行时出现异常
26    }
27  }
```

【编译结果】

```
注意:C:\JavaExample\chapter07\7-13\GenericsEraseTest.java 使用了未经检查或不安全的操作。
注意:要了解详细信息,请使用 -Xlint:unchecked 重新编译。
```

【运行结果】

```
hello
4
```

【分析讨论】

(1) A 为泛型类,但在创建泛型类 A 的对象时没有指定类型参数,所以在编译时给出警告信息:使用了未经检查或不安全的操作。

(2) as 为 A<String>类型的对象,所以 setA()方法的参数只能为 String 类型,当为其他类型参数时则出现编译错误。getA()方法的返回值应为 String 类型,而在 25 行该方法的实际返回值为 Double 类型,所以在 25 行出现运行时异常:Exception in thread "main" java.lang.ClassCastException: java.lang.Double cannot be cast to java.lang.String at GenericsEraseTest.main(GenericsEraseTest.java:25)。

(3) ao 为无泛型参数的泛型类 A 的对象,当没提供类型参数时泛型参数类型为 Object,所以 setA()方法的参数可以为 Object 及其子类,getA()方法的返回值类型为 Object。

【例 7.14】 泛型参数为有限定范围类型的自动擦除。

```
01  class A<T extends Number> {
02    private T a;
03    A(T a) {
04      this.a=a;
05    }
06    public void setA(T a) {
07      this.a=a;
08    }
09    public T getA() {
```

```
10        return a;
11      }
12  }
13  public class GenericsBoundedEraseTest {
14    public static void main(String[ ] args) {
15      A<Double> ad=new A<Double>(new Double("7.9"));
16      //ad.setA(new Integer(6));  当参数为 Integer 对象时编译错误
17      System.out.println(ad.getA());
18      A an=new A(new Float("2.1"));      //无类型参数时,泛型参数类型上限为 Number
19      an.setA(new Integer(4));
20      Number angetA=an.getA();
21      System.out.println(angetA);
22      an=ad;
23      an.setA(new Integer(6));
24    }
25  }
```

【运行结果】

```
7.9
4
```

7.6 泛型与数组

由于泛型中的类型参数只存在于编译时而不存在于运行时阶段,所以在程序运行时并不知道泛型参数的类型。当数组中的元素为泛型类时,只能声明元素类型为泛型类的引用而不能创建这种类型的数组对象。如果泛型类的类型参数为无界通配符则可以创建泛型数组对象。

【例 7.15】 类 GenericsArrayTest 的定义中,介绍了泛型数组的定义与使用。

```
01  import java.util.*;
02  public class GenericsArrayTest {
03    public static void main(String[ ] args) {
04      List<String>[ ] ls;                  //声明泛型类型数组引用
05      //ls=new ArrayList<String>[8];  编译错误
06      List<?>[ ] l=new List<?>[8];        //创建类型参数为无界通配符的泛型数组
07      List<String> lsa=new ArrayList<String>();
08      lsa.add(new String("hello"));
09      Object[ ] oa=l;
10      oa[0]=lsa;
11      String s=(String)l[0].get(0);
12      System.out.println(s);
13    }
14  }
```

【运行结果】

```
Hello
```

7.7 本章小结

Java泛型是在集合类或其他类上强加了编译时期的类型安全，所以可以将泛型理解为严格的编译时保护。利用泛型的类型参数信息，编译器可以确保添加到集合中的元素类型的正确性，并且从集合中获得的元素不需要强制类型转换。但是这种类型检查只存在于编译时，为了支持早期版本集合类的遗留代码，在程序运行时并不存在类型参数信息。Java泛型改善了非泛型程序中的类型安全问题，使得类型安全的错误可以被编译器及早发现，从而为程序员开发更高效、更安全的系统提供了一种更有效的途径。

课后习题

1. 下列哪个选项可以插入注释行位置，从而使代码能够编译和运行？（　　）

```
//插入声明代码
for(int i=0;i<=10;i++) {
  List<Integer> row=new ArrayList<Integer>();
  for(int j=0;j<=10;j++) {
    row.add(i*j);
  }
  table.add(row);
}
for(List<Integer> row :table) {
  System.out.println(row);
}
```

A. List<List<Integer>> table=new List<List<Integer>>();

B. List<List<Integer>> table=new ArrayList<List<Integer>>();

C. List<List<Integer>> table=new ArrayList<ArrayList<Integer>>();

D. List<List,Integer> table=new List<List,Integer>();

E. List<List,Integer> table=new ArrayList<List,Integer>();

F. List<List,Integer> table=new ArrayList<ArrayList,Integer>();

2. 下列哪个选项替换后代码仍能编译和运行？（　　）

```
01 import java.util.*;
02 public class AccountManager {
03   private Map accountTotals=new HashMap();
04   private int retirementFund;
05   public int getBalance(String accountName) {
06     Integer total=(Integer)accountTotals.get(accountName);
07     if(total==null)
08         total=Integer.valueOf(0);
09     return total.intValue();
10   }
11   public void setBalance(String accountName,int amount) {
12     accountTotals.put(accountName, Integer.valueOf(amount));
13   }
14 }
```

A. 第 3 行替换为：private Map<String,int> accountTotals=new HashMap<String,int>();

B. 第 3 行替换为：private Map<String,Integer> accountTotals=new HashMap<String,Integer>();

C. 第 3 行替换为：private Map<String<Integer>> accountTotals = new HashMap<String<Integer>>();

D. 第 6～9 行替换为：

```
int total=accountTotals.get(accountName);
if(total==null)
   total=0;
return total;
```

E. 第 6～9 行替换为：

```
Integer total=(Integer)accountTotals.get(accountName);
if(total==null)
   total=0;
return total;
```

F. 第 6～9 行替换为：return accountTotals.get(accountName);

G. 第 12 行替换为：accountTotals.put(accountName,amount);

H. 第 12 行替换为：accountTotals.put(accountName,amount.intValue());

3. 如果方法的声明如下所示，则哪些选项可以插入注释行？(　　)

```
public static <E extends Number> List<E> process(List<E> nums)
//插入声明代码
output=process(input);
```

A. ArrayList<Integer> input=null;
   ArrayList<Integer> output=null;

B. ArrayList<Integer> input=null;
   List<Integer> output=null;

C. ArrayList<Integer> input=null;
   List<Number> output=null;

D. List<Number> input=null;
   ArrayList<Integer> output=null;

E. List<Number> input=null;
   List<Number> output=null;

F. List<Integer> input=null;
   List<Integer> output=null;

4. 下列哪个选项可以插入注释行位置并使代码能够编译？(　　)

```
import java.util.*;
class Business {   }
class Hotel extends Business {    }
```

```
class Inn extends Hotel {   }
public class Travel {
  ArrayList<Hotel> go() {
    //插入代码
  }
}
```

A. return new ArrayList<Inn>();　　B. return new ArrayList<Hotel>();

C. return new ArrayList<Object>();　D. return new ArrayList<Business>();

5. 下列哪个选项可以使代码编译成功？(　　)

```
interface Hungry<E> {
  void munch(E x);
}
interface Carnivore<E extends Animal> extends Hungry<E> {   }
interface Herbivore<E extends Plant> extends Hungry<E> {   }
abstract class Plant {   }
class Grass extends Plant {   }
abstract class Animal {   }
class Sheep extends Animal implements Herbivore<Sheep> {
  public void munch(Sheep x) {   }
}
class Wolf extends Animal implements Carnivore<Sheep> {
  public void munch(Sheep x) {   }
}
```

A. 将接口 Carnivore 的定义改为：interface Carnivore<E extends Plant> extends Hungry<E> {　}

B. 将接口 Herbivore 的定义改为：interface Herbivore <E extends Animal> extends Hungry<E> {　}

C. 将 Sheep 类的定义改为：class Sheep extends Animal implements Herbivore <Plant> {　public void munch(Grass x) { }　}

D. 将 Sheep 类的定义改为：class Sheep extends Plant implements Carnivore<Wolf> {　public void munch(Wolf x) { }　}

E. 将 Wolf 类的定义改为：class Wolf extends Animal implements Herbivore <Grass> {　public void munch(Grass x) { }　}

6. 请完成下面程序，使得程序可以正确编译及运行。

```
01  public class ________{
02    private ________ object;
03    public Gen(T object) {
04      this.object = object;
05    }
06    public ________ getObject() {
07      return object;
08    }
09    public static void main(String[ ] args) {
10      Gen<String> str = new Gen<String>("answer");
11      Gen<Integer> intg = new Gen<Integer>(42);
```

```
12        System.out.println(str.getObject() + "=" +intg.getObject());
13      }
14  }
```

7. 分别在下面代码中的注释位置插入如下语句后，判断程序是否能编译成功。

① m1(listA)；　　② m1(listB)；　　③ m1(listO)；

④ m2(listA)；　　⑤ m2(listB)；　　⑥ m2(listO)；

```
01  import java.util.*;
02  class A {   }
03  class B extends A {   }
04  public class Test {
05    public static void main(String[ ] args) {
06      List<A> listA = new LinkedList<A>();
07      List<B> listB = new LinkedList<B>();
08      List<Object> listO = new LinkedList<Object>();
09      //插入代码
10    }
11    public static void m1(List<? extends A> list) {   }
12    public static void m2(List<A> list) {   }
13  }
```

8. 请完成下面程序，使得程序可以正确编译及运行。

```
01  interface Pet {   }
02  class Cat implements Pet {   }
03  public class GenericB ________{
04    public T foo;
05    public void setFoo(T foo) {
06      this.foo=foo;
07    }
08    public T getFoo() {
09      return foo;
10    }
11    public static void main(String[ ] args) {
12      GenericB<Cat> bar=new GenericB<Cat>();
13      bar.setFoo(_______);
14      Cat c=bar.getFoo();
15    }
16  }
```

9. 应用泛型编写程序，输出三角形、长方形、正方形及圆的面积。要求：首先定义一个接口，该接口中包含一个计算图形面积的方法；其次定义四个类分别表示三角形、长方形、正方形和圆，在类中分别实现不同图形面积的计算方法；最后应用泛型可以在控制台输出各种不同图形的面积。

第 8 章　Java 语言集合类

学习 Java 语言，就必须学习如何使用 Java 语言的集合类。集合是能够容纳其他对象的对象，容纳的对象称为集合的元素。例如，数组就是一种最基本的集合对象。集合中的元素与元素之间具有一定的数据结构，并提供了一些有用的算法，从而为程序组织和操纵批量数据提供了支持。本章将讲解 Java 语言的 Collection API 提供的集合和映射这两类集合工具类的用法。

8.1 概述

一个集合对象或一个容器表示了一组对象，集合中的对象称为元素。在这个对象中，存放了指向其他对象的引用。Java 的 Collection API 包含了下列核心集合接口，如图 8.1 所示。

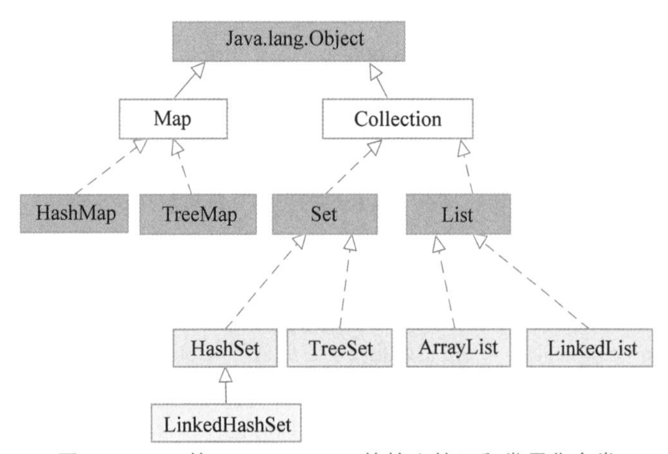

图 8.1　Java 的 Collection API 的核心接口和常用集合类

在 java.util 包中提供了一些集合类，常用的有 List、Set 和 Map。其中，Map 是一种特殊的集合，与一般的集合不同。List 和 Set 实现了 Collection 接口。这些集合类又称为容器，它们与数组不同，数组的长度是固定的，集合的长度是可变的；数组可用来存放基本数据类型的数据，而集合则用来存放类对象的引用。Collection 接口、Set 接口、List 接口与 Map 接口的主要特征如下。

- Collection 接口：是集合接口树的根接口，它定义了集合操作的通用 API，其中声明了对一些基本的集合操作的方法，对于这些方法和(将来实现类的)构造方法也进行了约束性规定。对 Collection 接口的某些实现类允许有重复元素，而另一些不允许有重复元素；某些是有序的而另一些可以是无序的。JDK 中没有提供这个接口的任何直接实现，而是给出了一些专门的子接口，如 List 和 Set 接口。

- Set 接口：实现了 Collection 接口。Set 接口不允许存放重复的元素，按照自身内部的排序规则排列。因此，该接口是一种不包含重复元素的、无序的收集（也称集合），是数学集合的抽象模型。
- List 接口：实现了 Collection 接口。List 接口是一种可含有重复元素的、有序的集合，也称为列表或序列。用户可以控制向序列中插入元素的位置，并可以按元素的位序（也就是加入顺序）来访问它们，位序从 0 开始。Vector 就是一种常用的 List。
- Map 接口：以键-值对（key-value）的形式存放对象，实现了键到值的映射。其中，键（key）对象不可以重复，值（value）对象可以重复，即每个键最多只能映射到一个值上，并按照自身内部的排序规则排列。HashTable 就是一种常用的 Map。

8.2 Collection 接口与 Iterator 接口

1. Collection 接口

Collection 接口是 List 接口和 Set 接口的父接口，通常情况下不能直接使用。不过 Collection 接口定义了一些通用的方法，通过这些方法可以实现对集合的基本操作，因为 List 接口和 Set 接口实现了 Collection 接口，所以这些方法对 List 集合和 Set 集合是通用的。Collection 接口定义的常用方法和功能如表 8.1 所示。

表 8.1　Collection 接口定义的常用方法及功能

方法名称	功能简介
add (E obj)	将指定的对象添加到该集合中
addAll (Collection＜? extends E＞col)	将指定集合中的所有对象添加到该集合中
remove (Object obj)	将指定的对象从该集合中删除。返回值为 boolean 型，如果存在指定的对象，则返回 true，否则将返回 false
removeAll (Collection＜? ＞ col)	从该集合中删除同时包含在指定集合中的对象，与 retainAll()方法正好相反。返回值为 boolean 型，如果存在符合删除条件的对象则返回 true，否则将返回 false
retainAll (Collection＜? ＞ col)	仅保留该集合中同时包含在指定集合中的对象，与 removeAll()方法正好相反。返回值为 boolean 型，如果存在符合移除条件的对象则返回 true，否则返回 false
contains (Object obj)	用来查看在该集合中是否存在指定的对象。返回值为 boolean 型，如果存在，则返回 true；否则，将返回 false
containsAll (Collection＜? ＞ col)	用来查看在该集合中是否存在指定集合中的所有对象。返回值为 boolean 型，如果存在，则返回 true；否则，将返回 false
isEmpty ()	用来查看该集合是否为空。返回值为 boolean 型，如果在集合中未存放任何对象，则返回 true；否则，将返回 false
size ()	用来获得该集合中存放对象的个数。返回值为 int 型
clear ()	移除该集合中的所有对象，即清空该集合
iterator ()	用来序列化该集合中的所有对象，返回值为 Iterator＜E＞型。通过返回的 Iterator＜E＞型实例，可以遍历集合中的对象

续表

方法名称	功能简介
toArray()	用来获得一个包含所有对象的 Object 型的数组
toArray(T[ ] t)	用来获得一个包含所有对象的指定类型的数组
equals(Object obj)	用来查看指定的对象与该对象是否为同一个对象。返回值为 boolean 型,如果为同一个对象,则返回 true;否则,将返回 false

下面介绍 Collection 接口中几个常用的方法。

1) addAll()方法

addAll(Collection<? extends E> col)方法用来把指定集合中的所有对象添加到该集合中。如果对该集合进行了泛化,则要求集合中的所有对象都符合泛化类型,否则在编译程序时将抛出异常,入口参数的"<? extends E>"就说明了这个问题,其中的 E 是用来泛化的类型。

【例 8.1】 使用 addAll()方法向集合中添加对象。

```
01 import java.util.*;
02 public class TestaddAll {
03     public static void main(String[ ] args) {
04         String a="A";
05         String b="B";
06         String c="C";
07         Collection<String> list=new ArrayList<String>();
08         list.add(a);                //通过 add(E obj)方法添加指定对象到集合中
09         list.add(b);
10         Collection<String> list2=new ArrayList<String>();
           //通过 addAll(Collection<? extends E> col)方法添加指定集合中的所有对
           //象到该集合中
11         list2.addAll(list);
12         list2.add(c);
13         Iterator<String> it=list2.iterator();
                                       //通过 iterator()方法序列化集合中的对象
14         while(it.hasNext()) {
15             //因为对实例 it 进行了泛化,所以不需要进行强制类型转换
16             String str=it.next();
17             System.out.println(str);
18         }
19     }
20 }
```

【运行结果】

```
A
B
C
```

【分析讨论】

(1) 上述的代码首先通过 add(E obj)方法添加两个对象到 list 集合中,分别为 a 和 b;然后依次通过 addAll(Collection<? extends E> col)方法和 add(E obj)方法将集合 list

中的所有对象和对象 c 添加到 list2 集合中;紧接着通过 iterator()方法序列化集合 list2,获得了一个 Iterator 型实例 it,因为集合 list 和 list2 中的所有对象均为 String 型,所以将实例 it 也泛化成 String 型。

(2) 最后,利用 while 循环遍历通过序列化集合 list2 得到的实例 it,因为将实例 it 泛化成了 String 型,所以可以将通过 next()方法得到的对象直接赋值给 String 型对象 str,否则需要先执行强制类型转换。

2) removeAll()方法

removeAll(Collection<? > col)方法用来从该集合中移除同时包含在指定集合中的对象,与 removeAll()方法正好相反。返回值为 boolean 型,如果存在符合移除条件的对象,则返回 true;否则,将返回 false。

【例 8.2】 使用 removeAll()方法从集合中移除对象。

```
01 import java.util.*;
02 public class TestremoveAll{
03   public static void main(String[ ] args){
04     String a="A",b="B",c="C";
05     Collection<String> list=new ArrayList<String>();
06     list.add(a);
07     list.add(b);
08     Collection<String> list2=new ArrayList<String>();
09     list2.add(b);                        //注释该行,再次运行,得到结果(b)
10     list2.add(c);
11     //通过 removeAll()方法从该集合中移除同时包含在指定集合中的对象,并获得返回值
12       boolean isContains=list.removeAll(list2);
13       System.out.println("是否存在符合移除条件的对象:"+isContains);
14       Iterator<String> it=list.iterator();
15       while(it.hasNext()){
16         String str=it.next();
17         System.out.println(str);
18       }
19 }
```

【运行结果】

(a) list 集合移除了符合条件的对象 b,运行结果:

```
是否存在符合移除条件的对象:true
当前,list 集合元素包含元素:
A
```

(b) list 集合未移除任何对象,运行结果:

```
是否存在符合移除条件的对象:false
当前,list 集合元素包含元素:
A
B
```

第一次运行上述代码,输出(a)所示的运行结果,输出 true 说明存在符合移除条件的对象 b,此时 list 集合中只存在对象 a。在创建集合 list2 时如果只添加对象 c,再次运行代码,输出结果如(b)所示,输出 false 说明不存在符合移除条件的对象,此时 list 集合中依然存在对象 a 和 b。

【分析讨论】

上述代码首先分别创建了集合 list 和 list2，在集合 list 中包含对象 a 和 b，在集合 list2 中包含对象 b 和 c；然后从集合 list 中移除同时包含在 list2 中的对象，获得返回信息并输出；最后遍历集合 list。

3) retainAll()方法

retainAll(Collection<？ > col)方法仅保留该集合中同时包含在指定集合中的对象，其他的全部移除，与 removeAll()方法正好相反。返回值为 boolean 型，如果存在符合移除条件的对象，则返回 true，否则将返回 false。

【例 8.3】 使用 retainAll()方法，仅保留 list 集合中同时包含在 list2 集合中的对象，其他的全部移除。

```
01 import java.util.*;
02 public class TestretainAll{
03     public static void main(String[ ] args){
04         String a="A",b="B",c="C";
05         Collection<String> list=new ArrayList<String>();
06         list.add(a);                    //注释该行,再次运行,得到结果(b)
07         list.add(b);
08         Collection<String> list2=new ArrayList<String>();
09         list2.add(b);
10         list2.add(c);
           //通过 retainAll()方法仅保留该集合中同时包含在指定集合中的对象,并获得返回值
11         boolean isContains=list.retainAll(list2);
12         System.out.println("是否存在符合移除条件的对象:"+isContains);
13         Iterator<String> it=list.iterator();
14         System.out.println("当前,list 集合包含元素:");
15         while(it.hasNext()) {
16             String str=it.next();
17             System.out.println(str);
18         }
19     }
20 }
```

【运行结果】

(a) list 集合移除了符合条件的对象 a，运行结果：

```
是否存在符合移除条件的对象:true
当前,list 集合包含元素:
B
```

(b) list 集合未移除任何对象，运行结果：

```
是否存在符合移除条件的对象:false
当前,list 集合包含元素:
B
```

【分析讨论】

(1) 执行上面的代码，输出如(a)所示的信息，输出 true 说明存在符合移除条件的对象 a，此时 list 集合中只存在对象 b。

(2) 在创建集合 list 时，如果只添加对象 b，再次运行代码，输出结果如(b)所示，输出

false 说明不存在符合移除条件的对象,此时 list 集合中仍然存在对象 b。

4) containsAll()方法

containsAll(Collection<? > col)方法用来查看在该集合中是否存在指定集合中的所有对象。返回值为 boolean 型,如果存在则返回 true,否则返回 false。

【例 8.4】 使用 containsAll()方法查看在集合 list 中是否包含集合 list2 中的所有对象。

```
01  import java.util.*;
02  public class TestcontainsAll{
03      public static void main(String[ ] args){
04          String a="A",b="B",c="C";
05          Collection<String> list=new ArrayList<String>();
06          list.add(a);
07          list.add(b);
08          Collection<String> list2=new ArrayList<String>();
09          list2.add(b);
10          list2.add(c);                    //注释该行,再次运行,得到结果(b)
11          //通过 containsAll()方法查看在该集合中是否存在指定集合中的所有对象,并获
            //得返回值
12          boolean isContains=list.containsAll(list2);
13          System.out.println("是否存在符合移除条件的对象:"+isContains);
14      }
15  }
```

【运行结果】

(a) list 集合不包含集合 list2 的所有对象,运行结果:

```
是否存在符合移除条件的对象:false
```

(b) list 集合包含集合 list2 的所有对象,运行结果:

```
是否存在符合移除条件的对象:true
```

【分析讨论】

(1) 运行结果如(a)所示。输出 false 说明在集合 list (a,b)中不包含集合 list2 (b,c)的所有对象。

(2) 在创建集合 list2 时如果只添加对象 b,再次运行代码,运行结果如(b)所示,输出 true 说明在集合 list (a,b)中包含了集合 list2 (b)中的所有对象。

5) toArray()方法

toArray(T[ ] t)方法用来获得一个包含所有对象的指定类型的数组。该方法的入口参数必须为数组类型的实例,并且必须已经被初始化,它用来指定欲获得数组的类型,如果对调用 toArray(T[ ] t)方法的实例进行了泛化,还要求入口参数的类型必须符合泛化类型。

【例 8.5】 使用 toArray(T[ ] t)方法获得一个包含所有对象的指定类型的数组。

```
01  import java.util.*;
02  public class TesttoArray{
03      public static void main(String[ ] args){
04          String a="A",b="B",c="C";
```

```
05          Collection<String> list=new ArrayList<String>();
06          list.add(a);
07          list.add(b);
08          list.add(c);
09          String strs[ ]=new String[1]; //创建一个 String 型数组
10          String strs2[ ]=list.toArray(strs);
                                            //获得一个包含所有对象的指定类型的数组
11          for(int i=0;i<strs2.length;i++) {
12              System.out.println(strs2[i]);
13          }
14      }
15  }
```

【运行结果】

```
A
B
C
```

2. Iterator 接口

Java Collection API 为集合对象提供了 Iterator(重复器)接口,用来遍历集合中的元素。该接口定义了对 Collection 类型对象中所包含元素的遍历等增强处理功能。在 Java 集合框架中,Iterator 替代了 Enumeration(枚举)接口。可以通过 Collection 接口中定义的 iterator()方法获得一个对应的 Iterator(实现类)对象。Set(实现类)对象对应的 Iterator 仍然是无序的,元素的遍历次序也是不确定的;List(实现类)对象对应的 Iterator 的遍历次序是从前向后的,并且 List 对象还支持 Iterator 的子接口 ListIterator,该接口支持 List 的从后向前的反向遍历。Iterator 层次体系中包含两个接口:Iterator 和 ListIterator。它们的定义如下:

```
public interface Iterator {
    boolean hasNext();
    Object next();
    void remove();     }
public interface ListIterator extends Iterator {
    boolean hasNext();
    Object next();
    boolean hasPrevious();
    Object previous();
    int nextIndex();
    int previousIndex();
    void remove();
    void set(Object o);
    void add(Object o);                     }
```

Iterator 中的 remove()方法将删除当前遍历到的元素,即删除由最近一次 next()或 previous()方法调用返回的元素。ListIterator 中的 set()方法可以改变当前遍历到的元素。add()方法将在下一个将要取得的元素之前插入新的元素。如果实际操作的集合不支持 remove()、set()或 add()方法,则将抛出 UnsupportedOperationException。图 8.2 表示了 Iterator 和 ListIterator 的继承关系以及它们与 Collection 和 List 的关系。

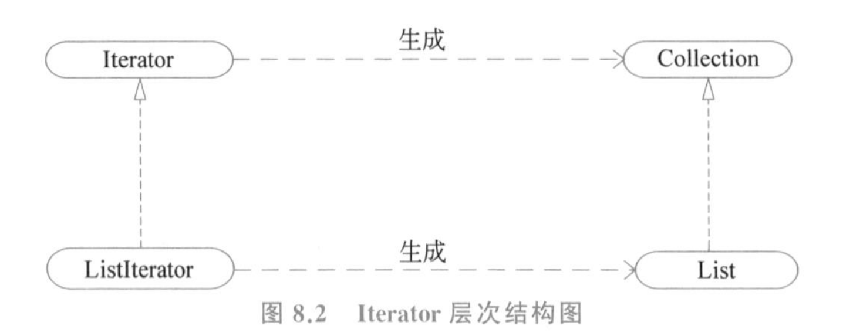

图 8.2 Iterator 层次结构图

【例 8.6】 ListIterator 的使用示例。

```
01 import java.util.*;
02 public class ListIteratorDemo {
03     public static void main(String args[ ]) {
04         ArrayList list=new ArrayList();
05         list.add("1st");
06         list.add("2nd");
07         list.add(new Integer(3));
08         list.add(new Double(4.0));
09         System.out.println("The original list is: "+list);
10         ListIterator listIter=list.listIterator();//创建 list 的 iterator
11         listIter.add(new Integer(0));
12         System.out.println("After add at beginning: "+list);
13         if(listIter.hasNext()){
14             int i=listIter.nextIndex();            //i 的值将为 1
15             listIter.next();                       //返回序号为 1 的元素
16             listIter.set(new Integer(9));          //修改 list 中序号为 1 的元素
17             System.out.println("After set at "+i+": "+list);
18         }
19         if(listIter.hasNext()) {
20             int i=listIter.nextIndex();            //i 的值将为 2
21             listIter.next();
22             listIter.remove();                     //删除 list 中序号为 2 的元素
23             System.out.println("After remove at "+i+": "+list);
24         }
25     }
26 }
```

【运行结果】

```
The original list is: [1st, 2nd, 3, 4.0]
After add at beginning: [0, 1st, 2nd, 3, 4.0]
After set at 1: [0, 9, 2nd, 3, 4.0]
After remove at 2: [0, 9, 3, 4.0]
```

8.3 Set 接口

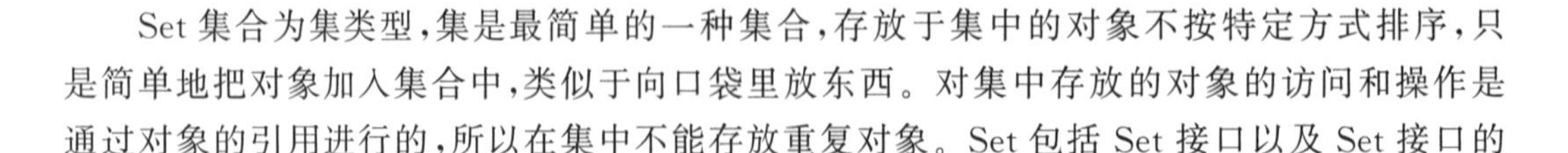

Set 集合为集类型,集是最简单的一种集合,存放于集中的对象不按特定方式排序,只是简单地把对象加入集合中,类似于向口袋里放东西。对集中存放的对象的访问和操作是通过对象的引用进行的,所以在集中不能存放重复对象。Set 包括 Set 接口以及 Set 接口的所有实现类。因为 Set 接口继承了 Collection 接口，所以 Set 接口拥有 Collection 接口提供的所有常用方法，它没有声明其他的方法。JDK 中提供了实现 Set 接口的几个实用的类：HashSet 类、TreeSet 类和 EnumSet 类等。

8.3.1 HashSet 类

HashSet 类采用哈希(Hash)表实现了 Set 接口，一个 HashSet 对象中的元素存储在一个 Hash 表中。由 HashSet 类实现的 Set 集合的优点是能够快速定位集合中的元素。由 HashSet 类实现的 Set 集合中的对象必须是唯一的，所以需要添加由 HashSet 类实现的 Set 集合中的对象，需要重新实现 equals()方法，从而保证插入集合中的对象的标识的唯一性。由 HashSet 类实现的 Set 集合按照哈希码排序，根据对象的哈希码确定对象的存储位置，所以需要添加由 HashSet 类实现的 Set 集合中的对象，还需要重新实现 hashCode()方法，从而保证插入集合中的对象能够合理地分布在集合中，以便于快速定位集合中的对象。Set 集合中的对象是无序的(这里所谓的无序，并不是完全无序，只是不像 List 集合那样按照对象的插入顺序保存对象)。例如下面的例子，遍历集合输出对象的顺序与向集合中插入对象的顺序并不相同。

【例 8.7】 HashSet 类的使用示例。

```
01  import java.util.*;
02  public class Person{
03      private String name;
04      private long id_card;
05      public Person(String name,long id_card) {
06          this.name=name;
07          this.id_card=id_card;
08      }
09      public long getId_card() {
10          return id_card;
11      }
12      public String getName() {
13          return name;
14      }
15      public int hashCode() {                         //实现 hashCode()方法
16          final int PRIME=31;
17          int result=1;
18          result=PRIME * result+(int)(id_card^(id_card>>>32));
19          result=PRIME * result+((name==null)?0:name.hashCode());
20          return result;
21      }
22      public boolean equals(Object obj) {             //实现 equals()方法
23          if(this==obj)
24              return true;
25          if(obj==null)
26              return false;
27          if(getClass()!=obj.getClass())
28              return false;
29          final Person other=(Person)obj;
30          if(id_card!=other.id_card)
31              return false;
```

```
32          if(name==null){
33              if(other.name!=null)
34                  return false;
35          }else if(!name.equals(other.name))
36              return false;
37          return true;
38      }
39      //测试方法 main(),初始化 Set 集合并将遍历输出到控制台
40      public static void main(String[ ] args) {
41          Set<Person> hashSet=new HashSet<Person>();
42          hashSet.add(new Person("张先生",100821));
43          hashSet.add(new Person("李先生",100834));
44          hashSet.add(new Person("赵小姐",100863));
45          Iterator<Person> it=hashSet.iterator();
46          while(it.hasNext()) {
47              Person person=it.next();
48              System.out.println(person.getName()+" "+person.getId_card());
49          }
50      }
51  }
```

【运行结果】

```
赵小姐 100863
李先生 100834
张先生 100821
```

【分析讨论】

如果既想保留 HashSet 类快速定位集合中对象的优点,又想让集合中的对象按插入的顺序保存,可通过 HashSet 类的子类 LinkedHashSet 实现 Set 集合。即将 Person 类中的如下代码:

```
Set<Person> hashSet=new HashSet<Person>();
```

替换为如下代码:

```
Set<Person> hashSet=new LinkedHashSet<Person>();
```

8.3.2 TreeSet 类

TreeSet 类不仅实现了 Set 接口,还实现了 java.util.SortedSet 接口,从而保证在遍历集合时按照递增的顺序获得对象。遍历对象时可能是按照自然顺序递增排列,所以存入由 TreeSet 类实现的 Set 集合的对象时必须实现 Comparable 接口;也可能是按照指定比较器递增排列,即可以通过比较器对由 TreeSet 类实现的 Set 集合中的对象进行排序。TreeSet 类实现 java.util.SortedSet 接口的方法如表 8.2 所示。

表 8.2 TreeSet 类实现 java.util.SortedSet 接口的方法

方法名称	功能简介
comparator ()	获得对该集合采用的比较器。返回值为 Comparator 类型,如果未采用任何比较器则返回 null

续表

方法名称	功能简介
first ()	返回在集合中排序位于第一的对象
last ()	返回在集合中排序位于最后的对象
headSet (E toElement)	截取在集合中排序位于对象 toElement(不包含)之前的所有对象,重新生成一个 Set 集合并返回
subSet (E fromElement, E toElement)	截取在集合中排序位于对象 fromElement(包含)和对象 toElement(不包含)之间的所有对象,重新生成一个 Set 集合并返回
tailSet (E fromElement)	截取在集合中排序位于对象 fromElement(包含)之后的所有对象,重新生成一个 Set 集合并返回

下面将通过一个例子,详细介绍表 8.2 中比较难理解的 headSet()、subSet()和 tailSet()三个方法,以及在使用时需要注意的事项。

【例 8.8】 TreeSet 类的使用示例。

```
01 import java.util.*;
02 public class Person implements Comparable {
03 private String name;
04 private long id_card;
05 public Person(String name,long id_card) {
06 this.name=name;
07 this.id_card=id_card;
08 }
09 public long getId_card() {
10 return id_card;
11 }
12 public String getName() {
13 return name;
14 }
15 public int compareTo(Object o) {         //默认按编号升序排序
16 Person person=(Person) o;
17 int result=id_card>person.id_card?1:(id_card==person.id_card?0:-1);
18 return result;
19 }
20 public static void main(String[ ] args) {
21 Person person1=new Person("张先生",100846);
22 Person person2=new Person("王小姐",100821);
23 Person person3=new Person("李小姐",100877);
24 Person person4=new Person("赵先生",100890);
25 Person person5=new Person("马先生",100863);
26 TreeSet<Person> treeSet=new TreeSet<Person>();
27 treeSet.add(person1);
28 treeSet.add(person2);
29 treeSet.add(person3);
30 treeSet.add(person4);
31 treeSet.add(person5);
32 System.out.println("初始化的集合:");
33 Iterator<Person> it=treeSet.iterator();
34 while(it.hasNext()) {                          //遍历集合
```

```
35 Person person=it.next();
36 System.out.println("------"+person.getId_card()+" "+person.getName());
37 }
38 System.out.println("截取前面部分得到的集合:");
39 it=treeSet.headSet(person1).iterator();
40 //截取在集合中排在张先生(不包括)之前的人
41 while(it.hasNext()) {
42 Person person=it.next();
43 System.out.println("------"+person.getId_card()+" "+person.getName());
44 }
45 System.out.println("截取中间部分得到的集合:");
46 //截取在集合中排在张先生(包括)和李小姐(不包括)之间的人
47 it=treeSet.subSet(person1,person3).iterator();
48 while(it.hasNext()) {
49 Person person=it.next();
50 System.out.println("------"+person.getId_card()+" "+person.getName());
51 }
52 System.out.println("截取后面部分得到的集合:");
53 //截取在集合中排在李小姐(包括)之后的人
54 it=treeSet.tailSet(person3).iterator();
55 while(it.hasNext()) {
56 Person person=it.next();
57 System.out.println("------"+person.getId_card()+" "+person.getName());
58 }
59 }
60 }
```

【运行结果】

```
初始化的集合:
------100821 王小姐
------100846 张先生
------100863 马先生
------100877 李小姐
------100890 赵先生
截取前面部分得到的集合:
------100846 张先生
------100863 马先生
截取后面部分得到的集合:
------100877 李小姐
------100890 赵先生
```

【分析讨论】

(1) 上述代码中,首先新建一个 Person 类,由 TreeSet 类实现的 Set 集合要求该类必须实现 java.util.Comparable 接口,这里实现的排序方式为按编号升序排列。然后,编写了一个用来测试的 main()方法。在 main()方法中首先初始化一个集合,并对集合进行遍历。

(2) 通过 headSet()方法截取集合前面的部分对象得到一个新集合,并遍历新的集合;注意,在新集合中不包含指定的对象。接着通过 subSet()方法截取集合中间的部分对象得到一个新集合,并遍历新的集合;注意,在新集合中包含指定的起始对象,但是不包含指定的终止对象。

(3) 最后通过 tailSet()方法截取集合后面的部分对象得到一个新集合,并遍历新的集合;注意,在新集合中包含指定的对象。

8.3.3 EnumSet 类

当程序员需要将多个列举值组合成一个新物件时,从 JDK 5.0 开始提供了一个新的类——EnumSet 类。EnumSet 类实现了 Set 接口,可以用来组合多个列举值。构建 EnumSet 对象的方法很简单,只要使用该类提供的 of 方法就可以利用多个列举值来组成一个 EnumSet 对象。但此时至少要在 of 方法中传入一个列举值。请参考下面的范例。

【例 8.9】 EnumSet 类的使用示例 1。

```
01  import java.util.*;
02  public class EnumSetDemo {
    //创建一个枚举类型 Weeks
03  public enum Weeks {
04  SUNDAY, MONDAY, TUESDAY,
05  WEDNESDAY, THURSDAY, FRIDAY, SATURDAY
06      }
07      public static void main(String[ ] args) {
08          //使用 of 方法构建 EnumSet 类的对象
09          EnumSet<Weeks> es=EnumSet.of(Weeks.SUNDAY,Weeks.SATURDAY);
10          //显示 EnumSet 的内容
11          System.out.println("一星期有哪几天不用上班?");
12          for(Weeks w:es){
13              System.out.println(w);
14          }
15      }
16  }
```

【运行结果】

```
一星期有哪几天不用上班?
SUNDAY
SATURDAY
```

【分析讨论】

第 08 行语句即是使用 EnumSet 类中的 of 方法来构建 EnumSet 对象,并且可以在 of 方法的参数列表中传入任意个数的列举值。

除了 of 方法之外,EnumSet 类中还提供了其他方法,如表 8.3 所示。

表 8.3 EnumSet 类实现的方法

方法名称	功能简介
static EnumSet allOf (Class enumType)	将 enumType 中的所有列举值放入 EnumSet 对象中
Enumset clone ()	返回 EnumSet 对象的副本
static EnumSet complementOf (EnumSet s)	利用 s 之外的其余列举值创建一个新的 EnumSet 对象
static EnumSet copyOf (EnumSet s)	返回和 s 相同的 EnumSet 对象
static EnumSet noneOf (classelementType)	返回一个空的 EnumSet 对象
static EnumSet range (E from, E to)	返回从 from 到 to 的 EnumSet 对象

【例 8.10】 EnumSet 类的使用示例 2。

```
01 import java.util.*;
02 public class EnumSetDemo2 {
03     public enum Weeks {
04         SUNDAY, MONDAY, TUESDAY,
05         WEDNESDAY, THURSDAY, FRIDAY, SATURDAY
06     }
07     public static void main(String[ ] args) {
           //使用 allof 方法构建 EnumSet 类的对象 es1
08         EnumSet<Weeks> es1=EnumSet.allOf(Weeks.class);
           //显示 EnumSet 的内容
09         System.out.println("Weeks 列举中的内容为:");
10         for(Weeks w:es1)
11             System.out.print(w+" ");
           //使用 clone 方法复制 EnumSet 的内容
12         EnumSet<Weeks> es2=es1.clone();
13         System.out.println("\n\n 复制后,新的 EnumSet 内容为:");
14         for(Weeks w:es2)
15             System.out.print(w+" ");
           //使用 of 方法构建 EnumSet 类的对象 es3
16         EnumSet<Weeks> es3=EnumSet.of (Weeks.SUNDAY, Weeks.SATURDAY);
17         System.out.println("\n\n 一星期有哪几天不需要工作?");
18         for(Weeks w:es3)
19             System.out.print(w+" ");
           //使用 complementOf 方法构建 EnumSet 类的对象
20         EnumSet<Weeks> es4=EnumSet.complementOf(es3);
21         System.out.println("\n\n 一星期有哪几天需要工作?");
22         for(Weeks w:es4)
23             System.out.print(w+" ");
           //使用 noneOf 方法构建 EnumSet 类的对象,且 es5 的内容为空
24         EnumSet<Weeks> es5=EnumSet.noneOf(Weeks.class);
25         if(es5==null)
26             System.out.println("\n\nes5 的内容为空");
27         else
28             System.out.println("\n\nes5 的内容不为空");
           //使用 range 方法构建 EnumSet 类的对象
29         EnumSet<Weeks> es6=EnumSet.range (Weeks.MONDAY, Weeks.THURSDAY);
30         System.out.println("\n 从 MONDAY 到 THRUSDAY 一共有:");
31         for(Weeks w:es6)
32             System.out.print(w+" ");
33     }
34 }
```

【运行结果】

```
Weeks 列举中的内容为:
SUNDAY MONDAY TUESDAY WEDNESDAY THURSDAY FRIDAY SATURDAY
复制后,新的 EnumSet 内容为:
SUNDAY MONDAY TUESDAY WEDNESDAY THURSDAY FRIDAY SATURDAY
一星期有哪几天不需要工作?
SUNDAY SATURDAY
一星期有哪几天需要工作?
MONDAY TUESDAY WEDNESDAY THURSDAY FRIDAY
```

```
es5 的内容为空
从 MONDAY 到 THURSDAY 一共有：
MONDAY TUESDAY WEDNESDAY THURSDAY
```

【分析讨论】

(1) 第 07 行语句使用 allOf()方法将 Weeks 列举中的所有列举值都加入 EnumSet 对象中；

(2) 第 15 行语句使用 clone()方法复制 EnumSet 对象的内容；

(3) 第 24 行语句使用 complementOf()方法构建 EnumSet 对象，新对象是除了 es3 中的列举值之外的所有 Weeks 列举的内容；

(4) 第 34 行使用 range()方法构建 EnumSet 对象，新对象会包含在 MONDAY 到 THURSDAY 列举值之间的所有列举值内容。

8.4 List 接口

List 属于列表类型，列表的主要特征是以线性方式存储对象，因此 List 是一种有序集合。它继承了 Collection 接口。除了继承 Collection 中声明的方法，List 接口还增加了一些操作，如以下所示的一些操作。

- 按位置存取元素：按照元素在 List 中的序号对其进行操作。
- 查找：在 List 中搜寻指定的对象并返回该对象的序号。
- 遍历：使用了 ListIterator 实现对一个 List 的遍历。
- 子 List 的截取，即建立 List 的视图(view)：能够返回当前 List 中的任意连续的一部分，形成子 List。

JDK 中提供了实现 List 接口的实用类：ArrayList 类和 Vector 类，这些类都在 java.util 包中。

8.4.1 List 接口与 ListIterator 接口

1. List 接口

因为 List 接口实现了 Collection 接口，又因为 List 是列表类型，所以 List 接口除了拥有 Collection 接口提供的所有常用方法外，还提供了一些适合于自身的常用方法，如表 8.4 所示。

从表 8.4 可以看出，List 接口提供的适合于自身的常用方法均与索引有关，这是因为 List 集合为列表类型，以线性方式存储对象，可以通过对象的索引操作对象。

在使用 List 时，通常情况下声明为 List 类型，实例化时根据实际情况的需要，实例化为 ArrayList 或 LinkedList，如以下所示的一些实例。

```
List<String> l = new ArrayList<String> ();      //利用 ArrayList 类实例化 List
List<String> l2 = new LinkedList<String> ();    //利用 LinkedList 类实例化 List
```

在使用 List 接口时要注意区分 add (int index, Object o)方法和 set (int index, Object o)方法，前者是向指定索引位置添加对象，而后者是替换指定索引位置的对象，索引值从 0 开始。

表 8.4 List 接口定义的常用方法及其功能

方法名称	功能简介
void add (int index, Object obj);	用来向集合的指定索引位置添加对象,其他对象的索引位置相对后移一位。索引位置从 0 开始
abstract boolean addAll (int index, Collection c);	用来向集合的指定索引位置添加指定集合中的所有对象
Object remove (int index);	用来清除集合中指定索引位置的对象
Object set (int index, Object obj);	用来将集合中指定索引位置的对象修改为指定的对象
Object get (int index);	用来获得指定索引位置的对象
int indexOf (Object o);	用来获得指定对象的索引位置。当存在多个时,返回第一个的索引位置;当不存在时,返回－1
int lastIndexOf (Object o);	用来获得指定对象的索引位置。当存在多个时,返回最后一个的索引位置;当不存在时,返回－1
ListIterator listIterator ();	用来获得一个包含所有对象的 ListIterator 型实例
ListIterator listIterator (int index);	用来获得一个包含从指定索引位置到最后的 ListIterator 型实例
List subList (int fromIndex, int toIndex);	通过截取从起始索引位置 fromIndex(包含)到终止位置 toIndex(不包含)的对象,重新生成一个 List 集合并返回

【例 8.11】 测试 add (int index, Object o)方法和 set (int index, Object o)方法的区别。

```
01  import java.util.*;
02  public class  ListDemo1 {
03      public static void main(String[ ] args) {
04          String a="A", b="B", c="C", d="D", e="E";
05          List<String> list=new LinkedList<String>();
06          list.add(a);
07          list.add(e);
08          list.add(d);
09          list.set(1,b);                  //将索引位置为 1 的对象 e 修改为对象 b
10          list.add(2,c);                  //将对象 c 添加到索引位置为 2 的位置
11          Iterator<String> it=list.iterator();
12          while(it.hasNext()) {
13              System.out.println(it.next());
14          }
15      }
16  }
```

【运行结果】

```
A
B
C
D
```

【分析讨论】

执行上面的代码,将得到如上的运行结果,我们会发现通过 set()方法将对象 e 替换成

对象 c，再通过 add()方法将对象 c 添加到了对象 b 后面。

在使用 List 集合时需要注意区分 indexOf (Object o)方法和 lastIndexOf (Object o)方法，前者是获得指定对象的最小的索引位置，后者是获得指定对象的最大的索引位置，前提条件是指定的对象在 List 集合中具有重复的对象，否则如果在 List 集合中有且仅有一个指定的对象，则通过这两个方法获得的索引位置是相同的。

【例 8.12】 测试 indexOf (Object o)方法和 lastIndexOf (Object o)方法的区别。

```
01 import java.util.*;
02 public class  ListDemo2{
03     public static void main(String[ ] args) {
04         String a="A", b="B", c="C", d="D", repeat="Repeat";
05         List<String> list=new ArrayList<String>();
06         list.add(a);                    //索引位置为 0
07         list.add(repeat);               //索引位置为 1
08         list.add(b);                    //索引位置为 2
09         list.add(repeat);               //索引位置为 3
10         list.add(c);                    //索引位置为 4
11         list.add(repeat);               //索引位置为 5
12         list.add(d);                    //索引位置为 6
13         System.out.println(list.indexOf(repeat));
14         System.out.println(list.lastIndexOf(repeat));
15         System.out.println(list.indexOf(b));
16         System.out.println(list.lastIndexOf(b));
17     }
18 }
```

【运行结果】

```
1
5
2
2
```

使用 subList (int fromIndex, int toIndex)方法可以截取现有的 List 集合中的部分对象，生成新的 List 集合。需要注意的是，新生成的集合中包含起始索引位置的对象，但是不包含终止索引位置的对象。

【例 8.13】 subList (int fromIndex, int toIndex)方法使用示例。

```
01 import java.util.*;
02 public class  ListDemo3 {
03     public static void main(String[ ] args) {
04         String a="A", b="B", c="C", d="D", e="E";
05         List<String> list=new ArrayList<String>();
06         list.add(a);                    //索引位置为 0
07         list.add(b);                    //索引位置为 1
08         list.add(c);                    //索引位置为 2
09         list.add(d);                    //索引位置为 3
10         list.add(e);                    //索引位置为 4
11         list=list.subList(1,3);         //利用从索引位置 1 到 3 的对象重新生成一个
                                           //List 集合
12         for(int i=0;i<list.size();i++){
```

```
13              System.out.println(list.get(i));    }
14      }
15  }
```

【运行结果】

```
B
C
```

2. ListIterator 接口

ListIterator 接口继承了 Iterator 接口以支持添加或更改底层集合中的元素,还支持双向访问,即按任一方向遍历列表、迭代期间修改列表,并获得迭代器在列表中的当前位置。但要注意的是,ListIterator 没有当前元素,它的光标位置始终位于调用 previous()方法所返回的元素和 next()方法所返回的元素之间。一个长度为 n 的列表中,有 n+1 个有效的索引值,即从 0 到 n(包含)。ListIterator 接口定义的常用方法及其功能如表 8.5 所示。

表 8.5 ListIterator 接口定义的常用方法及其功能

方法名称	功能简介
void add (Object o);	将指定的元素插入列表(可选操作)
boolean hasNext();	正向遍历列表时,如果列表迭代器还有元素,则返回 true,否则返回 false
boolean hasPrevious();	反向遍历列表时,如果列表迭代器还有元素,则返回 true,否则返回 false
Object next();	返回列表中的下一个元素
int nextIndex();	返回接下去调用 next 所返回元素的索引
Object previous();	返回列表中的前一个元素
int previousIndex();	返回接下去调用 previous 所返回元素的索引
void remove();	从列表中删除由 next 或 previous 返回的最后一个元素(可选操作)
void set(Object o);	用指定元素替换 next 或 previous 返回的最后一个元素(可选操作)

【例 8.14】 利用 ListIterator 对列表进行双向遍历。

```
01 import java.util.*;
02 public class  ListIteratorDemo1{
03     public static void main(String[ ] args) {
04         String a="First";
05         String b="Second";
06         String c="Third";
07         String d="Fourth";
08         String e="Fifth";
09         List<String> list=new ArrayList<String>();
10         list.add(a);                      //索引位置为 0
11         list.add(b);                      //索引位置为 1
12         list.add(c);                      //索引位置为 2
13         list.add(d);                      //索引位置为 3
14         list.add(e);                      //索引位置为 4
15         ListIterator it=list.listIterator();
16         System.out.println("正向遍历 list 列表:");
```

```
17          while(it.hasNext())
18              System.out.println(it.nextIndex()+"---->"+it.next());
19          System.out.println("反向遍历 list 列表:");
20          while(it.hasPrevious())
21              System.out.println(it.previousIndex()+"---->"+it.previous());
22      }
23  }
```

【运行结果】

```
正向遍历 list 列表:
0---->First
1---->Second
2---->Third
3---->Fourth
4---->Fifth
反向遍历 list 列表:
4---->Fifth
3---->Fourth
2---->Third
1---->Second
0---->First
```

【分析讨论】

(1) 如果不用 ListIterator 改变某次遍历集合元素的方向——向前或者向后。虽然在技术上可能实现,但在 previous()后立刻调用 next(),返回的是同一个元素。把调用 next()和 previous()的顺序颠倒一下,结果相同。

(2) 应注意 add()方法的操作。添加一个元素会导致新元素立刻被添加到隐式光标的前面。因此,添加元素后调用 previous()会返回新元素,而调用 next()则不起作用,返回添加操作之前的下一个元素。

8.4.2 ArrayList 接口与 Vector 实现类

1. 使用 ArrayList 类

ArrayList 类实现了 List 接口,由 ArrayList 类实现的 List 集合用数组结构保存对象。它的优点是便于对集合进行快速的随机访问,如果要根据索引位置访问集合中的对象,使用 ArrayList 类实现的 List 集合的效率较高。数组结构的缺点是向指定索引位置插入对象和删除指定索引位置对象的速度较慢。如果需要向 List 集合的指定索引位置插入对象,或者是删除 List 集合的指定索引位置的对象,使用由 ArrayList 类实现的 List 集合的效率较低,并且插入或删除对象的索引位置越小效率越低。原因是当向指定的索引位置插入对象时,会将指定索引位置及之后的所有对象相应地向后移动一位,如图 8.3 所示。当删除指定索引位置的对象时,会同时将指定索引位置后的所有对象相应地向前移动一位,如图 8.4 所示。如果在指定索引位置后有大量的对象,那么插入还是删除都将影响集合的操作效率。因为由 ArrayList 类实现的 List 集合在插入和删除对象时存在这样的缺点,在例 8.11 中没有利用 ArrayList 类实例化 List 集合。

例 8.15 是一个使用 ArrayList 的例子。这是一个关于扑克牌的例子,该例中用 ArrayList 保存了 54 张扑克牌,并通过 Collections 类的静态方法 shuffle()实现洗牌操作。

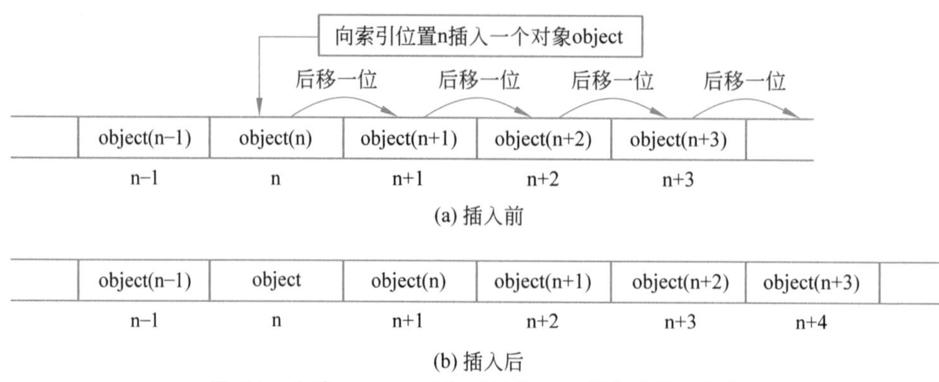

图 8.3 向由 ArrayList 类实现的 List 集合中插入对象

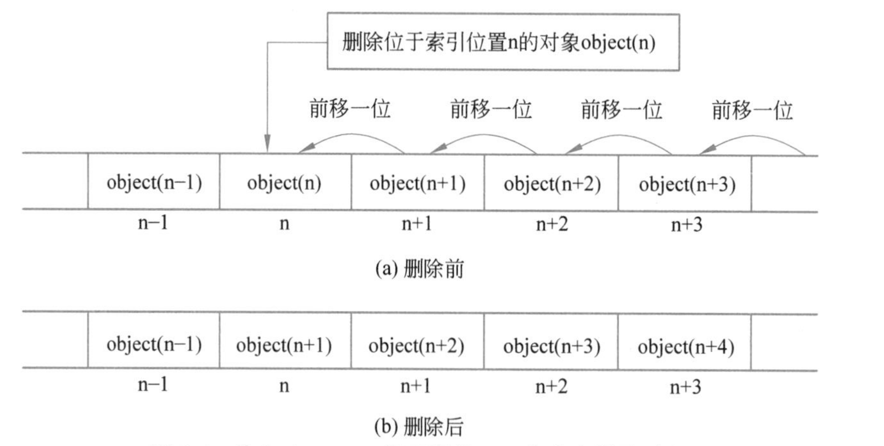

图 8.4 从由 ArrayList 类实现的 List 集合中删除对象

最后利用 drawCard()方法使参加游戏的人每人摸一手牌,每手牌的牌数是指定的。该程序有两个命令行参数:参加纸牌游戏的人数以及每手牌的牌数。

【例 8.15】 ArrayList 的使用示例。

```
01 import java.util.*;
02 public class PlayCards {
03     public static void main(String[ ] args) {
04         int numPersons=Integer.parseInt(args[0]);
05         int cardsPerPerson=Integer.parseInt(args[1]);
           //生成一副牌(含 54 张牌)
06         String[ ] suit={"黑桃","红桃","梅花","方块"};
07         String[ ] rank=
08             {"A","2","3","4","5","6","7","8","9","10","J","Q","K"};
09         ArrayList cards=new ArrayList();
10         for(int i=0;i<suit.length;i++)
11             for(int j=0;j<rank.length;j++)
12                 cards.add(suit[i] + rank[j]);  //把 52 张扑克牌存入 cards 中
13         cards.add("小王");
14         cards.add("大王");                //把大小王存入 cards 中
15         Collections.shuffle(cards);  //随机改变 cards 中元素的排列次序,即洗牌
16         for(int i=0;i<numPersons;i++)
           //调用 drawCards()方法实现摸牌操作并将其输出
```

```
17          System.out.println(drawCards(cards,cardsPerPerson));
18      }
19      public static ArrayList drawCards(List cards,int n) {
20          int cardsSize=cards.size();
21          //从列表 cards 中截取一个子 List
22          List cardsView=cards.subList(cardsSize-n,cardsSize);
23          //利用该子 List 表创建一个 ArrayList,作为本方法返回值
24          ArrayList hand=new ArrayList(cardsView);
25          cardsView.clear();                  //将子 List 清空
26          return hand;
27      }
28  }
```

【运行结果】

如果在 Windows 命令行窗口输入下列命令：

```
java PlayCards 4 5
```

则例 8.15 的运行结果如下，且每次运行的结果可能都是不一样的：

```
[方块 8, 梅花 6, 红桃 4, 方块 A, 方块 J]
[黑桃 10, 小王, 梅花 5, 黑桃 9, 红桃 9]
[方块 5, 方块 K, 梅花 7, 红桃 K, 黑桃 3]
[黑桃 K, 红桃 8, 梅花 9, 红桃 5, 红桃 6]
```

【分析讨论】

List.subList()方法返回的子 List 称为当前 List 的视图(view)，这意味着子 List 的改变将反映到原来的 List 中。所以例 8.15 的 drawCards()方法中，执行 cardsView.clear()方法将 cardsView 清空，同时也将 cards 中对应于 cardsView 的元素删除了。因此每次调用 drawCards ()方法都将返回包含 cards 中后面指定数目的元素，并把它们从 cards 中清除掉。

例 8.15 中用到的 java.util.Collections 类是一个集合操作的实用类。该类提供了集合操作的很多方法，例如同步、排序、逆序等，而且所有方法都是静态的，因此可以不通过实例化直接调用。例如，常用集合 Set、List 和 Map 的 put()、get()、remove()等方法是不同步的，如果有多个线程同时对一个集合对象进行操作，就可能导致集合对象数据的错误。所以必须对共享集合的操作实现同步控制，使得一段时间内只能有一个线程对集合进行操作，保证数据的一致性。Collections 类提供了集合对象同步控制，它提供了一系列方法使集合具有同步控制能力，例如调用 synchronizedList(List list)方法，将得到一个基于指定 list 的具有同步控制的 list。

2. 使用 Vector 类

Java.util.Vector 提供了向量(Vector)类以实现类似动态数组的功能。在 Java 语言中是没有指针概念的，但如果能正确灵活地使用指针又确实可以大大提高程序的质量，比如在 C、C++ 中所谓“动态数组”一般都由指针来实现。为了弥补这个缺陷，Java 提供了丰富的类库来方便编程者使用，Vector 类便是其中之一。事实上，灵活使用数组也可完成向量类的功能，但向量类中提供的大量方法大大方便了用户的使用。

Vector 类采用可变大小的数组实现 List 接口。该类像数组一样，可以通过索引序号对

所包含的元素进行访问。像 ArrayList 一样,Vector 类提供了实现可增长数组的功能,随着更多元素加入其中,数组变得更大,而在删除一些元素之后,数组相应变小。Vector 的操作方法几乎与 ArrayList 相同,只是它是同步的。

创建了一个向量类的对象后,可以往其中随意地插入不同的类的对象,既不需顾及类型也不需预先选定向量的容量,并可方便地进行查找。对于预先不知或不愿预先定义数组大小,并需频繁进行查找、插入和删除工作的情况,可以考虑使用向量类。Vector 提供了三种构造方法:

(1) public Vector ()

(2) public Vector (int initialCapacity)

(3) public Vector (int initialCapacity, int capacityIncrement)

Vector 运行时会创建一个初始的存储容量 initialCapacity,存储容量是以 capacityIncrement 变量定义的增量增长的。使用第(1)种构造方法,系统会自动对向量对象进行管理。若使用后两种构造方法创建对象,则系统将根据参数 initialCapacity 设定向量对象的容量(即向量对象可存储数据的大小),当真正存放的数据个数超过容量时,系统会扩充向量对象的存储容量。参数 capacityIncrement 给定了每次扩充的扩充值。当 capacityIncrement 为0 时,则每次扩充 1 倍。利用这个功能可以优化存储。

Vector 类提供的访问方法支持类似数组的运算和与 Vector 大小相关的运算。类似数组的运算允许向向量中增加、删除和插入元素。它们也允许测试向量的内容和检索指定的元素,与大小相关的运算允许判定字节大小和向量中元素的数目。Vector 类中经常用到的对向量增加、删除和插入元素的功能描述如表 8.6 所示。

表 8.6 Vector 类定义的常用方法及其功能

方法名称	功能简介
void addElement (Object obj)	将 obj 插入向量的尾部。obj 可以是任何类的对象。对同一个向量对象,可在其中插入不同类的对象。但插入的应是对象而不是数值,所以插入数值时要注意将数值转换成相应的对象
void setElementAt (Object obj, int index)	将 obj 加到指定索引位置处,该位置原来的对象将被覆盖
void insertElementAt (Object obj, int index)	将 obj 插入指定索引位置,该位置原来的对象以及以后的对象均依次往后顺延
void removeElement (Object obj)	从向量中删除 obj。若有多个 obj 存在,则从向量头开始,删除找到的第一个与 obj 相同的向量成员
void removeAllElement ()	删除向量中所有对象
void removeElementAt (int index)	删除指定索引位置处的对象
int indexOf (Object obj)	从向量头开始搜索 obj,返回所遇到的第一个 obj 对应的索引,若不存在此 obj,则返回 -1
int indexOf (Object obj, int index)	从指定索引位置处开始搜索 obj,返回所遇到的第一个 obj 对应的索引,若不存在此 obj,则返回 -1
int lastIndexOf (Object obj)	从向量尾部开始逆向搜索 obj,返回所遇到的第一个 obj 对应的索引,若不存在此 obj,则返回 -1

续表

方法名称	功能简介
int lastIndexOf (Object obj, int index)	从指定索引位置处由尾至头逆向搜索 obj,返回所遇到的第一个 obj 对应的索引,若不存在此 obj,则返回 -1
Object firstElement (obj)	获取向量对象中的第一个 obj
Object lastElement (obj)	获取向量对象中的最后一个 obj

【例 8.16】 Vector 的使用示例。

```
01 import java.util.*;
02 public class VectorDemo{
03     public static void main(String[ ] args) {
04         Vector vector=new Vector();
05         vector.addElement("One");
06         vector.addElement(new Integer(1));
07         vector.addElement(new Integer(1));
08         vector.addElement("Two");
09         vector.addElement(new Integer(2));
10         vector.addElement(new Integer(1));
11         vector.addElement(new Integer(1));
12         System.out.println("Vector's length is: "+vector.size());
13         System.out.println("Vector's contents is:"+vector);
14         vector.insertElementAt("Three",2);
15         vector.insertElementAt(new Float(3.6f),3);
16         System.out.println("\nAfter using method insertElementAt(), vector'
s contents is:");
17         System.out.println(vector);
18         vector.setElementAt("Four",2);
19         System.out.println("\nAfter using method setElementAt(), vector's
contents is:");
20         System.out.println(vector);
21         vector.removeElement(new Integer(1));
22         System.out.println("\nAfter using method removeElement(), vector's
contents is:");
23         System.out.println(vector);
24         System.out.println("\nThe position of object 1(top-to-bottom) is:
 "+vector.indexOf(new Integer(1)));
25         System.out.println("The position of object 1(top-to-bottom) is:  "
+vector.lastIndexOf(new Integer(1)));
26         vector.setSize(4);
27         System.out.println("\nAfter resizing, vector's contents is:"+
vector);
28     }
29 }
```

【运行结果】

```
Vector's length is: 7
Vector's contents is: [One, 1, 1, Two, 2, 1, 1]
After using method insertElementAt(), vector's contents is:
[One, 1, Three, 3.6, 1. Two, 2, 1, 1]
```

```
After using method setElementAt(), vector's contents is:
[One, 1, Four, 3.6, 1. Two, 2, 1, 1]
After using method removeElement(), vector's contents is:
[One, Four, 3.6, 1. Two, 2, 1, 1]
The position of object 1 (top-to-bottom) is: 3
The position of object 1 (top-to-bottom) is: 7
After resizing, vector's contents is: [One, Four, 3.6, 1]
```

8.5 Queue 接口

Queue(队列)接口是 JDK 1.5 版本在 java.util 包中新添加的数据结构接口,是在处理元素之前用于保存元素的集合。Queue 接口继承了 Collection 接口,如表 8.7 所示。

表 8.7 Queue 接口定义的常用方法及其功能

方法名称	功能简介
boolean offer (Object obj)	如果可能,将指定元素 obj 插入队列中,返回 true,否则返回 false
Object remove ()	检索、删除并返回此队列的头,如果队列为空,则抛出一个异常 NoSuchElementException
Object poll ()	检索、删除并返回此队列的头,如果队列为空,则返回 null
Object element ()	检索并返回队列的头,但不删除此队列的头,如果队列为空,则抛出一个异常 NoSuchElementException
Object peek ()	检索并返回队列的头,但不删除此队列的头,如果队列为空,则返回 null

针对表 8.7 中列出的普通方法,需要注意的是:

- offer()方法虽然用于插入元素,但与 Collection.add()方法不同,该方法只能通过抛出未经检查的异常使添加元素失败,而 offer()方法返回 false 时是用于正常的失败情况,而不是出现异常的情况,例如在容量固定(有界)的队列中。
- remove()和 poll()方法可移除和返回队列的头。到底从队列中移除哪个元素是队列排序策略的功能,而该策略在各种实现中是不同的。remove()和 poll()方法仅在队列为空时其行为有所不同:remove()方法抛出一个异常,而 poll()方法则返回 null。
- Queue 实现通常不允许插入 null 元素,尽管某些实现(如 LinkedList)并不禁止插入 null。即使在允许 null 的实现中,也不应该将 null 插入到 Queue 中,因为 null 也用作 poll()方法的一个特殊返回值,表明队列不包含元素。Queue 实现通常未定义 equals()和 hashCode()方法的基于元素的版本,而是从 Object 类继承了基于身份的版本,因为对于具有相同元素但有不同排序属性的队列而言,基于元素的相等性并非总是定义良好的。

JDK 中提供了实现 Queue 接口的实用类:LinkedList 类和 PriorityQueue 类,这些类都在 java.util 包中。

8.5.1 LinkedList实现类

LinkedList类采用了链表结构实现List接口，该类实现了所有可选的列表操作。LinkedList类还为在列表的开头及结尾进行get、remove和insert元素提供了统一的命名方法。这些操作允许将链接列表用作堆栈、队列或双端队列(deque)。LinkedList类还实现了Queue接口，为add、poll等提供先进先出队列操作。其他堆栈和双端队列操作可以根据标准列表操作方便地进行再次强制转换。虽然它们可能比等效列表操作运行稍快，但是将其包括在这里是出于方便考虑。LinkedList类是非同步的。由于LinkedList类采用链表结构保存对象，而链表结构的优点是便于向集合中插入和删除对象，如果经常需要向集合中插入对象，或者从集合中删除对象，使用由LinkedList实现的集合的效率较高。链表结构的缺点是随机访问对象的速度较慢，如果需要随机访问集合中的对象，使用由LinkedList类实现的集合的效率则较低。由LinkedList类实现的集合便于插入和删除对象的原因是当插入和删除对象时，只需要简单地修改链接位置，分别如图8.5和图8.6所示，省去了移动对象的操作。

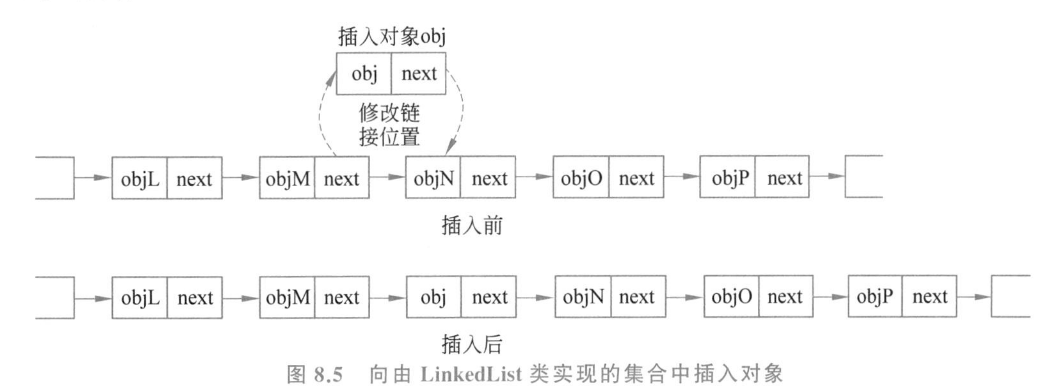

图8.5 向由LinkedList类实现的集合中插入对象

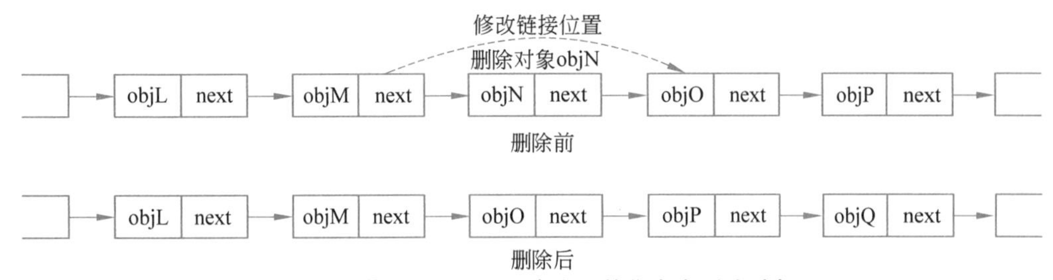

图8.6 从由LinkedList类实现的集合中删除对象

LinkedList类根据链表结构保存对象的特点，提供了专有的操作集合的方法，如表8.8所示。

表8.8 LinkedList类定义的常用方法及其功能

方法名称	功能简介
void addFirst (E obj)	将指定元素插入到列表的表头
void addLast (E obj)	将指定元素插入到列表的结尾

续表

方法名称	功能简介
E getFirst ()	获得列表的第一个元素
E getLast ()	获得列表的最后一个元素
E removeFirst ()	移除并返回列表的第一个元素
E removeLast ()	移除并返回列表的最后一个元素

【例 8.17】 LinkedList 类的使用示例。

```
01 import java.util.*;
02 public class LinkedListDemo{
03     public static void main(String[ ] args){
04         String a="A",b="B",c="C",test="Test";
05         LinkedList<String> list=new LinkedList<String>();
06         list.add(a);
07         list.add(b);
08         list.add(c);
09          System.out.println("首元素:"+list.getFirst()+"\t 尾元素:"+list.
getLast());
10         list.addFirst(test);
11          System.out.println("首元素:"+list.getFirst()+"\t 尾元素:"+list.
getLast());
12         list.removeFirst();
13         list.removeLast();
14         System.out.println("首元素:"+list.getFirst()+"\t 尾元素:"+list.
getLast());
15     }
16 }
```

【运行结果】

```
首元素:A      尾元素:C
首元素:Test   尾元素:C
首元素:A      尾元素:B
```

8.5.2 PriorityQueue 实现类

由 PriorityQueue 类实现的队列是一个基于优先级堆的极大优先级队列。此队列按照在构造时所指定的顺序对元素排序,既可以根据元素的自然顺序来指定排序,也可以根据 Comparator 来指定,这取决于使用哪种构造方法。优先级队列不允许 null 元素。依靠自然排序的优先级队列还不允许插入不可比较的对象,因为这样做可能导致异常 ClassCastException。

此队列的头是按指定排序方式的最小元素。如果多个元素都是最小值,则头是其中一个元素——选择方法是任意的。队列检索操作 poll、remove、peek 和 element 访问处于队列头的元素。

优先级队列是无界的,但是有一个内部容量,控制着用于存储队列元素的数组的大小。它总是至少与队列的大小相同。随着不断向优先级队列添加元素,其容量会自动增加。无须指定容量增加策略的细节。

此类及其迭代器实现了 Collection 和 Iterator 接口的所有可选方法。方法 iterator()中提供的迭代器并不保证以任意特定的顺序遍历优先级队列中的元素。如果需要按顺序遍历,可考虑使用 Arrays.sort (pq.toArray ())。

注意,此实现不是同步的。如果多个线程中的任意线程从结构上修改了列表,则这些线程不应同时访问 PriorityQueue 实例。

PriorityQueue 类的构造方法有如下几个。

- public PriorityQueue ()：使用默认的初始容量(11)创建一个 PriorityQueue,并根据其自然顺序来排序其元素(使用 Comparable)。
- public PriorityQueue (int initialCapacity)：使用指定的初始容量创建一个 PriorityQueue,并根据其自然顺序来排序其元素(使用 Comparable)。其中 initialCapacity 表示优先级队列的初始容量,如果该值小于 1,抛出 IllegalArgumentException。
- public PriorityQueue (int initialCapacity, Comparator＜? super E＞ comparator)：使用指定的初始容量创建一个 PriorityQueue,并根据指定的比较器来排序其元素。其中 initialCapacity 表示优先级队列的初始容量如果该值小于 1,则抛出 IllegalArgumentException。comparator 用于排序优先级队列的比较器,如果为 null,则顺序取决于元素的自然顺序。
- public PriorityQueue (Collection＜? extends E＞ c)：创建包含指定集合中元素的 PriorityQueue。该优先级队列的初始容量是指定集合大小的 110%,如果集合是空的,则为 1。如果指定的集合是 SortedSet 的一个实例或者是另一个 PriorityQueue,那么优先级队列将根据相同的比较器进行排序,如果集合是根据其元素的自然顺序排序的,则该队列也根据元素的自然顺序进行排序。否则优先级队列根据其元素的自然顺序排序。其中 c 是一个集合,其元素要置于此优先级队列中。如果根据优先级队列的排序规则无法比较指定集合中的各个元素,则抛出异常 ClassCastException;如果 c 或其中的任意元素为 null,则抛出异常 NullPointerException。
- public PriorityQueue (PriorityQueue＜? extends E＞ c)：创建包含指定集合中元素的 PriorityQueue。该优先级队列的初始容量是指定集合大小的 110%,如果集合是空的,则为 1。优先级队列将根据与给定集合相同的比较器进行排序,如果集合是根据其元素的自然顺序排序的,则该队列也根据其元素的自然顺序进行排序。其中 c 的含义同上。
- public PriorityQueue (SortedSet＜? extends E＞ c)：创建包含指定集合中元素的 SortedSet。该优先级队列的初始容量是指定集合大小的 110%,如果集合是空的,则为 1。优先级队列将根据与给定集合相同的比较器进行排序,如果集合是根据其元素的自然顺序排序的,则该队列也根据其元素的自然顺序进行排序。其中 c 的含义同上。

PriorityQueue 类定义的主要常用方法如表 8.9 所示。

【例 8.18】 PriorityQueue 类的使用示例。

```
01  import java.util.*;
02  public class PriorityQueueDemo {
03      public static void main(String[ ] args) {
```

```
04          PriorityQueue pq=new PriorityQueue();
05          pq.add("Texas");
06          pq.add("Alabama");
07          pq.add("California");
08          pq.add("Rhode island");
09          int queueSize=pq.size();
10          for(int i=0;i<queueSize;i++) {
11              System.out.println(pq.poll());
12          }
13      }
14  }
```

【运行结果】

```
Alabama
California
Rhode island
Texas
```

【分析讨论】

在 PriorityQueue 中，当添加元素到 Queue 中时，实现了自动排序。根据使用的 PriorityQueue 的不同构造方法，Queue 元素的顺序要么基于它们的自然顺序要么通过 PriorirtyQueue 构造方法传入的 Comparator 来确定。上述代码示例了 PirorityQueue 类的使用方法。由于元素在 PriorityQueue 中是按自然顺序——字母表顺序排列的，因此执行上述代码，得到如上所示的运行结果。

表 8.9　PriorityQueue 类定义的常用方法及其功能

方法名称	功能简介
boolean add (E obj)	将指定元素添加到队列中，成功返回 true，否则返回 false
void clear ()	从优先级队列中移除所有元素
Comparator comparator ()	返回用于排序集合的比较器，如果此集合根据其元素的自然顺序排序(使用 Comparable)，则返回 null
Iterator iterator ()	返回在队列中的元素上进行迭代的迭代器
boolean offer (E obj)	向优先级队列中插入指定的元素，成功返回 true，否则返回 false
E peek ()	检索，但是不移除此队列的头，如果此队列为空，则返回 null
E poll ()	检索并移除此队列的头，如果此队列为空，则返回 null
boolean remove (Object o)	从队列中移除指定元素的单个实例(如果其存在)
int size ()	返回此 collection 中的元素数

8.6 Map 接口

Map 接口是实现键值映射数据结构的一个框架，可以用于存储通过键值引用的对象。映射与集合和列表有明显的区别，映射中的每个对象都是成对存在的。映射中存储的每个对象都有一个相应的键(key)对象来获取值(value)对象，类似于字典中查找单词一样，所以键值的作用其实就相当于数组中的索引，每一个键值都是唯一的，可以利用键值来存取数据结构中指定位置上的数据。但是，这种存取并不是键对象本身决定的，而是需要通过一种散列技术进行处理，从而产生一个被称作散列码的整数值，散列码通常用作一个偏置量，该偏置量是相对于分配给映射的内存区域的起始位置的，由此来确定存储对象在映射中的存储位置。理想情况下，通过散列技术得到的散列码应该是在给定范围内均匀分布的整数值，并且每个键对象都应得到不同的散列码。由 Map 接口定义的常用方法如表 8.10 所示。

表 8.10 Map 接口定义的常用方法及其功能

方法名称	功能简介
V put (K key, V value)	向集合中添加指定的键-值映射关系(可选操作)
void putAll (Map＜? extends K, ? extends V＞ t)	将指定集合中的所有键-值映射关系添加到该集合中(可选操作)
boolean containsKey (Object key)	如果存在指定键的映射关系，则返回 true，否则返回 false
boolean containsValue (Object key)	如果存在指定值的映射关系，则返回 true，否则返回 false
V get (Object key)	如果存在指定的键对象，则返回与该键对象对应的值对象，否则返回 null
Set＜K＞ keySet ()	将该集合中的所有键对象以 Set 集合的形式返回
Collection＜V＞ values ()	将该集合中的所有值对象以 Collection 集合的形式返回
V remove (Object key)	如果存在指定的键对象，则移除该键对象的映射关系，并返回与该键对象对应的值对象，否则返回 null
void clear ()	移除集合中所有的映射关系
boolean isEmpty ()	查看集合中是否包含键-值映射关系，如果包含则返回 true，否则返回 false
int size ()	获得集合中包含键-值映射关系的个数
boolean equals (Object obj)	用来查看指定的对象与该对象是否为同一个对象。返回值为 boolean 型，如果为同一个对象则返回 true，否则返回 false

注意，Map 接口允许值对象为 null，并且没有个数限制，所以当 get()方法的返回值为 null 时，可能有两种情况，一种是在集合中没有该键对象，另一种则是该键对象没有映射任何值对象，即值对象为 null。因此，在 Map 中不应该利用 get()方法来判断是否存在某个键，而应该利用 containsKey()方法来判断。Map 接口的常用实现类有 HashMap、TreeMap、Hashtable、WeakHashMap、IdentityHashMap 和 EnumMap 等。

8.6.1 HashMap 实现类与 Hashtable 实现类

HashMap 和 Hashtable 都是通过哈希码对其内部的映射关系进行快速查找，即基于哈希表的 Map 接口的实现。HashMap 是 Hashtable 的轻量级实现(非线程安全的实现)。

1. HashMap 实现类

HashMap 类基于哈希表实现了 Map 接口，而且此实现不是同步的。由 HashMap 类实现的 Map 集合，允许以 null 作为键对象，但是因为键对象不可以重复，所以这样的键对象只能有一个。如果经常需要添加、删除和定位映射关系,建议利用 HashMap 类实现 Map 集合,不过在遍历集合时,得到的映射关系是无序的。

在使用由 HashMap 类实现的 Map 集合时,需要重写作为主键对象类的 hashCode()方法,在重写该方法时,有以下两条基本原则。

(1) 不唯一原则:不必为每个对象生成一个唯一的哈希码,只要通过 hashCode()方法生成的哈希码能够利用 get()方法得到利用 put()方法添加的映射关系就可以。

(2) 分散原则:生成哈希码的算法应尽量使哈希码的值分散一些,不要很多哈希码值都集中在一个范围内,这样有利于提高由 HashMap 类实现的 Map 集合的性能。

【例 8.19】 利用 HashMap 类实现 Map 集合。

首先新建一个作为键对象的类 PK_person,具体代码如下:

```
01 public class PK_person {
02     private String prefix;                    //主键前缀
03     private int number;                       //主键编号
04     public String getPrefix() {
05         return prefix;
06     }
07     public void setPrefix(String prefix) {
08         this.prefix=prefix;
09     }
10     public int getNumber() {
11         return number;
12     }
13     public void setNumber() {
14         this.number=number;
15     }
16     public String getPk(){
17         return prefix+"_"+number;
18     }
19     public void setPk(String pk) {
20         int i=pk.indexOf("_");
21         prefix=pk.substring(0, i);
22         number=new Integer(pk.substring(i));
23     }
24 }
```

然后,新建一个 Person 类,具体代码如下:

```
01 public class Person {
02     private String name;
03     private PK_person number;
04     public Person(String name, PK_person number) {
05         this.name=name;
06         this.number=number;
07     }
08     public String getName() {
09         return name;
10     }
11     public void setName(String name) {
12         this.name=name;
13     }
```

```
14      public PK_person getNumber() {
15          return number;
16      }
17      public void setNumber(PK_person number) {
18          this.number=number;
19      }
20  }
```

最后，新建一个用来测试的 main()方法。该方法首先新建一个 Map 集合，并添加一个映射关系，然后再新建一个内容完全相同的键对象，并根据该键对象通过 get()方法获得相应的值对象，最后判断是否得到相应的值对象，并输出相应的信息。完整代码如下：

```
01  public class HashMapDemo {
02      public static void main(String[ ] args) {
03          Map<PK_person, Person> map=new HashMap<PK_person, Person>();
04          PK_person pk_person=new PK_person();                  //新建键对象
05          pk_person.setPrefix("MR");
06          pk_person.setNumber(220181);
07          map.put(pk_person, new Person("马先生",pk_person)); //初始化集合
            //新建键对象，内容与上面键对象的内容完全相同
            PK_person pk_person2=new PK_person();
08          pk_person2.setPrefix("MR");
09          pk_person2.setNumber(220181);
10          Person person2=map.get(pk_person2);          //获得指定键对象映射的值对象
11          if(person2==null)
12              System.out.println("该键对象不存在!");
13          else
14              System.out.println(person2.getNumber().getNumber()+" "+person2.
getName());
15      }
16  }
```

【运行结果】

```
该键对象不存在!
```

【分析讨论】

这是因为在 PK_person 类中没有重写 java.lang.Object 类的 hashCode()和 equals()方法，equals()方法默认比较两个对象的地址，所以即使这两个键对象的内容完全相同，也不认为是同一个对象。

重写后的 hashCode()和 equals()方法的完整代码如下：

```
01  public int hashCode() {                          //重写 hashCode()方法
02          return number+prefix.hashCode();
03      }
04      public boolean equals(Object obj) {          //重写 equals()方法
05          if(obj==null)                            //判断是否为 null
06              return false;
07          if(getClass()!=obj.getClass())           //判断是否为同一类型的实例
08              return false;
09          if(this==obj)                            //判断是否为同一个实例
10              return true;
```

```
11          final PK_person other=(PK_person)obj;
12          if(this.hashCode()!=other.hashCode()) //判断哈希码是否相等
13              return false;
14          return true;
15      }
```

【运行结果】

```
220181 马先生
```

【分析讨论】

这是重写 PK_person 类的 hashCode()和 equals()方法后,再次运行该例子得到的运行结果。

2. Hashtable 实现类

Hashtable 类基于哈希表实现了 Map 接口,并提供了键值映射数据结构的实现。该哈希表将键对象映射到相应的值对象,任何非 null 对象都可以用作键或值。为了成功地在哈希表中存储和检索对象,用作键的对象必须实现 hashCode()方法和 equals()方法。

Hashtable 的实例有两个参数影响其性能:初始容量和加载因子。初始容量主要控制空间消耗与执行 rehash()操作所需要的时间损耗之间的平衡。如果初始容量大于 Hashtable 所包含的最大条目数除以加载因子,则永远不会发生 rehash()操作。但是,将初始容量设置得太高可能会浪费空间。加载因子则是对哈希表在其容量自动增加之前可以达到多满的一个尺度。初始容量和加载因子这两个参数只是对该实现的提示。关于何时以及是否调用 rehash()方法的具体细节则依赖于该实现。

【例 8.20】 Hashtable 类的使用示例。

```
01 import java.util.*;
02 class Book {
03     String title;
04     String bookID;
05     String condition;
06     float basePrice;
07     float price;
08     public Book(String title,String bookID,String condition,float basePrice) {
09         this.title=title;
10         this.bookID=bookID;
11         this.condition=condition;
12         this.basePrice=basePrice;
13     }
14     public void setPrice(float f) {
15         price=basePrice*f;
16     }
17 }
18 public class HashtableDemo {
19     public static void main(String[ ] args) {
20         Hashtable hashtable=new Hashtable();
21         float price[ ]={4.0f,2.0f,1.0f,0.5f};
22         hashtable.put("very fine",String.valueOf(price[0]));
23         hashtable.put("fine",String.valueOf(price[1]));
24         hashtable.put("good",String.valueOf(price[2]));
```

```
25          hashtable.put("poor",String.valueOf(price[3]));
26          Book book[]=new Book[3];
27          book[0]=new Book("Java","105A","very fine",54.0f);
28          float f1=Float.parseFloat((String)hashtable.get(book[0].condition));
29          book[0].setPrice(f1);
30          book[1]=new Book("C++","108A","fine",46.0f);
31          float f2=Float.parseFloat((String)hashtable.get(book[1].condition));
32          book[1].setPrice(f2);
33          book[2]=new Book("Delphi","201B","good",29.0f);
34          float f3=Float.parseFloat((String)hashtable.get(book[2].condition));
35          book[2].setPrice(f3);
36          for(int i=0;i<book.length;i++){
37              System.out.println("Title:"+book[i].title);
38              System.out.println("BookID:"+book[i].bookID);
39              System.out.println("Condition:"+book[i].condition);
40              System.out.println("Price:"+book[i].price+"\n");
41          }
42      }
43  }
```

【运行结果】

```
Title: Java
BookID: 105A
Condition: very fine
Price: 216.0

Title: C++
BookID: 108A
Condition: fine
Price: 92.0

Title: Delphi
BookID: 201B
Condition: good
Price: 29.0
```

3. HashMap 与 Hashtable 的区别

HashMap 与 Hashtable 两个类虽然都基于哈希表完成了对 Map 接口的实现，但还是有很大区别的，主要包括如下三点。

第一点不同主要是历史原因。Hashtable 是基于陈旧的 Dictionary 类的，HashMap 是 Java 1.2 引进的 Map 接口的一个实现。

第二点不同也许是最重要的不同是 Hashtable 的方法是同步的，而 HashMap 的方法是非同步的。这就意味着，虽然用户可以不用采取任何特殊的行为就可以在一个多线程的应用程序中用一个 Hashtable，但必须同样地为一个 HashMap 提供外同步。一个方便的方法就是利用 Collections 类的静态的 synchronizedMap()方法，它创建一个线程安全的 Map 对象，并把它作为一个封装的对象来返回。这个对象的方法可以让用户同步访问潜在的 HashMap。这么做的结果就是当不需要同步时，也不能切断 Hashtable 中的同步(比如在一个单线程的应用程序中)，而且同步增加了很多处理费用。

第三点不同是,只有 HashMap 可以将空值作为一个表的条目的 key 或 value。HashMap 中只有一条记录可以是一个空的 key,但任意数量的条目可以是空的 value。这就是说,如果在表中没有发现搜索键,或者如果发现了搜索键,但它是一个空的值,那么 get()将返回 null。如果有必要,用 containKey()方法来区别这两种情况。

一些资料建议,当需要同步时,用 Hashtable,反之用 HashMap。但是,因为在需要时,HashMap 可以被同步,HashMap 的功能比 Hashtable 的功能更多,而且它不是基于一个陈旧的类的,所以有人认为,在各种情况下,HashMap 都优先于 Hashtable。

8.6.2 SortedMap 接口与 TreeMap 实现类

SortedMap 接口继承了 Map 接口,它确保了集合中的映射按照键升序排序。而 TreeMap 是其现阶段的唯一实现。

1. SortedMap 接口

由 SortedMap 实现的集合保证映射按照键的升序排列,这种排列可以按照键的自然顺序进行排序,或者通过创建有序映射时提供的比较器进行排序。需要注意,如果有序映射正确实现了 Map 接口,则有序映射所保持的顺序(无论是否明确提供了比较器)都必须保持相等一致性。所有通用有序映射实现的类都应该提供以下 4 个“标准”构造方法。

- void(不带参数)构造方法,创建空的有序映射,按照键的自然顺序排序。
- 带有一个 Comparator 类型参数的构造方法,创建一个空的有序映射,根据指定的比较器排序。
- 带有一个 Map 类型参数的构造方法,创建一个键-值映射关系与参数相同的有序映射,按照键的自然顺序排序。
- 带有一个有序映射类型参数的构造方法,创建一个新的有序映射,键-值映射关系及排序方法与输入的有序映射相同。

由于 SortedMap 接口能够确保键对象处于排序状态,这使得它具有额外的功能,这些功能由 SortedMap 接口中的下列方法提供(如表 8.11 所示)。

表 8.11 SortedMap 接口定义的常用方法及其功能

方法名称	功能简介
Comparator<? super K> comparator ()	返回与此有序映射关联的比较器,如果使用键的自然顺序,则返回 null
K firstKey ()	返回有序映射中当前第一个(最小的)键
SortedMap<K, V> headMap (K toKey)	返回此有序映射的部分视图,其键值严格小于 toKey
K lastKey ()	返回有序映射中当前最后一个(最大的)键
SortedMap<K, V> subMap (K fromKey, K toKey)	返回此有序映射的部分视图,其键值从 fromKey(包括)到 toKey(不包括)
SortedMap<K, V> tailMap (K fromKey)	返回有序映射的部分视图,其键大于或等于 fromKey

而 TreeMap 类是 SortedMap 接口现阶段的唯一实现。

2. TreeMap 实现类

TreeMap 类不仅实现了 Map 接口,还实现了 Map 接口的子接口 java.util.SortedMap。

由 TreeMap 类实现的 Map 集合，不允许键对象为 null，因为集合中的映射关系是根据键对象按照一定顺序排列的。

在添加、删除和定位映射关系上，TreeMap 类要比 HashMap 类的性能差一些，但是其中的映射关系具有一定的顺序，如果不需要一个有序的集合，则建议使用 HashMap 类；如果需要进行有序的遍历输出，则建议使用 TreeMap 类。在这种情况下，可以先使用由 HashMap 类实现的 Map 集合，在需要顺序遍历输出时，再利用现有的 HashMap 类的实例，创建一个具有完全相同映射关系的 TreeMap 类型的实例。

【例 8.21】　TreeMap 类的使用示例。

```
01 import java.util.*;
02 class Person {
03     private String name;
04     private long id_card;
05     public Person(String name, long id_card) {
06         this.name=name;
07         this.id_card=id_card;
08     }
09     public String getName(){
10         return name;
11     }
12     public long getId_card(){
13         return id_card;
14     }
15 }
16 public class TreeMapDemo {
17     public static void main(String[ ] args) {
18         Person person1=new Person("马先生", 220181);
19         Person person2=new Person("李先生", 220193);
20         Person person3=new Person("王小姐", 220186);
21         Map<Number, Person> map=new HashMap<Number, Person>();
22         map.put(person1.getId_card(), person1);
23         map.put(person2.getId_card(), person2);
24         map.put(person3.getId_card(), person3);
25         System.out.println("由 HashMap 类实现的 Map 集合,无序:");
26         for(Iterator<Number> it=map.keySet().iterator(); it.hasNext();){
27             Person person=map.get(it.next());
28             System.out.println(person.getId_card()+" "+person.getName());
29         }
30         System.out.println("\n 由 TreeMap 类实现的 Map 集合,键对象升序:");
31         TreeMap<Number, Person> treemap=new TreeMap<Number, Person>();
32         treemap.putAll(map);
33         for(Iterator<Number> it=treemap.keySet().iterator(); it.hasNext();) {
34             Person person=treemap.get(it.next());
35             System.out.println(person.getId_card()+" "+person.getName());
36         }
37         System.out.println("\n 由 TreeMap 类实现的 Map 集合,键对象降序:");
38         TreeMap<Number, Person> treemap2=new TreeMap<Number, Person>(
39 Collections.reverseOrder());             //初始化为反转排序
40         treemap2.putAll(map);
41         for(Iterator<Number> it=treemap2.keySet().iterator(); it.hasNext();){
42             Person person=(Person) treemap2.get(it.next());
```

```
43                System.out.println(person.getId_card()+" "+person.getName());
44            }
45        }
46    }
```

【运行结果】

```
由 HashMap 类实现的 Map 集合,无序:
220186 王小姐
220181 马先生
220193 李先生
由 TreeMap 类实现的 Map 集合,键对象升序:
220181 马先生
220186 王小姐
220193 李先生
由 TreeMap 类实现的 Map 集合,键对象降序:
220193 李先生
220186 王小姐
220181 马先生
```

【分析讨论】

上述代码首先利用 HashMap 类实现一个 Map 集合,初始化并遍历;然后再利用 TreeMap 类实现一个 Map 集合,初始化并遍历,默认按键对象升序排列;最后再利用 TreeMap 类实现一个 Map 集合,初始化为按键对象降序排列,实现方式为将 Collection.reverseOrder()作为构造方法 TreeMap(Comparator c)的参数,即与默认排序方式相反。

8.6.3 WeakHashMap 实现类

WeakHashMap 类是 Map 接口的一个特殊实现,它使用 WeakReference(弱引用)来存放哈希表关键字,即以弱键实现基于哈希表的 Map 集合。在 WeakHashMap 中,当某个键不再正常使用时,将自动移除其条目。更精确地说,当映射的键在 WeakHashMap 的外部不再被引用时,垃圾收集器会将它回收,但它将把到达该对象的弱引用纳入一个队列。WeakHashMap 的运行将定期检查该队列,以便找出新到达的弱应用。当一个弱引用到达该队列时,就表示关键字不再被任何人使用,并且它已经被收集起来。然后 WeakHashMap 便删除相关的映射。因此,该类的行为与其他的 Map 实现有所不同。

null 值和 null 键都被支持。该类具有与 HashMap 类相似的性能特征,并具有相同的效能参数初始容量和加载因子。与大多数集合类一样,该类是不同步的。可以使用 Collections.synchronizedMap()方法来构造同步的 WeakHashMap。

WeakHashMap 类的行为部分取决于垃圾回收器的动作,所以,几个常见的(虽然不是必需的)Map 常量不支持此类。WeakHashMap 类的构造方法包括以下几种。

- WeakHashMap():用默认初始容量(16)和默认加载因子(0.75)构建一个新的空 WeakHashMap。
- WeakHashMap(int initialCapacity):用给定的初始容量和默认加载因子(0.75)构建一个新的空 WeakHashMap。
- WeakHashMap(int initialCapacity, float loadFactor):用给定的初始容量和加载因子构建一个新的空 WeakHashMap。

- WeakHashMap(Map<? extends K，? extends V> t)：用与指定的 Map 相同的映射关系构建一个新的 WeakHashMap。

【例 8.22】　WeakHashMap 类的使用示例。

```
01  import java.util.*;
02  public class WeakHashMapDemo {
03      public static void main(String[ ] args) {
04          WeakHashMap<String, String> weakhashmap = new WeakHashMap<String, String>();
05              weakhashmap.put("1", "b");
06              weakhashmap.put("2", "c");
07              weakhashmap.put("0", "d");
08              weakhashmap.put("3", "a");
09              System.out.println(" WeakHashMap:");
10              System.out.println(weakhashmap);
11              System.out.println(weakhashmap.containsKey("3"));  //是否包含键
12              System.out.println(weakhashmap.containsValue("d"));  //是否包含值
13              Set set = weakhashmap.entrySet();
14              Iterator iterator = set.iterator();
15              while (iterator.hasNext()) {
16                  System.out.print(iterator.next()+"; ");
17              }
18              weakhashmap.remove("2");                          //删除该键对应的值
19              System.out.println("\n\nAfter using remove(), WeakHashMap:");
20              System.out.println(weakhashmap);
21              //获取指定键的值
22              System.out.println("\n获取键对象为1的值: "+weakhashmap.get("1"));
23              System.out.println("");
24      }
25  }
```

【运行结果】

```
WeakHashMap:
{0=d, 1=b, 2=c, 3=a}
true
true
0=d; 1=b; 2=c; 3=a;
After using remove(), WeakHashMap:
{0=d, 1=b, 3=a}
获取键对象为1的值:b
```

8.6.4　IdentityHashMap 实现类

IdentityHashMap 类也是 Map 接口的一个特殊实现。此类利用哈希表实现 Map 接口，比较键(和值)时使用引用相等性代替对象相等性。换句话说，在 IdentityHashMap 中，当且仅当 k1==k2 时，才认为两个键 k1 和 k2 相等，而在正常 Map 实现(如 HashMap 类)中，当且仅当满足下列条件时才认为两个键 k1 和 k2 相等：

```
k1==null ? k2==null : e1.equals(e2)
```

在这个类中，关键字的哈希码不应该由 hashCode()方法来计算，而应该由 System.

identityHashCode()方法进行计算。这是 Object.hashCode()根据对象的内存地址来计算哈希码时使用的方法。

IdentityHashMap 类不是一般意义的 Map 实现！它的实现有意地违背了 Map 接口要求通过 equals 方法比较对象的约定。这个类仅使用在很少发生的需要强调等同性语义的罕见情况。

IdentityHashMap 类可以用于实现对象拓扑结构转换(topology-preserving object graph transformations)(比如实现对象的串行化或深度拷贝),在进行转换时,需要一个“节点表”跟踪那些已经处理过的对象的引用。即使碰巧有对象相等,“节点表”也不应视其相等。另一个应用是维护代理对象。比如,调试工具希望在程序调试期间维护每个对象的一个代理对象。

此类提供所有的可选映射操作,并且允许 null 值和 null 键。此类对映射的顺序不提供任何保证;特别是不保证顺序随时间的推移保持不变。而且 IdentityHashMap 类的实现是非同步的。

【例 8.23】 IdentityHashMap 类的使用示例。

```
01  import java.util.*;
02  public class IdentityHashMapDemo {
03      public static void main(String[ ] args) {
04          IdentityHashMap<String, String> identityhashmap = new IdentityHashMap
<String, String>();
05          identityhashmap.put("0", "c");
06          identityhashmap.put("1", "a");
07          identityhashmap.put("3", "b");
08          identityhashmap.put("2", "a");
09          System.out.println(" IdentityHashMap:");
10          System.out.println(identityhashmap);
11          System.out.println(identityhashmap.containsKey("3"));   //是否包含这个键
12          System.out.println(identityhashmap.containsValue("a")); //是否包含值
13          Set set = identityhashmap.entrySet();                   //转为 Set 类型
14          System.out.println(set);
15          set = identityhashmap.keySet();                         //全部键
16          System.out.println(set);
17      }
18  }
```

【运行结果】

```
IdentityHashMap:
{3=b, 1=a, 0=c, 2=a}
true
true
[3=b, 1=a, 0=c, 2=a]
[3, 1, 0, 2]
```

8.6.5 EnumMap 实现类

EnumMap 类是与枚举类型键一起使用的专用的 Map 接口实现类。枚举映射中所有键都必须来自单个枚举类型,该枚举类型在创建映射时显式或隐式地指定。枚举映射在内部表示为数组。此表示形式非常紧凑且高效。枚举映射根据其键的自然顺序来维护(该顺序是声明枚举常量的顺序)。

EnumMap 类不允许使用 null 键。试图插入 null 键将抛出 NullPointerException。但是,试图测试是否出现 null 键或移除 null 键将不会抛出异常。

与大多数集合一样,EnumMap 是不同步的。如果多个线程同时访问一个枚举映射,并且至少有一个线程修改该映射,则此枚举映射在外部应该是同步的。这一般通过对自然封装该枚举映射的某个对象进行同步来完成。

【例 8.24】 EnumMap 类的使用示例。

```
01 import java.util.*;
02 public class EnumMapDemo {
03     public enum SizeMap {
04         LARGE("适合成年人",21,30),
05         MEDIUM("适合青少年",11,20),
06         SMALL("适合儿童",1,10);
07         private String suitable;
08         private int beginAge;
09         private int endAge;
10         private SizeMap(String suitable,int beginAge,int endAge) {
11             this.suitable=suitable;
12             this.beginAge=beginAge;
13             this.endAge=endAge;
14         }
15         public String toString() {
16             return suitable+",从"+beginAge+"岁到"+endAge+"岁";
17         }
18     }
19     public static void main(String[ ] args) {
20         System.out.println("原本的 enum 的内容为:");
21         for(SizeMap sm: SizeMap.values()) {
22             System.out.println(sm);
23         }
24         EnumMap em1=new EnumMap(SizeMap.class);
25         em1.put(SizeMap.LARGE, "大号的");
26         em1.put(SizeMap.MEDIUM, "中号的");
27         em1.put(SizeMap.SMALL, "小号的");
28         System.out.println("\n 更改后的 enum 内容为:");
29         for(SizeMap sm: SizeMap.values()){
30             System.out.println(em1.get(sm));
31         }
32         EnumMap<SizeMap,String> em2=new EnumMap<SizeMap,String>(SizeMap.
class);
33         em2.put(SizeMap.LARGE, "Generics 的大号");
34         em2.put(SizeMap.MEDIUM, "Generics 的中号");
35         em2.put(SizeMap.SMALL, "Generics 的小号");
36         System.out.println("\n 使用 Generics,更改后的 enum 内容为:");
37         for(SizeMap sm: SizeMap.values()){
38             System.out.println(em2.get(sm));
39         }
40     }
41 }
```

【运行结果】

```
原本的 enum 的内容为:
适合成年人:从 21 岁到 30 岁
适合青少年:从 11 岁到 20 岁
适合儿童:从 1 岁到 10 岁
更改后的 enum 内容为:
大号的
中号的
小号的
使用 Generics,更改后的 enum 内容为:
Generics 的大号
Generics 的中号
Generics 的小号
```

【分析讨论】

(1) 上述代码中,首先是将原始的 SizeMap 列举的内容显示出来。

(2) 然后,利用 SizeMap.class 构建了一个新的 EnumMap 集合,再利用 put()方法建立元素,元素的 key 值必须是 SizeMap 列举中的列举值,如果任意地指定其他的值,程序将会无法通过编译,并且还通过 get()方法根据列举值显示相对应的信息。

(3) 最后,利用类似的办法构建另一个新的 EnumMap 集合,只不过这次使用了泛型(generics)。

8.7 Enumeration 接口

Enumeration 接口定义了从一个数据结构得到连续数据的手段。实现 Enumeration 接口的对象,它生成一系列元素,一次生成一个。比如,Enumeration 定义了一个名为 nextElement 的方法,可以用来从含有多个元素的数据结构中得到一个元素。例如,要输出向量 v 的所有元素,可使用以下方法:

```
for (Enumeration e = v.elements() ; e.hasMoreElements() ;) {
    System.out.println(e.nextElement());            }
```

这些方法主要通过向量的元素、哈希表的键以及哈希表中的值进行枚举。枚举也用于将输入流指定到 SequenceInputStream 中。但是,此接口的功能与 Iterator 接口的功能是重复的。此外,Iterator 接口添加了一个可选的移除操作,并使用较短的方法名。新的实现应该优先考虑使用 Iterator 接口而不是 Enumeration 接口。Enumeration 接口只有一个实现类 StringTokenizer,该接口仅包含两个方法。如表 8.12 所示。

表 8.12 Enumeration 接口定义的常用方法及其功能

方法名称	功能简介
boolean hasMoreElements()	测试此枚举是否包含更多的元素,当且仅当此枚举对象至少还包含一个可提供的元素时,才返回 true,否则返回 false
E nextElement()	如果此枚举对象至少还有一个可提供的元素,则返回此枚举的下一个元素,如果没有更多的元素存在,则抛出 NoSuchElementException

【例 8.25】 Enumeration 接口的使用示例。

```
01 import java.util.*;
02 public class EnumerationDemo {
03     public static void main(String[ ] args) {
04         Vector vector=new Vector();
05         vector.add("hello");
06         vector.add("world");
07         vector.add("china");
08         Enumeration<String> enumeration=vector.elements();
09         while(enumeration.hasMoreElements()){
10             System.out.println(enumeration.nextElement());
11         }
12     }
13 }
```

【运行结果】

```
hello
world
china
```

8.8 本章小结

本章详细讲解了几种 Java 语言的常用集合类，重点讲解了 List 和 Set 集合以及 Map 集合之间的区别，还讲解了每种集合的常用实现类的用途和使用方法。本章的每一个知识点都给出了一个示例，并对示例进行了分析与讨论。熟练地掌握 Java 语言的常用集合类，对于成为一个优秀的 Java 程序员是至关重要的。

课后习题

1. 下面的集合中，哪些可以存储重复元素？（　　）

   A. List　　B. Set　　C. Map　　D. Collection

2. 对于集合类 java.util.TreeSet 的描述下列哪两项是正确的？（　　）

   A. 集合类 TreeSet 中存储的元素是有序的
   B. 集合类 TreeSet 保证不可变
   C. 集合类 TreeSet 中的元素唯一
   D. 集合类 TreeSet 中的元素可通过唯一对应的键来访问
   E. 集合类 TreeSet 中的元素保证同步

3. 下列接口中哪一个不是继承自 Collection 接口？（　　）

   A. List　　B. Set　　C. Queue　　D. Map

4. 关于集合类的描述下列哪一项是正确的？（　　）

   A. Set 接口是为了确保正在执行的类有特定的成员
   B. List 接口的实现类不可以包含重复元素
   C. Set 接口的设计目的是存储从数据库查询中返回的记录

D. Map 接口不属于集合框架的组成部分

5. 使用 HashMap 类保存由学号和学生姓名所组成的键-值对，如“20090315”和“张三”，然后按序号的自然顺序将这些键-值对一一打印出来。

6. 编写程序，使用迭代器(ListIterator)完成遍历，要求用两种方法实现。

7. 利用 Java 集合框架中的类(比如 Map 的某个实现类)，编写一个对学生成绩单(包括学号、姓名和分数)进行处理的应用程序，要求实现如下功能：

(1) 查询指定学号的学生的成绩。

(2) 将成绩排序存储到指定 TreeSet 中。

(3) 求出最高分和最低分及其所对应的学生学号。

(4) 求出所有学生的分数平均值。

8. 下面程序是用 Hashtable 来检验随机数的随机性。请在画线处填写适当的语句，完成此程序，使它能够正确执行。

```
01 import java.util.*;
02 class Counter {                                //计数器
03   int i=1;
04   public String toString() {
05       return Integer.toString(i);  }
06 }
07 public class Statistics {
08     public static void main(String[ ] args) {
09       Hashtable ht=_______();          //生成 Hashtable 类对象 ht
10       for(int i=0; i<10000; i++) {
11           //产生一个 0 到 20 之间的随机数
12           Integer r=new Integer((int)(Math.random() * 20));
13           if(ht. _______)        //如果 ht 中存在指定键 r 的映射关系，获得指定键 r
关联的值并转化成 Counter(计数器)对象，将计数器内的值 i 增加 1，表明该随机数又出现一次
14           ((Counter)ht. _______).i++;
15           else
         //否则，向集合 ht 中添加指定的键-值映射，指定键为 r，指定值为 Counter 对象
16               ht. _______;
17           }
18           System.out.println(ht);
19       }
20 }
```

注意，【运行结果】是随机的：

```
{19=526, 18=533, 17=460, 16=513, 15=521, 14=495, 13=512, 12=483, 11=488,  10=
487, 9=514, 8=523, 7=497, 6=487, 5=480, 4=489, 3=509, 2=503, 1=475, 0=505}
```

9. 下面是一个 Vector 的使用示例，要求在画线处填写适当语句，使程序能正常运行，并输出给定的运行结果。

```
01 import java.util.*;
02 public class VectorDemo{
03   public static void main(String[ ] args){
04     Vector vec=_______;
05     System.out.println("Old capacity is "+vec.capacity());
06     vec.addElement (new Integer(1));
```

```
07      vec.addElement (new Integer(2));
08      vec.addElement (new Integer(3));
09      vec.addElement (new Float(2.78));
10      vec.addElement (new Double(2.78));
11      System.out.println("New capacity is "+vec.________);
12      System.out.println("New size is "+vec. ________);
13      System.out.println("First item is "+vec. ________);
14      System.out.println("Last item is "+vec. ________);
15      if(vec.contains(new Integer(2)))
16          System.out.println("Found 2");
17      vec.________;                    //删除集合中索引位置为 1 的对象
18      if(vec.contains(new Integer(2)))
19          System.out.println ("After deleting found 2");
20      else
21          System.out.println ("After deleting not found 2");
22    }
23  }
```

【运行结果】

```
Old capacity is 3
New capacity is 6
new size is 5
First item is 1
Last item is 2.78
Found 2
After deleting not found 2
```

第 9 章　Java 语言的输入输出

程序在执行时通常要和外部进行交互,从外部读取数据或向外部设备发送数据,这就是所谓的输入输出(I/O)。数据可以来自或者输出在磁盘文件、内存、其他程序或网络中,并且可能有多种类型,包括字节、字符、对象等。Java 使用抽象概念——流(stream)来描述程序与数据发送者和接收者之间的数据通道。使用 I/O 流可以方便、灵活和安全地实现 I/O 功能。本章将对 Java 的 I/O 系统进行讲解,包括 I/O 流、File 类、RandomAccessFile 类以及对象序列化等。

9.1　Java I/O 流

9.1.1　流的概念

Java 语言本身不包含 I/O 语句,而是通过 Java API 提供的 java.io 包完成 I/O。为了读取或输出数据,Java 程序与数据发送者和接收者之间要建立一个数据通道,这个数据通道被抽象为流(stream)。输入时通过流读取数据源(data source),输出时通过流将数据写入目的地(data destination)。Java 程序在输出时只管将数据写入输出流,而不管数据写入哪一个目标(文件、程序等);在输入时只管从输入流读取数据,而不管是从哪一个源(文件、程序等)读取数据。Java 程序对各种流的处理也基本相同,都包括打开流、读取/写入数据、关闭流等操作。Java 程序通过流可以实现用统一的形式处理 I/O,使得 I/O 的编程变得非常简单方便。

在 Java 语言中,流有多种分类方式,按照流的方向划分可以分为输入流(InputStream)和输出流(OutputStream)。

- 输入流:Java 程序可以打开一个从某种数据源(文件、内存等)到程序的一个流,从这个流中读取数据,这就是输入流。因为流是有方向的,所以只能从输入流中读取数据,而不能向它写数据。
- 输出流:Java 程序可以打开到某种目标的流,把数据顺序写到该流中,从而把程序中的数据保存在目标对象中。只能将数据写到输出流,而不能从输出流中读取数据。

按照流所关联的是否为最终数据源或目标来划分,流可以分为节点流(node stream)和处理流(processing stream)。

- 节点流:直接与最终数据源或目标关联的流为节点流。
- 处理流:不直接连到数据源或目标,而是对其他 I/O 流进行连接和封装的流为处理流。节点流一般只提供一些基本的读写操作方法,而处理流会提供一些功能比较强大的方法。所以,在实际应用中通常将节点流与处理流结合起来使用以满足不同的 I/O 需求。

按照流所操作的数据单元来划分，流可以分为字节流和字符流。

- 字节流：以字节为基本单元进行数据的 I/O，可用于二进制数据的读写。
- 字符流：以字符为基本单元进行数据的 I/O，可用于文本数据的读写。

9.1.2　字节流

InputStream 和 OutputStream 是字节流的两个顶层父类，提供了输入流类与输出流类的通用 API。

1. InputStream

InputStream 类的子类及其继承关系如图 9.1 所示。在 InputStream 子类中，底色为灰色的为节点流，其余的为处理流。

抽象类 java.io.InputStream 是所有字节输入流的父类，该类中定义了读取字节数据的基本方法。下面是 InputStream 类中常用的方法。

- public abstract int read()：读一个字节作为方法的返回值。如果返回－1，则表示到达流的末尾。
- public int read(byte[ ] b)：将读取的数据保存在一个字节数组中，并返回读取的字节数。
- public int read(byte[ ] b, int off, int len)：从输入流中读取 len 个字节存储在初始偏移量为 off 的字节数组中，返回实际读取的字节数。
- public long skip(long n)：从输入流中最多跳过 n 个字节，返回跳过的字节数。
- public int available()：返回此输入流中可以不受阻塞地读取(跳过)的字节数。
- public void close()：关闭输入流，释放与流相关联的所有系统资源。
- public void mark(int readlimit)：标记当前的位置，参数 readlimit 用于设置从标记位置处开始可以读取的最大字节数。
- public void reset()：将输入流重新定位到最后一次 mark 方法标记的位置。
- public boolean markSupported()：如果输入流支持 mark()和 reset()方法，则返回 true；否则返回 false。

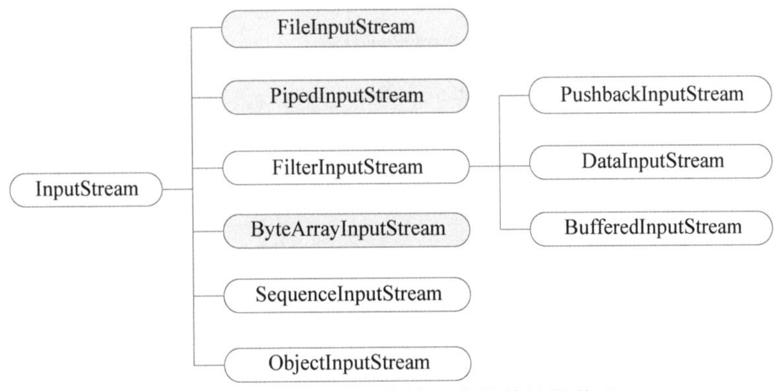

图 9.1　InputStream 类的子类及其继承关系

2. OutputStream

OutputStream 类的子类及其继承关系如图 9.2 所示。在 OutputStream 子类中底色为灰色的为节点流,其余的为处理流。

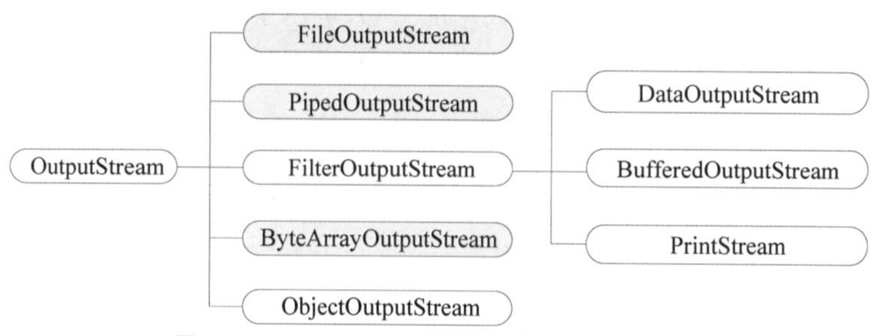

图 9.2　OutputStream 类的子类及其继承关系

抽象类 java.io.OutputStream 是所有字节输出流的父类,该类中定义了输出字节数据的基本方法。下面是 OutputStream 类中常用的方法。

- public abstract void write(int b):将参数 b 的低 8b 写入输出流。
- public void write(byte[] b):将字节数组 b 的内容写入输出流。
- public void write(byte[] b, int off, int len):将字节数组 b 中从偏移量 off 开始的 len 字节写入输出流。
- public void flush():刷新输出流,并强制写出所有缓冲的输出字节。
- public void close():关闭输出流,并释放与流关联的所有系统资源。

9.1.3　字符流

Reader 和 Writer 是 java.io 包中两个字符流类的顶层抽象父类,定义了在 I/O 流中读写字符数据的通用 API。字符流能够处理 Unicode 字符集中的所有字符,而字节流仅限于处理 ISO-Latin-1 中的 8 位字节数据。

1. Reader

Reader 类的子类及其继承关系如图 9.3 所示。在 Reader 子类中底色为灰色的为节点流,其余的为处理流。

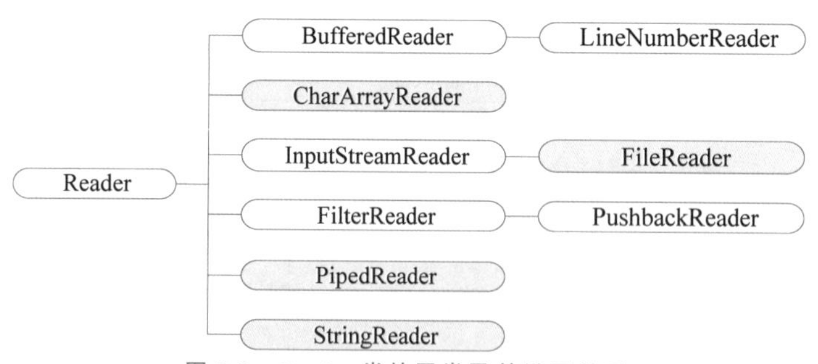

图 9.3　Reader 类的子类及其继承关系

抽象类 java.io.Reader 是所有字符输入流的父类,该类中定义了读取字符数据的基本方法。下面是 Reader 类中常用的方法。

- public int read():读一个字符作为方法的返回值,如果返回−1,则表示到达流的末尾。
- public int read(char[ ] cbuf):读字符保存在数组中,并返回读取的字符数。

- public abstract int read(char[ ] cbuf, int off, int len):读字符存储在数组的指定位置,返回读取的字符数。
- public long skip(long n):从输入流中最多跳过 n 个字符,返回跳过的字符数。
- public boolean ready():当输入流准备好可以读取数据时返回 true,否则返回 false。
- public boolean markSupported():当输入流支持 mark 方法时返回 true,否则返回 false。
- public void mark(int readAheadLimit):标记当前的位置,参数用于设置从标记位置处开始可以读取的最大字符数。
- public void reset():将输入流重新定位到最后一次 mark()方法标记的位置。
- public abstract void close():关闭输入流,并释放与流关联的所有系统资源。

2. Writer

Writer 类的子类及其继承关系如图 9.4 所示。在 Writer 子类中底色为灰色的为节点流,其余的为处理流。

抽象类 java.io.Writer 是所有字符输出流的父类,该类中定义了输出字符数据的基本方法。下面是 Writer 类中常用的方法。

- public void write(int c):将参数 c 的低 16b 写入输出流。
- public void write(char[ ] cbuf):将字符数组 cbuf 的内容写入输出流。
- public abstract void write(char[ ] cbuf, int off, int len):将字符数组 cbuf 中从偏移量 off 开始的 len 个字符写入输出流。
- public void write(String str):将字符串 str 中的全部字符写入输出流。
- public void write(String str, int off, int len):将字符串 str 中从偏移量 off 开始的 len 个字符写入输出流。
- public abstract void flush():刷新输出流,强制写出所有缓冲的输出字符。
- public abstract void close():关闭输出流,释放与该流相关联的所有系统资源。

9.1.4 I/O 流的套接

在 Java 程序中,通过节点流可以直接读取数据源中的数据,或者将数据通过节点流直接写到目标中。节点流可以直接与数据源或目标相关联,但它提供了基本的数据读写方法。例如,使用节点流 FileInputStream 和 FileOutputStream 对文件进行读写时,每次读写字节数据时都要对文件进行操作。为了提高读写效率,避免多次对文件进行操作,Java 提供了读写字节数据的缓冲流 BufferedInputStream 和 BufferedOutputStream。此外,使用节点流 FileInputStream 和 FileOutputStream 读写数据时,只能以字节为单位而不能按照数据类型来读写数据。为了增强读写功能,Java 提供了 DataInputStream/DataOutputStream 类来实现按数据类型读写数据。因此,根据系统的实际需求选择合适的处理流可以提高读写效率并增强读写能力。

在 Java 程序中,通常将节点流与处理流二者结合起来使用。由于处理流不直接与数据源或目标关联,所以可以将节点流作为参数来构造处理流。即处理流对节点流进行了一次封装,而处理流还可以作为参数来构造其他处理流,从而形成了处理流对节点流或其他处理流的进一步封装,这就是所谓的 I/O 流套接。下面是 I/O 流套接的例子。

- InputStreamReader isr=new InputStreamReader(System.in);
- BufferedReader br=new BufferedReader(isr);

图 9.4 Writer 类的子类及其继承关系

【分析讨论】

(1) 在 System 类中,静态成员 in 是系统输入流,类型为 InputStream,在 Java 程序运行时系统会自动提供。默认情况下系统输入流会连接到键盘,所以通过 System.in 可以读取键盘输入。但是 System.in 是 InputStream,在第一个语句中将其作为参数封装在 InputStreamReader 中,从而形成了 I/O 流的套接,并将 InputStream 字节流转换成字符流。

(2) 在第二个语句中将转换后的字符流作为参数封装在 BufferedReader 中,从而形成 I/O 流的再次套接,将字符流转换为缓存字符流。

节点流是以物理 I/O 节点作为构造方法的参数,而处理流构造方法的参数不是物理节点而是已经存在的节点流或处理流。通过处理流来封装节点流可以隐藏底层设备节点的差异,使节点流完成与底层设备的交互,而处理流则提供了更加方便的 I/O 方法。

9.1.5 常用的 I/O 流

表 9.1 与表 9.2 把 java.io 包中提供的 I/O 流进行了分类与描述,表 9.1 列出的是节点流,表 9.2 列出的是处理流。从这些表中可以看出,java.io 包中的字节流与字符流实现了同种类型的 I/O,只是处理的数据类型不同。

表 9.1 java.io 包中的节点流

功　能	字节输入流	字节输出流	字符输入流	字符输出流
访问文件	FileInputStream	FileOutputStream	FileReader	FileWriter
访问内存数组	ByteArrayInputStream	ByteArrayOutputStream	CharArrayReader	CharArrayWriter
访问字符串			StringReader	StringWriter
访问管道	PipedInputStream	PipedOutputStream	PipedReader	PipedWriter

表 9.2 java.io 包中的处理流

功　能	字节输入流	字节输出流	字符输入流	字符输出流
缓存流	BufferedInputStream	BufferedOutputStream	BufferedReader	BufferedWriter
转换流			InputStreamReader	OutputStreamWriter
对象流	ObjectInputStream	ObjectOutputStream		

续表

功　能	字节输入流	字节输出流	字符输入流	字符输出流
打印流		PrintStream		PrintWriter
过滤流	FilterInputStream	FilterOutputStream	FilterReader	FilterWriter
行流			LineNumberReader	
推回输入流	PushbackInputStream		PushbackReader	
各种类型的数据流	DataInputStream	DataOutputStream		

1. 文件流

文件流是节点流，包括 FileInputStream/FileOutputStream 类以及 FileReader/FileWriter 类，它们都是对文件系统中的文件进行读或写的类。文件流的构造方法经常以字符串形式的文件名或者一个 File 类的对象作为参数。例如，下面是 FileInputStream 类的两个构造方法。

- public FileInputStream(String name)
- public FileInputStream(File file)

【例 9.1】 通过类 FileInputStream/FileOutputStream 读/写文件的示例。在系统当前目录下读取 source.jpg 文件的内容，并将其复制生成新文件 dest.jpg。

```
01 import java.io.*;
02 public class FileStreamTest {
03   public static void main(String[ ] args) throws IOException {
04     FileInputStream fis=null;
05     FileOutputStream fos=null;
06     try {
07       fis=new FileInputStream("source.jpg");
08       fos=new FileOutputStream("dest.jpg");
09       byte[ ] b=new byte[1024];
10       int count;
11       while((count=fis.read(b))>0)
12         fos.write(b,0,count);
13     }
14     catch(IOException e) {
15       e.printStackTrace();
16     }
17     finally {
18       fis.close();
19       fos.close();
20     }
21   }
22 }
```

【分析讨论】

(1) 用 FileInputStream 读取源文件时，如果源文件没有指定路径，则表示在当前系统默认目录下并且源文件一定要存在。

(2) 使用 FileOutputStream 将数据写入目标文件时，如果目标文件不存在，则系统会自动创建;若目标文件指定的路径也不存在,则不会创建文件而是抛出 FileNotFoundException。

(3) 使用 I/O 流类时一定要处理异常。

FileReader/FileWriter 类与 FileInputStream/FileOutputStream 类中的方法功能相同,二者的区别在于读写文件内容时读写的单位不同,FileReader/FileWriter 类以字符为单位而 FileInputStream/FileOutputStream 类以字节为单位。通常情形下,FileReader/FileWriter 用于读写文本文件。

【例 9.2】 使用类 FileReader/FileWriter 读/写文件的示例。在系统当前目录下创建源文件 source.txt,将源文件内容在控制台和目标文件 dest.txt 中输出,最后在控制台输出目标文件内容。

```
01 import java.io.*;
02 public class FileReaderWriterTest {
03   public static void main(String[ ] args) {
04     FileReader fr=null;
05     FileWriter fs=null;
06     FileWriter fd=null;
07     FileReader ft=null;
08     try {
09       fs=new FileWriter("source.txt");
10       fs.write("很高兴学习 java!");
11       fs.close();
12       fr=new FileReader("source.txt");
13       fd=new FileWriter("dest.txt");
14       int c;
15       System.out.print("源文件内容:");
16       while((c=fr.read())!=-1) {
17         System.out.print((char)c);
18         fd.write(c);
19       }
20       fd.close();
21       fr.close();
22       System.out.print("\n 目标文件内容:");
23       ft=new FileReader("dest.txt");
24       char[] ch=new char[100];
25       int count;
26       while((count=ft.read(ch))!=-1)
27         System.out.print(new String(ch,0,count));
28       ft.close();
29     }
30     catch(IOException e) {
31       e.printStackTrace();
32     }
33   }
34 }
```

【运行结果】

```
源文件内容:很高兴学习 java!
目标文件内容:很高兴学习 java!
```

【分析讨论】

由于中文字符存储时占 2 字节，上面文本文件在使用 FileInputStream 类来读取时以字节为单位。如果 read()方法读取时只读到了中文字符编码的 1 字节，则会输出乱码。FileReader 类中的 read()方法以字符为单位读取，这样可以保证文本文件中的中文字符可以正确读取。

2. 数据流

数据流包括数据输入流 DataInputStream 类和数据输出流 DataOutputStream 类，它们允许按 Java 的基本数据类型读写流中的数据。数据输入流以一种与机器无关的方式读取 Java 基本数据类型以及使用 UTF-8 修改版格式编码的字符串。下面是 DataInputStream 类的定义。

```
public class DataInputStream extends FilterInputStream implements DataInput
```

DataInputStream 类的构造方法为 public DataInputStream(InputStream in)。

DataInputStream 类中除了具有 InputStream 类中字节数据的读取方法以外，还实现了 DataInput 接口中 Java 基本数据类型及字符串数据读取的方法。DataInputStream 类中读取数据的方法如表 9.3 所示。

表 9.3 DataInputStream 类中读取数据的方法

方 法	说 明
public final boolean readBoolean()	返回读取的 boolean 值
public final byte readByte()	返回读取的 byte 值
public final short readShort()	返回读取的 short 值
public final char readChar()	返回读取的 char 值
public final int readInt()	返回读取的 int 值
public final long readLong()	返回读取的 long 值
public final float readFloat()	返回读取的 float 值
public final double readDouble()	返回读取的 double 值
public final String readUTF()	返回使用 UTF-8 修改版格式编码的字符串

数据输出流 DataOutputStream 将 Java 基本数据类型以及使用 UTF-8 修改版格式编码的字符串写入输出流。DataOutputStream 类的定义如下：

```
public class DataOutputStream extends FilterOutputStream implements DataOutput
```

DataOutputStream 类的构造方法为 public DataOutputStream(OutputStream out)。

DataOutputStream 类中除了具有 OutputStream 类中字节数据的写入方法，还实现了 DataOutput 接口中 Java 基本数据类型及字符串数据的写入方法。DataOutputStream 类中写入数据的方法如表 9.4 所示。

表 9.4　DataOutputStream 类中写入数据的方法

方　　法	说　　明
public final void writeBoolean(boolean v)	将 boolean 值写入输出流
public final void writeByte(int v)	将参数 v 的 8 个低位写入输出流
public final void writeShort(int v)	将参数 v 的 16 个低位写入输出流
public final void writeChar(int v)	将参数 v 的 16 个低位写入输出流
public final void writeInt(int v)	将 int 值写入输出流
public final void writeLong(long v)	将 long 值写入输出流
public final void writeFloat(float v)	将 float 值写入输出流
public final void writeDouble(double v)	将 double 值写入输出流
public final void writeUTF(String str)	将字符串使用 UTF-8 修改版格式编码,并写入输出流

【例 9.3】　使用处理流按数据类型读/写数据的示例。处理流 DataInputStream 和 DataOutputStream 封装了节点流 FileInputStream 和 FileOutputStream,使用处理流实现按数据类型读/写数据,而数据最终通过节点流完成读/写。

```
01  import java.io.*;
02  public class DataStreamTest {
03    public static void main(String[ ] args) {
04      FileInputStream fis;
05      FileOutputStream fos;
06      DataInputStream dis;
07      DataOutputStream dos;
08      try {
09        fos=new FileOutputStream("write.dat");
10        dos=new DataOutputStream(fos);
11        dos.writeUTF("Java 程序设计");
12        dos.writeDouble(30.6);
13        dos.writeInt(337);
14        dos.writeBoolean(true);
15        dos.close();
16        fis=new FileInputStream("write.dat");
17        dis=new DataInputStream(fis);
18        System.out.println("书名:"+dis.readUTF());
19        System.out.println("单价:"+dis.readDouble());
20        System.out.println("页数:"+dis.readInt());
21        System.out.println("是否适合初学者:"+dis.readBoolean());
22        dis.close();
23      }
24      catch(IOException e) {
25        e.printStackTrace();
26      }
27    }
28  }
```

【运行结果】

```
书名:Java 程序设计
单价:30.6
页数:337
是否适合初学者:true
```

【分析讨论】

(1) DataInputStream 与 DataOutputStream 类应配对使用完成数据读/写,而且读取数据类型的顺序要与写入数据类型的顺序完全相同。

(2) I/O 流使用后应当关闭,关闭处理流时系统会自动关闭处理流所封装的节点流。

3. 缓存流

外设读写数据的速度低于内存数据的读写速度,为了减少外设的读写次数,通常利用缓存流从外设中一次读/写一定长度的数据,从而提高系统性能。缓存流包括 BufferedInputStream/BufferedOutputStream 和 BufferedReader/BufferedWriter 4 个类。

BufferedInputStream 是实现缓存功能的 InputStream,创建 BufferedInputStream 时即创建了一个内部缓存数组。下面是 BufferedInputStream 的构造方法。

- public BufferedInputStream(InputStream in)
- public BufferedInputStream(InputStream in, int size)

BufferedOutputStream 是实现缓存功能的 OutputStream,创建 BufferedOutputStream 时即创建了一个内部缓存数组。下面是 BufferedOutputStream 的构造方法。

- public BufferedOutputStream (OutputStream out)
- public BufferedOutputStream (OutputStream out, int size)

缓存流实现了对基本输入输出流的封装并创建内部缓冲区数组。输入时基本输入流一次读取一定长度的数据到内部缓冲区数组,缓存流通过内部缓冲区数组来读取数据。输出时缓存流将数据写入缓冲区,基本输出流将缓冲区的数据一次写出。缓存流构造方法中第二个参数 size 用于指定缓冲区的大小,如果没指定大小则缓冲区大小为默认值。

BufferedReader/BufferedWriter 实现了对 Reader/Writer 流的封装,并创建了内部缓冲区数组。二者的功能与 BufferedInputStream/BufferedOutputStream 类似,区别在于读写数据的基本单位不同。下面是 BufferedReader 的构造方法。

- public BufferedReader(Reader in)
- public BufferedReader(Reader in, int sz)

下面是 BufferedWriter 的构造方法。

- public BufferedWriter(Writer out)
- public BufferedWriter(Writer out, int sz)

BufferedReader 类增加了方法 public String readLine(),用于读取一个文本行并返回该行内的字符串,如果已到达流末尾,则返回 null。BufferedWriter 类增加了方法 public void newLine(),用于写入一个行分隔符。

【例 9.4】 用 BufferedReader/BufferedWriter 读/写文件的示例。使用 BufferedReader 读取文件 BufferedReaderWriterTest.java 内容,添加行号后再用 BufferWriter 写入文件 dest.java 中。

```
01 import java.io.*;
02 public class BufferedReaderWriterTest {
03   public static void main(String[] args) {
04     try {
05       FileReader f=new FileReader("BufferedReaderWriterTest.java");
06       BufferedReader br=new BufferedReader(f);
07       FileWriter fw=new FileWriter("dest.java");
08       BufferedWriter bw=new BufferedWriter(fw);
09       String s;
10       int i=1;
11       while((s=br.readLine())!=null) {
12         bw.write(i+++":  "+s);
13         bw.newLine();
14       }
15       bw.flush();
16       br.close();
17       bw.close();
18     }
19     catch(IOException e) {
20       e.printStackTrace();
21     }
22   }
23 }
```

【分析讨论】

BufferedWriter 类中方法 newLine()写出与平台相关的行分隔符。

4. InputStreamReader/OutputStreamWriter

在使用 InputStream 和 OutputStream 处理数据时,通过类 InputStreamReader 和 OutputStreamWriter 的封装就可以实现字符数据处理功能。InputStreamReader 类是 Reader 类的子类,它是字节流通向字符流的桥梁,使用平台默认字符集或指定字符集读取字节并将其解码为字符。下面是 InputStreamReader 的构造方法。

- public InputStreamReader(InputStream in)
- public InputStreamReader(InputStream in, String charsetName)

OutputStreamWriter 类是 Writer 类的子类,它是字符流通向字节流的桥梁,使用平台默认字符集或指定字符集将字符编码为字节后输出。下面是 OutputStreamWriter 的构造方法。

- public OutputStreamWriter(OutputStream out)
- public OutputStreamWriter(OutputStream out, String charsetName)

5. PrintStream/PrintWriter

PrintStream 封装了 OutputStream,它可以使用 print()和 println()两个方法输出 Java 中所有基本类型和引用类型的数据。与其他的流有所不同,PrintStream 不会抛出 IOException,而是在发生 IOException 时将其内部错误状态设置为 true,并通过方法 checkError()进行检测。下面是 PrintStream 的构造方法。

- public PrintStream(OutputStream out)
- public PrintStream(String fileName)
- public PrintStream(File file)

PrintWriter 与 PrintStream 功能相同，都可以使用 print()和 println()两个方法完成各种类型的数据输出。但是 PrintWriter 除了可以封装 Writer 外，还可以封装 OutputStream。下面是 PrintWriter 的构造方法。

- public PrintWriter(Writer out)
- public PrintWriter(OutputStream out)
- public PrintWriter(String fileName)
- public PrintWriter(File file)

6. 标准输入输出流

在 java.lang.System 类中，定义了系统标准输入流 in、标准输出流 out、标准错误输出流 err。系统标准流在 Java 程序运行时会自动提供，标准输入流 System.in 将会读取键盘的输入，标准输出流将数据在控制台窗口中输出，标准错误流将错误信息在控制台窗口中输出。下面是这三个标准流的具体定义。

- public static final InputStream in
- public static final PrintStream out
- public static final PrintStream err

【例 9.5】 使用系统标准输入输出流的示例。通过系统标准输入流 System.in 读取键盘输入的三个整数，然后判断它们是否能构成三角形。如果这三个整数能构成三角形，则通过系统标准输出流 System.out 输出；否则，通过系统标准错误流 System.err 输出。

```
01 import java.io.*;
02 public class SystemStreamTest {
03   public static void main(String[ ] args) {
04     try {
05       InputStreamReader isr=new InputStreamReader(System.in);
06       BufferedReader br=new BufferedReader(isr);
07       String s=null;
08       String[ ] ss=null;
09       int a,b,c;
10       System.out.println("请输入三个整数,数值之间用逗号分隔:");
11       s=br.readLine();
12       while(!s.equals("exit")) {
13         ss=s.split(",");
14         if(ss.length!=3)
15           System.err.println("数据少于三个");
16         else {
17           a=Integer.parseInt(ss[0]);
18           b=Integer.parseInt(ss[1]);
19           c=Integer.parseInt(ss[2]);
20           if(a+b>c&&a+c>b&&b+c>a)
21             System.out.println(a+","+b+","+c+" 能组成三角形");
22           else
23             System.err.println(a+","+b+","+c+" 不能组成三角形");
24         }
25         s=br.readLine();
26       }
27       br.close();
28     }
```

```
29      catch(IOException e) {
30        e.printStackTrace();
31      }
32    }
33  }
```

【运行结果】

```
请输入三个整数,数值之间用逗号分隔:
3,4,5
3,4,5 能组成三角形
1,2
数据少于三个
1,2,3
1,2,3 不能组成三角形
exit
```

【分析讨论】

第 12～26 行代码中,通过键盘循环输入三个整数,当三个整数能构成三角形时通过 System.out 流输出;当输入整数少于三个或三个整数不能构成三角形时通过 System.err 流输出。输入字符串"exit"时结束循环。

在上面的程序中,如果不想让输出流和错误输出流中的信息都通过控制台窗口输出,则可以将系统标准输入输出流进行重定向。下面是 System 类提供的三个用于重定向系统标准输入输出流的方法。

- public static void setIn(InputStream in)
- public static void setOut(PrintStream out)
- public static void setErr(PrintStream err)

【例 9.6】 重定向系统标准输入输出流的示例。将系统标准输入输出流分别重定向到文件 in.txt、out.txt 和 err.txt,通过文件 in.txt 读取所需数据,程序运行结果写入文件 out.txt 中,程序运行错误信息写入文件 err.txt 中。

```
01 import java.io.*;
02 public class SystemStreamSetTest {
03   public static void main(String[ ] args) {
04     try {
05       FileInputStream fis=new FileInputStream("in.txt");
06       InputStreamReader isr=new InputStreamReader(fis);
07       BufferedReader br=new BufferedReader(isr);
08       System.setIn(fis);
09       FileOutputStream fos=new FileOutputStream("out.txt");
10       BufferedOutputStream bos=new BufferedOutputStream(fos);
11       PrintStream pso=new PrintStream(bos);
12       System.setOut(pso);
13       FileOutputStream fes=new FileOutputStream("err.txt");
14       BufferedOutputStream bes=new BufferedOutputStream(fes);
15       PrintStream pse=new PrintStream(bes);
16       System.setErr(pse);
17       String s=null;
18       String[] ss=null;
```

```
19        int a,b,c;
20        s=br.readLine();
21        while(!s.equals("exit")) {
22          ss=s.split(",");
23          if(ss.length!=3)
24            System.err.println("数据少于三个");
25          else {
26            a=Integer.parseInt(ss[0]);
27            b=Integer.parseInt(ss[1]);
28            c=Integer.parseInt(ss[2]);
29            if(a+b>c&&a+c>b&&b+c>a)
30              System.out.println(a+","+b+","+c+" 能组成三角形");
31            else
32              System.err.println(a+","+b+","+c+" 不能组成三角形");
33          }
34          s=br.readLine();
35        }
36        System.out.close();
37        System.err.close();
38        br.close();
39      }
40      catch(IOException e) {
41        e.printStackTrace();
42      }
43    }
44  }
```

程序执行时读/写的三个文件内容如图 9.5 所示。

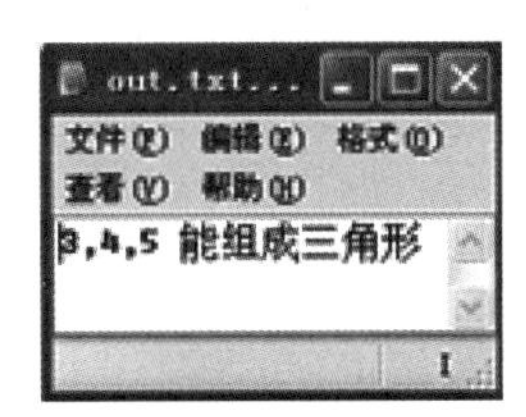

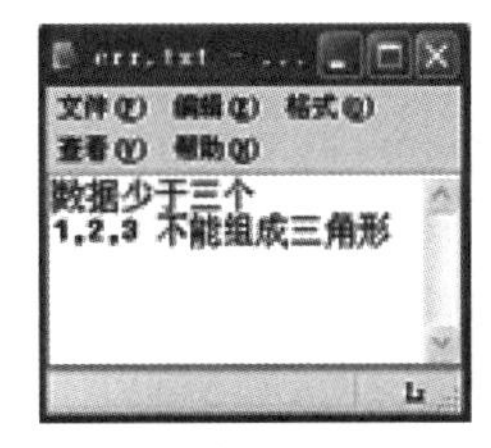

图 9.5　标准 I/O 流重定向后所读/写三个文件的内容

9.2 File 类

通过输入输出流可以实现对文件内容的读和写，而要想获得文件的属性信息(例如，文件的大小、建立或最后修改的日期和时间、文件的可读/写性信息)，或者删除和重命名文件以及对系统目录操作时，则要通过 java.io.File 类来实现。File 类是文件或目录的抽象表示，通过它可以实现对文件和目录信息的操作和管理。

9.2.1　创建 File 对象

File 类对象表示文件或目录，通过 File 类的构造方法可以创建 File 类对象。下面是 File 类中的常用构造方法。

- public File(String pathname)：通过指定的路径名字符串 pathname 创建一个 File

对象。

- public File(String parent, String child):根据父路径字符串 parent 及子路径字符串 child 创建一个 File 对象。
- public File(File parent, String child):根据指定的父 File 对象 parent 及子路径字符串 child 创建一个 File 对象。

下面代码分别通过 File 类构造方法创建 File 对象:

```
• File f1=new File("out.txt");                //表示当前目录下的 out.txt
• File f2=new File("temp","out.txt");         //表示 temp 子目录下的 out.txt
• File directory=new File("temp");
• File f3=new File(directory,"out.txt");      //表示 temp 子目录下的 out.txt
```

9.2.2 操作 File 对象

通过 File 类中的方法可以实现对文件和目录的操作和管理。下面是 File 类中常用的方法。

1. 文件名的操作

- public String getName():返回文件或目录的名称,该名称是路径名的名称序列中的最后一个名称。
- public String getParent():如果 File 对象中没有指定父目录,则返回 null;否则,将返回父目录的路径名字符串及子目录路径名称序列中最后一个名称以前的所有路径。
- public String getPath():返回此 File 对象所表示的路径名的字符串。
- public String getAbsolutePath():返回此 File 对象所表示的绝对路径名字符串。
- public boolean renameTo(File dest):当 File 对象所表示的文件或目录重命名成功时则返回 true,否则返回 false。

2. 获取文件信息的操作

- public boolean isAbsolute():如果此 File 对象表示的是绝对路径名则返回 true,否则返回 false。
- public boolean canRead():如果 File 对象所表示的文件可读则返回 true,否则返回 false。
- public boolean canWrite():如果 File 对象所表示的文件可写则返回 true,否则返回 false。
- public boolean exists():如果 File 对象所表示的文件或目录存在则返回 true,否则返回 false。
- public boolean isDirectory():如果 File 对象所表示的是一个目录则返回 true,否则返回 false。
- public boolean isFile():如果 File 对象所表示的是一个文件则返回 true,否则返回 false。
- public boolean isHidden():如果 File 对象所表示的是隐藏文件或目录则返回 true,否则返回 false。

- public long lastModified()：返回 File 对象所表示的文件或目录最后的修改时间，如果文件或目录不存在则返回 0L。
- public long length()：返回 File 对象所表示的文件或目录的长度。

3. 文件创建、删除的操作

- public boolean createNewFile()：如果 File 对象所表示的文件不存在并成功创建则返回 true，否则返回 false。
- public boolean delete()：删除 File 对象所表示的文件或目录，目录必须为空才能删除。删除成功时返回 true，否则返回 false。
- public void deleteOnExit()：在 Java 虚拟机终止时，删除 File 对象所表示的文件或目录。

4. 目录操作

- public String[ ] list()：返回 File 对象所表示目录中的文件和目录名称所组成的字符串数组。
- public boolean mkdir()：File 对象所表示目录创建成功则返回 true，否则返回 false。

【例 9.7】 File 类中方法使用示例。在系统当前目录下生成文件并获得文件的属性信息，最后当 JVM 终止时删除所创建的文件。

```
01 import java.io.*;
02 import java.util.*;
03 public class FileTest {
04   public static void main(String[ ] args) {
05     try {
06       String curuserdir=System.getProperty("user.dir");
07       System.out.println("当前用户目录为:"+curuserdir);
08       File tempdir=new File(curuserdir);
09       File f=new File(tempdir,"temp.txt");
10       System.out.println("文件是否存在:"+f.exists());
11       System.out.println("文件名为:"+f.getName());
12       System.out.println("文件的绝对路径为:"+f.getAbsolutePath());
13       f.createNewFile();
14       System.out.println("文件是否存在:"+f.exists());
15       System.out.println("文件是否可读:"+f.canRead());
16       System.out.println("文件是否可写:"+f.canWrite());
17       System.out.println("文件的大小是:"+f.length()+"字节");
18       System.out.println("文件是否为隐藏文件:"+f.isHidden());
19       System.out.println("文件建立的时间为:"+new Date(f.lastModified()));
20       f.setReadOnly();
21       System.out.println("设置只读属性后文件是否可写:"+f.canWrite());
22       System.out.println("当 JVM 终止时删除"+f.getName()+"文件");
23       f.deleteOnExit();
24     }
25     catch(IOException e) {
26       e.printStackTrace();
27     }
28   }
29 }
```

【运行结果】

```
当前用户目录为:C:\JavaExample\chapter09\9-7
文件是否存在:false
文件名为:temp.txt
文件的绝对路径为:C:\JavaExample\chapter09\9-7\temp.txt
文件是否存在:true
文件是否可读:true
文件是否可写:true
文件的大小是:0 字节
文件是否为隐藏文件:false
文件建立的时间为:Thu Jul 29 14:32:38 CST 2010
设置只读属性后文件是否可写:false
当 JVM 终止时删除 temp.txt 文件
```

【分析讨论】

File 类实例表示的文件在系统中不存在时,不会自动创建该文件。第 09～12 行代码中,file 对象所表示的文件 temp.txt 在当前目录下不存在,使用方法 createNewFile()后才会创建该文件。

9.3 RandomAccessFile 类

到目前为止学习的 Java 流式 I/O 都是顺序访问流,即流中的数据必须按顺序进行读/写。Java 还提供了一个功能更强大的随机存取文件类 RandomAccessFile,它可以实现对文件的随机读/写操作。下面是 RandomAccessFile 类的定义。

```
public class RandomAccessFile extends Object implements DataOutput, DataInput,
Closeable
```

RandomAccessFile 实现了接口 DataInput 和 DataOutput,所以它除了可以读/写字节数据,还可以实现按照数据类型来读/写数据。

9.3.1 创建 RandomAccessFile 对象

用 RandomAccessFile 实现文件随机读/写的原理是将文件看作字节数组,并用文件指针指示文件当前的读写位置。当创建完 RandomAccessFile 类的实例后,文件指针指向文件的头部,当读/写 n 个字节数据后,文件指针也会移动 n 个字节,文件指针的位置即下一次读/写数据的位置。由于 Java 中每种基本数据类型数据的长度是固定的,所以可以通过设置文件指针的位置实现对文件内容的随机读/写。下面是 RandomAccessFile 类的构造方法。

- public RandomAccessFile(String name,String mode)
- public RandomAccessFile(File file, String mode)

上述构造方法有两个参数,第一个参数为数据文件,以文件名或文件对象表示;第二个参数 mode 是访问模式字符串,它规定了 RandomAccessFile 对象可以用何种方式打开和访问指定的文件。下面是参数 mode 的取值及含义。

- r:以只读方式打开文件,如果对文件执行写入则抛出 IOException。

- rw：以读写方式打开文件，如果该文件不存在，则尝试创建该文件。
- rws：以读写方式打开文件，相对于 rw 模式，还要求对文件内容或元数据的每个更新都同步写入底层存储设备。
- rwd：以读写方式打开文件，相对于 rw 模式，还要求对文件内容的每个更新都同步写入底层存储设备。

9.3.2 操作 RandomAccessFile 对象

RandomAccessFile 通过对文件指针的设置，就可以实现对文件的随机读写。下面是与文件指针相关的方法。

- public long getFilePointer()：返回文件指针的当前位置。
- public void seek(long pos)：将文件指针设置到 pos 位置。

【例 9.8】 RandomAccessFile 类使用示例。使用 RandomAccessFile 类创建文件 stu.txt 并写入两个学生信息，然后重新设置文件指针值来访问并修改两个学生的信息。

```
01 import java.io.*;
02 public class RandomAccessFileTest {
03   public static void main(String[ ] args) throws IOException {
04     RandomAccessFile r=new RandomAccessFile("stu.txt","rw");
05     w(r,2010001,"李刚","男",85.89);
06     w(r,2010002,"王红","女",75.23);
07     disp(r);
08     System.out.println("修改第二个学生信息:");
09     r.seek(22);
10     w(r,2010002,"王小红","女",80.21);
11     System.out.println("修改第一个学生信息:");
12     r.seek(0);
13     w(r,2010001,"李刚","男",75.34);
14     disp(r);
15     r.close();
16   }
17   public static void w(RandomAccessFile r, int sno, String sname, String sex,
double ave) {
18     try {
19       r.writeInt(sno);
20       if(sname.length()==2)
21         sname=sname+"    ";
22       if(sname.length()==3)
23         sname=sname+"  ";
24       r.write(sname.getBytes());
25       r.write(sex.getBytes());
26       r.writeDouble(ave);
27     }
28     catch(IOException e) {
29       e.printStackTrace();
30     }
31   }
32   public static void disp(RandomAccessFile r) throws IOException {
33     r.seek(0);
34     long count=r.length()/22;
```

```
35        byte[ ] name=new byte[8];
36        byte[ ] sex=new byte[2];
37        for(int i=0;i<count;i++) {
38          System.out.print(r.readInt()+"\t");
39          r.read(name);
40          System.out.print(new String(name)+"\t");
41          r.read(sex);
42          System.out.print(new String(sex)+"\t");
43          System.out.println(r.readDouble());
44        }
45      }
46  }
```

【运行结果】

```
2010001    李刚        男    85.89
2010002    王红        女    75.23
修改第二个学生信息:
修改第一个学生信息:
2010001    李刚        男    75.34
2010002    王小红      女    80.21
```

【分析讨论】

每个学生信息包括学号、姓名、性别、平均分。学号为 int 值用 4 字节存储;姓名定义为长度为 4 的字符串,每个汉字用 2 字节存储,所以姓名信息用 8 字节存储;性别用 2 字节存储;平均分为 double 值用 8 字节存储。所以,每个学生信息要占用 22 字节存储。

9.4 对象序列化

在 Java 程序执行过程中,通过 I/O 流可以将基本类型或 String 类型变量的值进行存储和传输。那么,对象又是如何存储在外部文件中的呢?怎样将一个对象通过网络进行传输呢?本节将要讲解的"对象序列化"就是用来解决这个问题的。

9.4.1 基本概念

将 Java 程序中的对象保存在外存中,称为对象持久化。对象持久化的关键是将它的状态以一种序列格式表示出来,以便以后读该对象时能够把它重构出来。因此,在 Java 中对象序列化是指将对象写入字节流以实现对象的持久性,而在需要时又可以从字节流中恢复该对象的过程。对象序列化的主要任务是将对象的状态信息以二进制流的形式输出。如果对象的属性又引用其他对象,则递归序列化所有被引用的对象,从而建立一个完整的序列化流。

9.4.2 对象序列化的方法

对象序列化技术主要有两方面的内容,一是如何使用类 ObjectInputStream 和 ObjectOutputStream 实现对象的序列化;二是如何定义类,使其对象可以序列化。

ObjectOutputStream 类提供了 writeObject()方法将对象写入流中。该方法的定义

如下：

```
public final void writeObject(Object obj) throws IOException
```

只有类实现了 Serializable 接口，其对象才是可序列化的。writeObject()方法在输出的对象不可序列化时，将抛出 NotSerializableException 类型异常。

ObjectInputStream 类提供了 readObject()方法用于从对象流中读取对象。该方法的定义如下：

```
public final Object readObject() throws IOException, ClassNotFoundException
```

反序列化读取到的是对象的属性值，因此当重建 Java 对象时必须提供对象所属类的 class 文件，否则会引发 ClassNotFoundException。

9.4.3 构造可序列化对象的类

当类实现了 Serializable 接口，它的对象才是可序列化的。实际上，Serializable 是一个空接口，它的目的只是标识一个类的对象可以被序列化。如果一个类是可序列化的，则它的所有子类也是可序列化的。当序列化对象时，如果对象的属性又引用其他对象，则被引用的对象也必须是可序列化的。

【例 9.9】 使用类 OjbectInputStream/ObjectOutputStream 实现对象序列化的示例。可使用 ObjectOutputStream 类序列化 Teacher 对象，使用 ObjectInputStream 类反序列化并输出对象信息。

```
01 import java.io.*;
02 class Person implements Serializable {
03   private static final long serialVersionUID=123L;
04 }
05 class Course implements Serializable {
06   private static final long serialVersionUID=456L;
07   String name;
08   Course(String name) {
09     this.name=name;
10   }
11   public String toString() {
12     return name;
13   }
14 }
15 class Teacher extends Person {
16   private static final long serialVersionUID=789L;
17   String name;
18   Course cou;
19   Teacher(String name, Course cou) {
20     this.name=name;
21     this.cou=cou;
22   }
23   public String toString() {
24     return name+"\t"+cou;
25   }
26 }
```

```
27 public class SerializableTest {
28   public static void main(String[ ] args) {
29     Course cou=new Course("English");
30     Teacher t=new Teacher("Tom", cou);
31     try{
32       FileOutputStream fos=new FileOutputStream("out.ser");
33       ObjectOutputStream oos=new ObjectOutputStream(fos);
34       oos.writeObject(t);
35       oos.close();
36       FileInputStream fis=new FileInputStream("out.ser");
37       ObjectInputStream ois=new ObjectInputStream(fis);
38       System.out.println((Teacher)ois.readObject());
39     }
40     catch(Exception e) {
41       e.printStackTrace();
42     }
43   }
44 }
```

【运行结果】

```
Tom  English
```

【分析讨论】

(1) 可序列化类中的属性 serialVersionUID 用于标识类的序列化版本，如果不显式定义该属性，JVM 会根据类的相关信息计算它的值，而类修改后的计算结果与类修改前的计算结果往往不同，这样反序列化时就会因类版本不兼容而失败。

(2) Person 类实例是可序列化的，所以其子类 Teacher 类的对象也是可序列化的。

【例 9.10】 子类对象序列化示例。父类对象不能被序列化但其子类对象仍可以被序列化，反序列化子类对象时首先调用父类构造方法来初始化父类对象中的成员变量。

```
01 import java.io.*;
02 class Point {
03   int x=10;
04   int y=20;
05   Point() {
06     System.out.println("调用父类构造方法");
07     x=40;
08     y=50;
09   }
10   public void setXY(int x, int y) {
11     this.x=x;
12     this.y=y;
13   }
14   public String toString() {
15     return "(x,y)="+x+","+y;
16   }
17 }
18 class Rectangle extends Point implements Serializable {
19   static final long serialVersionUID=123L;
20   int width;
21   int height;
```

```
22   Rectangle(int width, int height) {
23     super();
24     this.width=width;
25     this.height=height;
26   }
27   public String toString() {
28     return super.toString()+" width="+width+" height="+height;
29   }
30 }
31 public class ChildSerializableTest {
32   public static void main(String[ ] args) {
33     Rectangle r=new Rectangle(15,25);
34     r.setXY(90, 90);
35     System.out.println("序列化前:"+r);
36     try{
37       FileOutputStream fos=new FileOutputStream("out.ser");
38       ObjectOutputStream oos=new ObjectOutputStream(fos);
39       oos.writeObject(r);
40       oos.close();
41       FileInputStream fis=new FileInputStream("out.ser");
42       ObjectInputStream ois=new ObjectInputStream(fis);
43       System.out.print("序列化后:");
44       System.out.println((Rectangle)ois.readObject());
45     ois.close();
46     }
47     catch(Exception e) {
48       e.printStackTrace();
49     }
50   }
51 }
```

【运行结果】

```
调用父类构造方法
序列化前:(x,y)=90,90 width=15 height=25
序列化后:调用父类构造方法
(x,y)=40,50 width=15 height=25
```

【分析讨论】

一个类如果其自身实现了 Serializable 接口，即使其父类没有实现 Serializable 接口，它的对象仍然可以被序列化。在反序列化时，系统会首先调用父类构造方法来初始化父类中的成员变量。

使用 writeObject()方法和 readObject()方法，可以自动完成将对象中所有数据写入和读出的操作。但是，当一个类中的属性值为敏感信息时，则可以使用关键词 transient 而使其不被序列化。

【例 9.11】 使用关键词 transient 修饰的成员变量不被序列化的示例。

```
01 import java.io.*;
02 class Employee implements Serializable {
03   static final long serialVersionUID=123456L;
04   String name;
```

```
05    transient String password;
06    transient double salary;
07    Employee(String name, String password, double salary) {
08      this.name=name;
09      this.password=password;
10      this.salary=salary;
11    }
12    public String toString() {
13      return name+"\t"+password+"\t"+salary;
14    }
15  }
16  public class TransientTest {
17    public static void main(String[ ] args) {
18      Employee e=new Employee("Jack", "123321", 2546.5);
19      System.out.println("序列化前:"+e);
20      try {
21        FileOutputStream fos=new FileOutputStream("out.ser");
22        ObjectOutputStream oos=new ObjectOutputStream(fos);
23        oos.writeObject(e);
24        oos.close();
25        FileInputStream fis=new FileInputStream("out.ser");
26        ObjectInputStream ois=new ObjectInputStream(fis);
27        System.out.println("序列化后:"+(Employee)ois.readObject());
28        ois.close();
29      }
30      catch(Exception ex) {
31        ex.printStackTrace();
32      }
33    }
34  }
```

【运行结果】

```
序列化前:Jack  123321  2546.5
序列化后:Jack  null    0.0
```

【分析讨论】

(1) 在对象序列化时,transient 属性不被序列化;反序列化时,transient 属性根据数据类型取得默认值。

(2) 进行对象的序列化操作时,要注意两个问题:一是在对象序列化时只保存对象的非静态成员变量,而不保存静态成员变量和成员方法;二是不保存类中使用 transient 关键词修饰的成员变量。

9.5 本章小结

本章讲解了 Java 输入输出系统的相关内容。其中,流式 I/O 是 Java I/O 的基础,是本章应该重点掌握的内容。而 RandomAccessFile 类是一个方便实用的类,也是经常使用的。对象序列化在 Web 编程中也有广泛的应用,掌握这种技术对于深入学习 Java 具有重要意义。

课后习题

1. 下列代码的运行结果是什么?( )

```
import java.io.*;
public class DOS {
  public static void main(String[ ] args) {
    File dir = new File("dir");
    dir.mkdir();
    File f1 = new File(dir, "f1.txt");
    try{
      f1.createNewFile();
    }catch(IOException e){;}
    File newDir = new File("newDir");
    dir.renameTo(newDir);
  }
}
```

A. 编译错误
B. 在系统当前目录下生成名称为 dir 的空目录
C. 在系统当前目录下生成名称为 newDir 的空目录
D. 在系统当前目录下生成名称为 dir 的目录,在该目录下包含文件 f1.txt
E.在系统当前目录下生成名称为 newDir 的目录,在该目录下包含文件 f1.txt

2. 当编译并运行下列代码时其运行结果是什么?( )

```
import java.io.*;
public class Forest implements Serializable {
  private Tree tree = new Tree();
  public static void main(String[ ] args) {
    Forest f = new Forest();
    try {
      FileOutputStream fs = new FileOutputStream("Forest.ser");
      ObjectOutputStream os = new ObjectOutputStream(fs);
      os.writeObject(f); os.close();
    }catch(Exception ex) {ex.printStackTrace();}
  }
}
class Tree {}
```

A. 编译错误
B. 运行异常
C. Forest 类的一个实例被序列化
D. Forest 类的一个实例和 Tree 类的一个实例都被序列化

3. 下列代码的运行结果是什么?( )

```
import java.io.*;
public class Maker {
  public static void main(String[ ] args) {
    File dir = new File("dir");
```

```
    File f = new File(dir, "f");
  }
}
```

A. 编译错误　　　　　　　　　　　B. 当前系统的目录结构没有任何变化
C. 在当前系统目录下创建一个文件　　D. 在当前系统目录下创建一个目录
E. 在当前系统目录下创建一个文件和一个目录

4. 下列代码的运行结果是什么？(　　)

```
import java.io.*;
class Player {
  Player() {
    System.out.print("p");
  }
}
class CardPlayer extends Player implements Serializable {
  CardPlayer() {
    System.out.print("c");
  }
  public static void main(String[ ] args) {
    CardPlayer c1=new CardPlayer();
    try{
      FileOutputStream fos=new FileOutputStream("play.txt");
      ObjectOutputStream os=new ObjectOutputStream(fos);
      os.writeObject(c1);
      os.close();
      FileInputStream fis=new FileInputStream("play.txt");
      ObjectInputStream is=new ObjectInputStream(fis);
      CardPlayer c2=(CardPlayer)is.readObject();
      is.close();
    }
    catch(Exception e) {   }
  }
}
```

A. 编译错误　　B. 运行时异常　　C. pc
D. pcc　　E. pcp　　F. pcpc

5. 下列代码的运行结果是什么？(　　)

```
import java.io.*;
class Keyboard {   }
public class Computer implements Serializable {
  private Keyboard k=new Keyboard();
  public static void main(String[ ] args) {
    Computer c=new Computer();
    c.storeIt(c);
  }
  void storeIt(Computer c) {
    try{
      FileOutputStream fos=new FileOutputStream("myFile");
      ObjectOutputStream os=new ObjectOutputStream(fos);
      os.writeObject(c);
```

```
      os.close();
      System.out.println("done");
    }
    catch(Exception x) {
      System.out.println("exc");
    }
  }
}
```

A. 编译错误
B. exc
C. done
D. 一个对象被序列化
E. 两个对象被序列化

6. 当编译并运行下列代码时其运行结果是什么?(　　)

```
import java.io.*;
public class Example {
  public static void main(String[ ] args) {
    try {
      RandomAccessFile raf=new RandomAccessFile("test.java","rw");
      raf.seek(raf.length());
    }
    catch(IOException ioe) {   }
  }
}
```

A. 编译错误
B. 运行时抛出 IOException 异常
C. 文件指针定位在文件中最后一个字符前
D. 文件指针定位在文件中最后一个字符后

7. 下列代码在 Win32 平台系统目录为 C:\source 下的运行结果是什么?(　　)

```
import java.io.*;
public class Example {
  public static void main(String[ ] args) throws Exception {
    File file=new File("Ran.test");
    System.out.println(file.getAbsolutePath());
  }
}
```

A. Ran.test　　　　B. source\Ran.test
C. c:\source\Ran.test　　　　D. c:\source

8. 在下列代码中,哪些选项可以插在注释行位置?(　　)

```
import java.io.*;
public class Example {
  public static void main(String[ ] args) {
    try{
      File file=new File("temp.test");
```

```
        FileOutputStream stream=new FileOutputStream(file);
        //insert code
      }
      catch(IOException ioe) {   }
    }
}
```

A. DataOutputStream filter=new DataOutputStream(stream);
   for(int i=0;i<10;i++)
      filter.writeInt(i);

B. for(int i=0;i<10;i++)
   file.writeInt(i);

C. for(int i=0;i<10;i++)
   stream.writeInt(i);

D. for(int i=0;i<10;i++)
   stream.write(i);

9. 编译并运行下列代码,其运行结果是什么?(　　)

```
import java.io.*;
public class Example {
  public static void main(String[ ] args) {
    try {
      PrintStream pr=new PrintStream(new FileOutputStream("outfile"));
      System.out=pr;
      System.out.println("ok!");
    }
    catch(IOException ioe) {   }
  }
}
```

A. 输出字符串“ok!”　　B. 编译错误　　C. 运行时异常

10. 编译并运行下列代码,其运行结果是什么?(　　)

```
import java.io.*;
public class Example {
  public static void main(String[ ] args) {
    try {
      FileOutputStream fos=new FileOutputStream("xx");
      for(byte b=10;b<50;b++) {
        fos.write(b);        }
      fos.close();
      RandomAccessFile raf=new RandomAccessFile("xx","r");
      raf.seek(10);
      int i=raf.read();
      raf.close();
      System.out.println("i="+i);
    }
    catch(IOException ioe) {   }
  }
}
```

A. i=30　　　　B. i=20　　　　C. i=10　　　　D. i=40

11. 编译并运行下列代码,其运行结果是什么?(　　)

```
import java.io.*;
public class Example {
  public static void main(String[ ] args) {
    try {
      RandomAccessFile file=new RandomAccessFile("test.txt","rw");
      file.writeBoolean(true);
      file.writeInt(123456);
      file.writeInt(7890);
      file.writeLong(1000000);
      file.writeInt(777);
      file.writeFloat(.0001f);
      file.writeDouble(56.78);
      file.seek(5);
      System.out.println(file.readInt());
      file.close();
    }
    catch(IOException ioe) {   }
  }
}
```

A. 777　　　　B. 123456　　　　C. 1000000　　　　D. 7890

12. 编译并运行下列代码,其运行结果是什么?(　　)

```
import java.io.*;
public class Example {
  public static void main(String[ ] args) {
    SpecialSerial s=new SpecialSerial();
    try {
      FileOutputStream fos=new FileOutputStream("myFile");
      ObjectOutputStream os=new ObjectOutputStream(fos);
      os.writeObject(s);
      os.close();
      System.out.print(s.z+" ");
      FileInputStream fis=new FileInputStream("myFile");
      ObjectInputStream is=new ObjectInputStream(fis);
      SpecialSerial s2=(SpecialSerial)is.readObject();
      is.close();
      System.out.println(s2.y+" "+s2.z);
    }
    catch(Exception ioe) {
      System.out.println("exc");
    }
  }
}
class SpecialSerial implements Serializable {
  transient int y=7;
  static int z=9;
}
```

A. 10 0 9　　　　B. 9 0 9

C. 10 7 9　　　　D. 10 7 10

13. 如果文件 myfile.txt 的内容为 abcd,当编译并运行下列代码时其运行结果是什么?(　　)

```
import java.io.*;
public class ReadingFor {
  public static void main(String[ ] args) {
    String s;
    try{
      FileReader fr=new FileReader("myfile.txt");
      BufferedReader br=new BufferedReader(fr);
      while((s=br.readLine())!=null)
        System.out.println(s);
      br.flush();
    }
    catch(IOException e) {
      System.out.println("io error");
    }
  }
}
```

A. 编译错误　　B. 运行异常　　C. abcd　　D. a b c d

14. 下列代码中哪些类的实例可以被序列化?(　　)

```
import java.io.*;
class Vehicle {  }
class Wheels {  }
class Car extends Vehicle implements Serializable {}
class Ford extends Car {  }
class Dodge extends Car {
  Wheels w=new Wheels();
}
```

A. Vehicle　　B. Wheels　　C. Car　　D. Ford

E. Dodge

15. 请完成下面程序,运行该程序可以在当前目录下创建子目录 dir3,并且在子目录下创建文件 file3。

```
01  import java.io.File;
02  public class FileCreate {
03    public static void main(String[ ] args) {
04      try{
05        File dir=new File("dir3");
06        _______;
07        File file=new File(dir, "file3");
08        _______;
09      }
10      catch(Exception e) {  }
11    }
12  }
```

16. 请完成下面程序,运行该程序将从文件 file1.dat 中读取全部数据,然后写到 file2.dat 文件中。

```
01 import java.io.*;
02 public class FileCopy {
03   public static void main(String[ ] args) {
04     try {
05       File inFile=new File("file1.dat");
06       File outFile= ________;
07       FileInputStream fis=________;
08       FileOutputStream fos=________;
09       int c;
10       while(________) {
11         fos.________;
12       }
13       fis.close();
14       fos.close();
15     }
16     catch(FileNotFoundException e) {
17       e.printStackTrace();
18     }
19     catch(IOException e) {
20       e.printStackTrace();
21     }
22   }
23 }
```

17. 编写程序，输出系统当前目录下所有文件和目录信息。如果是目录，则要输出<DIR>字样；如果是文件，则要输出文件的大小。下面是具体的输出格式：

```
日期 时间 <DIR> 文件大小 文件名或目录名
```

18. 编写程序，通过键盘读取 10 个学生的信息并保存在数组中，学生信息由学号、姓名、专业和平均分组成。按照学生的平均分由低到高排序，并将排序后的学生对象信息写到文件中。

19. 编写程序，读取文件并将文件中的字符串“str”全部替换为“String”。

第 10 章　Java 语言多线程编程

在 Java 语言中，线程表现为线程类，由线程类封装所需的线程操作控制。多线程的程序设计是一个复杂的过程，学习的关键在于理解多线程的概念和基本用法。本章将讲解 Java 多线程的概念和基本用法，以及线程的调度与控制、线程间的同步等技术。

10.1　概述

1. 线程的定义

随着计算机技术的进步与发展，个人计算机上的 OS(Operating System，操作系统)也使用了多任务和分时设计，将早期只有大型计算机才具有的系统特性带到了个人计算机中。一个进程(process)就是一个执行中的程序，每个进程都拥有自己的系统资源、内存和地址空间，每一个进程的内部数据和状态都是独立的。多任务 OS 能同时运行多个进程，实际上是 CPU 的分时机制在起作用，使得每个进程都能循环获得自身的 CPU 时间片，由于这种轮换速度非常快，因此所有的程序就好像是在同时运行一样。

Java 语言的一个重要特性就是在编程语言层面上支持多线程的程序设计。例如，程序员都熟知的单个执行流的程序，都有开始、一个执行顺序以及一个结束点。程序在执行期间的任一时刻，都只有一个执行点。线程与这种单个执行流的程序类似，但一个线程本身不是程序，它必须运行于一个程序之中。因此，线程(thread)可以定义为一个程序中的单个执行流。线程是进程的基本执行单位，每个进程都由一个或几个线程组成，每个线程可以负责不同的任务而互不干扰。多线程则是指一个程序中包含多个执行流，是实现并发的一种有效手段。例如，一个 Internet 浏览器可以设计两个线程，一个线程负责下载软件，另一个线程负责响应用户的鼠标或键盘操作。如果不使用多线程，将会导致浏览器在下载过程中无法响应用户的鼠标或键盘操作。

了解程序、进程与线程之间的关系，对于深刻理解线程的概念非常有益。程序是一段静态的代码，是应用软件执行的蓝本。进程是程序的一次动态执行过程，对应了从代码加载、执行到执行完毕的一个完整过程。这个过程也是进程本身的生命周期。作为执行蓝本的同一段程序，可以被多次加载到系统的不同内存区域进行，形成了不同的进程。而线程是比进程更小的执行单位，一个进程在其执行过程中，可以产生多个线程，形成多个执行流。每个执行流即每个线程也有自身的生命周期，也是一个动态的概念。

- 进程是一种重量级人物，而线程则是一种轻量级人物。
- 进程与线程之间的主要区别是：每一个进程都占有独立的地址空间，包括代码、数据以及其他资源，而一个进程中的多个线程可以共享该进程的这些空间。
- 进程之间的通信开销较大而且受到诸多限制，必须有明确的对象或操作接口并使用统一的通信协议，而线程之间则可以通过共享的公共数据区进行通信，开销较少且比较简单。进程之间的切换开销较大,而线程之间的切换开销较小。

2. Java 程序中的线程

Java 语言的线程机制建立在宿主 OS 的线程基础上,它将宿主 OS 提供的线程机制包装为语言一级的机制,一方面为程序员提供了一个独立于平台的多线程编程接口,另一方面也为程序员屏蔽了宿主 OS 的线程技术细节,极大地简化了 Java 语言的多线程编程。JVM 就是一个进程,无论编写的是否是一个多线程 Java 应用程序,JVM 本身总是以多线程的方式执行。每一个 JVM 进程都拥有一个堆栈空间,该进程中的每一个线程都拥有自己的调用堆栈空间。同一个 JVM 中的所有线程可以通过共同的堆栈空间共享或交换信息。

在 Java 语言中,线程模型是由 java.Lang.Thread 类进行定义和描述的。程序中的线程都是 Thread 的实例对象。因此,用户可以通过创建 Thread 类的实例或定义并创建 Thread 子类的实例来建立和控制自己的线程。

3. 线程的生命周期

线程在创建之后,就开始了它的生命周期。一个线程在生命周期中可处于不同的状态,不仅在程序中调用线程的特定方法会改变线程的状态,JVM 的线程调度程序也会改变一个线程的状态。线程的生命周期可以分为如图 10.1 所示的几个状态。

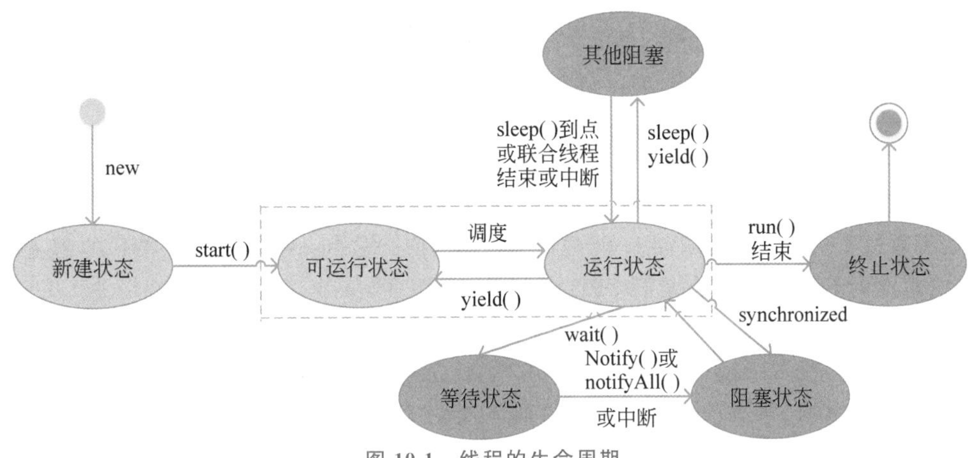

图 10.1 线程的生命周期

- 新建状态(new):表明此时线程的对象实例已经创建,但是尚未取得运行该线程所需要的系统资源。
- 可运行状态(runnable):产生新的线程对象之后,一旦调用了线程的 start()方法,则线程进入可运行状态,表明该线程已经获得运行时所需要的资源,具备了被调度执行的条件,从而使得该线程可以被调度执行。
- 运行状态(running):指的是被 JVM 线程调度程序分配了 CPU 执行时间,使用 run()方法可以让线程进入运行状态。正在运行的线程随时可能由 JVM 线程调度程序返回可运行状态。
- 阻塞状态(blocked):当线程的 run()方法执行完毕进入终止状态,处于该状态的线程不会再被调度执行。
- 终止状态(dead):线程的阻塞状态用于线程之间的通信与同步控制。一个正在运行的线程可能由于各种因素被阻塞。例如,线程调用 wait()方法等待另一个线程以

notify()或 notifyAll()方法唤醒,线程调用 join()方法等待另一线程执行完毕,线程调用 sleep()方法进入睡眠状态等。无论线程以何种方式进入阻塞状态,都会有相应的事件出现使线程能够返回到运行状态。

10.2 创建线程

在 Java 语言中,线程被设计为一个对象,该对象拥有自己的生命周期。可以利用接口 java.lang.Runnable 和类 java.lang.Thread 创建一个线程。一般地,Thread 类的构造方法如下:

```
public Thread(ThreadGroup group, Runnable target, String name);
```

- group:指明该线程所属的线程组。
- target:提供线程体的对象。Java.lang.Runnable 接口中定义了 run()方法,实现该接口的类的对象可以提供线程体,线程启动时该对象的 run()方法将被调用。
- name:线程名称。Java 程序中的每个线程都有自己的名称,并将该线程所需执行的任务编写在该类的一个特定方法中。因此,自定义的线程类要么实现 Runnable 接口,要么继承 Thread 类。无论采用何种方式编写线程类,线程类中都必须定义 run()方法,由其负责完成线程所需执行的任务。

【分析讨论】

(1) 通过继承 Thread 类创建线程的优点是程序代码相对简单,并可以在 run()方法中直接调用线程的其他方法。

(2) 通过实现 Runnable 接口创建线程具有两个优点:一是符合 OOP 的思想。从 OOP 的角度看,Thread 类是虚拟 CPU 的封装,因而 Thread 类的子类应该是关于 CPU 行为的类,但在继承 Thread 类的子类创建线程的方法中,Thread 类的子类大都是与 CPU 不相关的类。而实现 Runnable 接口的方法,将不会影响 Thread 类的体系,所以更加符合 OOP 的思想。其次,该方法更便于继承其他的类。实现了 Runnable 接口的类可以用关键字 extends 继承其他的类。

(3) 从以上比较分析中可以看出,应当提倡使用第(2)种方法。在实际应用中,也可以根据实际情形确定采用哪一种方法。

10.2.1 继承 Thread 类创建线程

在 java.lang 包中,Thread 类的声明如下:

```
public class Thread extends object implements Runnable {
    ...
    private Runnable target;
    ...
    public Thread(){ ... }
    public Thread(Runnable target) { ... }
    ...
    public void run(){
        if(target!=null)
```

```
            target.run();
        }
        ...
    }
```

Thread 类本身实现了 Runnable 接口，在该类中包装了一个 Runnable 类型的对象实例 target，为 run()方法提供了最简单的实现。通过继承 Thread 类创建线程的步骤如下：

(1) 从 Thread 类派生子类，并重写其中的 run()方法，定义其线程体。

(2) 创建该子类的对象线程。

(3) 调用该对象的 start()方法启动线程，然后自动执行 run()方法，线程执行完毕后进入终止状态。

【例 10.1】 通过继承 Thread 类创建线程。定义一个 Thread 类的子类，显示字符串“Hello World”，执行完毕后进入终止状态。

```
01 class Sample extends Thread {
02   int i;
03   public void run() {
04     System.out.println("Thread Begin:"+this);
05     while(true) {
06       System.out.println("HelloWorld "+i+++"次");
07       if(i==3) break;
08     }
09     System.out.println("Thread End:"+this);
10   }
11 }
12 public class ThreadSample {
13   public static void main(String[ ] args) {
14     System.out.println("System Start:") ;
15     Sample s1=new Sample();
16     Sample s2=new Sample();
17     s1.start();
18     s2.start();
19     System.out.println("System End:") ;
20   }
21 }
```

【执行结果】

```
E:\Java\JNBExamples>java ThreadSample
System Start:
System End:
Thread Begin:Thread[Thread-1,5,main]
Thread Begin:Thread[Thread-0,5,main]
HelloWorld 0次
HelloWorld 0次
HelloWorld 1次
HelloWorld 1次
HelloWorld 2次
HelloWorld 2次
Thread End:Thread[Thread-1,5,main]
Thread End:Thread[Thread-0,5,main]
```

【分析讨论】

(1) 程序中第 01～11 行通过继承 Thread 类创建了线程类 ThreadSample,程序中第 12～21 行定义了一个测试类 ThreadSample。

(2) 程序执行流程如下:main()方法启动后,将建立一个执行程序实例,然后两个线程在执行前完成自己的工作;第一个线程 s1 启动;第二个线程 s2 启动;第一个线程 s1 输出 3 次字符串"Hello World";第二个线程 s2 输出 3 次"Hello World";第二个线程 s2 终止;第一个线程 s1 终止。

(3) 如果多次执行程序,将会发现每次的执行结果不一样,因为程序不能控制在何时执行哪一个线程。

(4) 从这个实例可以看出,创建独立运行的线程是比较容易的,因为 Java 已经提供了具体实现细节;其次,程序员无法准确地了解线程在何时开始执行,因为这是由 JVM 控制的,而且线程间在执行时是相互独立的,即线程独立于启动它的程序;最后,线程的执行必须调用 start()方法。

10.2.2 实现 Runnable 接口创建线程

在 java.lang 包中,Runnable 接口的定义如下:

```
public interface Runnable {
    public void run() {
    }
}
```

Runnable 接口提供了无须扩展 Thread 类就可以创建一个新线程的方式,从而克服了 Java 语言的单一继承方式所带来的各种限制。使用这种方式创建线程的步骤如下:

(1) 定义一个类实现 Runnable 接口,即在该类中提供 run()方法的实现。

(2) 把 Runnable 的一个实例作为参数传递给 Thread 类的一个构造方法,该实例对象提供线程体的 run()方法实现。

【例 10.2】 通过实现 Runnable 接口创建线程。定义一个类 Sample 实现 Runnable 接口,在 run()方法中显示字符串"Hello World"以及执行次数,然后在另一个类中创建这个 Thread 类的两个对象并将 Sample 实例作为对象参数,注意观察执行结果。

```
01 class Sample implements Runnable {
02   int i;
03   public void run() {
04     System.out.println("Thread Begin:"+this);
05     while(true) {
06       System.out.println("HelloWorld "+i+++"次");
07       if(i==3)     break;
08     }
09     System.out.println("Thread End:"+this);
10   }
11 }
12 public class RunnableSample {
13   public static void main(String[ ] args) {
14     System.out.println("System Start:") ;
```

```
15        Thread s1=new Thread(new Sample());
16        Thread s2=new Thread(new Sample());
17        s1.start();
18        s2.start();
19        System.out.println("System End:") ;
20    }
21  }
```

【执行结果】

```
E:\Java\JNBExamples>java RunnableSample
System Start:
System End:
Thread Begin:Sample@459048af
Thread Begin:Sample@7abc3660
HelloWorld 0 次
HelloWorld 0 次
HelloWorld 1 次
HelloWorld 1 次
HelloWorld 2 次
HelloWorld 2 次
Thread End:Sample@7abc3660
Thread End:Sample@459048af
```

【分析讨论】

(1) 第 01～11 行定义的类 Sample 实现了 Runnable 接口,并重写了 run()方法。run()方法的定义和调用与例 10.1 中的线程操作相同。

(2) 第 12～21 行定义了测试类 RunnableSample,在该类中创建了 Thread 类的两个对象 s1 和 s2,即两个线程,并分别启动它们,得到的执行结果与例 10.1 相同。

(3) 既可以通过继承 Thread 类,再通过该子类创建线程对象;也可以用新类实现 Runnable 接口,再通过 Thread 类直接产生线程对象。在产生线程对象之后,就可以用 start()方法让其进入运行状态。此时,可以使用 sleep()、suspend()、wait()、yield()方法将该线程转入等待状态;使用 resume()、notify()、join()方法可以将线程转入可运行状态,等待 CPU 运行。线程执行完毕,用 stop()方法可以终止线程。

10.3 线程的优先级

线程是并发执行的,然而事实上并非如此。当系统中只有一个 CPU 时,在某一时刻 CPU 只能执行一个任务。在 Java 语言中,创建一个线程后该线程并不能自动执行,必须调用它的 start()方法使其处于可运行状态。由于 Java 语言支持多线程,所以处于可运行状态的线程就可能有多个,这就存在着调用哪一个线程的问题。

在单 CPU 情形下执行多线程时,Java 语言用的是优先级调度策略(priority scheduling),这样就可以根据处于可运行状态线程的相对优先级来实现调用。所有进行可运行状态的线程首先要进入线程就绪队列中等候 CPU 资源,然后按照“先进先出”的原则,优先级高的排在前面。每个 Java 线程都有一个优先级,范围在 Thread.MIN_PRIORITY(该常量的值为 1)和 Thread.MAX_PRIORITY(该常量的值为 10)之间。在默认情形下,每个线程的优先级都为 Thread.NORMAL_PRIORITY(该常量的值为 5)。每个新线程都继承其父线程的优先级。虽然每个线程都有自己的优先级,但是不能绝对地说线程是按照优先级进行调度的。在 Java 语言中,线程用了抢占式(preemptive)获得 CPU,即优先级别高的线程优先执行,但是这些任务的执行顺序要映射到底层的 OS,由 OS 决定这些任务的执行顺序。例如,Windows OS 是按照时间片执行,当一个优先级为 5 且处于可运行状态的线程在等待 CPU 时,系统可能正在执行一个优先级为 3 的线程。

在 Java 语言中,可以用 setPriority()方法调整一个线程的优先级,该方法有一个整型参数,如果参数值不在 1~10 内,那么该方法将引发一个 IllegalArgumentException 异常。可以用 getPriority()方法返回线程的优先级。

【例 10.3】 在类 ThreadPriority 的定义中,创建了 4 个线程,并分别赋予不同的优先级别,在 Windows OS 下的执行结果显示,优先级高的线程不一定就优先执行。

```
01 class ThreadPriority extends Thread {
02   public ThreadPriority(String s) {
03     setName(s);
04   }
05   public void run() {                          //重写 run 方法,输出线程名和其优先级
06     System.out.println("Thread:"+getName()+": "+getPriority());
07   }
08   public static void main(String args[ ]) {
09     ThreadPriority mt1=new ThreadPriority("thread1");   //创建线程
10     ThreadPriority mt2=new ThreadPriority("thread2");   //创建线程
11     ThreadPriority mt3=new ThreadPriority("thread3");   //创建线程
12     ThreadPriority mt4=new ThreadPriority("thread4");   //创建线程
13     mt1.setPriority(1);
14     mt2.setPriority(2);
15     mt3.setPriority(3);
16     mt4.setPriority(4);
17     mt1.start();
18     mt2.start();
19     mt3.start();
20     mt4.start();
21   }
22 }
```

【执行结果】

```
E:\Java\JNBExamples>java ThreadPriority
Thread:thread3: 3
Thread:thread4: 4
Thread:thread1: 1
Thread:thread2: 2
```

【分析讨论】

(1) Java 语言提供了一个线程调度器来监视所有程序中运行的程序,并决定哪一个线程应该运行而哪一个线程应该排队等候运行。在线程调度器的决策过程中,它能够识别线程的两个重要特征——一是线程的优先级别;二是守护标志。

(2) 守护线程(daemon thread)具有一个较低的优先级别。当运行的线程减少时,为一个或多个程序提供一项基本服务——垃圾收集。垃圾收集线程是一个不断运行的守护线

程，由 JVM 提供，通过扫描程序查找不再被访问的变量，并把这些变量的资源释放给系统。

(3) 线程调度器的基本原则是：如果只有守护线程在运行，JVM 将退出。新线程从创建它的线程那里继承优先级别和守护标志，调度器通过分析所有线程的优先级别，确定哪一个线程应该被执行。具有较高优先级别的线程，能够在较低优先级别的线程之前执行。

10.4 线程的基本控制

软件系统在实际运行过程中经常会有多个线程并发执行的情形发生，而且需要在特定时间或者条件下对线程的运行或停止进行控制。Java 语言提供了几种方法对线程进行控制——让步(yield)、休眠(sleep)、挂起(suspend)和恢复(resume)、等待(wait)及通知(notify)。

10.4.1 让步

让步方法可以强制当前运行的线程让出虚拟 CPU 的使用权，使得当前运行的线程从运行状态直接过渡到就绪状态(可运行状态)，而不是进入阻塞状态。但是，下列两种情形将不会使调用 yield 方法的线程让出 CPU 而是继续执行。

- 当前就绪队列中没有等待运行的线程：这种情形是由于就绪队列中没有任务，所以当前线程不会停止。
- 当前就绪队列中没有与调用 yield 线程相同优先级别的线程：这种情形是因为 yield 方法是在相同优先级的线程间进行让步，所以当前线程也不会停止。

注意，yield 方法是一个静态方法，可以使用类名直接访问或在线程中直接调用。但是不能设置停止多长时间，只能依靠调度器控制何时进入下一次运行。

【例 10.4】 yield 方法使用示例。

```
01 class TestYield {
02   private int data;
03   public synchronized void changeData(String name) {
04     data++;
05     System.out.println("name="+name+"  data="+data);
06   }
07   public static void main(String[ ] args) {
08     TestYield ty=new TestYield();
09     ThreadA ta=new ThreadA(ty);
10     ThreadB tb=new ThreadB(ty);
11     ta.start();                          //启动线程 A
12     tb.start();                          //启动线程 B
13   }
14 }
15 class ThreadA extends Thread {
16   TestYield ty;
17   int a=0;
18   public ThreadA(TestYield ty) {
19     this.ty=ty;
20   }
21   public void run() {
```

```
22        while(a++<60) {
23          ty.changeData("ThreadA");
24          this.yield();                          //执行线程的让步操作
25        }
26      }
27    }
28    class ThreadB extends Thread {
29      TestYield ty;
30      int a=0;
31      public ThreadB(TestYield ty) {
32        this.ty=ty;
33      }
34      public void run() {
35        while(a++<50) {
36          ty.changeData("ThreadB");
37        }
38      }
39    }
```

【分析讨论】

(1) 本例的执行结果为线程A每让步一次后执行线程B,线程B执行一段时间后又执行线程A。两个线程就这样交替执行,当线程B执行完毕后线程A的让步操作不再有效,线程A会一直运行下去,直至执行完毕。

(2) 注意,线程A执行让步操作时,除了让出虚拟CPU,它所获得的对象锁也自动释放。

10.4.2 休眠

休眠是让当前运行的线程让出CPU,休眠一段时间并进入阻塞状态,当休眠时间到时,该线程就会进入就绪状态等待调度器使其运行。在下列两种情形下,当前线程在执行sleep方法后也会休眠进入阻塞状态:

- 当就绪队列中没有线程时。
- 就绪队列中的线程优先级比当前线程低。

线程的休眠时间可以通过sleep方法指定,其定义如下:

```
public static void sleep(long milliseconds) throws InterruptedException
```

sleep方法带有一个参数,指定了当前线程的休眠时间(毫秒)。当一个线程处于休眠状态时将不会争夺CPU,以便其他线程继续执行,这就为低级别的线程提供了运行的机会。

【例10.5】 sleep方法使用示例。

```
01  public class TestSleep extends Thread {
02    public void run() {
03      int a=0;
04      while(a++<3) {
05        System.out.println("a="+a);
06        try {
07            sleep(1000);                    //睡眠1000毫秒
08        }catch(InterruptedException e) {
```

```
09          e.printStackTrace();
10        }
11      }
12    }
13    public static void main(String[ ] args) {
14      TestSleep ts=new TestSleep();
15      ts.start();                              //启动线程
16    }
17  }
```

【运行结果】

```
E:\Java\JNBExamples>java TestSleep
a=1
a=2
a=3
```

【分析讨论】

(1) 程序执行时每输出一条语句就休眠 1000ms。

(2) 睡醒后线程会进入就绪状态，等待调度器为其分配资源；运行时，线程会接着上一次的断点继续执行。

(3) 虽然 sleep 方法指定了睡眠时间，但是下一次运行时仍需要等待调度器分配资源，所以线程实际休眠的时间要长，而且不确定。

10.4.3 连接方法

连接(join)方法可以使当前运行的线程处于等待状态，直到调用 join 方法的线程执行完毕。join 方法具有以下 3 种调用格式。

- join()：如果当前线程发出调用该方法时，则当前线程等待该线程结束后再继续执行。
- join(long millis)：如果当前线程发出调用该方法时，则当前线程将等待该线程结束或最多等待 millis 毫秒后，再继续执行。
- join(long millis, int nanos)：如果当前线程发出调用该方法时，则当前线程将等待该线程结束或最多等待 millis 毫秒+nanos 纳秒后，再继续执行。

【例 10.6】 join 方法使用示例。

```
01 public class TestJoin {
02   public static void main(String args[ ]) {
03     ThreadB tb=new ThreadB();
04     ThreadA ta=new ThreadA(tb);
05     ta.start();
06     tb.start();
07   }
08 }
09 class ThreadA extends Thread {
10   ThreadB tb;
11   public ThreadA(ThreadB tb) {
12     this.tb=tb;
13   }
```

```
14    public void run() {
15      System.out.println("runing ThreadA");
16      try {
17        tb.join();
18      }catch(Exception e) {
19        e.printStackTrace();
20      }
21        System.out.println("end ThreadA");
22    }
23  }
24  class ThreadB extends Thread {
25    public void run() {
26      System.out.println("runing ThreadB");
27      try {
28        sleep(3000);
29      }catch(InterruptedException e) {
30        e.printStackTrace();
31      }
32      System.out.println("end ThreadB");
33    }
34  }
```

【运行结果】

```
E:\Java\JNBExamples>java TestJoin
runing ThreadA
runing ThreadB
end ThreadB
end ThreadA
```

【分析讨论】

(1) 线程 ThreadA 在执行过程中需要等待线程 ThreadB 执行完毕后才能继续执行。

(2) 将第 17 行改为 tb.join(5000);,由于线程 ThreadA 等待的时间超过了 ThreadB 的运行时间,所以 ThreadB 先执行结束。而线程 ThreadA 在 ThreadB 刚结束就会继续执行,它不会等待 50s 后才执行。执行结果如下:

```
runing ThreadA
runing ThreadB
end ThreadB
end ThreadA
```

(3) 将第 17 行改为 tb.join(2000, 1000);,由于线程 ThreadA 等待的时间小于 ThreadB 的运行时间,所以当 ThreadA 等待时间到时,线程 ThreadA 继续执行。它没有等待 ThreadB 执行完毕,执行结果如下:

```
runing ThreadA
runing ThreadB
end ThreadA
end ThreadB
```

10.5　线程间的同步

线程在执行过程中，必须要考虑的一个重要问题是与其他线程之间的共享数据或协调执行状态的问题。

例如，以 A 和 B 这两个共享同一个账户的客户为例。如果开始银行账号的余额是 500 元，A 存入了 200 元，并且同时 B 取出了 100 元。此时显示给 A 的余额是 600 元，而不是 700 元。这个例子中的错误是由线程间的并发操作引起的。如果将两个线程同步，就不会出现上述问题。解决的方法是，如果 A 在存款时先做一个标记（锁定该账号），表示该账号正在被操作，然后再开始计算修改余额的操作。这时 B 来取款，发现该账号上有正在操作的标记（被锁定），则 B 只能等待。等 A 完成所有的存款事务之后，B 才能对账号进行取款操作。这样 A 和 B 的操作就能够同步了。这个过程就是线程间的同步（synchronize），这种标记就是锁（lock）。

Java 语言提供了一种能够同步代码和数据的机制，使得程序员能够通过这种机制保证类在一个线程安全的环境中运行。在 Java 语言中，可以创建共享相同数据和代码的线程。当几个线程共享的是代码、数据或者二者兼而有之时，Java 语言能够保证正在被一个线程使用的数据在该线程任务完成之前，不会被其他的线程修改。

在 Java 语言的多线程机制中，提供了关键字 synchronized 来实现线程间的同步。一个类中任何方法都可以设计为 synchronized 方法以防止多线程的数据崩溃。当某个对象用 synchronized 修饰时，表明该对象在任一时刻只能由一个线程访问。当一个线程进入 synchronized 方法后，能保证在任何其他线程访问这个方法之前完成自己的操作。如果某个线程试图访问一个已经启动的 synchronized 方法，则这个线程必须等待，直到已启动的线程执行完毕，再释放这个 synchronized 方法。

1. synchronized 的使用方法

synchronized 作为整个方法的修饰符时，调用该方法的线程必须首先获得拥有该方法的对象的锁才能使用。例如：

```
public synchronized void setData() {    }
```

synchronized 修饰方法中的第一个语句块时，可以利用花括号将语句括起来，并加入需要同步的对象。例如以下的代码片段：

```
public synchronized void setData() {
    synchronized(对象 A) {
        /* code */
    }
}
```

2. 锁的概念

每个对象都有一个“标志锁”，当对象的一个线程访问了对象的某个 synchronized 数据（包括方法）时，这个对象就将被“上锁”。同理，每个 class 也有一个“标志锁”，对于 synchronized static 数据（包括方法），可以在整个 class 下进行锁定，避免 static 数据同时被访问。

3. 何时获得和释放对象锁

当一个线程执行一个对象的同步方法或语句前,必须获得该对象的对象锁才能继续执行。对象锁的获得是自动完成的。如果对象锁被其他线程占用,那么该线程只能在该对象锁对应的 look pool 中等待。

当一个线程执行对象的同步代码块结束后,线程将自动释放对象锁。如果线程在同步代码块中遇到异常或执行了 break、return 语句,线程也将自动释放对象锁。

【例 10.7】 模拟一个银行账户存款的过程。程序中有两个线程 A 和 B,同时对同一个银行账户进行操作,如果开始银行账户的余额是 500 元,A 存入了 200 元,并且同时 B 取出了 100 元。通过使用 synchronized 关键字强迫 B 在 A 完成所有事务之后进行操作,确保了程序执行结果的正确性。

```
01 import java.text.DateFormat;
02 import java.text.SimpleDateFormat;
03 import java.util.Date;
04 public class TestSynchronize {
05   static int account = 500;
06   static DateFormat dateFormat = new SimpleDateFormat("HH:mm:ss:SSS ");
07   //普通的 Object 对象,通过它来达到线程同步的目的
08   static Object lock = new Object();
09   static class A extends Thread {
10     public void run() {
11       synchronized(lock) {
12   int left = account;
13   System.out.println(dateFormat.format(new Date()) + "A 存款 200 元,A 查到的
余额为:" + left);
14       try {
15         Thread.sleep(30);               //A 计算余额用了 30ms
16         left = left + 200;
17         System.out.println(dateFormat.format(new Date()) + "A 计算账户的余额
为:" + left);
18       }catch (InterruptedException e) {   }
19         account = left;
20         System.out.println(dateFormat.format(new Date()) + "A 存入了 200 元,
并把余额修改为:" + account);
21       }
22     }
23   }
24  static class B extends Thread {
25   public void run() {
26     synchronized(lock) {
27       int left = account;
28       System.out.println(dateFormat.format(new Date()) + "B 取款 100 元,B 查
到的余额为:" + left);
29       try {
30         Thread.sleep(40);              //B 计算余额用了 40ms
31         left = left - 100;
32         System.out.println(dateFormat.format(new Date()) + "B 计算账户的余额
为:" + left);
33       }catch (InterruptedException e) {   }
34         account = left;
```

```
35          System.out.println(dateFormat.format(new Date()) + "B 取走了 100 元
    钱,并把余额修改为:" + account);
36        }
37      }
38    }
39    public static void main(String[ ] args) {
40      //A 来办理存款业务
41      new A().start();
42      try {
43        Thread.sleep(1);
44      }catch (InterruptedException e) {   }
45      //几乎同时,B 在另一个营业厅办理同一个账户的取款业务
46      new B().start();
47      try {
48        Thread.sleep(1000);
49      }catch (InterruptedException e) {   }
50        System.out.println(dateFormat.format(new Date()) + "账户余额为:" +
    account);
51    }
52  }
```

【执行结果】

```
E:\Java\JNBExamples>java TestSynchronize
10:17:21:638 A 存款 200 元,A 查到的余额为:500
10:17:21:717 A 计算账户的余额为:700
10:17:21:717 A 存入了 200 元,并把余额修改为:700
10:17:21:717 B 取款 100 元,B 查到的余额为:700
10:17:21:764 B 计算账户的余额为:600
10:17:21:764 B 取走了 100 元钱,并把余额修改为:600
10:17:22:655 账户余额为:600
```

10.6 线程间的通信

Java 语言虽然内置了 synchronized 关键字用于对多线程进行同步,但是这还不能满足对多线程进行同步的所有需要。因为 synchronized 关键字仅仅能够对方法或代码块进行同步,如果一个引用需要跨越多个方法进行同步以及多个线程之间进行交互,关键字 synchronized 就不能胜任了。对此 Java 语言提供了如下两个方法用于线程之间的相互通信。

- public final void wait() throws InterruptedException：如果一个线程调用了某个对象 A 的同步方法或语句块中的 wait()方法,则该同步方法或语句块暂停执行。
- public final native void notify()方法：如果某个线程调用了对象 A 的 notify()方法,则恢复被 wait()方法暂停的语句。

【例 10.8】 用上述介绍的线程的两个控制方法,解决在日常生活中经常遇到的打出租车的问题。将顾客和司机看成两个线程,顾客只希望在上车和下车时与司机进行通信,而不是司机见到每个人就问“打车吗?”。

```
01 public class TestCar {
02   public static void main(String[ ] args) {
03     Car car=new Car();
04     MotorMan mm=new MotorMan(car);
05     Consumer cons1=new Consumer(car,"cons1 ");
06     Consumer cons2=new Consumer(car,"cons2 ");
07     mm.start();
08     cons1.start();
09     cons2.start();
10   }
11 }
12 /*
13 *汽车类,实现顾客唤醒司机和司机开车的行为
14 */
15 class Car {
16     private boolean isLoad;
17     private String name;
18     public synchronized void driver() {
19         int i=0;
20         if(!isLoad) {                         //没有顾客时,司机休息
21             try {
22                 wait();
23             }catch(InterruptedException e) {
24                 e.printStackTrace();
25             }
26         }
27         while(i<100000) {                     //有乘客坐车的过程
28             i=i+1;
29         }
30         System.out.println("consumer:"+name+"get off");
31         i=0;
32         isLoad=false;
33         try {
34             wait();                           //司机休息
35         }catch(InterruptedException e) {
36             e.printStackTrace();
37         }
38     }
39     public synchronized void wakeup(String name) {
40         if(!isLoad) {                         //只有车上没人时,才能向司机打招呼
41             isLoad=true;
42             notify();                         //唤醒司机
43             this.name=name;
44             System.out.println("consumer:"+name+"get on");
45         }
46     }
47 }
48 class MotorMan extends Thread {              //司机类
49     Car car;
50     public MotorMan(Car car) {
51         this.car=car;
52     }
53     public void run() {
```

```
54          while(true) {
55              car.driver();
56          }
57      }
58  }
59  class Consumer extends Thread {          //顾客类
60      Car car;
61      String name;
62      public Consumer(Car car,String name) {
63          this.car=car;
64          this.name=name;
65      }
66      public String getThreadName() {
67          return name;
68      }
69      public void run() {                  //顾客唤醒司机
70          car.wakeup(name);
71      }
72  }
```

【执行结果】

```
E:\Java\JNBExamples>java TestCar
consumer:cons1 get on
consumer:cons1 get off
consumer:cons2 get on
consumer:cons2 get off
```

【分析讨论】

(1) 为了解决上述问题，采用如下策略：一是顾客要打车时，看到有空车的司机才打招呼；二是上车后顾客就可以休息了，直到到达目的地由司机通知顾客；三是车上没人时司机可以休息。

(2) 根据上述策略，程序设计思路是：把汽车(car)作为一个对象，汽车是司机和顾客可以共同操作的对象；当车上没人时就调用 car.wait()方法，司机线程进入等待状态；当顾客需要打车时就调用 car.notify()方法，唤醒司机线程。

(3) 从执行结果可以看出，当司机线程调用了汽车对象的 wait()方法后，司机线程自动进入对象等待池(wait pool)中，并自动放弃汽车对象的 Lock Flog。调用对象的 notify()方法时，对象的 wait pool 中的任意一个线程转移到 Lock Pool 中，在这里线程等待锁的获得，然后执行。

10.7 本章小结

在 Java 语言中，创建一个线程有两种途径：一是继承 Thread 类；二是实现 Runnable 接口。每一个线程都有其生命周期，可用一个状态转换图来描述。线程的可运行状态与运行状态之间的切换由 JVM 线程调度器负责。也可以通过调用 yield()方法主动放弃 CPU 时间。线程优先级用于影响线程调度器对线程的选择，可以通过设置优先级使重要的任务优先执行。线程阻塞是实现线程之间通信与同步的基础，Java 语言为线程提供了多种阻塞机制。其中由synchronized标志的同步代码段与wait()/notify()方法是最为重要的两类线程阻塞形式。

课后习题

1. 阅读下面的语句,对myThread的叙述正确的是(   )。

```
Thread myThread = new Thread();
```

A. 线程myThread当前处于runnable状态
B. 线程myThread的优先级是5
C. 当调用线程myThread的start()方法时,线程类中的run()方法将会执行
D. 当调用线程myThread的start()方法时,调用类中的run()方法将会执行

2. 下列叙述中,哪一个是正确的?(   )
A. 当使用sleep()方法时,线程被锁住
B. 当使用wait()方法时,线程被锁住
C. 当使用start()方法时,线程被锁住
D. 当使用notify()方法时,线程被锁住

3. 如果使用java.lang.Runnable接口,下列哪一个选项是正确的?(   )
A. 不需要再使用run()
B. 必须使用有方法体的run()
C. 必须使用无方法体的run()
D. 必须使用有方法体的Runnable()

4. 下列修饰符中,哪一个具有锁住的功能?(   )
A. final   B. static   C. abstract   D. protected
E. synchronized

5. 指出下列Java程序中的错误,并修改使之能够正确运行。

```
class whatThread implements Runnable {
    public static void main(String args[ ]) {
        Thread t = new Thread(this);
        t.start();
    }
    public void run() {
        System.out.println("Hello");
    }
}
```

6. 编写一个Java语言程序,创建5个线程,分别显示5个不同的字符串。用继承Thread类以及实现Runnable接口两种方式完成。

7. 高速铁路的一个自动售票机售票时,会有许多人从北京、上海、广州等地同时选取座位号码,此时有可能许多人抢到的是相同的座位号码。运用所学知识编写一个Java多线程程序以避免上述情形的发生。

第11章　类型封装器、自动装箱与注解

本章介绍从JDK 5开始新增加的3个特性：枚举、自动装箱以及注解。这3个特性为处理Java程序设计提供了流线型的方式。本章还将介绍Java语言的类型封装器等相关知识。

11.1　类型封装器 

在Java语言中，使用基本类型来保存诸如int或double的基本数据类型。因此，这些基本类型的数据不是对象，它们不能够继承Object类，所以不能够表示为对象形式。但是，Java语言实现的许多标准数据结构都是针对对象进行操作的。这意味着不能使用这些结构存储基本数据类型。为了处理这些情形，Java语言提供了类型封装器(type wrapper)，用于将基本类型封装到对象中。类型封装器包括Double、Float、Long、Integer、Short、Byte、Character以及Boolean类。这些类提供了大量的方法，可以将基本类型集成到Java的对象层次中。

11.1.1　Character封装器

Character是char类型的封装器。它的构造函数为Character(char ch)——ch用于指定将创建的Character对象封装的字符。从JDK 9开始，Character构造函数不再使用，而推荐使用静态方法static Character valueOf(char ch)取得Character对象。而为了取得Character对象中的char值，可以通过使用char charValue()方法返回被封装的字符。

11.1.2　Boolean封装器

Boolean是用来封装布尔值的封装器。从JDK 9开始，Boolean构造函数不再使用。推荐使用的是静态方法valueOf()取得Boolean对象，valueOf()方法的定义如下：

```
static Boolean valueOf(Value)
static Boolean valueOf(String)
```

而为了从Boolean对象取得布尔值，可以使用booleanValue()方法，该方法将返回与调用对象等价的布尔值。

11.1.3　数值类型封装器

从JDK 9开始，已经不再使用数值类型封装器，而是推荐使用valueOf()方法来取得封装器对象。valueOf()方法是所有数值封装器类的静态成员，并且所有数值类都支持将数值或字符串转换成对象。例如，Integer类型所支持的两种形式的valueOf()方法定义如下：

```
static Integer valueOf(int val)
Static Integer valueOf(String valStr) throws NumberFormatException
```

其中,val用于指定整型值,valStr用于指定字符串,表示字符串形式正确格式化后的数值。这两种格式的valueOf()方法都将返回一个封装了指定值的Integer对象。例如下面的示例:

```
Integer iob = Integer.valueOf(100);
```

上述语句被执行后,整数100将由Integer实例对象来表示。Byte、Short、Integer和Long同样也提供了指定基数的形式。

【例11.1】 数值类型封装器的示例。

```
01  package wrapexamples;
02  public class WrapExamples {
03      public static void main(String args[ ]) {
04        Integer iOb = Integer.valueOf(100);
05        int i = iOb.intValue();
06        System.out.println(i + " " + iOb);
07      }
08  }
```

【运行结果】

```
100 100
```

【分析讨论】

(1) 该程序将整数值100封装到Integer对象iOb中,然后调用intValue()方法返回这个数值,并将结果保存在i中。

(2) 将数值封装到对象中的过程称为装箱(unboxing)。例如第05行语句。

(3) JDK 5以前的版本也提供了上述程序的装箱与拆箱数值的功能。但是,从JDK 5开始,可以通过自动装箱对这一过程进行了改进。

11.2 自动装箱

从JDK 5开始,Java语言增加了两个重要特性,即自动装箱与自动拆箱。自动装箱指的是无论何时,只要需要基本类型的对象,就自动将基本类型自动装箱(封装)到与之等价的类型封装器中,而不需要显式地构造对象。自动拆箱是指当需要时自动拆箱(提取)已经装箱对象的数值的过程,而不再需要调用intValue()或者doubleValue()这类方法。

自动装箱与自动拆箱的特性极大地简化了算法的编码,去除了单调乏味的手动装箱和拆箱的数值操作,从而有助于防止错误的发生。另外,它们对于"泛型"非常重要,因为泛型只能操作对象。集合框架也需要利用自动装箱特性进行工作。

【例11.2】 用自动装箱与拆箱特性改写例11.1的示例。

```
01  class AutoBox {
02    public static void main(String args[ ]) {
03        Integer iOb = 100;                    //autobox an int
```

```
04        int i = iOb;                          //auto-unbox
05        System.out.println(i + " " + iOb);    //displays 100 100
06    }
07  }
```

【运行结果】

```
100 100
```

【分析讨论】

(1) 有了自动装箱的特性,封装基本类型将不再手动创建对象。只需要将数值赋给类型封装器引用即可。Java 语言将自动创建对象,例如第 03 行。

(2) 为了拆箱对象,可以将对象引用赋值给基本类型的变量。例如第 04 行。

(3) Java 语言自动处理了第 03、04 行这个过程的细节。

11.2.1 自动装箱与方法

在 Java 语言中,如果必须将基本类型转换为对象类型,则会发生自动装箱;如果对象必须转换为基本类型,则会发生自动拆箱。所以,当向方法传递参数或者从方法返回数值时,都有可能发生自动装箱与自动拆箱。

【例 11.3】 自动装箱与自动拆箱方法的示例。

```
01  class AutoBox2 {
02    static int m(Integer v) {
03      return v;
04    }
05    public static void main(String args[ ]) {
06      Integer iOb = m(100);
07      System.out.println(i + " " + iOb);
08    }
09  }
```

【运行结果】

```
100
```

【分析讨论】

(1) 在程序中,第 02～04 行的静态方法 m()指定了一个 Integer 类型的参数并返回 int 型结果。

(2) 在 main()方法中,为 m()方法传递的数值是 100。因为 m()方法期望传递过来的是 Integer 对象,所以对这个数值进行自动装箱。然后,m()方法返回与其参数等价的 int 型数值,这将导致对 v 进行自动拆箱。然后,将 int 型数值赋给 iob,这将会导致对返回的 int 型数值进行自动装箱。

11.2.2 表达式中发生的自动装箱/拆箱

对于表达式来说,当需要将基本类型转换为对象或者将对象转换为基本类型时,则会发生自动装箱与拆箱。在表达式中,数值对象会被自动拆箱。如果需要的话,还可以对表达式的输出进行重新装箱。

【例 11.4】 表达式中的自动装箱与拆箱的示例。

```
01  package ch03;
02  class AutoBox3 {
03    public static void main(String args[ ]) {
04      Integer iOb, iOb2;
05      int i;
06      iOb = 100;
07      System.out.println("Original value of iOb: " + iOb);
08      ++iOb;
09      System.out.println("After ++iOb: " + iOb);
10      iOb2 = iOb + (iOb / 3);
11      System.out.println("iOb2 after expression: " + iOb2);
12      i = iOb + (iOb / 3);
13      System.out.println("i after expression: " + i);
14    }
15  }
```

【运行结果】

```
Original value of iOb: 100
After ++iOb: 101
iOb2 after expression: 134
i after expression: 134
```

【分析讨论】

在程序中,第 08 行将 iOb 自动拆箱,将值递增,然后将结果自动装箱。

自动拆箱允许在表达式中混合不同数值类型的对象。一旦数值被拆箱,就会应用标准的类型提升和转换。

【例 11.5】 表达式中的自动装箱与拆箱的示例。

```
01  package ch03;
02  class AutoBox4 {
03    public static void main(String args[ ]) {
04      Integer iOb=100;
05      Double dOb=99.6;
06      dOb=dOb+iOb;
07      System.out.println("dOb after expression: " + dOb);
08    }
09  }
```

【运行结果】

```
dOb after expression:  199.6
```

【分析讨论】

在程序中的第 06 行,Double 对象 dOb 和 Integer 对象 iOb 都参与了加法运算,对结果再次自动装箱并存储在 dOb 中。正因为 JDK 5 提供了自动拆箱的特性,所以可以应用 Integer 数值对象来控制 switch 语句。例如如下所示的示例。

【例 11.6】 表达式中的自动装箱与拆箱的示例。

```
01  package ch03;
02  class AutoBox5 {
```

```
03     public static void main(String args[ ]) {
04       Integer iOb=2;
05       switch(iOb) {
06           case 1:System.out.println("One");
07             break;
08           case 2:System.out.println("Two");
09             break;
10           default:System.out.println("Error");
11       }
12 }
```

【分析讨论】

(1) 在程序中的第05句,当对switch表达式求值时,iOb将被拆箱,从而得到其中存储的int型数值。

(2) 通过自动拆箱与装箱的特性,在表达式中使用数值类型对象不仅直观而且容易,也不涉及强制类型转换。

11.2.3 布尔型和字符型数值的自动装箱/拆箱

布尔类型和字符类型的封装器是Boolean和Character。它们也同样应用自动装箱与拆箱的特性。

【例11.7】 表达式中的自动装箱与拆箱的示例。

```
01 class AutoBox6 {
02   public static void main(String args[ ]) {
03     //Autobox/unbox a boolean.
04     Boolean b = true;
05     //Below, b is auto-unboxed when used in
06     //a conditional expression, such as an if.
07     if(b) System.out.println("b is true");
08     //Autobox/unbox a char.
09     Character ch = 'x';                  //box a char
10     char ch2 = ch;                       //unbox a char
11     System.out.println("ch2 is " + ch2);
12   }
13 }
```

【运行结果】

```
b is true
ch2 is x
```

【分析讨论】

(1) 在程序中,第07行的if条件表达式将进行自动拆箱。因为if的条件表达式的求知结果必须是布尔类型。

(2) 正因为有了自动装箱与拆箱的特性,所以可以使用Boolean对象。

(3) 当将Boolean对象用作while、for或者do while的条件表达式时,也会自动拆箱为它的布尔等价形式。

11.3 注解

Java语言支持在源文件中嵌入说明信息,这类信息称为注解。注解不会改变程序的动作,也就不会改变程序的语义。

11.3.1 基础知识

注解基于接口创建。例如下面的代码声明了注解MyAnno:

```
//A simple annotation type
@interface MyAnno {
    String MyAnno;
    int val();
}
```

- 关键字interface之前的@,告知Java编译器这是声明了一种注解类型。
- 所有的注解都只包含方法的声明。但是,不能为这些方法提供方法体,而是由Java实现这些方法。
- 注解不能包含extends子句,因为所有注解类型都自动继承了Annotation接口。该接口是在java.lang.annotation包中定义的。在该接口中,重写了hashCode()、equals()以及toString()方法。另外,还定义了annotationType()方法,该方法表示调用注解的Class对象。

当应用注解时,需要为注解的成员提供值。例如如下所示的示例将myAnno应用到某个方法声明中。

```
//Annotate a method.
@MyAnno (str = "Annotation Example", val=100)
public static void myT=Meth() {
    //...
}
```

- 上述注解被链接到方法myMeth()。
- 注解的名称以@作为前缀,后面跟位于圆括号中的成员初始化列表。
- 为了给成员提供值,需要为成员的名称赋值。本例中,将字符串“Annotation Example”赋给MyAnno的str成员。

11.3.2 定义保留策略

注解的保留策略决定了在什么位置丢弃注解。Java定义了3种策略,它们被封装在java.langannotation.RetentionPolicy枚举中。

- SOURCE保留策略——只在源文件中保留,在编译期间将会被抛弃。
- CLASS保留策略——在编译期间被保存到.class文件中,但是在运行时通过JVM不能得到这些注解。
- RUNTIME保留策略——在编译期间被存储到.class文件中,并且在运行时可以通过JVM获取这些注解。

注意：局部变量声明的注解不能存储在.class 文件中。

保留策略是通过 Java 的内置注解@Retention 指定的，它的语法形式如下：

```
@Retention(retention-policy)
```

其中，retention-policy 必须是上面的枚举常量之一。如果没有为注解指定保留策略，将使用默认策略 CLASS。

下面的示例使用了 RUNTIME 保留策略。在程序执行期间通过 JVM 可以获取 MyAnno。

```
@Retention(RetentionPolicy.RUNTIME)
@interface MyAnno {
    String str();
    Int val();
    //...
}
```

11.4 本章小结

本章简要介绍了 JDK 1.5 中新增的 3 个特性，即类型封装器、自动装箱以及注解。每个特性都为处理通用编程提供了流线型的方式。其中，自动装箱与注解是本章的学习重点。通过本章的学习，读者对 Java 语言有了更加深入的了解，为后续章节的学习奠定了一定的基础。

课后习题

1. 阅读下列 Java 程序，写出它的运行结果是什么。

```
public class enumExamples {
    public enum Week {
        Sun,Mon,Tue,Wed,Thu,Fri,Sat };
    public static void main(String[ ] args) {
        //TODO Auto-generated method stub
        Week day1=Week.Mon;
        Week day3=Week.Wed;
        int interval=day3.ordinal()-day1.ordinal();
        System.out.println("day1 is :"+day1);
        System.out.println("day1 order is"+day1.ordinal());
        System.out.println("day1 and day3 interval is :"+interval);
    }
}
```

2. 阅读下列 Java 程序，写出它的运行结果是什么。

```
public class Test {
    public enum MyColor {red, green, blue};
      public static void main(String[ ] args) {
        MyColor m = MyColor.red;
```

```
        switch(m) {
        case red:
            System.out.println("red");
            break;
        case green:
            System.out.println("green");
            break;
        case blue:
            System.out.println("blue");
            break;
        default:
            System.out.println("default");
            break;
       }
      System.out.println(m);
    }
}
```

3. 定义一个电脑品牌枚举类,其中只有固定的几个电脑品牌——Lenovo,Dell,Accer,ASN。要求编写一个 Java Application 测试类输出这个枚举类中的一个电脑品牌。

4. 定义一个 Person 类,其中包含姓名,年龄,生日,性别,其中性别只能是“男”或“女”。要求编写 Sex 枚举类,测试类输出每一个人的信息。

第 12 章　Lambda 表达式

Lambda 表达式是 JDK 8 中新增的特性，它开启了 Java 语言支持函数式编程(Functional Programming)的新时代。Lambda 表达式也称为闭包(Closure)。当今许多流行的编程语言支持 Lambda 表达式。例如，C＃、C++\Objective—C 以及 JavaScript 等。Lambda 表达式是实现支持函数式编程技术的基础。

12.1 Lambda 表达式简介

函数式编程与面向对象编程的区别在于，函数式编程将程序代码看作数学中的函数，函数本身作为另一个函数的参数或者返回值。而面向对象编程则是按照现实世界客观事物的自然规律进行分析，现实世界中存在什么样的实体，构建的软件系统中就有什么样的实体。所以，即使 Java 8 及之后的版本提供了对函数式编程的支持，Java 语言仍是以面向对象编程为主的语言，函数式编程只是作为对 Java 语言的补充。

在 Java 语言中，实现 Lambda 表达式，有两个关键的结构。第一个是 Lambda 表达式自身；第二个是函数式接口。Lambda 表达式本质上是一个匿名方法。但是，这个方法不能独立执行，而是由实现函数式接口的另一个方法来执行它。因此，Lambda 表达式将生成一个匿名类。函数式接口是仅包含一个抽象方法的接口，用于指明接口的用途。因此，函数式接口通常表示单个动作。此外，函数式接口还定义了 Lambda 表达式的目标类型。注意，Lambda 表达式只能用于其目标类型已经被指定的上下文中。所以，函数式接口有时也被称为简单抽象方法(Simple Abstract Method，SAM)。另外，函数式接口可以指定 Object 类定义的任何公有方法。例如 equal()方法，而不影响其作为“函数式接口”的状态。Object 类的公有方法也被视为函数式接口的隐式成员，因为函数式接口的实例对象会默认自动地实现它们。

在 Java 8 中，Lambda 表达式引入了一个新的操作符“－＞”，称为 Lambda 操作符(称作“进入”)。“进入”操作符将 lambda 表达式分成左右两个部分，左侧指定了 lambda 表达式的参数列表(接口中抽象方法的参数列表)；右侧指定了 Lambda 体——Lambda 表达式所要执行的功能(是对抽象方法的具体实现)。Lambda 表达式的语法如下：

```
(parmeters) -> expression,或者:(parmeters) -> (statements;)
```

上述语法还可以写成如下几种语法格式：

- 无参数无返回值——() －＞ 具体实现。
- 有一个参数无返回值——(x) －＞ 具体实现，或者：x －＞ 具体实现。
- 有多个参数有返回值，并且 Lambda 体中有多条语句——(x，y)－＞{ 具体实现 }。
- 如果方法体只有一条语句，那么花括号和 return 语句都可以省略。

注意，Lambda 表达式的参数列表中的参数类型可以省略，Java 编译器可以进行类型推断。在 Java 8 及之后的版本中,可以使用 Lambda 表达式表示接口的一个实现。

【例】 设计一个通用方法,能够实现加法与减法的运算。

首先,设计一个数值计算接口,其中定义该通用方法。用 Lambda 表达式实现的接口称为函数式接口,这种接口只能有一个抽象方法。Java 8 提供了一个声明函数式接口的注解 @FunctionalInterface。如果试图增加一个抽象方法时将会发生编译错误,但是可以添加默认方法和静态方法。注意,加或者不加这个注解对函数式接口是没有任何影响的。该注解只是提示编译器去检查该接口是否仅包含一个抽象方法。它的实现代码如下:

```
01 //Calculable.java
02 //可计算接口
03 @FunctionalInterface
04 public interface Calculable {
05     //计算两个 int 数值
06     int calculateInt(int a, int b);
07 }
```

然后,用 Lambda 表达式实现通用方法 calculate。实现代码如下:

```
01 public class HelloWorld {
02   public static void main(String[ ] args) {
03     int n1 = 10;
04     int n2 = 5;
05     //实现加法计算 Calculable 对象
06     Calculable f1 = calculate('+');
07     //实现减法计算 Calculable 对象
08     Calculable f2 = calculate('-');

09     //调用 calculateInt 方法进行加法计算
10     System.out.printf("%d + %d = %d \n", n1, n2, f1.calculateInt(n1, n2));
11     //调用 calculateInt 方法进行减法计算
12     System.out.printf("%d - %d = %d \n", n1, n2, f2.calculateInt(n1, n2));
13   }
14   /**
15    * 通过操作符,进行计算
16    * @param opr 操作符
17    * @return 实现 Calculable 接口对象
18    * /
19   public static Calculable calculate(char opr) {
20     Calculable result;
21     if (opr == '+') {
22       //Lambda 表达式实现 Calculable 接口
23       result = (int a, int b) -> {
24       return a + b;
25     };
26   } else {
27       //Lambda 表达式实现 Calculable 接口
28       result = (int a, int b) -> {
29       return a - b;
30       };
31     }
32     return result;
33   }
```

```
34  }
```

【运行结果】

```
10+ 5 = 15
10- 5 = 5
```

【分析讨论】

函数式接口可以被隐式地转换为 Lambda 表达式。函数式接口可以对现有的函数友好地支持 Lambda 表达式。JDK 1.8 中新增加的函数接口包含很多类用来支持 Java 的函数式编程，新增加的函数式接口请参阅 java.util.function 包。

12.2　Lambda 表达式的简化形式

使用 Lambda 表达式是为了简化程序代码，Lambda 提供了多种简化形式，本节将介绍这几种简化形式。

1. 省略参数类型

Lambda 表达式可以根据上下文代码环境推断出参数类型。calculate 方法中 Lambda 表达式能够推断出参数 a 和 b 是 int 类型，简化形式的代码如下：

```
public static Calculable calculate(char opr) {
    Calculable result;
    if (opr == '+') {
        //Lambda 表达式实现 Calculable 接口
        result = (a, b) -> {
            return a + b;
        };
    } else {
        //Lambda 表达式实现 Calculable 接口
        result = (a, b) -> {
            return a - b;
        };
    }
    return result;
    }
}
```

【分析讨论】

上述代码中，有下画线部分的代码，就是省略了参数类型，其中 a 和 b 是参数。

2. 省略参数圆括号

当 Lambda 表达式中的参数只有一个时，可以省略参数圆括号。修改后的 Calculable 接口的代码如下：

```
01  //Calculable.java 文件
02  //可计算接口
03  @FunctionalInterface
04      public interface Calculable {
05        //计算一个 int 数值
```

```
06          int calculateInt(int a);
07      }
```

其调用代码如下：

```
//HelloWorld.java 文件
public class HelloWorld {
    public static void main(String[ ] args) {
        int n1 = 10;
        //实现二次方计算 Calculable 对象
        Calculable f1 = calculate(2);
        //实现三次方计算 Calculable 对象
        Calculable f2 = calculate(3);
        //调用 calculateInt 方法进行加法计算
        System.out.printf("%d 二次方 = %d \n", n1, f1.calculateInt(n1));
        //调用 calculateInt 方法进行减法计算
        System.out.printf("%d 三次方 = %d \n", n1, f2.calculateInt(n1));
    }
    /**
     * 通过幂计算
     * @param power 幂
     * @return 实现 Calculable 接口对象
     */
    public static Calculable calculate(int power) {
        Calculable result;
        if (power == 2) {
            //Lambda 表达式实现 Calculable 接口
            result = (int a) -> {              //标准形式
                return a * a;
            };
        } else {
            //Lambda 表达式实现 Calculable 接口
            result = a -> {                    //省略形式
                return  a * a * a;
            };
        }
        return result;
    }
}
```

【分析讨论】

第 23～25 行是标准形式,没有任何的减法。第 28～30 行是省略了参数类型和圆括号。

3. 省略 return 和花括号

如果 Lambda 表达式体中只有一条语句,那么可以省略 return 和花括号。示例代码如下：

```
01  public static Calculable calculate(int power) {
02      Calculable result;
03      if(power == 2) {
04          //Lambda 表达式实现 Calculable 接口
05          result = (int a) -> {              //标准形式
06              return a * a;
```

```
07            };
08        }
09        else {
10            //Lambda 表达式实现 Calculable 接口
11            result = a -> a * a * a;         //省略形式
12        }
13        return result;
14    }
```

【分析讨论】

第 11 行省略了 return 语句和花括号，这是简化形式的 Lambda 表达式。

12.3　作为参数使用 Lambda 表达式

Lambda 表达式常见的一种用途是作为参数传递给方法。这就需要声明参数的类型为函数式接口类型。示例代码如下。

```
01 //HelloTest.java 文件
02 public class HelloTest {
03     public static void main(String[ ] args) {
04       int n1 = 10;
05       int n2 = 5;
06       //打印加法计算结果
07       display((a, b) -> {
08         return a + b;
09       }, n1, n2);
10       //打印减法计算结果
11       display((a, b) -> a - b, n1, n2);
12     }
13     /**
14       * 打印计算结果
15       * @param calc Lambda 表达式
16       * @param n1 操作数 1
17       * @param n2 操作数 2
18      */
19     public static void display(Calculable calc, int n1, int n2) {
20         System.out.println(calc.calculateInt(n1, n2));
21     }
22 }
```

【分析讨论】

(1) 第 07～09 行、第 11 行两次调用 display 方法，它们的第一个参数都是 Lambda 表达式。

(2) 第 19～22 行定义了 display 方法用于打印计算结果。其中，参数 calc 类型是 Calculable，该参数可以接收实现 Calculable 接口的对象，也可以接收 Lambda 表达式，因为 Calculable 是函数式接口。

12.4 访问变量

Lambda 表达式可以访问所在外层作用域内定义的变量,包括成员变量和局部变量。

1. 访问成员变量

成员变量包括实例成员变量和静态成员变量。在 Lambda 表达式中,都可以访问这些成员变量,此时的 Lambda 表达式与普通方法一样,可以读取成员变量,也可以修改成员变量。示例代码如下所示。

```
01 //LambdaDemo.java 文件
02 public class LambdaDemo {
03     //实例成员变量
04     private int value = 10;
05     //静态成员变量
06     private static int staticValue = 5;
07       //静态方法,进行加法运算
08       public static Calculable add() {
09           Calculable result = (int a, int b) -> {
10             //访问静态成员变量,不能访问实例成员变量
11             staticValue++;
12             int c = a + b + staticValue;//this.value;
13             return c;
14           };
15           return result;
16       }
17       //实例方法,进行减法运算
18       public Calculable sub() {
19         Calculable result = (int a, int b) -> {
20             //访问静态成员变量和实例成员变量
21             staticValue++;
22             this.value++;
23             int c = a - b - staticValue - this.value;
24             return c;
25           };
26           return result;
27       }
28 }
```

【分析讨论】

(1) 第 04 行与第 06 行分别声明了一个实例成员变量 value 和一个静态成员变量 staticValue。此外,第 08~16 行还定义了静态方法 add,第 18~27 行定义实例方法 sub。

(2) add 是静态方法,在静态方法中不能访问实例成员变量,也不能访问实例成员方法。sub 是实例方法,在实例方法中,能够访问静态成员变量和实例成员变量。当然,实例成员变量与实例成员方法也能够访问。

2. 捕获局部变量

对于成员变量的访问,Lambda 表达式与普通方法没有区别。但是,在访问外层局部变量时将会发生"捕获变量"情形。即在 Lambda 表达式中捕获变量时,会将变量当成 final 的,也就是说,在 Lambda 表达式中不能修改那些捕获的变量。示例代码如下所示。

```
01 //LambdaDemo.java 文件
02 public class LambdaDemo {
03     //实例成员变量
04     private int value = 10;
05     //静态成员变量
06     private static int staticValue = 5;
07     //静态方法,进行加法运算
08     public static Calculable add() {
09       //局部变量
10       int localValue = 20;
11       Calculable result = (int a, int b) -> {
12         //localValue++;                //编译错误
13         int c = a + b + localValue;
14         return c;
15       };
16       return result;
17     }
18     //实例方法,进行减法运算
19     public Calculable sub() {
20       //final 局部变量
21       final int localValue = 20;
22       Calculable result = (int a, int b) -> {
23       int c = a - b - staticValue - this.value;
24       //localValue = c;                //编译错误
25       return c;
26     };
27     return result;
28   }
29 }
```

【分析讨论】

(1) 第 10 行与第 21 行分别声明了一个局部变量 LocalValue,第 13 与第 23 行的 Lambda 表达式捕获了这个变量。

(2) 无论这个变量是否使用了 final 修饰符,它都不能在 Lambda 表达式中修改变量,所以第 12 行和第 16 行的代码如果去掉注释,则会发生编译错误。

3. 方法引用

在 Java 8 及以后的版本中,Java 语言增加了冒号(::)运算符,将该运算符用于方法引用。注意,方法引用与 Lambda 表达式以及函数式接口都有关系。

方法引用分为静态方法与实例方法的方法引用,它们的语法形式如下所示。

```
类型名 :: 静态方法
实例名 :: 实例方法
```

注意:被引用方法的参数列表与返回值类型必须与函数式接口的方法参数列表及方法返回值类型一致。

示例代码如下所示。

```
01 //LambdaDemo.java 文件
02 public class LambdaDemo {
03     //静态方法,进行加法运算
```

```
04      //参数列表要与函数式接口方法 calculateInt(int a, int b)兼容
05      public static int add(int a, int b) {
06          return a + b;
07      }
08      //实例方法,进行减法运算
09      //参数列表要与函数式接口方法 calculateInt(int a, int b)兼容
10      public int sub(int a, int b) {
11          return a - b;
12      }
13  }
```

【分析讨论】

LambdaDemo 类中定义了一个静态方法 add 和一个实例方法 sub。这两个方法必须与函数式接口的参数列表一致,方法返回值也必须保持一致。

调用代码如下。

```
01  //HelloTest.java 文件
02  public class HelloTest {
03      public static void main(String[ ] args) {
04          int n1 = 10;
05          int n2 = 5;
06          //打印加法计算结果
07          display(LambdaDemo::add, n1, n2);
08          LambdaDemo d = new LambdaDemo();
09          //打印减法计算结果
10          display(d::sub, n1, n2);
11      }
12      /**
13       * 打印计算结果
14       * @param calc Lambda 表达式
15       * @param n1  操作数 1
16       * @param n2 操作数 2
17       * /
18      public static void display(Calculable calc, int n1, int n2) {
19          System.out.println(calc.calculateInt(n1, n2));
20      }
21  }
```

【分析讨论】

(1) 第 18~20 行定义了 display 方法,第一个参数 calc 是 Calculabel 类型,它可以接收 3 种对象——Calculabel 实现对象、Lambda 表达式以及方法引用。

(2) 第 07 行是静态方法的方法引用。第 10 行第一个参数是实例方法的方法引用,d 是 LambdaDemo 实例。

注意,方法引用并不是方法调用,只是将引用传递给 display 方法,在 display 方法中才是真正的调用方法。

12.5　本章小结

本章简要介绍了 Lambda 表达式的相关知识，读者要了解为什么要使用 Lambda 表达式，Lambda 表达式的优点是什么；掌握 Lambda 表达式的基本语法，了解 Lambda 表达式的几个简要书写方式；熟练掌握 Lambda 表达式作为参数使用的场景，了解方法引用。

课后习题

1. 判断对错。

(1) Lambda 表达式实现的接口不是普通的接口，称为函数式接口，这种接口只能有一个方法。 (　　)

(2) 双冒号(::)运算符用于“方法调用”。 (　　)

2. 在下列选项中，(　　)是标准的 Lambda 表达式的定义。

A.
```
(参数列表) -> {
    //Lambda 表达式体
}
```

B.
```
{  (参数列表) -> 返回值类型
    //Lambda 表达实体
}
```

C.
```
(参数列表) {
    //Lambda 表达实体
}
```

3. 定义如下接口语句：

```
@FunctionalInterface
interface Calculable {
    //计算两个 int 数值
    int CalculateInt(int a, int b);
}
```

下列选项中，(　　)是正确的 Lambda 表达式。

A. Calculabel result1 = (a) -> {return a * a; };

B. Calculabel result2 = a -> {return a * a; };

C. Calculabel result3 = a -> a * a;

D. Calculabel result4 = a -> {a * a; };

第13章 Java语言网络编程

Java作为一种适用于Internet开发的程序设计语言，也提供了丰富的网络功能，这些功能都封装在java.net包中。本章首先介绍网络通信的基础知识以及Java语言对网络通信的支持，然后介绍Java语言基于URL的Internet资源访问技术，以及基于底层Socket的有连接和无连接的网络通信方法。

13.1 网络相关知识

在用Java语言实现网络编程之前，要了解网络的相关知识，主要包括IP地址、端口、Internet协议、TCP/IP协议等，它们是进行Java网络编程的重要基础。

1. IP地址

互联网上连接了无数的服务器和计算机，但它们并不是处于杂乱无章的无序状态，而是每一个主机都有唯一的地址，作为该主机在互联网上的唯一标志，这个地址称为IP地址(Internet Protocol Address)。IP地址是一种在Internet上给主机编址的方式，也称为国际协议地址。IP地址由4个十进制数组成，每个数的取值范围是0～255，各个数之间用一个点号"."分隔开。例如202.103.8.46。

2. 端口

端口(port)是计算机I/O的接口。例如，个人计算机上都有串口，用来加载在I/O设备上的一个物理接口。计算机连入通信网络或Internet也需要一个端口，这个端口不是物理端口，而是一个由16位数标志的逻辑端口，而且这个端口号是TCP/IP协议的一部分，通过这个端口信息就可以进行I/O，端口号是一个16位的二进制数，范围是0～65535。但是实际上，计算机中的1～1024端口被保留为系统服务，在程序中不能够让自己设计的服务占用这些端口。

协议是描述数据交换时必须遵循的规则和数据格式。网络协议规定了在网络上传输的数据类型，以及怎样解释这些数据类型和怎样请求和传输这些数据。有许多用于在Internet中控制各种复杂服务的协议，其中较为常用的协议及其绑定的端口号如表13.1所示。

表13.1 常用的协议及其端口号

协议	端口号	含 义	协议	端口号	含 义
FTP	21	文件传输协议	POP3	110	邮件协议
TELNET	23	终端协议	NNTP	119	网络新闻
SMTP	25	简单邮件传输协议	IMAP	143	管理服务器邮件
HTTP	80	超文本传输协议	TALK	517	与其他用户交谈

3. TCP/IP

Internet 的通信协议是一种 4 层协议模型，从上到下分别为链路层(包括 OSI 的 7 层模型中的物理层与数据链路层)、网络层、传输层和应用层。运行于计算机中的网络应用使用传输层协议——传输控制协议(Transmission Control Protocol，TCP)或用户数据报协议(User Datagram Protocol，UDP)进行通信。

TCP 是一种基于连接的传输层协议，它为两个计算机之间提供了点到点的可靠数据流，保证从连接的一个端点发送的数据能够以正确的顺序到达连接的另一端。应用层的常用协议 HTTP、FTP 等都是需要可靠通信协议通道的协议，数据在网络上的发送和接收顺序对于这些应用是至关重要的。

与 TCP 不同的是，UDP 不是基于连接的，而是为应用层提供一种非常简单、高效的传输服务。UDP 从一个应用程序向另一个应用程序发送独立的数据报，但并不保证这些数据报一定能到达另一方，并且这些数据的传输次序无保障，后发送的数据报可能先到达目的地。因此，使用 UDP 时，任何必需的可靠性都必须由应用层自身提供。UDP 适用于对通信可靠性要求低且对通信性能要求高的应用。例如，域名系统 DNS、路由信息协议 RIP、普通文件传输协议(Trivial File Transfer Protocol)等应用层协议都建立在 UDP 的基础上。

4. Java 网络通信的支持机制

Java 语言是针对网络环境的，提供了强有力的网络支持。Java 程序在实现网络通信时位于应用层。Java 语言的网络编程 API 隐藏了网络通信编程的一些烦琐细节，为用户提供了与平台无关的使用接口，使程序员不必关心传输层中 TCP/UDP 的实现细节就能够进行网络编程。

- URL 层次：支持使用 URL(Uniform Resource Location)访问网络资源，这种方式适用于访问 Internet，尤其是 WWW 上的资源。Java 语言提供了使用 URL 访问网络资源的类，使得用户不必考虑 URL 中标志的各种协议的处理过程，就可以直接获得 URL 资源信息。
- Socket 层次：Socket 表示程序与网络之间的接口。例如 TCP Socket、UDP Socket。Socket 通信过程基于 TCP/IP 协议中的传输层接口 Socket 实现，它主要针对 Client/Server 模式的应用和实现某些特殊协议的应用。Java 语言提供了对应 Socket 机制的一组类，支持流和数据报这两种通信过程。在这种机制中，用户需要自己考虑通信双方约定的协议，虽然比较烦琐，但具有更大的灵活性和广泛的应用领域。

java.net 包提供了支持网络通信的类——URL 类、URLConnection 类、Socket 类和 ServerSoctet 类，都使用 TCP 实现网络通信，DatagramPacket 类、DatagramSocket 类、MulticastSocket 类都使用 UDP 实现网络通信。Java 程序通过使用这些类，就能够使用 TCP/UDP 进行网络通信了。

13.2　基于 URL 的通信

URL 表示了 Internet 上一个资源的引用或地址，例如 HTTP、FTP 协议等均可通过 URL 访问指定的资源。Java 程序也是使用 URL 定位要访问的 Internet 上的资源。URL

由 java.net 包中的 URL 类描述。

13.2.1 URL 的基本概念

URL 是 Internet 上一个资源的引用或地址。有了这个地址,Java 程序就能够在通信双方以某种方式建立起连接,从而完成相应的操作。URL 的语法格式如下所示。

```
<通信协议>://<主机名>:<端口号>/<文件名>
```

- 通信协议:用户之间进行数据交换的协议。例如 HTTP、FTP 等。
- 主机名:指示了该资源所在的计算机。有两种表示法,一种是直接使用 IP 地址,另一种是使用域名表示法。
- 端口号:用于指明计算机上的某个特定服务,有效范围是 0~65535。例如,HTTP 服务器的端口号是 80。文件名指明了资源在计算机上的所在位置,也就是路径。

13.2.2 创建 URL 对象

在 java.net 包中,URL 类是一个 URL 的地址抽象。该类为程序员提供了最简单的网络接口,只需使用一次调用即可下载由 URL 地址指定的网络资源。用 URL 对象下载资源前必须创建一个 URL 类的实例,URL 类提供了多种形式的构造方法:

```
public URL(String protocol, String host, int port, String file);
public URL(String protocol, String host, String file);
public URL(String spec);
public URL(URL context, String spec);
```

- 参数 protocol,host,port,file 分别用于指定资源的协议(通常为 HTTP)、主机(IP 地址或域名)、端口号、文件名;
- 参数 spec 指定一个 URL 地址或一个相对 URL 地址;
- 参数 context 用于以相对路径创建一个 URL 对象。

上述构造方法都可能抛出 java.net.MalformURLException。

例如,下面的语句用一个 URL 地址创建一个 URL 对象:

```
URL url = new URL("http://www.synu.edu.cn");
```

上述语句创建的 URL 对象表示一个绝对的 URL,它包含要到达这个资源的全部信息。

用一个已有的 URL 对象再加上一个相对 URL 地址也可以创建一个新的 URL 对象。例如,下面的语句创建一个 URL 对象 url 后,又用 url1 的相对地址创建两个新的 URL 对象 javase 和 javaee。

```
URL url=new URL("http://www.oracle.com");
URL javase=new URL(url,"javase");
URL javaee=new URL(url, "javaee");
```

13.2.3 解析 URL

URL 类提供了多个方法获取 URL 对象的状态,从而可以帮助程序员从一个字符串描述的 URL 中提取协议、主机、端口号、文件名等信息。

- getProtocol()：获取该 URL 的协议名。
- getHost()：获取该 URL 的主机名。
- getPost()：获取该 URL 的端口号。
- getFile()：获取该 URL 的文件名。
- getRef()：获取该 URL 文件的相对位置。

13.2.4　读取 URL 内容

创建一个 URL 对象以后，就可以通过 URL 类的 openStream()方法获取一个绑定到该 URL 地址指定资源的输入流——java.io.InputStream 对象，通过读取该输入流即可访问整个资源的内容。该方法的定义如下：

```
public final InputStream openStream() throws java.io.IOException
```

【例 13.1】　编写一个 Java Application，用 URL 地址创建一个 URL 对象，并通过该对象获取一个输入流，然后从该输入流读取并显示 URL 地址标志的资源内容。

```
01 import java.net.*;
02 import java.io.*;
03 public class URLReader {
04   public static void main(String[ ] args) {
05     try {
06       URL qq=new URL("http://www.qq.com/");
07         BufferedReader in = new BufferedReader (new InputStreamReader (qq.
   openStream()));
08       String inputLine;
09       while((inputLine=in.readLine())!=null) {
10         System.out.println(inputLine);
11       }
12       in.close();
13     }catch(MalformedURLException me) {
14       System.out.println("MalformedURLException"+me);
15     }catch(IOException ioe) {
16       System.out.println("IOException"+ioe);
17     }
18   }
19 }
```

【分析讨论】

(1) 程序中的第 05～11 行，直接将 URL 的内容读出并通过输出语句将页面的源代码输出显示出来。

(2) 在运行这个程序时，如果网络连接正常，就可以在命令行窗口中看到该网址下的 HTML 文件中的 HTML 标记和文字内容。如果网络连接有问题，则会看到相应的出错信息。

(3) 该程序并未考虑资源的数据格式，而是将资源以一种字符流的形式读出，并显示在屏幕上，并未考虑资源本身是一个 HTTP 文档还是一个 GIF 图片。

13.2.5　基于 URLConnection 的读写

对于一个指定的 URL 数据的访问，除了用 OpenStream()方法实现读操作以外，还可以通过 URLConnection 类提供的 openConnection()方法在程序与 URL 之间创建一个连接,从而实现对 URL 所表示资源的读、写操作。

URLConnection 类提供了进行连接设置和操作的方法,其中如下所示的获取连接上的 I/O 流的方法,通过返回的 I/O 流就可以实现对 URL 数据的读写。

```
InputStream getInputStream();
OutputStream getOutputStream();
```

【例 13.2】 编写一个 Java Application,用 URLConnection 类提供的方法,读取 URL 为 http://www.qq.com 的页面内容。

```
01 import java.net.*;
02 import java.io.*;
03 public class URLConnectionReader {
04 public static void main(String[ ] args) {
05   try {
06         URL yahoo=new URL("http://www.qq.com");
07         URLConnection ya=yahoo.openConnection();
08         BufferedReader in=new BufferedReader(new InputStreamReader(ya.
getInputStream()));
09         String inputLine;
10         while((inputLine=in.readLine())!=null) {
11           System.out.println(inputLine);
12         }
13         in.close();
14       }catch (MalformedURLException me ) {
15         System.out.println("MalformedURLException"+me);
16       }catch (IOException IOE ) {
17         System.out.println("IOException"+IOE);
18       }
19   }
20 }
```

【分析讨论】

(1) 程序的输出结果与例 13.1 相同。

(2) 程序首先用 URL 地址创建一个 URL 对象,并通过该 URL 对象创建一个 URLConnection 对象;然后从 URLConnection 对象获取一个输入流,从输入流中读取数据并加以处理;最后关闭输入流。

除了读取 URL 资源内容外,URLConnection 类还提供了许多方法访问 URL 资源的属性,这些方法对于程序处理 HTTP 协议特别有用。例如,调用 getConnectionLength()方法可以获得资源的内容长度,调用 getContentType()方法可以获得资源的内容类型,调用 getContentEncoder 类提供的方法 encode()将数据转换为表单的 MIME 格式。

【例 13.3】 编写一个 Java Application,实现向 URL 为 http://www.oracle.com/cgi-bin/backwards 的 CGI 脚本的写操作,将客户端 Java 程序的输入发送给服务器中名为 backwards 的 CGI 脚本。

```
01 import java.net.*;
02 import java.io.*;
03 public class ConnectionWriter {
```

```
04    public static void main(String[ ] args) throws Exception {
05      if (args.length != 1) {
06        System.err.println("用法:WriteConnection <字符串>");
07        return;
08      }
09      //向 URL 连接写一个字符串
10      URL url = new URL("http://www.oracle.com/cgi-bin/backwards");
11      URLConnection conn = url.openConnection();
12      conn.setDoOutput(true);
13      PrintWriter out = new PrintWriter(conn.getOutputStream());
14      out.println("string=" + URLEncoder.encode(args[0], "UTF-8"));
15      out.close();
16      //从同一个 URL 连接中读取 CGI 脚本返回的数据
17      BufferedReader in = new BufferedReader(new InputStreamReader(conn.
getInputStream()));
18      String inputLine;
19      while ((inputLine = in.readLine()) != null)
20        System.out.println(inputLine);
21        in.close();
22      }
23 }
```

【分析讨论】

(1) 程序首先通过 URL 对象创建一个 URL 连接,并设置该 URL 连接的输出能力;然后从 URL 连接获取一个输出流,将数据转换为符合 W3C 要求的表单格式后向输出流写入数据;最后关闭输出流。

(2) 上述程序的执行依赖于服务端的 CGI 脚本。该程序首先由用户在控制台输入一个字符串,然后程序向服务端提交字符串并将该数据命名为 string;服务端脚本将该字符串倒置后返回给程序,再由程序显示在控制台屏幕上。

13.2.6 InetAddress 类

在基于 TCP 的网络通信中,Java 程序需要使用 IP 地址或域名指定运行在 Internet 上的某一台主机。java.net 包中定义的 InetAdress 类是一个 IP 地址或域名的抽象。创建 InetAdress 类的一个实例时既可以使用字符串表示的域名,也可以使用字节数组表示的 IP 地址。InetAdress 类提供了用于获取 InetAdress 对象实例的静态方法。下面是 InetAdress 类中定义的主要方法:

```
public final class InetAddress extends Object {
    //用主机名创建一个实例
    public static InetAdress getByName(String host)  throws UnknownHostException;
    //用 IP 地址创建一个实例
    public static InetAdress getByAddress(byte [ ] addr) throws UnknownHostException;
    //用主机名和 IP 地址创建一个实例
    public static InetAdress getByteAddress (String host, byte [ ] addr) throws
UnknownHostException;
    //根据主机名返回该主机所有 IP 地址的实例数组
    public static InetAdress[ ] getAllByName(String host) throws UnknownHostException;
    //返回本地主机的一个实例
```

```
    public static InetAdress[ ] getLocalHost() throws UnknownHostException;
    //取出当前实例的主机名
    public String getHostName();
    //取出当前实例的 IP 地址
    public byte [ ] getAddress();
}
```

13.3 Socket 通信机制

URL 类和 URLConnection 类提供了 Internet 上资源的较高层次的访问机制。当需要编写像 Client/Server 等较低层次的网络通信程序时,就需要使用 Java 语言的基于 Socket 的通信机制。

13.3.1 概述

基于 TCP 通信的核心概念——Socket,最早起源于 BSD UNIX OS,中文翻译为"套接字",是网络通信的一种底层接口。在使用基于 TCP 协议的双向通信时,网络中的两个程序之间必须首先创建一个连接,这一连接的两个端点分别称为 Socket。由于 Socket 被绑定到某一固定的端口上,故 TCP 可以将数据传输给指定的程序。程序可以将一个输入流或一个输出流绑定到某一个 Socket,读写这些 I/O 流即可以实现基于 TCP 的网络通信。

Socket 通信机制有两种:基于 TCP 和基于 UDP 的通信方式。在基于 TCP 的通信方式中,通信双方在开始时必须进行一次连接,通过建立一条通信链路提供可靠的字节流服务。在基于 UDP 的通信方式中,通信双方就不存在一个连接过程,一次网络 I/O 以一个数据报的形式进行,而且每次网络 I/O 可以和不同主机的不同进程同时进行。所以具有开销较小、提供的数据传输服务不可靠、不能保证数据报一定到达目的地的特点。

使用网络通信的程序普遍采用 C/S 模式,其中客户程序作为通信发起者,向服务程序提出请求;服务程序则负责提供服务。服务程序通常在一个无限循环中等待客户程序的请求并执行相应的服务。在 Java 语言中,典型的客户程序既可以是一个 Java Application,也可以是一个 Applet;典型的服务程序既可以是一个 Java Application,也可以是一个 Servlet。

Java 语言同时支持 TCP 和 UDP 这两种通信方式,并且在这两种方式中都采用了 Socket 表示通信过程中的端点。在基于 TCP 的通信方式中,java.net 包中的 Socket 类和 ServerSocket 分别表示连接的 Client 端和 Server 端;在基于 UDP 的通信方式中,DatagramSocket 类表示了发送和接收数据报的端点。当不同机器中的两个程序要进行网络通信时,无论是哪一种方式都需要知道远程主机的地址或主机名以及端口号,而且网络通信中的 Server 端必须运行程序等待连接或等待接收数据报。

13.3.2 基于 TCP 的通信

1. 客户端编程模式

基于 Socket 通信的客户端编程模式的基本流程如下:

(1) 客户程序通过指定主机名(或 InteAddress 的实例)和端口号构造一个 Socket。

(2) 调用 Socket 类的 getInputStream()和 getOutputStream()方法分别打开与该

Socket 关联的输入流和输出流，依照服务程序约定的协议读取输入流或写入输出流。

(3) 依次关闭 I/O 流和 Socket。

Socket 类提供了多种重载的构造方法在客户程序中创建 Socket 类的实例。常用的构造方法如下。

- Socket(String host, int port)：创建 Socket 连接到服务器。
- Socket(InetAddress adrr, int port)：创建 Socket 连接到服务器。
- Socket(String host, int port, InetAddress localAddr, int localPort)：创建 Socket 连接到服务器，同时，将该 Socket 绑定到本地地址和端口。

2. 服务器端编程模式

基于 Socket 通信的服务程序负责监听对外发布的端口号，该端口用于处理客户程序的连接请求。因而，基于 Socket 通信的服务器端编程模式的基本流程如下：

(1) 服务程序通过指定的监听端口创建一个 ServerSocket 实例，然后调用该实例的 accept()方法。

(2) 调用 accept()方法程序会发生阻塞，直至有一个客户程序发送连接请求到服务程序所监听的端口。当服务程序接收到连接请求后，将分配一个新的端口号建立与客户程序的连接并返回该连接的一个 Socket。

(3) 服务程序可以调用该 Socket 的 getInputStream()和 getOutputStream()方法获得与客户程序的连接相关联的输入流和输出流，并依照预先约定的协议读输入流或写输出流。

(4) 完成所有的通信后，服务程序依次关闭所有的输入流和输出流、已建立连接的 Socket 以及专用于监听的 Socket。

与 Socket 类相似，ServerSocket 类也提供了多种重载的构造方法在程序中创建 ServerSocket 类的实例。

- ServerSocket(int port)：创建一个 Server 端的 Socket，绑定到指定的端口上。
- ServerSocket(int port, int backlog)：创建一个 Server 端的 Socket，绑定到指定的端口上，并指出连接请求队列的最大长度。

在 ServerSocket 类中，最重要的方法是 accept()，该方法建立并返回已与客户程序连接的 Socket 实例，其接口如下：

```
Socket accept()
```

【例 13.4】 分别编写 Client 端和 Server 端程序，实现 Client 端和 Server 端的通信连接和即时通信。这两个程序是在本机上运行的两个独立进程，所以连接的主机地址都是 127.0.0.1，Client 端和 Server 端都从标准输入读取数据发送给对方，并将从对方接收到的数据在自己的标准输出设备上显示。

(1) Server 端程序：

```
01 import java.net.*;
02 import java.io.*;
03 public class MyServer {
04   public static void main(String[ ] args) {
05     try {                                    //建立 Server Socket 并等待连接请求
```

```
06          ServerSocket server=new ServerSocket(1580);
07          Socket socket =server.accept();
08          //建立连接,通过 Socket 获取连接上的 I/O 流
09           BufferedReader in= new BufferedReader(new InputStreamReader(socket.
    getInputStream()));
10          PrintWriter out=new PrintWriter(socket.getOutputStream());
11          //创建标准输入流,从键盘接收数据
12          BufferedReader sin =new BufferedReader(new InputStreamReader(System.in));
13          /* 先读取 Client 发送的数据,然后从标准输入读取数据发送给 Client,
14            当接收到 bye 时关闭连接 */
15          String s;
16          while (!(s=in.readLine()).equals("bye")) {
17            System.out.println("# Received from Client: "+s);
18            out.println(sin.readLine());
19            out.flush();
20          }
21          System.out.println("The connecting is closing......");
22          //关闭连接
23          in.close();
24          out.close();
25          socket.close();
26          server.close();
27        }catch (Exception ex) {
28          System.out.println("Error:"+ex);
29        }
30      }
31    }
```

（2）Client 端程序：

```
01  import java.net.*;
02  import java.io.*;
03  public class MyClient {
04  public static void main(String[ ] args) {
05    try    {
06      Socket socket=new Socket("127.0.0.1", 1580);       //发出连接请求
07      //建立连接,通过 Socket 获取连接上的 I/O 流
08      PrintWriter out=new PrintWriter(socket.getOutputStream());
09       BufferedReader sin= new BufferedReader(new InputStreamReader(socket.
    getInputStream()));
10      //创建标准输入流,从键盘接收数据
11      BufferedReader in=new BufferedReader(new InputStreamReader(System.in));
12      //从标准输入中读取一行,发送到 Server 端,当用户输入 bye 时结束连接
13      String s;
14      do {
15        s=sin.readLine();
16        out.println(s);
17        out.flush();
18        if(!s.equals("bye")) {
19          System.out.println("@Server response:"+in.readLine());
20        }
21        else {
22          System.out.println("The connection is closing...");
```

```
23          }
24        }while(!s.equals("bye"));
25        //关闭连接
26        out.close();
27        in.close();
28        socket.close();
29      } catch(Exception ex) {
30          System.out.println("Error!"+ex);
31        }
32      }
33  }
```

【执行结果】

执行结果如图 13.1 和图 13.2 所示。

图 13.1　Client 端执行结果

图 13.2　Server 端执行结果

【分析讨论】

(1) 第 07 行表明 Server 端程序也在本机，占用端口为 1580。

(2) 程序 UN 首先接收输入，发送给 Server 端，然后等待 Server 端的应答。接收到 Server 端的应答后将信息显示出来。

(3) 当发出 bye 信息时，连接断开。

13.3.3　基于 UDP 的通信

当使用 UDP 传输层的无连接通信协议时，数据报是一种在网络上独立传播的自身包含地址信息的消息。UDP 采用数据报进行通信。数据报是否可以到达目标，以什么次序到达目标，到达目标时内容是否依然正确等均是未经校验的。因此，UDP 是一种不可靠的点对点通信，适合对通信性能要求高，但对通信可靠性要求低的应用。与基于 TCP 的通信类似，基于 UDP 的通信是将数据报从一个发送方传输给单个接收方。java.net 包为实现 UDP 通信提供了两个类：DatagtamPacket 类代表一个被传送的 UDP 数据报，这个类封装了被传送数据报的内容、源主机和端口号、目标主机和端口号等信息；DatagtamSocket 类代表了一个用于传送 UDP 数据报的 UDPSocket。

在基于 UDP 实现 Client/Server 通信时，无论在 Client 端还是在 Server 端，都要首先创建一个 DatagtamPacket 对象,用来表示数据报通信的端点,通信程序通过该 Socket 接收或发送数据报,然后使用 DatagtamPacket 对象封装数据报。DatagtamPacket 类既可描述客户程序发送的一个 UDP 数据报,也可描述服务程序接收的一个 UDP 数据报。下面是 DatagtamPacket 类常用的构造方法。

- DatagtamPacket(byte [ ] buf, int Length):构造用来接收长度为 Length 的数据报,数据报将保存在数组中。
- DatagtamPacket(byte [ ] buf, int offset, int Length):构造用来接收长度为 Length 的数据报,并指定数据报在存储区 buf 中的偏移量。
- DatagtamPacket(byte [ ] buf, int Length, InetAddress address, int port):构造用于发送指定长度的数据报,该数据报将发送到指定主机的端口。其中,buf 是数据报中的数据,Length 是数据长度,address 是目的地址,port 是目的端口号。
- DatagtamPacket(byte [ ] buf, int offset, int Length, InetAddress address, int port):与上一个构造方法不同的是,指出了数据报中的数据在缓冲区 buf 中的偏移量。

基于 TCP 的通信使用一种面向连接的 Socket,而 UDP Socket 则面向一个个独立的数据报。一个 UDP Socket 既可用于发送 UDP 数据报,也可用于接收 UDP 数据报。DatagtamSocket 类封装了一个 UDP Socket 绑定的本地主机地址与端口号,以及连接的远程主机地址与端口号,并且支持通过该 UDP Socket 发送和接收 UDP 数据报。

在创建一个 DatagtamSocket 实例时,可以通过不同形式的构造方法指定该 UDP Socket 绑定的主机地址和端口号。下面是 DatagtamSocket 类常用的构造方法。

- DatagramSocket():与本机任何可用的端口绑定。
- DatagramSocket(int port):与指定的端口绑定。
- DatagramSocket(int port, InetAddress address):与指定本地地址的端口绑定。

基于 UDP 的方式进行通信的过程主要分为如下 3 个步骤。

(1) 创建数据报 Socket。

(2) 构造用于接收或发送的数据报,并调用所创建 Socket 的 receive()方法进行数据报接收或调用 send()方法发送数据报。

(3) 通信结束,关闭 Socket。

【例 13.5】 编写 Client 端和 Server 端的通信程序,用基于 UDP 的通信方式,实现 Client 端和 Server 端的连接和即时通信。

(1) Server 端程序:

```
01 import java.net.*;
02 import java.io.*;
03 public class UDPServer {
04   DatagramSocket socket =null;
05   BufferedReader in=null;
06   boolean moreQuotes=true;
07   public void serverWork() throws IOException {
08     socket =new DatagramSocket(3445);     //创建数据报 Socket
09     in=new BufferedReader(new FileReader("paper.txt"));
10     while (moreQuotes) {
```

```
11          //构造接收数据报并启动接收
12          byte [ ] buf =new byte[256];
13          DatagramPacket packet=new DatagramPacket(buf,buf.length);
14          socket.receive(packet);
15          //接收到 Client 端数据报,从文件中读取一行,作为响应数据报中的数据
16          String dString=null;
17          if((dString=in.readLine())==null) {
18            in.close();
19            moreQuotes=false;
20            dString="No more sentences.Bye";
21          }
22          buf=dString.getBytes();
23          //从接收到的数据报中获取 Client 端的地址和端口,构造响应数据报并发送
24          InetAddress address =packet.getAddress();
25          int port =packet.getPort();
26          packet =new DatagramPacket(buf,buf.length,address,port);
27          socket.send(packet);
28        }
29        socket.close();                              //所有句子发送完毕,关闭 Socket
30      }
31      public static void main(String[ ] args) {
32        UDPServer server=new UDPServer();
33        try {
34          server.serverWork();
35        }catch (Exception ex) {
36          System.out.println("Server Worked Error!");
37        }
38      }
39    }
```

【分析讨论】

① 基于 UDP 通信的 Client 端程序和 Server 端程序之间也必须首先订立一套服务合约,即一种基于 UDP 的应用层协议。例如,本例中的 Server 端程序就不关心 UDP 数据报的内容,只要 Client 端程序有一个送选的 UDP 数据报就算作一次请求。

② Server 端的主机中有一个名为 paper.txt 的文本文件,该文件中保存了若干条英文句子。Server 端程序每接收到一个 Client 端的请求,就从该文件中读取一个句子发送给 Client 端。当该文件中所有的句子都发送完毕时,Server 端程序就会退出。

(2) Client 程序:

```
import java.net.*;
import java.io.*;
public class UDPClient {
  public static void main(String[ ] args) {
    try {
      DatagramSocket socket =new DatagramSocket();          //创建数据报 Socket
      //构造请求数据报并发送
      byte[] buf =new byte[256];
      InetAddress address =InetAddress.getByName("127.0.0.1");
      DatagramPacket packet=new DatagramPacket(buf,buf.length,address,3445);
      socket.send(packet);
      //构造接收数据报并启动接收
```

```
        packet=new DatagramPacket(buf,buf.length);
        socket.receive(packet);
        //收到 Server 端响应数据报,获取数据并显示
        String received=new String(packet.getData());
        System.out.println("The sentence send by the server:\n"+received);
        socket.close();                                           //关闭 Socket
      }catch(Exception e) {
        System.out.println("ERROR:"+e);
      }
    }
  }
```

【执行结果】

```
E:\Java\JNBExamples>java UDPClient
The sentence send by the server:
I am a glorious people's teacher.
```

【分析讨论】

① 程序的执行结果是在 Client 端的命令行窗口中显示从 Server 端返回的一个英文句子。

② Client 端程序首先构造一个数据报作为请求发送给 Server 端,然后等待接收 Server 端的响应。在接收到 Server 端的响应数据报后,提取数据并显示,然后结束通信。

13.4 本章小结

Java 程序处理网络通信的优势在于完善的异常处理机制,内建的多线程机制,以及使用输入输出流作为程序统一的 I/O 接口。Java 网络编程主要分为 URL 和 Socket 两个层次,并通过强大的类库实现了网络的基本通信机制和协议。用户可以根据需要选择使用高可靠性的基于 TCP 的通信方式,或者选择使用具有高传输效率但可靠性差的基于 UDP 的通信方式。

课后习题

1. 下面的程序用于读取网址为 http://www.synu.edu.cn 网页的内容,请在画线处填上 Java 语句,以使程序能够正常执行。

```
01  import java.net.*;
02  import java.io.*;
03  public class URLConnectionTest {
04    public static void main(String [ ] args) {
05      try {
06          long begintime=System.currentTimeMillis();
07          ________________________________//建立一个 URL 对象
08          HttpURLConnection Urlcon=(HttpURLConnection)url..openConnection();
09          ________________________________//获取连接
10                                 //调用 getInputStream 方法建立 InputStream 对象 is
11          BufferedReader buffer=new BufferedReader(new InputStreamReader(is));
```

```
12          ________________________________//创建 StringBuffer 对象 bs
13          String l=null;
14          while(l=buffer.tradLine())!=null) {
15              bs.append(l).append("\n");
16          }
17          System.out.println(________); //输出 bs 对象的内容
18          System.out.println("总共执行时间为:"+(System.currentTimeMillis()-
   begintime+"毫秒");
19      }catch(IOException e) {
20        System.out.println(e);
21      }
22    }
23 }
```

2. 下面的程序用于调试 URL 的方法获取相关的属性信息，请在画线处填上适当的 Java 语句，以使程序能够正常执行。

```
01 import java.net.*;
02 import java.io.*;
03 public class ParsetURL {
04     public static void main(String [ ] args) throws Exception {
05       URL Aurl=new URL("http://www.oracle.com");
06       System.out.println("protocol="+        );        //获取 URL 协议名
07       System.out.println("host="+          );          //获取 URL 主机名
08       System.out.println("fileName="+         );      //获取 URL 文件名
09       System.out.println("port="+          );          //获取 URL 端口号
10       System.out.println("ref="+          );           //获取 URL 文件的相对位置
11       System.out.println("query="+tuto.getQuery());
12       System.out.println("UserInfo="+tuto.getUserInfo());
13       System.out.println("Authority="+tuto.getAuthority());
14     }
15 }
```

3. 编写一个 Client/Server 程序，Server 端的功能是计算圆的面积，Client 端将圆的半径发送给 Server 端，Server 端计算得出的圆的面积将发送给 Client 端，并在 Client 端显示出来。

第 2 篇　应用技术篇

第14章 NetBeans的下载与安装

NetBeans是目前使用非常广泛的开源且免费的Java程序开发工具。作为Oracle公司官方认定的Java应用开发工具，NetBeans的开发过程是最符合Java应用的开发理念的。本章将介绍NetBeans IDE的下载、安装和基本结构，讲解基于NetBeans开发标准的Java Application的原理与过程。

14.1 概述

NetBeans包括IDE(集成开发环境)和platform(平台)两部分。其中，IDE是在平台基础上实现，并且平台本身也可以免费使用。NetBeans IDE可以运行在Windows、Solaris和mac等OS上，可以开发标准的Java Application、Web应用程序、C++程序等。目前，NetBeans的最新版本是NetBeans 18。NetBeans除了完全支持Java SE、Java EE、Java ME和JavaFX以外，它还新增了JavaFX编写器，能够以可视化方式生成JavaFX GUI应用程序。其他的重要功能改进包括支持PHP Zend框架、Ruby on Rails 3.0以及改进的Java编辑器、调试器和问题跟踪等。

- 代码编辑器：支持代码缩进、自动补全和高亮显示；可以自动分代码、自动匹配单词和括号、标注代码错误、显示和提示JavaDoc；提供集成的代码重构、调试和JUnit单元测试。
- GUI编辑器：在IDE中，可以通过拖曳设计基于组件的GUI；IDE内建有对本地化和国际化的支持，可以开发多种程序设计语言的应用程序。
- Java EE应用开发：支持GlassFish、JBoss以及Tomcat等服务器，支持Java EE应用开发。
- Web应用开发：支持Servlet/JSP、JSF、Struts、Ajax和JSTL等技术；提供编辑部署描述符的可视化编辑器以及调试Web应用的HTTP监视器，还支持可视化JSF开发。
- 协同开发：可以从官方网站免费下载NetBeans Developer Collaboration，开发人员可以通过网络实时共享项目和文件。
- 支持可视化的手机程序开发，支持Ruby和Rails的开发，支持版本控制CVS和Subversion。

14.2 下载和安装NetBeans

1. 下载NetBeans

目前，NetBeans的最新版本是18.0(Apache-NetBeans-18-bin-windows-x64.exe)，可以

从以下两个网址免费下载：

- http://www.oracle.com/technetwork/；
- https://netbeans.apache.org/download/nb18/index.html。

NetBeans 可以在不同的 OS 上运行，在下载安装之前要清楚 NetBeans 对系统的最低要求以及推荐的配置。表 14.1 给出了 NetBeans 在 Windows 系统中的安装要求。

2. 安装 NetBeans

本书使用 NetBeans 18，NetBeans 可以运行在 Windows、Linux、Solaris OS 等 OS 上。本节以 Windows OS 为目标平台，介绍 NetBeans 18 的安装方法和过程。安装之前需要安装 JDK 8.0 及以上版本。

表 14.1　NetBeans 推荐系统配置

资源名称	最低要求	推荐配置
处理器	800 MHz Intel Pentium 3 及以上	Intel Pentium 4 2.6 GHz
内存	512MB	2GB
显示器	最小屏幕分辨率为 1024×768 像素	最小屏幕分辨率为 1024×768 像素
硬盘空间	750MB	1GB
Java SE	JDK 8 及以上版本	JDK 8 及以上版本

(1) 双击安装文件 Apache-NetBeans-18.0-bin-windows-x64，显示图 14.1 所示界面。

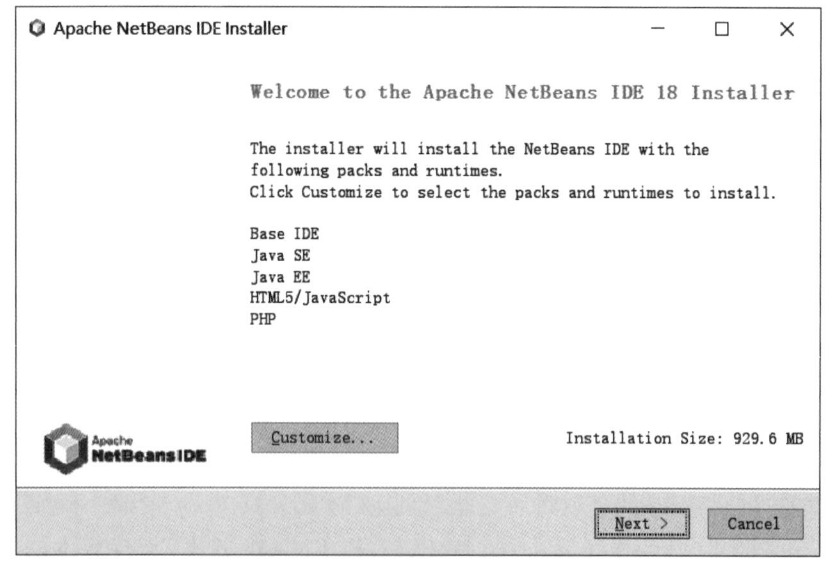

图 14.1　NetBeans 安装初始界面

(2) 单击 Customize 按钮，显示定制安装界面，如图 14.2 所示。

(3) 选择需要安装的功能，单击 OK 按钮，则显示图 14.3 所示界面。

(4) 如图 14.3 所示。勾选“我接受许可协议中的条款”复选框。单击 Next 按钮，则打开图 14.4 所示对话框。该对话框用于设置安装路径。设置完成后，单击 Next 按钮，则打开图 14.5 所示界面。

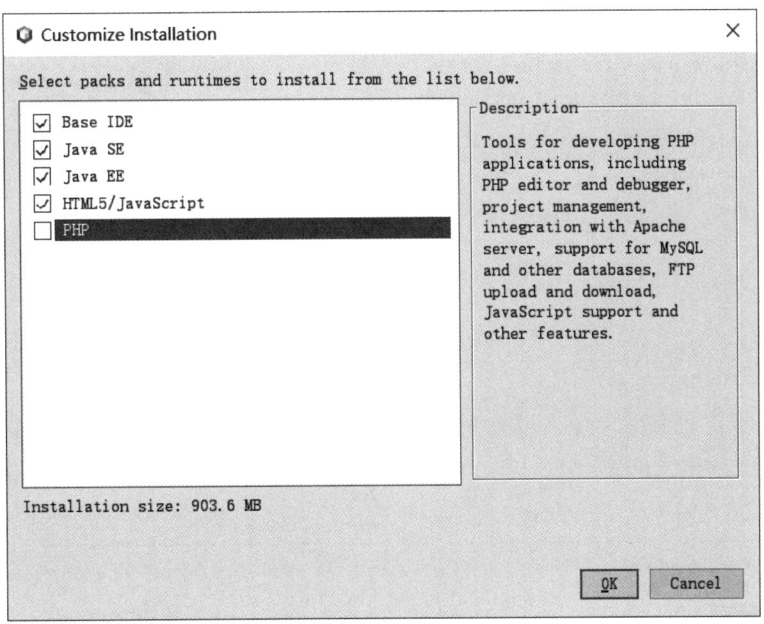

图 14.2　定制安装界面

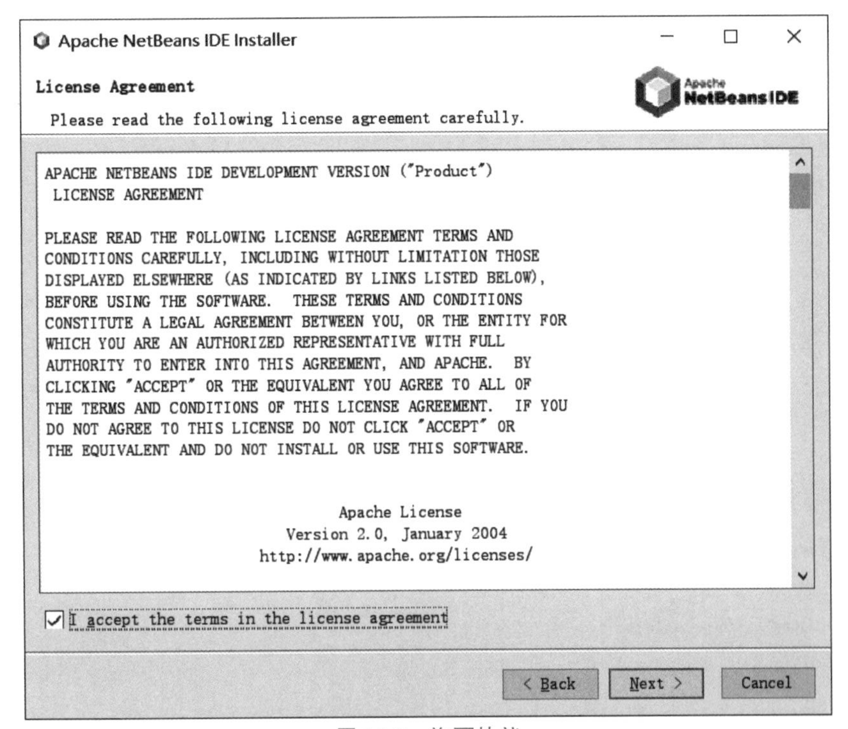

图 14.3　许可协议

(5) 单击 Install 按钮，开始安装。安装完毕后，进入安装过程；安装完成后，显示图 14.6 所示的安装成功界面。

单击 Finish 按钮，则完成 NetBeans IDE 的安装工作。安装程序将在 Windows OS 的“开始”菜单中创建启动 IDE 的程序，并在 OS 的桌面上创建用于启动 IDE 的图标。

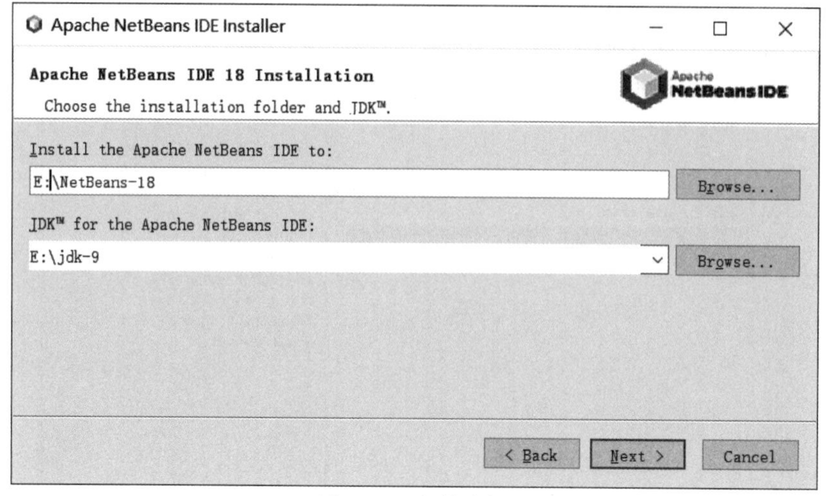

图 14.4　安装路径

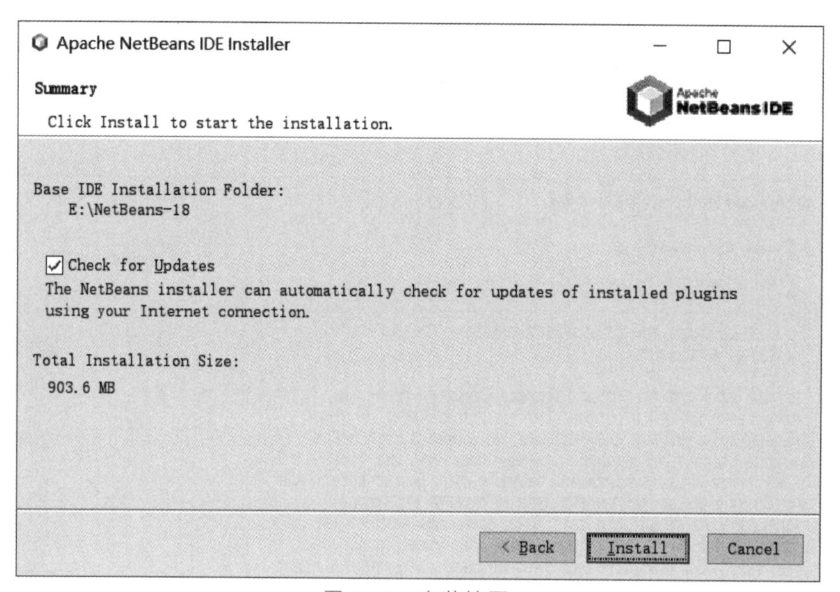

图 14.5　安装摘要

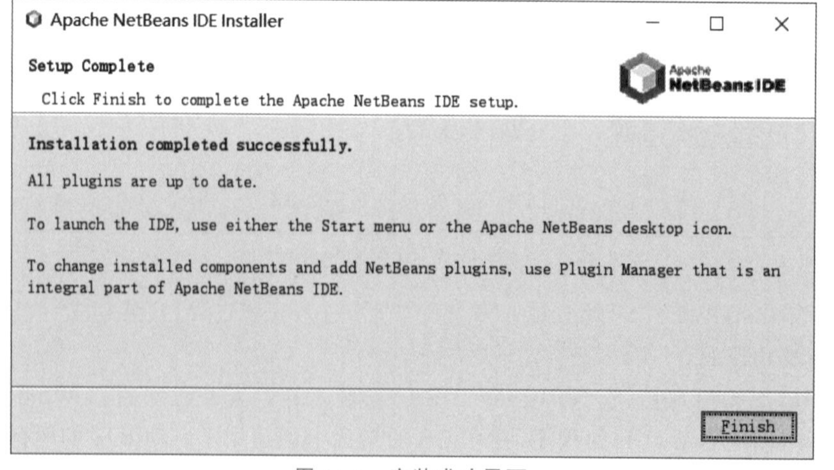

图 14.6　安装成功界面

14.3　NetBeans IDE 简介

在 Windows OS 的“开始”菜单中选择“程序”→Apache NetBeans 18，则显示启动过程界面，启动完成的主界面如图 14.7 所示。

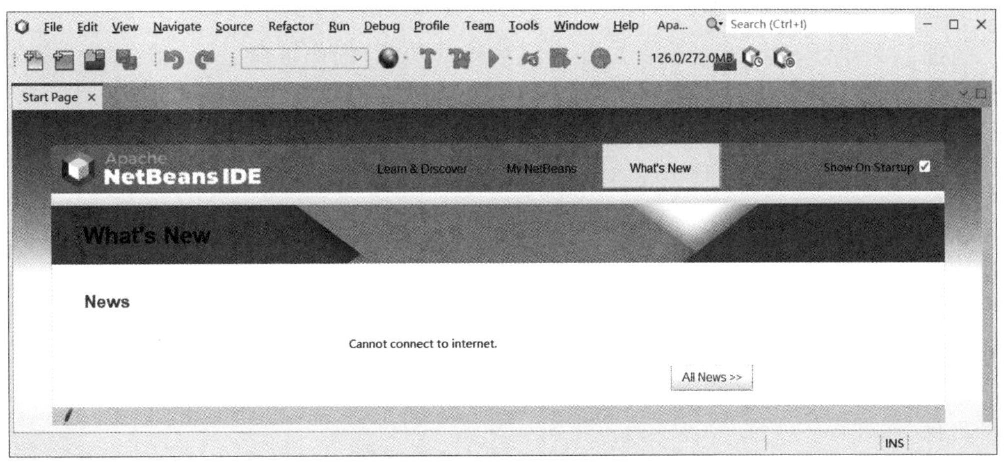

图 14.7　NetBeans 18 主界面

在 NetBeans IDE 主界面中，如果勾选起始页面中的 Show On Srartup 复选框，那么每次运行 IDE 都会打开起始页。“起始页”包括 Learn & Discover、My NetBeans、What's New 这 3 个选项卡。

- Learn & Discover：开发人员可以访问 NetBeans 开发文档和帮助文档，调试和运行示例项目，观看功能演示等。
- MyNetBeans：开发人员可以快速打开近期开发的项目，从 NetBeans 更新中心安装插件、手动激活所需的功能等。
- What's New：开发人员可以在线浏览 NetBeans 教程、新闻和博客等。

如果不希望每次启动时显示“起始页”，则可以通过取消勾选 Show On Srartup 复选框实现。

14.3.1　NetBeans 菜单栏

NetBeans 的菜单栏如图 14.8 所示，包括文件(File)、编辑(Edit)、视图(View)、导航(Navigate)、源(Source)、重构(Refactor)、运行(Run)、调试(Debug)、分析(Profile)、团队开发(Team)、工具(Tools)、窗口(Window)和帮助(Help)等菜单。

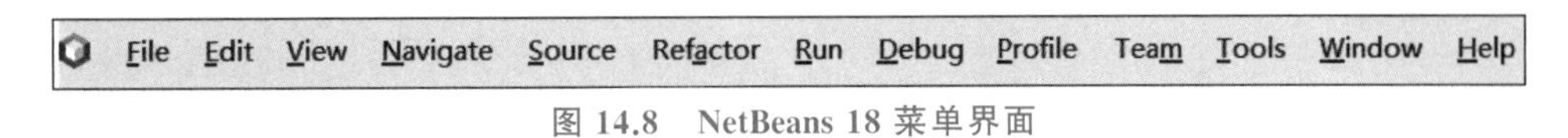

图 14.8　NetBeans 18 菜单界面

- 文件菜单(File)：包括文件和项目的一些命令，例如新建、打开项目、打开、关闭文件、设置项目属性等。
- 编辑菜单(Edit)：包括复制、粘贴、剪切等各种简单的操作。

- 视图菜单(View):包括各种视图的操作,并可以控制工具栏中各个命令的显示/隐藏。
- 导航菜单(Navigate):提供在编辑代码时进行跳转的各种功能;例如转至文件、上一个编辑位置、下一个书签等。
- 源菜单(Source):提供对源代码的操作或控制;例如代码格式化、插入代码、修复代码、开启/关闭注释等。
- 重构菜单(Refactor):提供重新设定代码的功能;例如重命名、复制、移动、安全删除等。
- 运行菜单(Run):提供文件和项目的运行命令。
- 调试菜单(Debug):提供文件和项目的调试命令。
- 分析菜单(Profile):提供对内存使用情况或程序运行性能进行分析的命令。
- 团队开发菜单(Team):提供辅助团队开发的相关命令;例如团队开发服务器、创建生成作业等。
- 工具菜单(Tools):提供各种管理工具;例如库、服务器、组件面板灯。
- 窗口菜单(Window):提供打开/关闭各种窗口的操作;例如项目、文件、服务器、导航、属性等。
- 帮助菜单(Help);提供有关 NetBeans 的帮助内容、联机文档等。

14.3.2 NetBeans 工具栏

NetBeans 工具栏如图 14.9 所示,它提供诸如打开项目、复制和运行等一些常用命令。把鼠标光标停留在某个按钮上,将会显示该按钮的功能提示信息以及快捷键。

图 14.9 NetBeans 工具栏

开发人员可以通过下列两种方式对工具栏进行定制:

- 在 Toolbars(工具栏)空白处单击鼠标右键,将弹出图 14.10 所示的上下文菜单,可以在这里根据需要对工具条进行设置。
- 打开菜单栏中的"视图"命令,并选择"Toolbars(工具栏)"上下文菜单中的"Customize(定制)"命令,将显示图 14.11 所示的对话框。可以在该对话框中进行相关的定制操作。

此外,开发人员通过选择图 14.11 所示的 Performance 命令打开内存工具条,显示当前状态下的内存使用情况,如图 14.12 所示。

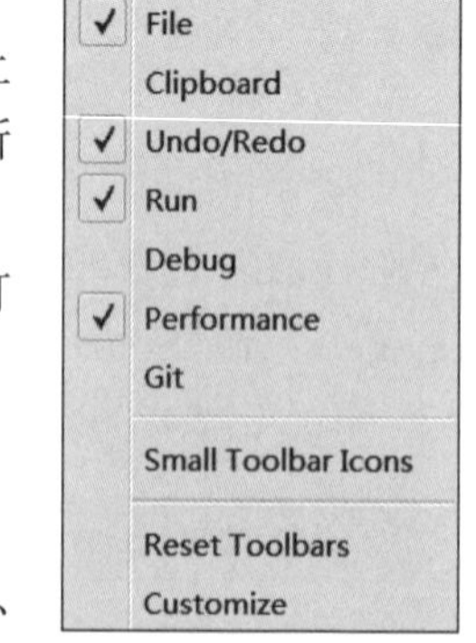

图 14.10 上下文菜单

14.3.3 NetBeans 窗口

窗口是 NetBeans IDE 的重要组成部分,包括项目、文件、服务、属性、输出、导航等窗口,每个窗口用于实现不同的功能。

1. 项目窗口

项目窗口列出了当前打开的所有项目,是项目源的主入口。展开某个项目节点就会看到使用的项目内容的逻辑视图,如图 14.13 所示。项目是一个逻辑上的概念,容纳了一个应

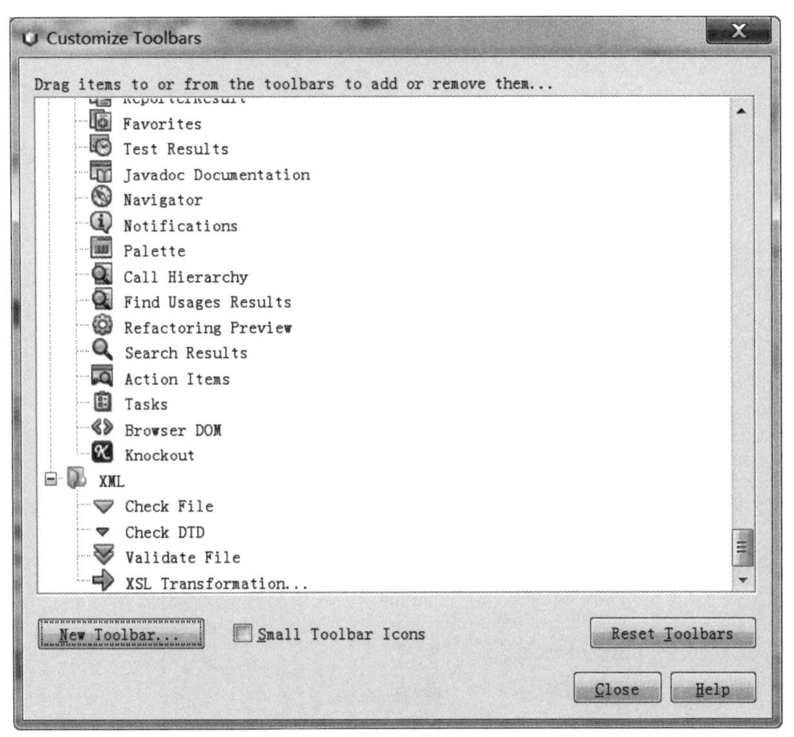

图 14.11 定制工具栏

用程序的所有元素。一个项目可以包含一个文件，也可以包含多个文件。项目窗口可以包含一个项目，也可以包含多个项目。但是在同一时刻只能有一个主项目。在“项目”窗口中可以进行主项目的设置。“项目”窗口可以在菜单栏中通过选择“窗口”→“项目”命令打开，或者通过快捷键 Ctrl+1 打开。一般地，一个项目可以包含如下逻辑内容：

- 源包：包括项目包含的源代码文件，双击某个文件即可打开该文件并可在代码编辑器中进行编辑。
- 测试包：包含编写的单元测试代码。
- 库：包含该项目使用的库文件。
- 测试库：编写测试程序时使用的测试库。

图 14.12 内存工具条

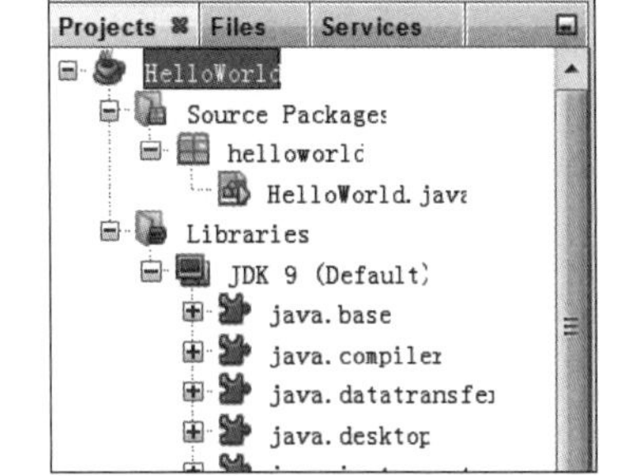

图 14.13 项目窗口

右击项目窗口中的每个节点都会弹出相应的快捷菜单，包含所有主要的命令，如图 14.14 所示。

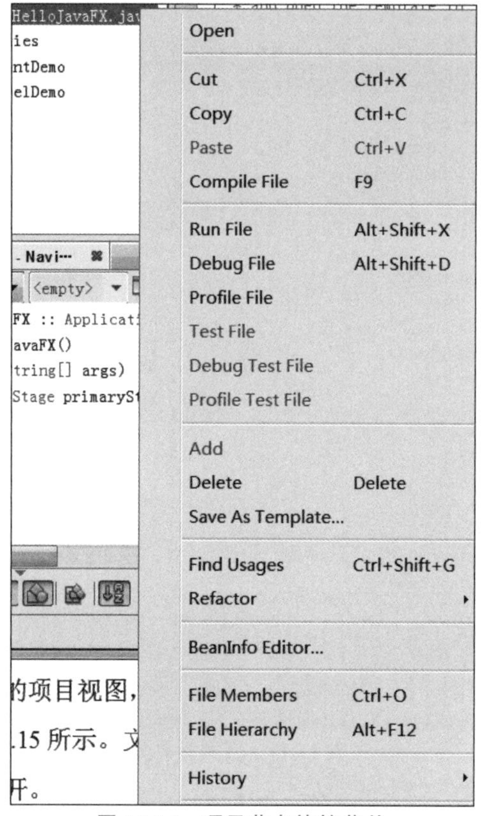

图 14.14　项目节点快捷菜单

2. 文件窗口

文件窗口显示基于目录的项目视图,包括项目窗口中未显示的文件和文件夹,以及支撑项目运行的配置文件,如图 14.15 所示。文件窗口可以通过菜单栏中的“窗口”→“文件”命令打开,或者通过快捷键 Ctrl+2 打开。

3. 服务窗口

服务窗口描述 IDE 运行时资源的逻辑视图,包括数据库、Web 服务、服务器、团队开发服务器等,如图 14.16 所示。服务窗口可以在“窗口”→“服务”命令打开,或者通过快捷键 Ctrl+5 打开。在服务窗口中,各节点的含义如下:

图 14.15　文件窗口

图 14.16　服务窗口

- 数据库(Databases)：包括 Java DB 数据库及其示例 sample、支持的数据库驱动程序，以及网络模式下的示例数据室库 sample。
- Web 服务(Web Services)：用于管理所有相关的 Web 服务。
- 服务器：描述注册的所有服务器，包括 Apache Tomcat 和 Glass Fish Server。
- Maven 资源库：Apache Maven 是一种软件项目管理工具，提供一个项目对象模型(POM)文件的新概念来管理项目的构建、相关性和文档。
- 云：云计算服务。
- Hudson 构建器：一个可扩展的持续集成引擎，用于持续、自动地构建/测试软件项目，以及监控一些定时执行的任务；在服务窗口中可以添加 Hudson 服务器。
- Docker：是一个开源的应用容器引擎，基于 Go 语言 并遵从 Apache2.0 协议开源。Docker 可以让开发者打包他们的应用以及依赖包到一个轻量级、可移植的容器中，然后发布到任何流行的 Linux 机器上，也可以实现虚拟化。容器完全使用沙箱机制，相互之间不会有任何接口(类似 iPhone 的 app)，更重要的是容器性能开销极低。Docker 从 17.03 版本之后分为 CE(Community Edition，社区版)和 EE(Enterprise Edition，企业版)两个版本，我们用社区版即可。
- 任务资源库：用于管理所有任务的资源库。
- Selenium 服务器：Selenium 是一个用于 Web 应用程序测试的工具；Selenium 测试直接运行在浏览器中，就像真正的用户在操作一样。支持的浏览器包括 IE(7、8、9、10、11)、Mozilla Firefox、Safari、Google Chrome、Opera 等；Selenium 是一套完整的 Web 应用程序测试系统，包含测试的录制(Selenium IDE)、编写及运行(Selenium Remote Control)和测试的并行处理(Selenium Grid)；Selenium 的核心 Selenium Core 基于 JsUnit，完全由 JavaScript 编写，因此可以用于任何支持 JavaScript 的浏览器。

4. 输出窗口

输出窗口用于显示来自于 IDE 的消息、消息种类包括调试程序、编译错误、输出语句、生成 Javadoc 文档等，如图 14.17 所示。输出窗口可以通过菜单栏中的“窗口”→“输出”命令打开，或者通过快捷键 Ctrl+4 打开。

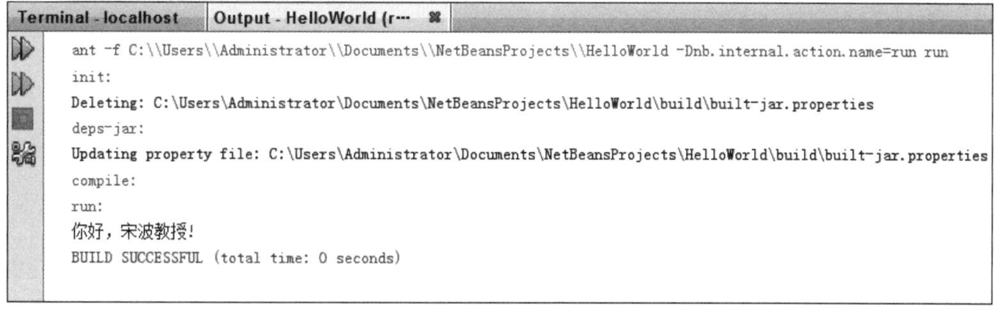

图 14.17　输出窗口

如果项目运行时需要输入信息，输出窗口将显示一个新标签，并且光标将停留在标签处。此时，可以在窗口中输入信息，此信息与在命令行中输入的信息相同。

5. 导航窗口

导航窗口显示当前选中文件包含的构造方法、方法、字段等信息,如图 14.18 所示。将鼠标光标停留在某成员的节点上,就可以显示 JavaDoc 文档内容。在导航窗口中,双击某成员节点可以在代码编辑器中直接定位该成员。在默认情形下,NetBeans IDE 的左下角显示导航窗口;也可以在菜单栏中通过"窗口→导航"命令打开,或者通过快捷键 Ctrl+7 打开。

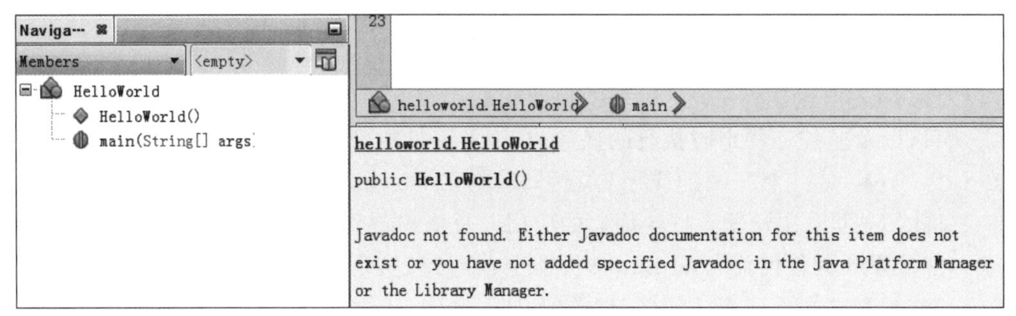

图 14.18　导航窗口

6. 组件面板窗口

组件面板管理器包含可以添加到 IDE 编译器中的各种组件。对于 Java 桌面应用程序,组件面板中的可用项包括容器、控件、窗口等,如图 14.19 所示。在该对话框中可以添加、删除、组织组件面板窗口中的组件。

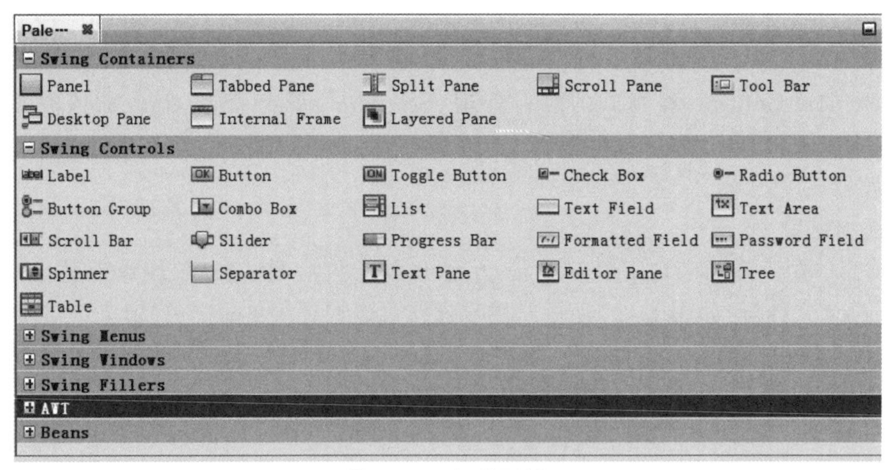

图 14.19　组件面板

组件面板管理器窗口可以在菜单栏中通过"窗口"→"组件面板"命令打开,或者通过快捷键 Ctrl+Shift+8 打开。

7. 属性窗口

属性窗口描述项目包含的对象及对象元素具有的属性,开发人员可以在属性窗口中修改和查看这些属性。属性窗口显示当前选定对象和组件的相关属性表单。图 14.21 左边为创建的 Java Appliction,右边描述了被选中组件的属性表单。

当单击图 14.21 中的 Find 按钮时,属性窗口描述了该组件具有的属性、绑定表单、触发事件等。若要修改属性值,可以单击属性值字段并直接输入新值,然后按 Enter 键即可。

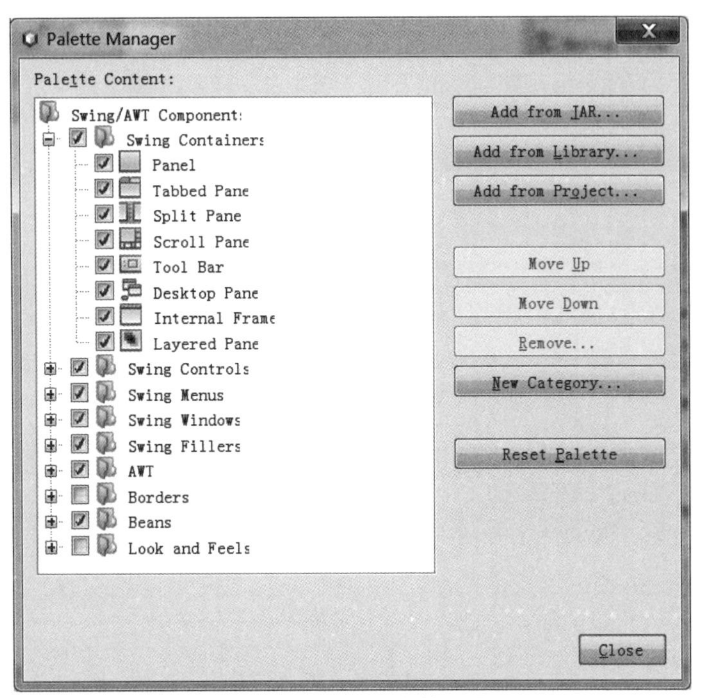

图 14.20　组件面板管理器

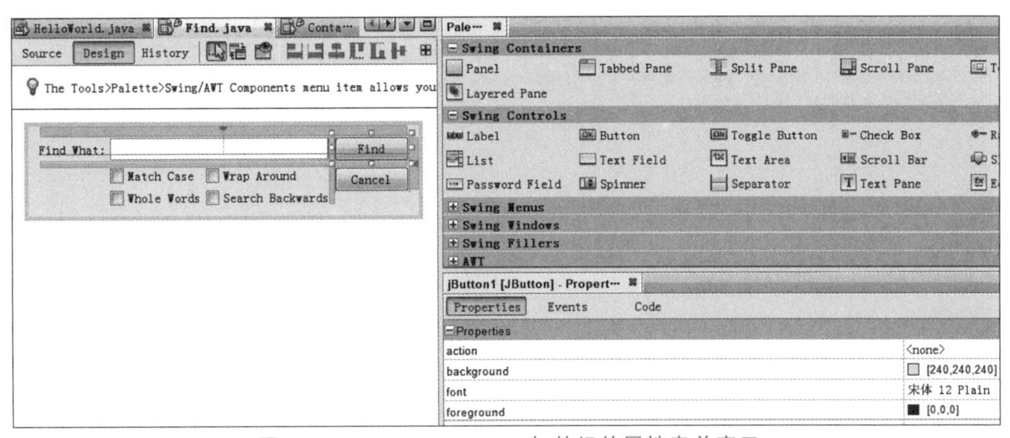

图 14.21　Java Application 与其组件属性表单窗口

如果属性值允许使用特定的值列表，则会出现下拉箭头，单击该箭头然后选中值即可。如果属性编辑器适用于该属性，则会出现省略号(...)按钮，单击该按钮即可打开属性编辑器，对属性值进行修改。

绑定表单描述该组件与其他组件之间的关系，通过它可以修改绑定源及绑定表达式。事件表单列出该选定控件支持的事件，通过触发相应的事件可以实现不同的功能，图 14.22 描述 JButton 控件支持的鼠标单击 mouseClick 事件。代码表单描述被选定控件的相关代码，图 14.23 描述 JButton 控件的代码。JButton1 在应用程序中的名称为 Find，该名称在程序中是唯一的，用来区分其他控件。

属性窗口可以在菜单栏中通过“窗口”→“属性”命令打开，或者通过快捷键 Ctrl+Shift+7 打开。

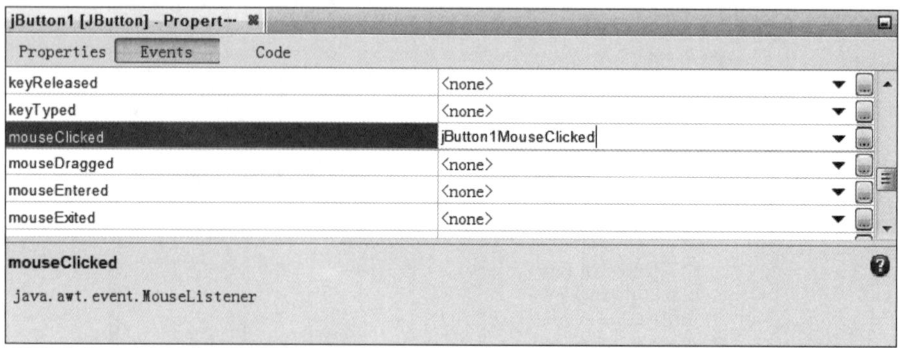

图 14.22 “属性”窗口事件表单

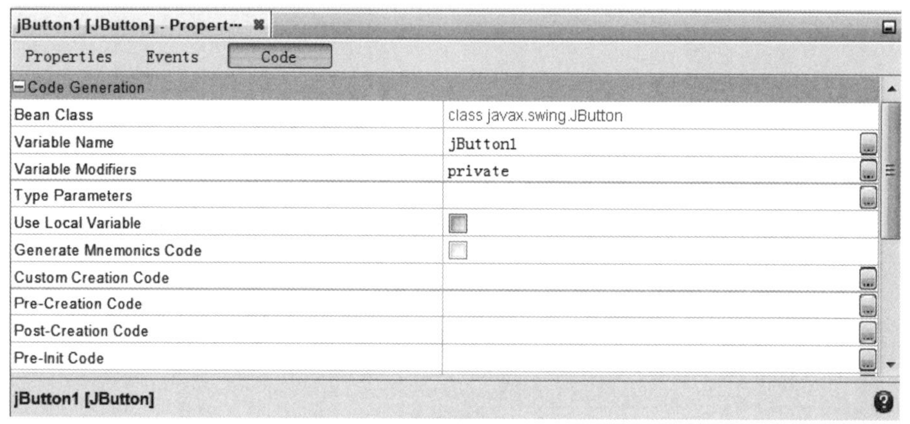

图 14.23 “属性”窗口代码表单

14.3.4 代码编辑器

代码编辑器提供编写代码的场所，是 IDE 中使用最多的部分。代码编辑器提供各种可以使代码编写更简单、快捷的功能。

1. 代码模板

IDE 支持代码模板功能。借助于代码模板，可以加快开发速度，积累开发经验，减少记忆与沟通成本。只要在源代码编辑器中输入代码模板的缩写，然后按 Tab 键或空格键，即可生成完整的代码片段。图 14.24 描述了定义的代码模板。

2. 快速编写代码

快速编写代码功能可以帮助用户快速查找并输入 Java 类名、表达式、方法名、组件名称、属性等。在输入字符后，代码编辑器会自动显示提示菜单，列出能包含的类、方法、变量等，如图 14.25 所示。

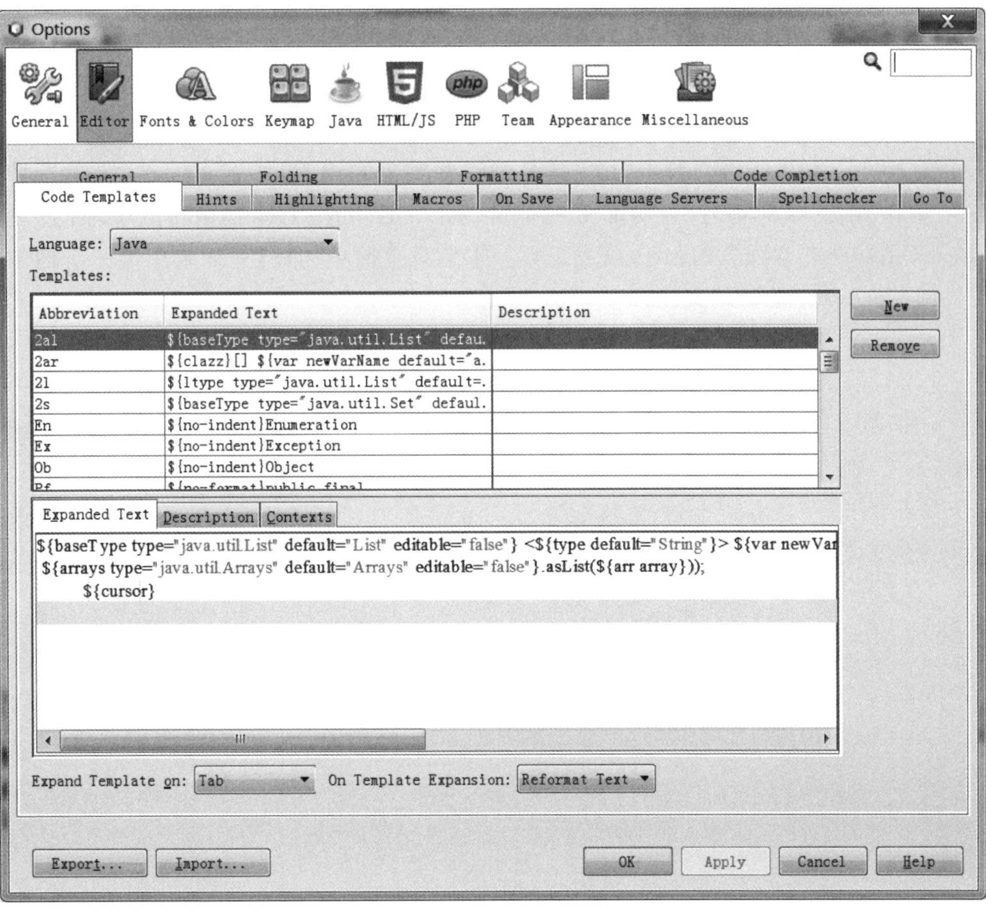

图 14.24　代码模板选项卡

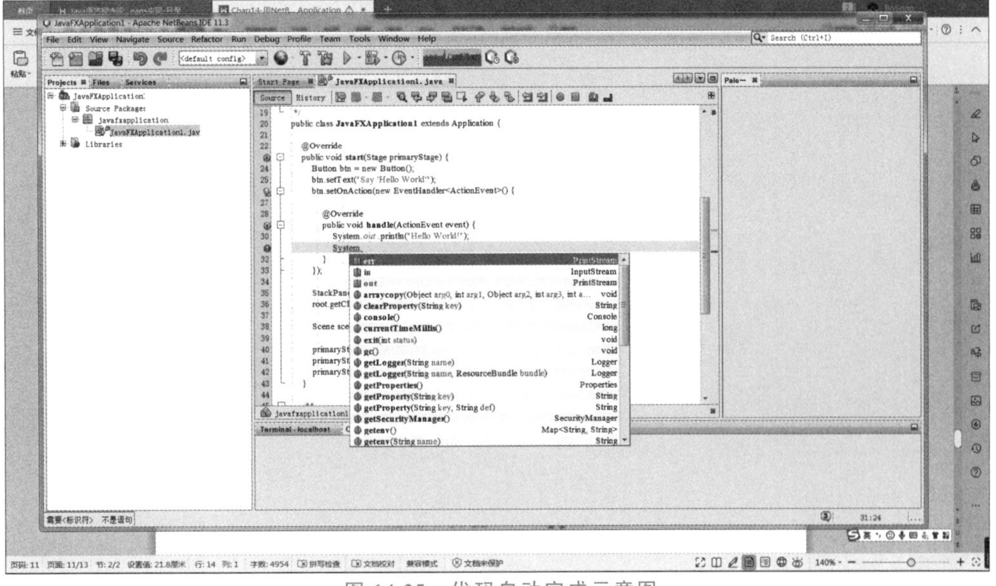

图 14.25　代码自动完成示意图

14.4 本章小结

NetBeans 是原 Sun 公司用 Java 语言开发的一个开源工具,是 Sun 公司官方认定的 Java 开发工具。本章介绍了 NetBeans IDE 的一些基础知识,包括 NetBeans 18 的新特性、下载和安装方法、IDE 各个主要部分的简介、用 IDE 开发 Java Application 的方法等。NetBeans 是功能非常强大的 Java 开发工具。本章只是简单的概述,如果想进一步地学习,可以参阅 NetBeans 的帮助文档。

第 15 章　JavaFX GUI 程序设计

Java 语言最初的 GUI(Graphics User Interface)框架是 AWT，后来又开发了 Swing——提供了创建 GUI 的一种更可行的方法。为了更好地满足现代 GUI 的需求以及 GUI 设计的改进，Java 语言提出了下一代的 GUI 框架——JavaFX。本章将简要地介绍这个功能强大的新系统，以及基于 NetBeans IDE 开发 JavaFX 应用程序的基本原理与方法。

15.1　JavaFX 的基本概念 

与所有成功的计算机编程语言一样，Java 语言也在不断地演化和改进。这种演化过程最重要的表现之一就是 GUI 框架。Java Swing 提供了创建 GUI 的一种良好方法，并取得了巨大的成功，一直是 Java 语言中主要采用的 GUI 框架。如今，消费类应用程序，特别是移动应用变得越来越重要。而这类应用程序要求 GUI 具有令人兴奋的视觉效果。为了更好地处理这类 GUI，促使了 JavaFX 的问世。JavaFX 是 Java 语言的下一代客户端平台和 GUI 框架。JavaFX 提供了一个强大的、流线化且灵活的框架，简化了现代的、视觉效果出色的 GUI 的创建。JavaFX 的诞生分为两个阶段。最初的 JavaFX 基于一种称为 JavaFX Script 的脚本语言。但是，JavaFX Script 已经被弃用。从 JavaFX 2.0 开始，JavaFX 开始完全用 Java 语言编写，并提供了一个 API。从 JDK 7 Update 4 开始，JavaFX 就已经与 Java 捆绑在一起，并与 JDK 的版本号相一致。JavaFX 的提出是为了取代 Swing。但是现在仍然存在大量的 Swing 遗留代码，并且熟悉 Swing 编程的程序员很多。所以，JavaFX 被定义为未来的平台。预计在未来的几年，JavaFX 将会取代 Swing 应用到新的项目，一些基于 Swing 的应用程序也会迁移到 JavaFX 平台。

1. JavaFX 包

JavaFX 组件是轻量级的，并以一种易于管理、直接的方式处理事件。JavaFX 的元素包含在以 javafx 为前缀开头的包中。从 JDK 9 开始，JavaFX 包都组织到模块中，例如 javafxbase、javafx.graphics 和 javafx.controls。

2. Stage 与 scene

JavaFX 使用的核心比喻是舞台(stage)。正如现实中的舞台表演，舞台是有场景(scene)的。也就是说，舞台定义了一个空间，场景定义了在该空间发生了什么。用专业术语讲，舞台就是场景的容器，场景是组成场景的元素的容器。因此，所有 JavaFX 程序有至少一个舞台和场景。这些元素封装在 Stage 和 Scene 这两个类中。Stage 是一个顶级容器，所有的 JavaFX 程序能够自动访问一个 Stage，称为主舞台(primary stage)。当 JavaFX 程序启动时，JRE 将会提供主舞台，尽管也可以创建其他舞台，但是对许多程序而言，主舞台是唯一需要的舞台。简而言之，Scene 是组成场景的元素的容器。这些元素包括控件(例如按钮、标签和复选框)、文本和图形。为了创建场景，需要把这些元素添加到 Scene 容器的实例对象中。

3. 节点与场景图

场景中的单独元素称为节点(node)。例如,命令按钮就是一个节点。节点可以由一组节点组成,节点也可以有子节点。具有子节点的节点称为父节点(parent node)或分支节点(branch node)。没有子节点的节点称为终端节点或叶子(leave)。场景中所有节点的集合创建出场景图(scene graph),场景图构成了树(tree)。场景图中有一种称为根节点(root node)的顶级结点,是场景图中唯一没有父节点的节点。也就是说,除了父节点以外,其他所有的节点都有父节点,而且所有节点都直接或间接地派生自根节点。所有节点的基类是 Node。有一些类直接或间接地派生自 Node 类,包括 Parent、Group、Region 和 Control 等。

4. 布局

JavaFX 提供的布局窗格用于管理在场景中放置元素的过程。例如,FlowPane 类提供了流式布局,GirdPane 类提供支持基于网格的行/列布局。布局窗格类包含在 javafx.scene.layout 包中。

5. Application 类和生命周期方法

JavaFX 程序必须是 javafx.application 包中的 Application 类的子类。因此,用户应用程序类将扩展 Application。Application 类定义了 3 个可被重写的生命周期方法,分别是 init()、start()和 stop()方法。

- void init():当程序开始执行时,将调用该方法,用于执行各种初始化工作,但是它不能用于创建舞台或构建场景;如果不需要进行初始化,那么不需要重写这个方法,因为系统会默认提供一个空版本的 init()方法。
- abstract void start(Stage primaryStare):该方法在 init()方法之后调用,是程序开始执行的地方,可以用来构造和设置场景,它接收一个 Stage 对象的引用作为参数,这是由运行时系统提供的舞台(主舞台),它是一个抽象方法,程序必须重写这个方法。
- void stop():当程序终止时,将调用 stop()方法,该方法可以执行清理和关闭工作;如果不需要执行这些操作,可以使用默认的空版本。
- public static void launch(String ... args):为了启动一个独立的 JavaFX 程序,必须调用该方法,其中 args 是一个指定了命令行实参的字符串列表,可以为空。调用 launch()方法将开始构造程序,之后调用 init()和 start()方法;直到程序终止,该方法才会返回。

15.2 JavaFX 程序框架

所有的 JavaFX 程序都具有相同的基本框架。下面的示例演示了如何启动程序与生命周期方法何时被调用。

启动 NetBeans IDE 18,然后选择 File—>New Project 命令,将显示图 15.1 所示的对话框。在 Categories 区域中选择 Java With ANT—>JavaFX 命令,在 projects 区域选择 JavaFX Application 命令,然后单击 Next 按钮,将显示图 15.2 所示的对话框。该对话框主要定义 JavaFX 应用的名字与保存路径。单击 Finish 按钮,完成 JavaFX 应用的向导定义。同时，将在代码窗口、浏览器窗口以及浏览器结构窗口生成对应的 JavaFX 应用的相关信息，如图 15.3 所示。在代码窗口中，将 IDE 生成的源代码修改成例 15.1 所示的代码，然后选择 Run—>Run Project(HelloJavaFX)命令执行这个程序，执行结果如图 15.4 所示。

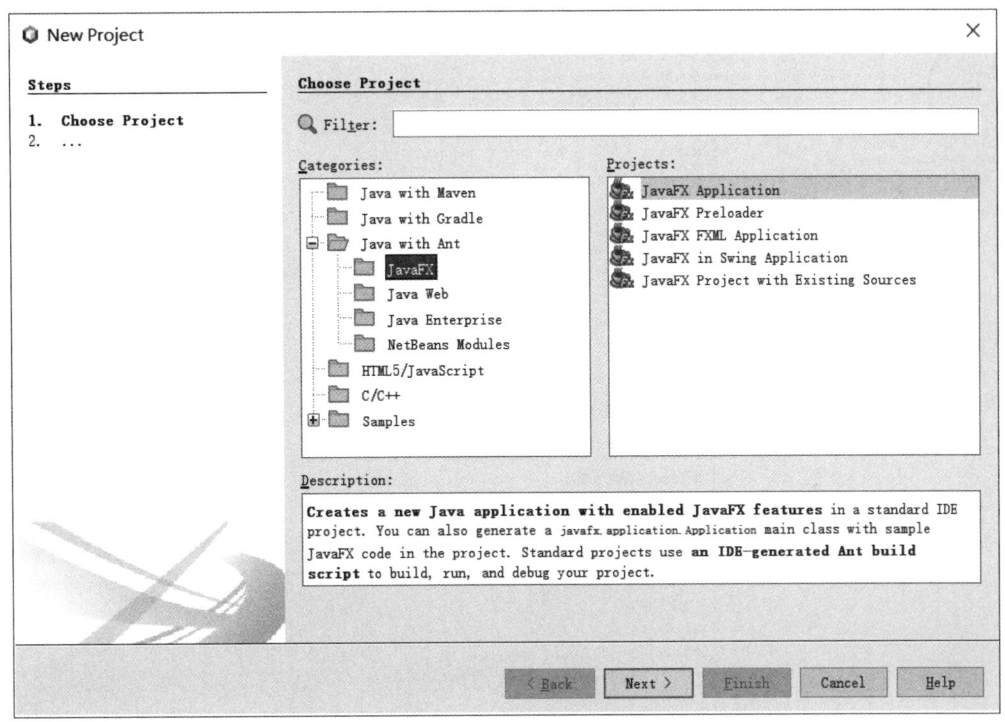

图 15.1 执行 New Project 命令的结果对话框

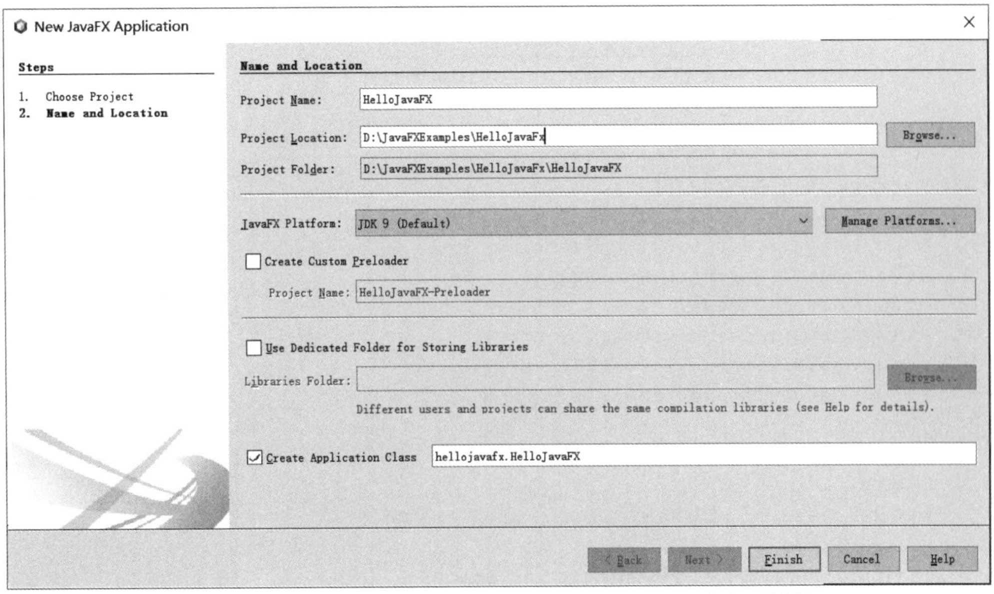

图 15.2 JavaFX Application 的 Name and Location 定义对话框

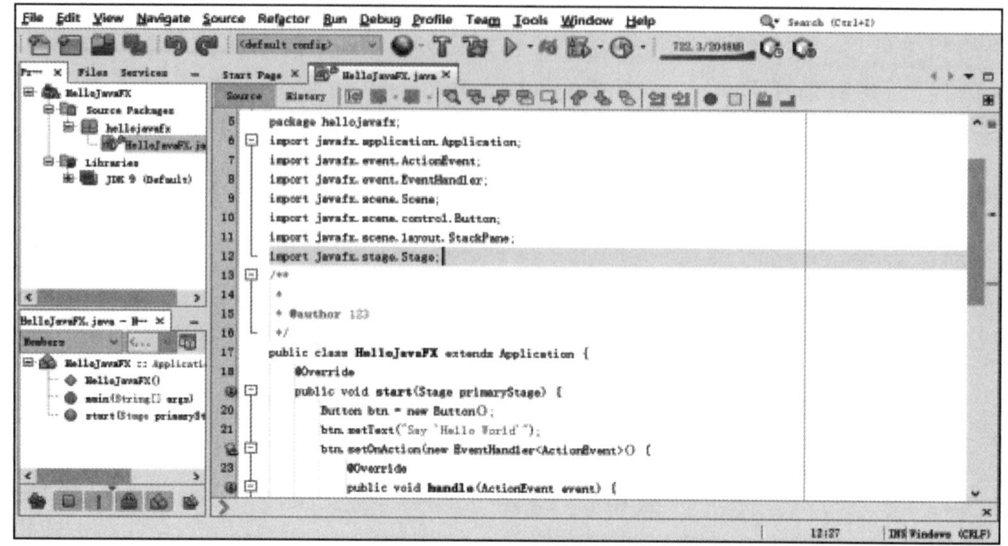

图 15.3　NetBeans IDE 生成的 JavaFX 应用的代码、工程、代码结构等信息

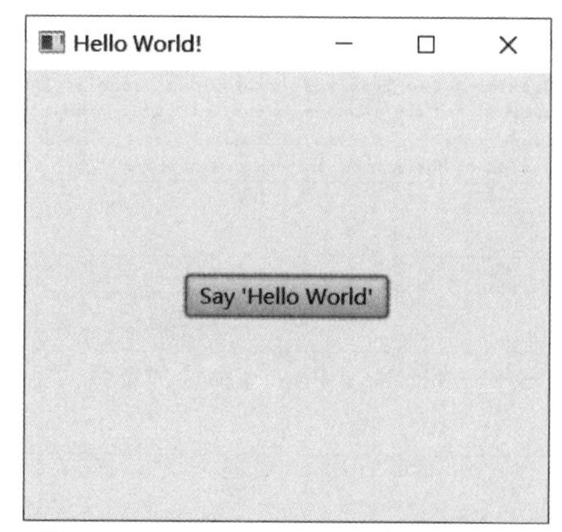

图 15.4　HelloJavaFX 程序的执行结果

【例 15.1】　HelloJavaFX.java 实例程序。

```
1.  package hellojavafx;
2.  import javafx.application.Application;
3.  import javafx.event.ActionEvent;
4.  import javafx.event.EventHandler;
5.  import javafx.scene.Scene;
6.  import javafx.scene.control.Button;
7.  import javafx.scene.layout.StackPane;
8.  import javafx.stage.Stage;
9.  /**
10.  * @author SongBo
11.  * /
12. public class HelloJavaFX extends Application {
13.     @Override
14.     public void start(Stage primaryStage) {
15.       Button btn = new Button();
16.       btn.setText("Say 'Hello JavaFX World!'");
```

```
17.       btn.setOnAction(new EventHandler<ActionEvent>() {
18.       @Override
19.       public void handle(ActionEvent event) {
20.         System.out.println("Hello JavaFX World!");
21.       }
22.     });
23.     StackPane root = new StackPane();                //创建根节点
24.     root.getChildren().add(btn);
25.     Scene scene = new Scene(root, 300, 250);         //创建场景
26.     primaryStage.setTitle("Hello JavaFX World!");
27.     primaryStage.setScene(scene);                    //设置舞台场景
28.     primaryStage.show();                             //显示场景
29.   }
30.   /**
31.    * @param args the command line arguments
32.    * /
33.   public static void main(String[ ] args) {
34.     launch(args);
35.   }
36. }
```

【执行结果】

单击“Say 'Hello JavaFX World! '”按钮，将在 IDE 的程序输出窗口显示执行结果信息：

```
Hello JavaFX World!
```

【分析讨论】

- 一般地，在 JavaFX 程序中，生命周期方法不会像 System.out 那样输出任何信息，这里只是为了演示。
- 只有 JavaFX 程序必须执行特殊的启动和关闭操作时，才需要重写 init()和 stop()方法；否则，可以使用 Application 类为这些方法提供的默认实现。
- 该程序导入了 7 个包。其中，比较重要的有 4 个包：javafx.application 包（包含 Application 类）；javafx.scene 包（包含 Scene 类）；javafx.stage 包（包含 Stage 类）；javafx.sence.layout 包（提供 StackPane 布局窗格）。
- 第 12 句创建了程序类 HelloJavaFX，它扩展了 Application 类。所有的 JavaFX 程序都必须派生自 Application 类。
- 程序启动后，JavaFX 运行时系统首先调用 init()方法。当然，如果不需要初始化，就没必要重写 init()方法。注意，init()方法不能用于创建 GUI 的舞台和场景部分，它们由 start()方法构造和显示。
- 当 init()方法完成后，star()方法开始执行。在这里创建最初的场景，并将其设置给主舞台。

start()方法有一个 Stage 类型的形式参数。当调用 start()方法时，这个形式参数将接受对程序主舞台的引用，程序的场景将被设置给这个舞台。

- 第 16 句创建了一个按钮对象 btn，并设置这个按钮的标题。
- 第 23 句为场景创建了根节点。根节点是场景图中唯一没有父节点的节点。

- 第 24 句把按钮添加到根节点中;第 25 句用根节点构造了一个场景(Scene)实例对象,并指定了宽度和高度;第 26 句设置了场景的标题;第 27 句把场景设置为舞台的场景;第 28 句把场景在舞台上显示出来。也就是说,show()方法显示了舞台创建的按钮和场景。
- 当关闭程序时,JavaFX 将会调用 stop()方法将窗口从屏幕上移除。另外,如果程序不需要处理任何关闭动作,就不必重写 stop()方法,因为它有系统的默认实现。

15.3 JavaFX 控件 Label

JavaFX 提供了一组丰富的控件,标签(Label)是最简单的控件。标签是 JavaFX 的 Label 类的实例对象,包含在 javaFx.secne.control 包中,继承了 Labeled 和 Control 等几个类。Labeled 类定义了带标签元素(包含文本的元素)共有的一些特性,Control 类定义了与所有控件相关的特性。Label 的构造函数如下:

Label(String str)——str 是要显示的字符串。

- 创建标签后,必须把它添加到场景的内容中,即把该控件添加到场景图中。
  - 首先,要对场景图的根节点调用 getChildren()方法,该方法返回一个 ObservableList<Node>形式的子节点列表。ObservableList 在 javafx.collections 包中定义,并继承了 java.util.List,它是 Java 语言的 Collections Framework 的一部分。只需对 getChildren()返回的子节点列表调用 add()方法,并传入所添加节点(标签)的引用即可。

【例 15.2】 创建一个显示标签的 JavaFX 程序。

```
1.  package javafxlabeldemo;
2.  import javafx.application.*;
3.  import javafx.scene.*;
4.  import javafx.stage.*;
5.  import javafx.scene.layout.*;
6.  import javafx.scene.control.*;
7.  public class JavaFXLabelDemo extends Application {
8.    public static void main(String[ ] args) {
9.      //通过调用 launch()方法启动程序
10.     launch(args);
11.   }
12.   //重写 start()方法
13.   public void start(Stage myStage) {
14.     //设置 stage 的标题
15.     myStage.setTitle("Use a JavaFX label.");
16.     //使用 FlowPane 作为根节点的布局
17.     FlowPane rootNode = new FlowPane();
18.     //创建场景
19.     Scene myScene = new Scene(rootNode, 300, 200);
20.     //设置舞台的场景
21.     myStage.setScene(myScene);
22.     //创建标签
23.     Label myLabel = new Label("JavaFX is a powerful GUI");
24.     //把标签添加到根节点(舞台)
```

```
25.     rootNode.getChildren().add(myLabel);
26.     //在舞台上显示这个场景
27.     myStage.show();
28.   }
29. }
```

【执行结果】

执行结果如图 15.5 所示。

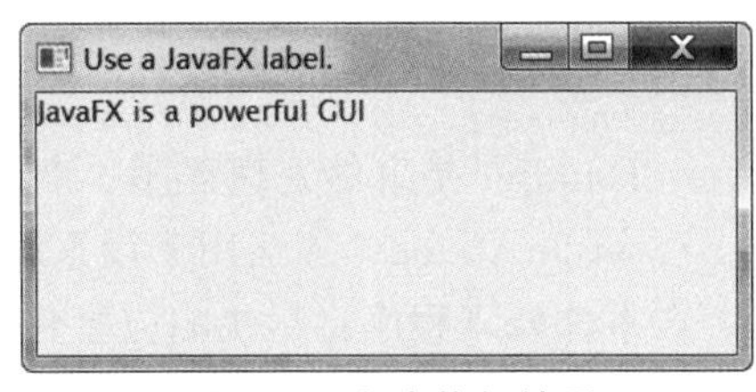

图 15.5　程序执行结果

【分析讨论】

- 需要注意的是第 25 句，其功能是把标签添加到 rootNode 的子节点列表中。
- ObservableList 类也提供了 addAll()方法，它可以在一次调用中把两个或多个子节点添加到场景中。
- 如果要从场景中删除节点，则可以使用 remove()方法。例如：

```
rootNode.getChildren().remove(myLabel);
```

上述代码从场景中删除了 myLabel。

15.4　JavaFX 控件 Button

在 JavaFX 程序中，事件处理十分重要，因为多数 GUI 控件都会产生事件，然后由程序来处理这些事件。按钮事件是常处理的事件类型之一。本节将介绍按钮及其事件处理。

1. 事件处理基础

JavaFX 事件的基类是 javafx.event 包中的 Event 类。Evene 类继承了 java.util.EventObject，JavaFX 事件与其他的 Java 事件共享相同的基本功能。Event 类有几个子类，这里使用的是 ActionEvent 类，它处理按钮生成的动作事件。JavaFX 为事件处理使用了委托事件模型方法。

- 为处理事件，首先必须注册一个处理程序，作为该事件的监听器。
- 当事件发生时将调用监听器。监听器必须响应该事件，然后返回。
- 事件是通过实现 EventHandler 接口处理的，该接口包含在 javafx.event 包中，是一个泛型接口，其语法形式如下：Interface EventHandler＜T extends Event＞，T 指定了处理程序将要处理的事件类型。该接口定义了方法 handler()，接收事件对象作为形式参数，如下所示。
- void handler(T eventObj)
  - eventObj 是产生的事件。事件处理程序通过匿名内部类或 lambda 表达式实现，也可以通过使用独立的类来实现(例如，事件处理程序需要处理来自多个事件源的事件)。

2. 按钮控件

在 JavaFX 中，命令按钮由 javafx.scene.control 包中的 Button 类提供。Button 类继承了很多基类——ButtonBase、Labeled、Regin、Control、Parent 和 Node。按钮可以包含文件、

图形或两者兼有。本节使用的按钮 Button 的构造方法如下：

Button(String str)

- 其中，str 是按钮中显示的信息。单击按钮时，将产生 ActionEvent 事件。ActionEvent 包含在 javafx.event 包中。可以通过调用 getOnAction()方法为该事件注册监听器。该方法的语法形式如下：

```
Final void setOnAction(EventHandler<ActionEvent> handler)
```

- Handler 是事件处理程序。事件处理程序通过匿名内部类或 lambda 表达式实现。
- setOnAction()方法用于设置属性 onAction，该属性存储了对处理程序的引用。
- 事件处理程序将尽快响应事件，然后返回。如果处理程序花费了太多时间，将降低程序速度。对于耗时的操作，提倡使用独立的执行线程。

【例 15.3】 下面的程序使用了两个按钮和一个标签。这两个按钮的名称为 Up 和 Down。每次单击一个按钮时，标签就显示被按下按钮的是哪一个。

```
1.  package javafxeventdemo;
2.  import javafx.application.*;
3.  import javafx.scene.*;
4.  import javafx.stage.*;
5.  import javafx.scene.layout.*;
6.  import javafx.scene.control.*;
7.  import javafx.event.*;
8.  import javafx.geometry.*;
9.  public class JavaFXEventDemo extends Application {
10.     Label response;
11.     public static void main(String[ ] args) {
12.         //通过调用 launch()方法启动 JavaFX 应用
13.         launch(args);
14.     }
15.     //重写 start()方法
16.     public void start(Stage myStage) {
17.         //设置舞台标题
18.         myStage.setTitle("Use Platform.exit().");
19.         //使用 FlowPane 布局
20.         FlowPane rootNode = new FlowPane(10, 10);
21.         //Center the controls in the scene.
22.         rootNode.setAlignment(Pos.CENTER);
23.         //创建场景
24.         Scene myScene = new Scene(rootNode, 300, 100);
25.         //在舞台中设置场景
26.         myStage.setScene(myScene);
27.         //创建标签
28.         response = new Label("Push a Button");
29.         //创建按钮
30.         Button btnRun = new Button("Run");
31.         Button btnExit = new Button("Exit");
32.         //处理按钮"Run"事件
33.         btnRun.setOnAction((ae) -> response.setText("You pressed Run."));
34.         //处理按钮"Exit"事件
35.         btnExit.setOnAction((ae) -> Platform.exit());
36.         //在场景中添加标签和按钮
```

```
37.         rootNode.getChildren().addAll(btnRun, btnExit, response);
38.         //显示舞台的场景
39.         myStage.show();
40.     }
41. }
```

【执行结果】

执行结果如图 15.6 所示。

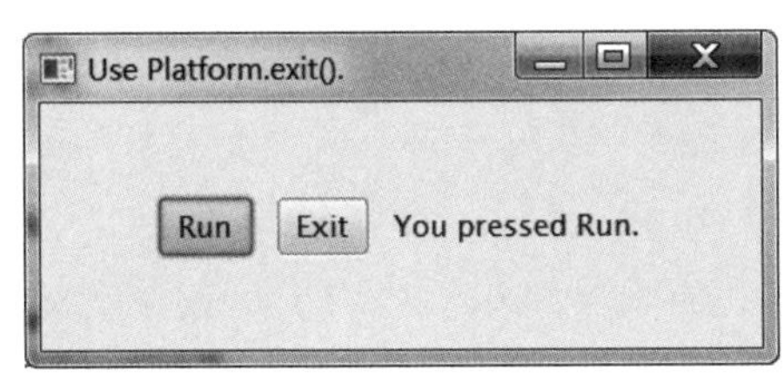

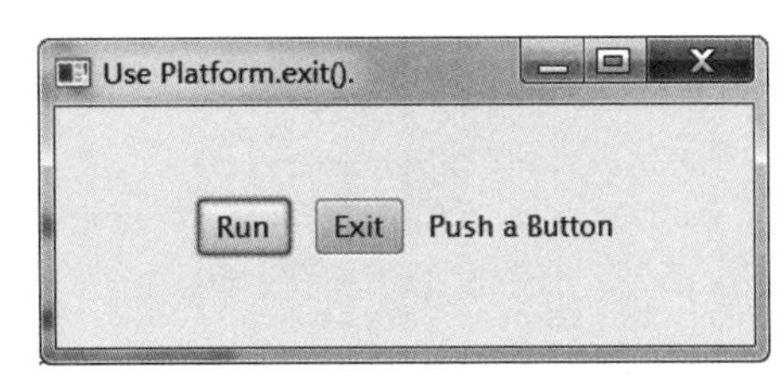

图 15.6　程序执行结果

【分析讨论】

- 第 30、31 句创建了两个基于文本的按钮。其中，第一个显示字符串"Run"，第 2 个显示字符串"Exit"。
- 第 33、35 句分别设置动作事件处理程序。
- 按钮响应 ActionEvent 事件，为注册这些事件的处理程序，对按钮调用了 setonAction()方法传递 lambda 表达式。此时，该方法的参数类型将提供 lambda 表达式的目标上下文。在 handler()方法内，设置 response 标签的文本以反映 Run 按钮被单击。这里是通过对标签调用 setText()方法实现的。Exit 按钮的事件处理方式与此相同。
- 设置好事件处理程序后，调用 addAll()方法将 response 标签以及 btnRun 和 btnExit 按钮添加到场景中。addAll()方法将调用父节点添加节点列表。
- 第 20 句用于在窗口中显示控件的方式。出于画面美观的角度，FlowPane 构造方法传递了两个值，指定了场景中元素周围的水平和垂直间隙。第 22 句用于设置 FlowPane 中元素的堆砌方式，即元素居中对齐。Pos 是一个指定对齐敞亮的枚举类型，包含在 javafx.geometry 包中。

15.5　其他 JavaFX 控件

JavaFX 定义了一组丰富的控件，它们包含在 javafx.scene.control 包中。本节将介绍复选框(CheckBox)、列表(ListView)和文本框(TextField)。

1. CheckBox

在 JavaFX 中，CheckBox 类封装了复选框的功能，它的父类是 ButtonBase。复选框控件支持 3 种状态——选中、未选中、不确定(indeterminate)——也称未定义(undefined)——用于表示复选框的状态尚未被设置，或者对于特定的情形不重要。CheckBox 的构造方法如下：

```
CheckBox(String str)
```

用该构造方法创建的复选框用 str 指定的文本作为标签。当选中复选框时,将会产生动作事件。

【例 15.4】 复选框的实例。

```
1.  package CheckBoxDemo;
2.  import javafx.application.*;
3.  import javafx.scene.*;
4.  import javafx.stage.*;
5.  import javafx.scene.layout.*;
6.  import javafx.scene.control.*;
7.  import javafx.event.*;
8.  import javafx.geometry.*;
9.  public class CheckBoxDemo extends Application {
10.   CheckBox cbSmartphone;
11.   CheckBox cbTablet;
12.   CheckBox cbNotebook;
13.   CheckBox cbDesktop;
14.   Label response;
15.   Label selected;
16.   String computers;
17.   public static void main(String[ ] args) {
18.     //通过调用 launch()方法启动 JavaFX 应用
19.     launch(args);
20.   }
21.   //重写 start()方法
22.   public void start(Stage myStage) {
23.     //设定舞台标题
24.     myStage.setTitle("Demonstrate Check Boxes");
25.     //设定根节点 FlowPane 布局
26.     FlowPane rootNode = new FlowPane(Orientation.VERTICAL, 10, 10);
27.     //指定场景中的元素居中对齐
28.     rootNode.setAlignment(Pos.CENTER);
29.     //创建场景
30.     Scene myScene = new Scene(rootNode, 230, 200);
31.     //在舞台中设定场景
32.     myStage.setScene(myScene);
33.     Label heading = new Label("你喜欢哪一种移动手机?");
34.     //创建一个标签,以报告复选框的变化
35.     response = new Label("");
36.     //创建一个标签以报告所有被选中的复选框
37.     selected = new Label("");
38.     //创建复选框对象
39.     cbSmartphone = new CheckBox("华为");
40.     cbTablet = new CheckBox("小米");
41.     cbNotebook = new CheckBox("中兴");
42.     cbDesktop = new CheckBox("联想");
43.     //处理复选框事件
44.     cbSmartphone.setOnAction(new EventHandler<ActionEvent>() {
45.       public void handle(ActionEvent ae) {
46.         if(cbSmartphone.isSelected())
47.           response.setText("华为 was just selected.");
48.         else
49.           response.setText("华为 was just cleared.");
```

```
50.         showAll();
51.       }
52.     });
53.     cbTablet.setOnAction(new EventHandler<ActionEvent>() {
54.       public void handle(ActionEvent ae) {
55.         if(cbTablet.isSelected())
56.           response.setText("小米 was just selected.");
57.         else
58.           response.setText("小米 was just cleared.");
59.         showAll();
60.       }
61.     });
62.     cbNotebook.setOnAction(new EventHandler<ActionEvent>() {
63.       public void handle(ActionEvent ae) {
64.         if(cbNotebook.isSelected())
65.           response.setText("中兴 was just selected.");
66.         else
67.           response.setText("中兴 was just cleared.");
68.         showAll();
69.       }
70.     });
71.     cbDesktop.setOnAction(new EventHandler<ActionEvent>() {
72.       public void handle(ActionEvent ae) {
73.         if(cbDesktop.isSelected())
74.           response.setText("联想 was just selected.");
75.         else
76.           response.setText("联想 was just cleared.");
77.         showAll();
78.       }
79.     });
80.     //Add controls to the scene graph.
81.     rootNode.getChildren().addAll(heading, cbSmartphone, cbTablet,
82.                             cbNotebook, cbDesktop, response, selected);
83.     //Show the stage and its scene.
84.     myStage.show();
85.     showAll();
86.   }
87.   //Update and show the selections.
88.   void showAll() {
89.     computers = "";
90.     if(cbSmartphone.isSelected()) computers = "华为 ";
91.     if(cbTablet.isSelected()) computers += "小米 ";
92.     if(cbNotebook.isSelected()) computers += "中兴 ";
93.     if(cbDesktop.isSelected()) computers += "联想";
94.     selected.setText("移动电话 selected: " + computers);
95.   }
96. }
```

【执行结果】

执行结果如图 15.7 所示。

【分析讨论】

- 该程序演示了复选框的使用。程序显示 4 个复选框表示计算机的几种不同类型。

每次修改复选框时,将产生 ActionEvent。这些事件的处理程序首先报告复选框是被选中还是被清除。为此,它们对事件源调用 isSelected()方法。如果被选中,则返回 true;如果被清除,则返回 false。接下来,程序调用了 showAll()方法,显示所有已经被选中的复选框。

- 默认情形下,FlowPane 的布局是水平流式。程序中通过 Orientation.VERTICAL 值作为第一个实际参数传递给 FlowPane 的构造方法来创建垂直的流式布局。

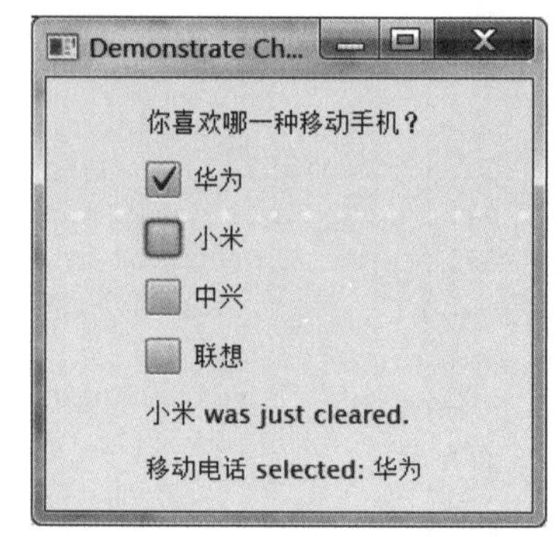

图 15.7 JavaFX 程序执行结果

2. ListView

ListView(列表视图)在 JavaFX 中由 ListView 封装。ListView 可以显示一个选项列表,用户可以从中选择一个或多个选项。当列表中选项的数量超出控件空间中可以显示的数量时,可以自动添加滚动条。ListView 是一个泛型类,其声明如下:

```
class ListView<T>
```

- T 用于指定列表视图中存储的选项的类型。
- 一般地,ListView 的构造方法的定义如下:

```
ListView(ObservableList<T> list)
```

- List 指定了将显示的选项列表,是一个 ObservableList 类型的对象。默认地,ListView 只允许一次在列表中选择一项。
- 创建在 ListView 中使用的 ObservableList,可以使用 FXCollection 类(包含在 javafx.collections 包中)定义的静态方法 observableArrayList()。

```
static <E> ObservableList<E> observableArrayList(E ... elements)
```

- E——指定了元素类型,元素通过 elements 传递。

如果希望自身设置选择的高度和宽度,可以调用如下两个方法:

- final void setPrefHeight(double height)
- final void setPrefwidth(double width)

还有一种同时设置高度和宽度的方法:

- void setPrefSize(double width, double height)

使用 ListView 有两种基本方法。首先,可以忽略列表产生的事件,而是在程序需要的时候获得列表中的选中项;其次,通过注册变化监听器,监视列表中的变化,每当用户改变列表中的选中项时,就可以做出响应。

变化监听器包含在 javafx.beans.value 包的 ChangeListener 接口中,该接口定义了 changed()方法:

```
void changed(ObservableValue<? extends T> changed, T oldval, T newVal)
```

- changed——是 ObservableValue<T>的实例,而 ObservableValue<T>封装了可以观察的对象。

- oldValue 和 newValue——分别传递前一个值和新值。newValue 保存的是已被选中的列表选项的引用。

为了监听变化的事件,必须获得 ListView 的使用模式,这是通过调用 getSelectionModel()方法实现的。

```
final MultipleSelectionModel<T> getSelectionModel()
```

- 该方法返回对模式的引用。
- 该方法继承了 SelectionModel 类,定义了多项选择使用的模式。
- 只有打开多项选择模式后,ListView 才允许进行多项选择。

使用方法 getSelectionModel()返回的模式将获得对选中项属性的引用,该属性定义了选中列表中的元素将发生什么,这是通过方法 selectedItemProperty()实现的。

```
final ReadOnlyObjectProperty<T> selectedItemProperty()
```

对返回的属性调用 addListener()方法,将变化监听器添加给这个属性。

```
void addListener(ChangeListener<? super T> listener)
```

- T——用于指定属性的类型。

【例 15.5】 创建一个显示多种计算机类型的列表视图,允许用户从中做出选择。当用户选择一种类型后,就显示其所选的项。

```
1.  package ListViewDemo;
2.  import javafx.application.*;
3.  import javafx.scene.*;
4.  import javafx.stage.*;
5.  import javafx.scene.layout.*;
6.  import javafx.scene.control.*;
7.  import javafx.geometry.*;
8.  import javafx.beans.value.*;
9.  import javafx.collections.*;
10. public class ListViewDemo extends Application {
11.   Label response;
12.   public static void main(String[ ] args) {
13.   //通过调用 launch()方法启动 JavaFX 应用
14.     launch(args);
15. }
16.   //重写 start()方法
17.   public void start(Stage myStage) {
18.     //设置舞台的标题
19.     myStage.setTitle("ListView Demo");
20.     //对于 root node 使用 FlowPane 布局
21.     //指定场景中元素周围的水平和垂直间隙。
22.     FlowPane rootNode = new FlowPane(10, 10);
23.     //指定元素居中对齐
24.     rootNode.setAlignment(Pos.CENTER);
25.     //创建一个场景
26.     Scene myScene = new Scene(rootNode, 200, 120);
27.     //在舞台中设置场景
28.     myStage.setScene(myScene);
29.     //创建一个标签
```

```
30.     response = new Label("Select Computer Type");
31.     //创建一个字符串列表,并用 ObservableList 初始化 ListView
32.     ObservableList< String> computerTypes = FXCollections.observableArray
List("Smartphone", "Tablet", "Notebook", "Desktop" );
33.     //Create the list view.
34.     ListView< String> lvComputers = new ListView< String> (computerTypes);
35.     //设置 lvComputers 控件的首选宽度和高度
36.     lvComputers.setPrefSize(100, 70);
37.     //获得 lvComputers 控件的选择模式
38. MultipleSelectionModel< String> lvSelModel=lvComputers.getSelectionModel();
39.     //ListView 使用 MultipleSelectionModel,并模式调用 selectedItemProperty()
方法注册变化监听器
40. lvSelModel.selectedItemProperty().addListener(new ChangeListener< String
>() {
41.   public void changed(ObservableValue<? extends String> changed, String
oldVal, String newVal) {
42.       //显示被选择的项
43.       response.setText("Computer selected is " + newVal);
44.   }
45. });
46.   //在场景中添加标签与 ListView
47.   rootNode.getChildren().addAll(lvComputers, response);
48.     //在舞台中显示这个场景
49.     myStage.show();
50.   }
51. }
```

【运行结果】

执行结果如图 15.8 所示。

图 15.8　JavaFX 程序执行结果

【分析讨论】

- 当 ListView 中的内容超过控件大小时,就会自动添加一个滚动条。
- 第 32 句创建了一个字符串列表,并用 ObservableList 初始化 ListView。之后,第 36 句设置了控件的宽度和高度。
- 第 34 句创建了一个 ListView 对象,第 36 句设置这个 ListView 控件的宽度与高度。
- 第 38 句获得了 lvComputers 控件的选择模式。第 40 句的 ListView 使用 MultipleSelectionModel,并通过模式调用 selectedItemProperty()方法注册变化监听器。第 43 句显示被选择的项。第 47 句在场景中添加标签与 ListView。第 49 句在舞台中显示这个场景。

3. TextField

当用户需要输入字符串时,JavaFX 提供了 TextField 控件,用于输入一行文本,例如获得名称、ID 字符串、地址等。TextField 继承了 TextInputControl。TextField 定义了两个构造方法。第一个是模仿的构造方法,用于创建一个具有默认大小的空文本框;第二个构造方法可以指定文本框的初始内容。当需要指定文本框的大小时,可以通过调用下列方法实现:

```
final void setColumnCount(int columns)
```

- Columns 的值用来确定 textField 的大小。

setText()方法可以设置文本框中的文本,getText()方法可以获取当前文本。当用户需要在文本框中显示一条提示消息时,可以调用如下方法:

```
final void setPromptText(String str)
```

- str 是在文本框中显示的提示信息,这个字符串将用低颜色强度(灰色色调)显示。

【例 15.6】 创建一个需要输入搜索字符串的文本框,当用户在文本框中具有输入焦点时按下 Enter 键,或者单击 Get Name 按钮,就会获取并显示该字符串。

```
1.  package textfielddemo;
2.  import javafx.application.*;
3.  import javafx.scene.*;
4.  import javafx.stage.*;
5.  import javafx.scene.layout.*;
6.  import javafx.scene.control.*;
7.  import javafx.event.*;
8.  import javafx.geometry.*;
9.  public class TextFieldDemo extends Application {
10.     TextField tf;
11.     Label response;
12.     public static void main(String[ ] args) {
13.       //通过调用 launch()方法启动 JavaFX 应用
14.       launch(args);
15.     }
16.     //重写 start()方法
17.     public void start(Stage myStage) {
18.       //设置舞台标题
19.       myStage.setTitle("Demonstrate a TextField");
20.       //使用 FlowPane 布局
21.       //设置场景中元素周围的水平和垂直间隙
22.       FlowPane rootNode = new FlowPane(10, 10);
23.       //Center the controls in the scene.
24.       rootNode.setAlignment(Pos.CENTER);
25.       //创建一个场景
26.       Scene myScene = new Scene(rootNode, 230, 140);
27.       //在舞台中设置场景
28.       myStage.setScene(myScene);
29.       //Create a label that will report the state of the selected check box.
30.       response = new Label("Enter Name: ");
31.       //创建一个按钮
32.       Button btnGetText = new Button("Get Name");
33.       //创建文本框
34.       tf = new TextField();
35.       //设置文本框的提示信息
36.       tf.setPromptText("Enter a name.");
37.       //设置文本框的宽度
38.       tf.setPrefColumnCount(15);
39.       //使用 lambda 表达式处理文本框的动作事件
40.       tf.setOnAction( (ae) -> response.setText("Enter pressed. Name is: " +
tf.getText()));
41.       //当按下按钮时,使用 lambda 表达式得到文本框中的文本
```

```
42.        btnGetText.setOnAction((ae) ->response.setText("Button pressed. Name
is: " + tf.getText()));
43.        //Use a separator to better organize the layout.
44.        Separator separator = new Separator();
45.        separator.setPrefWidth(180);
46.        //Add controls to the scene graph.
47.        rootNode.getChildren().addAll(tf, btnGetText, separator, response);
48.        //Show the stage and its scene.
49.        myStage.show();
50.     }
51. }
```

【运行结果】

执行结果如图 15.9 所示。

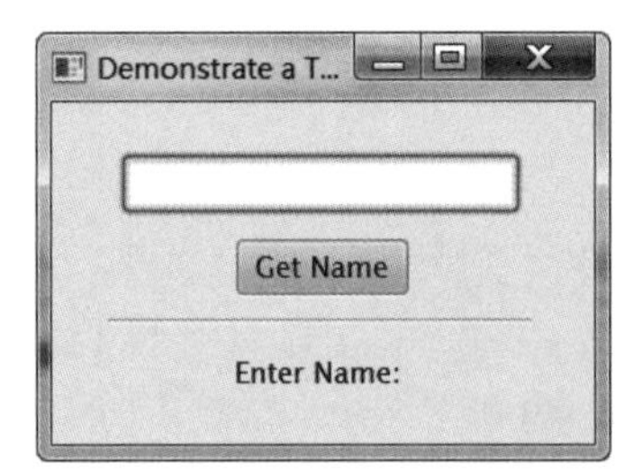

图 15.9　程序的执行结果

【分析讨论】

- 注意,本示例将 Lambda 表达式作为事件处理程序。每个处理程序由单个方法调用组成,这就使得事件处理程序成为 Lambda 表达式的完美实现。

15.6　Image 和 ImageView 控件 

JavaFX 的控件中允许包含图片。此外,还可以在场景中直接嵌入独立的图片。JavaFX 对图片支持的基础是 Image 和 ImageView 两个类。Image 封装了图片,而 imageView 则管理图片的显示。这两个类包含在 javafx.scene.image 包中。

Image 类从 InputStream、URL 或图片文件的路径中加载图片。Image 类的构造方法如下:

```
Image(String url)
```

- Url 指定 URL 或图片文件的路径;如果参数的格式不正确,则认为该参数指向一个路径。否则,从 URL 位置加载图片。注意,Image 没有继承 Node,所以它不能作为场景图的一部分。

ImageView 的构造方法如下:

```
ImageView(Image image)
```

【例 15.7】 加载一幅沙漏图片(hourglass.png 包含在本地目录中),使用 ImageView 将该图片显示出来。

```
1.  package imagedemo;
2.  import javafx.application.Application;
3.  import javafx.event.ActionEvent;
4.  import javafx.event.EventHandler;
5.  import javafx.scene.Scene;
6.  import javafx.scene.control.Button;
7.  import javafx.scene.layout.StackPane;
8.  import javafx.stage.Stage;
9.  import javafx.application.*;
10. import javafx.scene.*;
11. import javafx.stage.*;
12. import javafx.scene.layout.*;
13. import javafx.geometry.*;
14. import javafx.scene.image.*;
15. public class ImageDemo extends Application {
16.   public static void main(String[ ] args) {
17.   //通过调用 launch()方法启动 JavaFX 应用
18.     launch(args);
19.   }
20.   //重写 start()方法
21.   public void start(Stage myStage) {
22.     //设置舞台的标题
23.     myStage.setTitle("Display an Image");
24.     //使用 FlowPane 布局。
25.     FlowPane rootNode = new FlowPane();
26.     //中心对齐
27.     rootNode.setAlignment(Pos.CENTER);
28.     //创建一个场景
29.     Scene myScene = new Scene(rootNode, 300, 200);
30.     //在舞台中设置场景
31.     myStage.setScene(myScene);
32.     //创建一个 image
33.     Image hourglass = new Image("HourGlass.png");
34.     //使用这个 image 创建一个 ImageView。
35.     ImageView hourglassIV = new ImageView(hourglass);
36.     //把 image 添加到场景中
37.     rootNode.getChildren().add(hourglassIV);
38.     //在舞台中显示这个场景
39.     myStage.show();
40.   }
41. }
```

【运行结果】

执行结果如图 15.10 所示。

【分析讨论】

- 特别注意,第 33 句创建了一个 Image,但图片是不能添加到场景中,必须先嵌入一个 ImageView(第 35 句)。

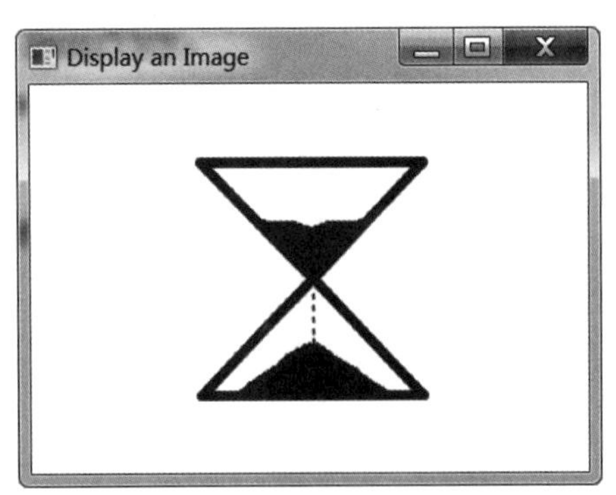

图 15.10　程序的执行结果

15.7 TreeView 控件

在 JavaFX 中,TreeView 以树状形式显示数据的分层视图。这里的“分层”是指一些条目是其他条目的子项。例如,树用于显示文件系统的情形下,单独的文件从属于包含它们的目录。在 TreeView 中,用户可以根据需要展开或收缩树枝。这样就可以以一种紧凑但可展开的形式显示分层数据。TreeView 实现了一种概念上简单的基于树的数据结构。树从根节点开始,根节点指出树的起点。在根节点下有一个或多个子节点。子节点分为叶子结点(终端节点——不包含子节点)和树枝节点(构成子树的根节点,子树是包含在更大的树结构中的树)。从根节点到某个特定节点的节点序列称为路径。而当树的大小超出视图的尺寸时,,TreeView 将会自动提供滚动条。通过根据需要自动添加滚动条,能够节省很多空间。TreeView 是泛型类,其声明如下:

```
class TreeView<T>
```

- T——指定树中条目保存的值的类型,一般为 String 类型。

TreeView 的构造方法定义如下:

```
TreeView(TreeItem<T> rootNode)
```

- rootNode——子树的根节点。因为所有的节点都派生自根节点,所以根节点是唯一需要传递给 TreeView 的节点。
- TreeItem——构成树的条目是 TreeItem 类型的对象。TreeItem 没有继承 Node,故 treeItem 对象不是通用对象。它可以用在 treeView 中,但不能作为独立控件使用。
- TreeItem 类的声明如下:

```
class TreeItem< T>
```

- T——指定了 TreeItem 保存的值的类型。

使用 TreeView 的方法如下:

① 构造要显示的树。首先,创建根节点;然后,向根节点添加其他节点,这是通过对 getChildren()方法返回的列表调用 add()或 addAll()方法来实现的。所添加的节点可以是叶子点或子树。

② 构造完成树以后,将其根节点传递给 TreeView 的构造方法来创建 TreeView 对象。

③ 处理 TreeView 中选择的事件。首先,调用 getSelectinModel()方法获得选择模式。然后,调用 selectItemProperty()方法获得选中的属性。最后,通过对该方法的返回值调用 addListener()方法来添加变化监听器。每次做出选择时,就将对新选项的引用作为新值传递给 changed()方法。

④ 通过调用 getValue()方法可以获得 treeItem 的值,还可以前向或后向沿着某个条目的树路径前进。

⑤ 通过调用 getParent()方法可以得到某个父节点,调用 getChildren()方法可以得到某个节点的子节点。

【例 15.8】 创建一个树,显示一个食物层次。树中存储 String 类型的条目,根节点的标签是 Food；根节点有 3 个直接子节点，分别是水果、蔬菜、坚果；水果节点包含 3 个子节点，分别是苹果、梨和橘子；苹果节点下有 3 个叶子结点，分别是富士、国光和红玉。每次做出选择时，显示所选项的名称。

```
1. package treeviewdemo;
2. import javafx.application.*;
3. import javafx.scene.*;
4. import javafx.stage.*;
5. import javafx.scene.layout.*;
6. import javafx.scene.control.*;
7. import javafx.event.*;
8. import javafx.beans.value.*;
9. import javafx.geometry.*;
10. public class TreeViewDemo extends Application {
11. Label response;
12. public static void main(String[ ] args) {
13.     //通过调用 launch()方法启动 JavaFX 应用
14.     launch(args);
15. }
16. //重写 start()方法
17. public void start(Stage myStage) {
18.     //设置舞台的标题
19.     myStage.setTitle("Demonstrate a TreeView");
20.     //使用 FlowPane 布局
21.     //指定场景中元素周围的水平和垂直间隙
22.     FlowPane rootNode = new FlowPane(10, 10);
23.     //中心对齐
24.     rootNode.setAlignment(Pos.CENTER);
25.     //创建一个场景
26.     Scene myScene = new Scene(rootNode, 310, 460);
27.     //在舞台中设置场景
28.     myStage.setScene(myScene);
29.     //创建一个标签提示用户的选择项
30.     response = new Label("No Selection");
31.     //创建树的根节点
32.     TreeItem<String> tiRoot = new TreeItem<String>("Food");
33.     //创建水果子节点
34.     TreeItem<String> tiFruit = new TreeItem<String>("水果");
35.     //构造苹果子树
36.     TreeItem<String> tiApples = new TreeItem<String>("苹果");
37.     //将不同品种的苹果添加到苹果子树节点
38.     tiApples.getChildren().add(new TreeItem<String>("富士"));
39.     tiApples.getChildren().add(new TreeItem<String>("国光"));
40.     tiApples.getChildren().add(new TreeItem<String>("红玉"));
41.     //将不同的水果添加到水果子树节点
42.     tiFruit.getChildren().add(tiApples);
43.     tiFruit.getChildren().add(new TreeItem<String>("梨"));
44.     tiFruit.getChildren().add(new TreeItem<String>("橘子"));
45.     //将水果子节点添加到根节点
46.     tiRoot.getChildren().add(tiFruit);
47.     //用同样的方法构造蔬菜子树
48.     TreeItem<String> tiVegetables = new TreeItem<String>("蔬菜");
49.     tiVegetables.getChildren().add(new TreeItem<String>("玉米"));
50.     tiVegetables.getChildren().add(new TreeItem<String>("豌豆"));
51.     tiVegetables.getChildren().add(new TreeItem<String>("西兰花"));
```

```
52.     tiVegetables.getChildren().add(new TreeItem<String>("荁颈"));
53.     tiRoot.getChildren().add(tiVegetables);
54.     //构造坚果子树节点
55.     TreeItem<String> tiNuts = new TreeItem<String>("坚果");
56.     tiNuts.getChildren().add(new TreeItem<String>("核头"));
57.     tiNuts.getChildren().add(new TreeItem<String>("花生"));
58.     tiNuts.getChildren().add(new TreeItem<String>("山核头"));
59.     tiRoot.getChildren().add(tiNuts);
60.     //用创建的树创建 TreeView
61.     TreeView<String> tvFood = new TreeView<String>(tiRoot);
62.     //设置 TreeView 的选择模式
63.     MultipleSelectionModel<TreeItem<String>> tvSelModel = tvFood.
getSelectionModel();
64.     //用变化监听器响应用户选择的一条 TreeView
65.     tvSelModel.selectedItemProperty().addListener(new ChangeListener
<TreeItem<String>>() {
66.    public void changed (ObservableValue <? extends TreeItem < String > >
changed, TreeItem<String> oldVal, TreeItem<String> newVal) {
67.         //显示用户的选择以及子树路径
68.         if(newVal != null) {
69.           //构造入口路径与选择的条目
70.           String path = newVal.getValue();
71.           TreeItem<String> tmp = newVal.getParent();
72.           while(tmp != null) {
73.             path = tmp.getValue() + " -> " + path;
74.             tmp = tmp.getParent();
75.           }
76.           //显示用户选择的条目以及路径
77.           response.setText("Selection is " + newVal.getValue() + "\nComplete
path is " + path);
78.       }
79.     }});
80.     //将树根节点添加到场景中
81.     rootNode.getChildren().addAll(tvFood, response);
82.     //在舞台中显示场景
83.     myStage.show();
84.     }
85. }
```

【运行结果】

执行结果如图 15.11 所示。

【分析讨论】

- 第 32 句创建了树的根节点;其次,创建了根节点之下的节点,这些节点构成了子树的根节点。一个表示水果(第 34 句),一个表示蔬菜(第 48 句),一个表示坚果(第 55 句)。
- 然后,为这些子树添加叶子节点。其中,水果子树还包含一个子树,它包含不同品牌的苹果(第 38～40 句)。这里的关键知识点是,树中的每个树枝要么走向一个叶子节点,要么走向一个子树的根节点。
- 构造了所有的节点之后,通过对根节点调用 add()方法,即可将每个子树的根节点添加到树的根节点(第 38～40 句,第 42～44 句,第 49～53 句,第 56～59 句)。

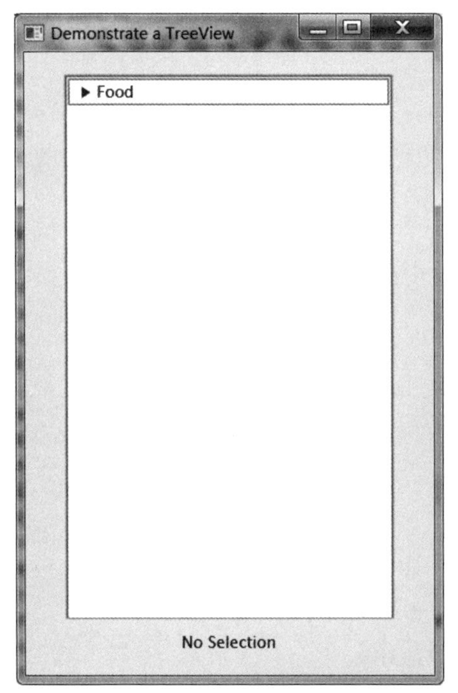

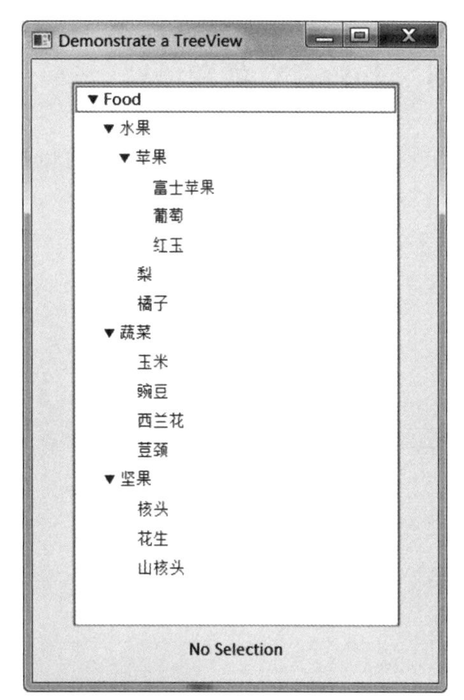

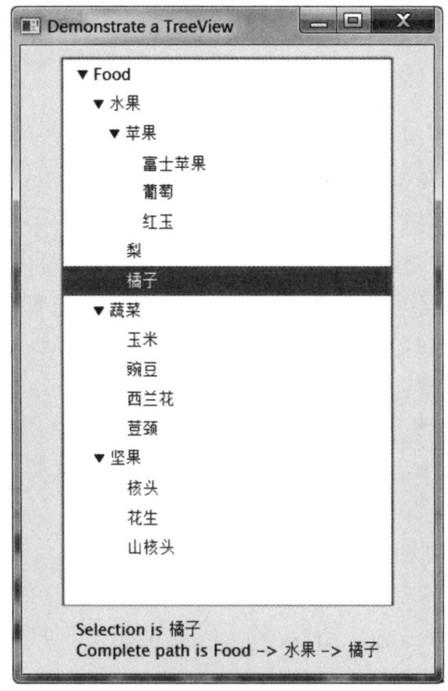

图 15.11　程序的执行结果

- 在变化事件处理监听程序中，从根节点到选定节点的路径是通过第 71～75 句实现的。首先，获取选中节点的值（一个字符串，即节点的名称）。然后，创建一个 TreeItem<String>类型的变量，并将其初始化为引用新选中节点的父节点。如果新选中的节点没有父节点，那么其值为 NULL。否则，进入循环，将每个父节点的值添加到 path 中。这个过程不断循环进行，直到找到树的根节点。

15.8 JavaFX 菜单

菜单是 GUI 的重要组成部分,它可以让用户访问程序的核心功能,所以 JavaFX 为菜单提供了广泛的支持。

1. 基础知识

JavaFX 的菜单系统由 javafx.scene.control 包中的一系列相关的类提供支持,如表 15.1 所示。

表 15.1 JavaFX 的核心菜单类

类	主要功能
CheckMenuItem	复选菜单项
ContextMenu	弹出菜单
Menu	标准菜单,由一个或多个 menuItem 组成
MenuBar	保存程序的顶级菜单的对象
MenuItem	填充菜单的对象
RadioMenuItem	单选菜单项
SeparatorMenuItem	菜单项之间的可视分隔符

- 如果要创建程序的顶级菜单,首先要创建一个 MenuBar 实例,即这个类是菜单的容器。在 MenuBar 实例中,将添加 Menu 实例。每个 Menu 对象定义了一个菜单。也就是说,每个 Menu 对象包含一个或多个可以选择的菜单项。Menu 显示的菜单项是 MenuItem 类型的对象。因此,MenuItem 定义了用户可以选择的选项。
- 除了标准菜单项外,还可以在菜单中包含复选菜单选和单选菜单项,它们的操作与复选框和单选按钮控件类似。复选菜单项用 CheckMenuItem 类创建,单选菜单选用 RadioMenuItem 类创建。这两个类扩展了 MenuItem 类。
- SeparatormenuItem 类用于在菜单中创建一条分隔线,它继承了 CustomMenuItem 类,后者使得在菜单中嵌入其他类型的控件变得很容易。CustomMenuItem 类扩展了 MenuItem 类。
- 注意,MenuItem 类没有继承 Node 类。因此,MenuItem 类的实例只能用在菜单中,而不能以其他方式加入场景图。但是,MenuBar 类继承了 Node 类,所以可以把菜单栏添加到场景图中。MenuItem 是 Menu 的超类,所以它可以创建子菜单,也就是菜单中的菜单。要创建子菜单,首先要创建一个 Menu 对象,并用 MenuItem 填充它,然后把它添加到另一个 Menu 对象中。
- 选择菜单项后,会生成动作事件。与所选项关联的文本称为这次选择的名称,所以不需要通过检查名称来确定哪个菜单项被选择了。
- 也可以创建独立的上下文菜单,它们在激活时会被弹出。首先,需要创建一个 ContextMenu 类的对象。然后,向该对象添加 MenuItem。如果为某个控件定义了上下文菜单,那么激活该菜单的方式通常是在该控件上右击。ContextMenu 类继承了 PopupControl 类。

- 工具栏是与菜单相关的一种特性。工具栏由 ToolBar 类支持。该类创建独立的组件,通常用于快速访问程序的菜单中包含的功能。

2. MenuBar、Menu 和 MenuItem 概述

为程序创建菜单,最少要用到 3 个类。上下文菜单也会用到 MenuItem。因此,这 3 个类菜单是系统的基础。

1）MenuBar

Menubar 是菜单的容器,它是为程序提供主菜单的控件。MenuBar 类继承了 Node 类。因此,可以把它添加到场景图中。MenuBar 有两个构造方法,第一个是默认的构造方法,需要在使用之前在其中填充菜单;第二个构造方法允许指定初始的菜单栏列表。一般地,程序有且只有一个菜单栏。在 Menubar 定义的方法中,getMenus()方法经常被使用,它返回一个由菜单栏管理的菜单列表,创建的菜单将被添加到这个列表中。

```
final ObservableList<Menu> getMenus()
```

调用 add()方法可以把 Menu 实例添加到这个菜单列表中。也可以用 addAll()方法,在一次调用中添加两个或多个 Menu 实例。所添加的菜单将按照添加顺序,从左到右排列在菜单中。如果要在特定位置添加一个菜单,可以使用如下 add()方法:

```
Void add(int idx, Menu menu)
```

- Menu 将被添加到由 idx 指定的索引位置。索引从 0 开始,0 对应最左边的菜单。

当要删除不再需要的菜单时,可以通过对 getMenus()方法返回的 ObservableList 调用 remove()方法实现。该方法的两种定义形式如下:

```
void remove(Menu menu)
void remove(int idx)
```

- Menu——是对要删除的菜单的引用,idx 是要删除的菜单的索引,索引从 0 开始。如果找到并删除了菜单项,第一种形式返回 true,第二种形式返回对所删除元素的引用。

2）Menu

Menu 封装了菜单,菜单项用 MenyItem 填充。而 Menu 派生自 MenuItem,这意味着一个 Menu 实例可以是另一个 Menu 实例中的选项,从而能够创建菜单的子菜单。Menu 定义了以下 4 个构造方法:

- Menu(String name)——该构造方法创建的菜单具有 name 指定的名称。
- Menu(String name, Node image)——image 指定了要显示的图片。
- Menu(String name, Node inage, MenuItem ... menuItems)——允许指定最初的添加菜单项列表。
- Menu()——可以用默认的构造方法创建未命名的菜单。然后,创建菜单后再调用 setText()方法添加名称,调用 setGraphic()方法添加图片。

每个菜单都维护一个由它包含的菜单项组成的列表。要在菜单中添加菜单项,需要把菜单添加到这个列表中。可以在 Menu 的构造方法中指定它们,或者把它们添加到列表中。

为此，首先调用 getItem()方法：

```
final ObservableList<MenuItem> getItems()
```

该方法返回当前与菜单相关联的菜单项列表。然后，调用 add()或 addAll()方法把菜单项添加到这个列表中。另外，也可以调用 remove()方法从中删除菜单项，调用 size()方法获取列表的大小。此外，可在菜单项列表中添加一条菜单分隔线，该分隔线是 SwparatorMenuItem 类型的对象。分隔线允许相关的菜单项分组，从而有助于组织菜单。分隔线可以帮助突出显示重要的菜单项。

3) MenuItem

MenuItem 封装了菜单中的元素。该元素可以是链接到某个程序动作的选项，也可以用于显示子菜单。MenuItem 定义了 3 个构造方法：

- MenuItem()——创建一个空菜单项。
- MenuItem(String name)——用指定的名称创建菜单项。
- MenuItem(String name, Node image)——用包含的图片创建菜单项。

当 menuItem 被选中时，将产生动作事件。通过调用 setOnAction()方法，可以为这种事件注册事件处理程序。

```
final void srtOnAction(EventHandler<ActionEvent> handle)
```

MenuItem 提供的 setDisable()方法用来启用或禁用菜单项。

```
final void setDisable(boolean disable)
```

- 如果 disable 为 true，则禁用菜单项；如果 disable 为 false，则启用菜单项。

2. 创建主菜单

一般地，主菜单是由菜单栏定义的菜单，也是定义了程序的全部功能的菜单。创建主菜单需要执行如下几个步骤：

(1) 创建用于保存菜单的 MenuBar 实例；

(2) 构造将要包含在菜单栏中的每个菜单，首先创建一个 Menu 对象，然后向该对象添加 MneuItem；

(3) 把菜单栏添加到场景图中；

(4) 对于每个菜单项，添加动作事件处理程序，以响应选中菜单项时生成的动作事件。

【例 15.9】 创建一个菜单栏，其中包含 3 个菜单。第一个是标准的 File 菜单，它包含 Open、Close、Save 和 Exit 选项；第二个是 Options 菜单，它包含 Colors 和 Priority 两个子菜单；第三个菜单是 Help，它只有 About 一个选项。当选中一个菜单项时，将在一个标签中显示所选项的名称。

```
1. import javafx.application.*;
2. import javafx.scene.*;
3. import javafx.stage.*;
4. import javafx.scene.layout.*;
5. import javafx.scene.control.*;
6. import javafx.event.*;
7. import javafx.geometry.*;
```

```
8.  public class MenuDemo extends Application {
9.    Label response;
10.   public static void main(String[ ] args) {
11.     //通过调用 launch()方法启动 JavaFX 应用
12.     launch(args);
13.   }
14.   //重写 start()方法
15.   public void start(Stage myStage) {
16.     //设置舞台的标题
17.     myStage.setTitle("Demonstrate Menus");
18.     //定义根节点
19.     BorderPane rootNode = new BorderPane();
20.     //创建一个场景
21.     Scene myScene = new Scene(rootNode, 300, 300);
22.     //在舞台中设置场景
23.     myStage.setScene(myScene);
24.     //定义一个标签响应用户的选择
25.     response = new Label("Menu Demo");
26.     //创建 MenuBar 对象
27.     MenuBar mb = new MenuBar();
28.     //创建 File 菜单
29.     Menu fileMenu = new Menu("File");
30.     MenuItem open = new MenuItem("Open");
31.     MenuItem close = new MenuItem("Close");
32.     MenuItem save = new MenuItem("Save");
33.     MenuItem exit = new MenuItem("Exit");
34.     fileMenu.getItems().addAll(open, close, save, new SeparatorMenuItem(),
exit);
35.     //将 File 菜单添加到 MenuBar 中
36.     mb.getMenus().add(fileMenu);
37.     //创建 Options 菜单
38.     Menu optionsMenu = new Menu("Options");
39.     //创建 Colors 子菜单
40.     Menu colorsMenu = new Menu("Colors");
41.     MenuItem red = new MenuItem("Red");
42.     MenuItem green = new MenuItem("Green");
43.     MenuItem blue = new MenuItem("Blue");
44.     colorsMenu.getItems().addAll(red, green, blue);
45.     optionsMenu.getItems().add(colorsMenu);
46.     //创建 Priority 子菜单
47.     Menu priorityMenu = new Menu("Priority");
48.     MenuItem high = new MenuItem("High");
49.     MenuItem low = new MenuItem("Low");
50.     priorityMenu.getItems().addAll(high, low);
51.     optionsMenu.getItems().add(priorityMenu);
52.     //添加分隔符
53.     optionsMenu.getItems().add(new SeparatorMenuItem());
54.     //创建 Reset 菜单项
55.     MenuItem reset = new MenuItem("Reset");
56.     optionsMenu.getItems().add(reset);
57.     //将 Options 菜单添加到 MenuBar
58.     mb.getMenus().add(optionsMenu);
59.     //创建 Help 菜单
```

```
60.     Menu helpMenu = new Menu("Help");
61.     MenuItem about = new MenuItem("About");
62.     helpMenu.getItems().add(about);
63.     //将 Help 菜单添加到 MenuBar 中
64.     mb.getMenus().add(helpMenu);
65.     //定义动作事件处理程序,以响应选中菜单项时生成的动作事件
66.     EventHandler<ActionEvent> MEHandler = new EventHandler<ActionEvent>() {
67.     public void handle(ActionEvent ae) {
68.         String name = ((MenuItem)ae.getTarget()).getText();
69.         //如果选择 Exit,则退出程序
70.         if(name.equals("Exit"))  Platform.exit();
71.         response.setText( name + " selected");
72.     }
73.   };
74.   //针对每个菜单项注册动作事件处理程序
75.   open.setOnAction(MEHandler);
76.   close.setOnAction(MEHandler);
77.   save.setOnAction(MEHandler);
78.   exit.setOnAction(MEHandler);
79.   red.setOnAction(MEHandler);
80.   green.setOnAction(MEHandler);
81.   blue.setOnAction(MEHandler);
82.   high.setOnAction(MEHandler);
83.   low.setOnAction(MEHandler);
84.   reset.setOnAction(MEHandler);
85.   about.setOnAction(MEHandler);
86.   //将 MenuBar 添加到窗口的顶部
87.   //响应用户选择的标签显示在窗口的中间
88.   rootNode.setTop(mb);
89.   rootNode.setCenter(response);
90.   //在窗口中显示舞台及他的场景
91.   myStage.show();
92.   }
93. }
```

【运行结果】

执行结果如图 15.12 所示。

【分析讨论】

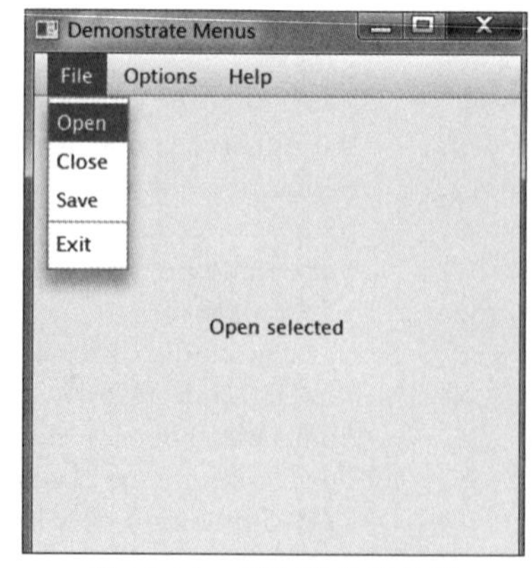

图 15.12　程序的执行结果

- 第 19 句创建的根节点的对象类型是 BorderPane,它定义了一个包含 5 个区域的窗口,这 5 个区域分别是顶部、底部、左侧、右侧和中央。
- 第 27 句用来构造菜单栏,此时,菜单栏是空的。第 29～33 句创建了 File 菜单及其菜单项。第 34 句将各个菜单项添加到 File 菜单中。第 36 句将 File 菜单添加到菜单栏中。此时,菜单栏中包含 File 菜单,File 菜单包含 4 个选项:Open、Close、Save 和 Exit。
- 第 38 句创建了 Options 菜单,它包含 Colors 和

Oriority 两个子菜单,还包含 Reset 菜单项。第 40～44 句构造了子菜单,第 45 句将它们添加到 Options 菜单中。第 47 句创建了 Priority 子菜单,第 48～49 句创建了两个菜单项 High 和 Low。第 50 句将它们添加到 Priority 子菜单中。第 51 句将 Priority 子菜单添加到 Options 菜单中。第 53 句在各个菜单项之间设置分隔符。第 55 句创建了 Reset 菜单项。第 56 句将其添加到 Options 子菜单中。第 58 句将 Options 菜单添加到 MenuBar。

- 第 60 句创建了 Help 菜单。第 61 句创建了菜单项 About。第 62 句将其添加到 Help 菜单中。第 64 句将 Help 菜单添加到 MenuBar 中。
- 第 66～73 句定义了动作事件处理程序,以响应选中菜单项时生成的动作事件。在 handle()方法中,通过调用 getTarget()方法获得事件的目标,该方法的返回类型是 MenuItem,其名称通过调用 getText()方法返回。然后,这个字符串被赋值给 name。如果 name 包含字符串"Exit",则调用 platform.exit()方法来终止程序;否则,在 response 标签中显示获得的名称。
- 第 75～85 句将 MEHandler 注册为每个菜单项的动作事件处理程序。第 88 句将菜单栏添加到根节点。

15.9 效果与变换

JavaFX 的一个主要优势在于通过使用效果/变换改变控件的精确外观。通过这个功能,可以让 GUI 具有用户所期望的复杂的外观。

1. 效果

效果由 javafx.scene.effect 包中的 Effect 类以及其子类支持。使用效果可以自定义场景图中节点的外观,如表 15.2 所示。

表 15.2 JavaFX 内置的效果

类	主要功能
Bloom	增加节点中较亮部分的亮度
BoxBlur	让节点变得模糊
DropShadow	在节点后面显示阴影
Glow	生成发光效果
InnerShadow	在节点内显示阴影
Lighting	创建光源的阴影效果
Reflection	显示倒影

2. 变换

变换由 javafx.scene.transform 包中的抽象类 Transform 支持,它有 4 个子类,分别是 Rotate、Scale、Shear 和 Translate。在节点上,可以执行多种变换。例如,可以旋转并缩放节点。Note 类支持变换。

【例 15.10】 程序创建了 4 个按钮,分别为 Rotate、Scale、Glow 和 Shadow。每按下一

个按钮时,就对按钮应用对应的效果或变换。

```
1. import javafx.application.*;
2. import javafx.scene.*;
3. import javafx.stage.*;
4. import javafx.scene.layout.*;
5. import javafx.scene.control.*;
6. import javafx.event.*;
7. import javafx.geometry.*;
8. import javafx.scene.transform.*;
9. import javafx.scene.effect.*;
10. import javafx.scene.paint.*;
11. public class EffectsAndTransformsDemo extends Application {
12.     double angle = 0.0;
13.     double glowVal = 0.0;
14.     boolean shadow = false;
15.     double scaleFactor = 1.0;
16.     //定义一个基本的效果
17.     Glow glow = new Glow(0.0);
18.     InnerShadow innerShadow = new InnerShadow(10.0, Color.RED);
19.     Rotate rotate = new Rotate();
20.     Scale scale = new Scale(scaleFactor, scaleFactor);
21.     //创建 4 个按钮
22.     Button btnRotate = new Button("Rotate");
23.     Button btnGlow = new Button("Glow");
24.     Button btnShadow = new Button("Shadow off");
25.     Button btnScale = new Button("Scale");
26.     public static void main(String[ ] args) {
27.       //通过调用 launch()方法启动 JavaFX 应用
28.       launch(args);
29.     }
30.     //重写 start()方法
31.     public void start(Stage myStage) {
32.       //设置舞台的标题
33.       myStage.setTitle("Effects and Transforms Demo");
34.       //使用 FlowPane 布局定义根节点,并指定场景中元素周围的水平和垂直间隙
35.       FlowPane rootNode = new FlowPane(10, 10);
36.       //Center the controls in the scene.
37.       rootNode.setAlignment(Pos.CENTER);
38.       //创建一个场景
39.       Scene myScene = new Scene(rootNode, 300, 100);
40.       //在舞台中设置场景
41.       myStage.setScene(myScene);
42.       //设置发光效果
43.       btnGlow.setEffect(glow);
44.       //将 Rotate 按钮添加到变换列表中
45.       btnRotate.getTransforms().add(rotate);
46.       //将 Scale 按钮添加到变换列表中
47.       btnScale.getTransforms().add(scale);
48.       //处理 Rotate 按钮的动作响应事件
49.       btnRotate.setOnAction(new EventHandler<ActionEvent>() {
50.         public void handle(ActionEvent ae) {
51.           //每当按钮被点击时,它将旋转 30 度
```

```
52.             //指定旋转的中心点
53.             angle += 30.0;
54.             rotate.setAngle(angle);
55.             rotate.setPivotX(btnRotate.getWidth()/2);
56.             rotate.setPivotY(btnRotate.getHeight()/2);
57.       }
58.       });
59.       //定义 scale 按钮的动作响应处理程序
60.       btnScale.setOnAction(new EventHandler<ActionEvent>() {
61.         public void handle(ActionEvent ae) {
62.           //每当按钮被点击时,它将大小发生变换
63.           scaleFactor += 0.1;
64.           if(scaleFactor > 1.0)  scaleFactor = 0.4;
65.           scale.setX(scaleFactor);
66.           scale.setY(scaleFactor);
67.         }
68.       });
69.       //定义 Glow 按钮的动作事件响应程序
70.       btnGlow.setOnAction(new EventHandler<ActionEvent>() {
71.           public void handle(ActionEvent ae) {
72.           //每当按钮被点击时,它的颜色将逐渐变浅
73.           glowVal += 0.1;
74.           if(glowVal > 1.0) glowVal = 0.0;
75.           //Set the new glow value.
76.           glow.setLevel(glowVal);
77.         }
78.       });
79.       //定义 Shadow 按钮的动作事件相应处理程序
80.       btnShadow.setOnAction(new EventHandler<ActionEvent>() {
81.       public void handle(ActionEvent ae) {
82.         //每当按钮被点击时,它的颜色将逐渐变深
83.         shadow = !shadow;
84.         if(shadow) {
85.           btnShadow.setEffect(innerShadow);
86.           btnShadow.setText("Shadow on");
87.         } else {
88.           btnShadow.setEffect(null);
89.           btnShadow.setText("Shadow off");
90.         }
91.       }
92.     });
93.     //将标签与按钮添加到场景图中
94.     rootNode.getChildren().addAll(btnRotate, btnScale, btnGlow, btnShadow);
95.     //显示舞台和场景
96.     myStage.show();
97.     }
98. }
```

【运行结果】

执行结果如图 15.13 所示。

【分析讨论】

- 第 17、18 句定义了一个基本的效果。其中,Glow 生成的效果是节点具有发光的外

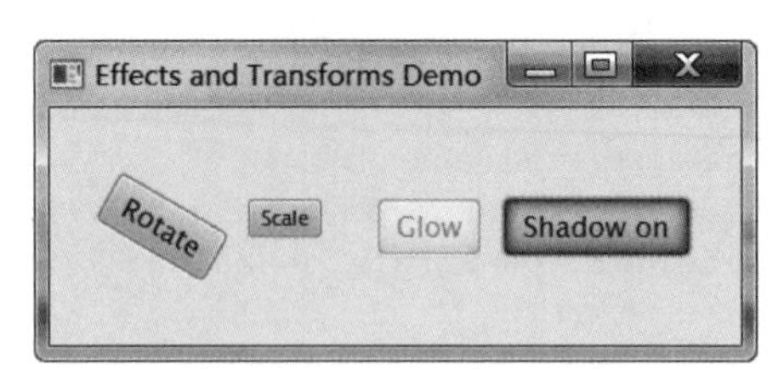

图 15.13　程序的执行结果

观,其构造方法如下:

- Glow(double glowLevel)——glowLevel 用于指定光的亮度,取值范围在 0.0～1.0 之间。创建 Glow 实例后,可以调用 setLevel()方法改变发光的级别。
- final setLevel(double glowlevel)——glowLevel 用于指定光的亮度,取值范围在 0.0～1.0 之间。
- InnerShadow 生成的效果是节点内具有阴影,其构造方法如下:
- InnerShadow(double radius, Color shadowColor)——radius 用于指定节点内阴影的半径,即指定阴影的大小。Shadow 用于指定阴影的颜色。Color 类型是 JavaFX 类型 javafx.scene.paint.Color。该类型定义了 Color.GREEN、ColorRED 和 Color.BLUE 等多个常量。
- 第 19、20 句定义了两个基本的变换。第 22～25 句定义了 4 个按钮。第 45 句将 Rotate 按钮添加到变换列表中。要向节点添加变换,可以把变换添加到节点维护的变换列表中。通过调用 Node 定义的 getTransform()方法,可以获得该变换列表。如下所示:
- final ObservableList<Transform> getTransform()——该方法返回对变换列表的引用。要添加变换,只要调用 add()方法把它添加到这个列表中即可。调用 clear()方法可以清除该列表。调用 remove()方法可以从列表中删除特定的元素。
- 为了演示变换,这里使用了 Rotale 类和 Scale 类。Rotale 绕着指定的点旋转节点。Rotate 类的构造方法如下:
- Rotate(double angle, double x, double y)——angle 用于指定旋转的角度。选中的中心点称为轴点,由 x 和 y 指定。
- 在创建 Rotate 对象之后(第 19 句)才设置这 3 个值。设置这 3 个值用到了如下 3 个方法(第 54～56 句):
- final void setAngle(double angle)
- final void setPivotX(double x)
- final void setPivotY(double y)

其中,angle 用于指定旋转的角度,x 和 y 用于指定旋转中心点。

- Scale 根据缩放因子缩放节点。Scale 类的构造方法如下:
- Scale(double widthFactor, double heightFactor)——widthFactor 用于指定对节点宽度应用缩放因子,heightFactor 用于指定对节点高度应用缩放因子。
- 创建 Scale 实例之后(第 20 句),可以使用如下两个方法改变这两个因子(第 63～66 句):
- final void setX(double widthFactor)

- final void setY(double heightFactor)
- widthFactor 用于指定对节点的宽度应用缩放因子，heightFactor 用于指定对节点的高度应用缩放因子。

15.10　JavaFX 综合案例

本节将介绍一个基于 JavaFX 的案例实现——用户登录界面。这个案例给出了实现的源代码，以及在 NetBeans IDE 中编译和运行的结果，并对源代码实现涉及的 API 与基本原理进行分析与讨论。

实现用户登录界面的源代码如下：

```
1. import javafx.application.Application;
2. import javafx.event.ActionEvent;
3. import javafx.event.EventHandler;
4. import static javafx.geometry.HPos.RIGHT;
5. import javafx.geometry.Insets;
6. import javafx.geometry.Pos;
7. import javafx.scene.Scene;
8. import javafx.scene.control.Button;
9. import javafx.scene.control.Label;
10. import javafx.scene.control.PasswordField;
11. import javafx.scene.control.TextField;
12. import javafx.scene.layout.GridPane;
13. import javafx.scene.layout.HBox;
14. import javafx.scene.paint.Color;
15. import javafx.scene.text.Font;
16. import javafx.scene.text.FontWeight;
17. import javafx.scene.text.Text;
18. import javafx.stage.Stage;
19. public class Login extends Application {
20.     @Override
21.     public void start(Stage primaryStage) {
22.         primaryStage.setTitle("JavaFX Welcome");
23.         GridPane grid = new GridPane();
24.         grid.setAlignment(Pos.CENTER);
25.         grid.setHgap(10);
26.         grid.setVgap(10);
27.         grid.setPadding(new Insets(25, 25, 25, 25));
28.         Text scenetitle = new Text("Welcome");
29.         scenetitle.setFont(Font.font("Tahoma", FontWeight.NORMAL, 20));
30.         grid.add(scenetitle, 0, 0, 2, 1);
31.         Label userName = new Label("User Name:");
32.         grid.add(userName, 0, 1);
33.         TextField userTextField = new TextField();
34.         grid.add(userTextField, 1, 1);
35.         Label pw = new Label("Password:");
36.         grid.add(pw, 0, 2);
37.         PasswordField pwBox = new PasswordField();
38.         grid.add(pwBox, 1, 2);
39.         Button btn = new Button("Sign in");
```

```
40.         HBox hbBtn = new HBox(10);
41.         hbBtn.setAlignment(Pos.BOTTOM_RIGHT);
42.         hbBtn.getChildren().add(btn);
43.         grid.add(hbBtn, 1, 4);
44.         final Text actiontarget = new Text();
45.         grid.add(actiontarget, 0, 6);
46.         grid.setColumnSpan(actiontarget, 2);
47.         grid.setHalignment(actiontarget, RIGHT);
48.         actiontarget.setId("actiontarget");
49.         btn.setOnAction(new EventHandler<ActionEvent>() {
50.             @Override
51.             public void handle(ActionEvent e) {
52.                 actiontarget.setFill(Color.FIREBRICK);
53.                 actiontarget.setText("Sign in button pressed");
54.             }
55.         });
56.         Scene scene = new Scene(grid, 300, 275);
57.         primaryStage.setScene(scene);
58.         primaryStage.show();
59.     }
60.     public static void main(String[ ] args) {
61.         launch(args);
62.     }
63. }
```

【运行结果】

执行结果如图 15.14 所示。

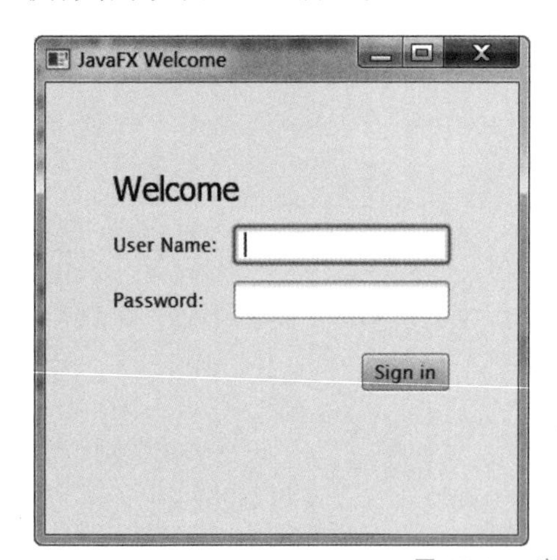

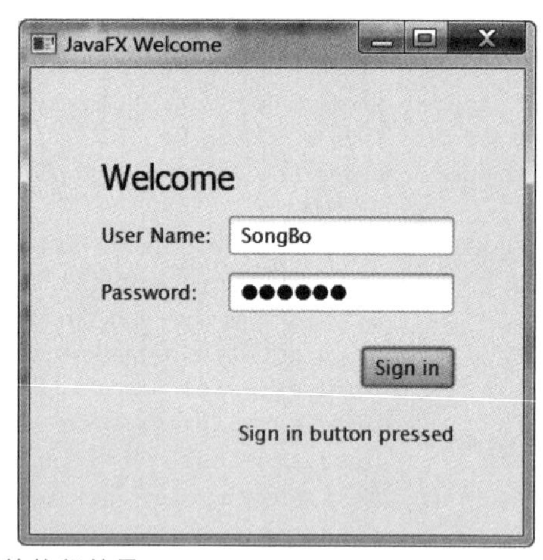

图 15.14　案例的执行结果

【分析讨论】

- 该案例导入了 18 个包,其中,javafx.application 包包含 Application 类;javafx.event.ActionEvent 包表示某种行为的事件,该事件类型广泛用于表示各种情况,例如按钮何时触发、关键帧何时完成以及其他类似用法;javafx.event.EventHandler 是一个函数接口,可以用作 lambda 表达式或方法引用的赋值;javafx.geometry.HPos.RIGHT 提供一组二维类,用于定义和执行与二维几何图形相关的对象上的操作;

javafx.geometry.Insets 提供矩形区域 4 条边的一组内部偏移量；javafx.geometry.Pos 用于描述垂直和水平定位和对齐的一组值；javafx.scene 包包含 Scene 类；javafx.stage 包包含 Stage 类。

- 第 20 句创建了程序类 Ligin，它扩展了 Application 类，所有的 JavaFX 程序必须派生自 Application 类。
- 程序启动后，JavaFX 运行时系统首先调用 init()方法。当然，如果不需要初始化，就没必要重写 init()方法。注意，init()方法不能用于创建 GUI 的舞台和场景部分，它们是由 start()方法构造和显示的。当 init()方法完成后，star()方法开始执行。在这里创建最初的场景，并将其设置给主舞台。
  - 首先，start()方法有一个 Stage 类型的形式参数。当调用 start()方法时，这个形式参数将接受对程序主舞台的引用，程序的场景将被设置给这个舞台。
  - 第 57 句构造了一个场景(Scene)实例对象，并指定了宽度和高度；第 58 句把场景设置为舞台的场景，第 59 句把场景在舞台上显示出来。也就是说，show()方法显示了舞台创建的标签、文本域、按钮和场景。
- 当关闭程序时，JavaFX 将会调用 stop()方法将窗口从屏幕上移除。另外，如果程序不需要处理任何关闭动作，就不必重写 stop()方法，因为它有系统的默认实现。

15.11 本章小结

JavaFX 提供了一个强大、流线化且灵活的框架，简化了 GUI 开发。JavaFX 的出现是为了取代 Swing，并定位于未来的开发平台。预计在未来几年中，JavaFX 将会逐渐取代 Swing，并应用到新的项目中，因此，Java 程序员都应该重视 JavaFX 的应用开发。

第 16 章 JavaFX 图表应用开发

图表是许多业务应用的重要方面。JavaFX 平台包含一个用于创建图表的 API。因为图表是一个节点,所以就可以将图表与 JavaFX 应用的其他部分集成在一起。图表是 JavaFX 业务应用不可或缺的一部分。Chart API 包含许多方法,允许开发人员更改图表的外观以及数据,使其成为一个易于扩展且灵活的 API,而且这些设置的默认值非常合理,只需要几行代码,就可以将图表与自定义的应用进行集成。JavaFX 9 中的图表 API 有 8 个具体的实现,可供开发人员使用。除此之外,开发人员还可以通过扩展一个抽象类添加自己的实现。

16.1 JavaFX 图表 API 的结构 

现实世界中存在着不同类型的图表,并且有多种方法可以对其进行分类。JavaFX 图表 API 分为双轴图表和无轴图表。JavaFX 9 包含一个无轴图表的实现,即 PieChart。许多双轴图表都扩展了抽象的 XYChart 类,如图 16.1 所示。

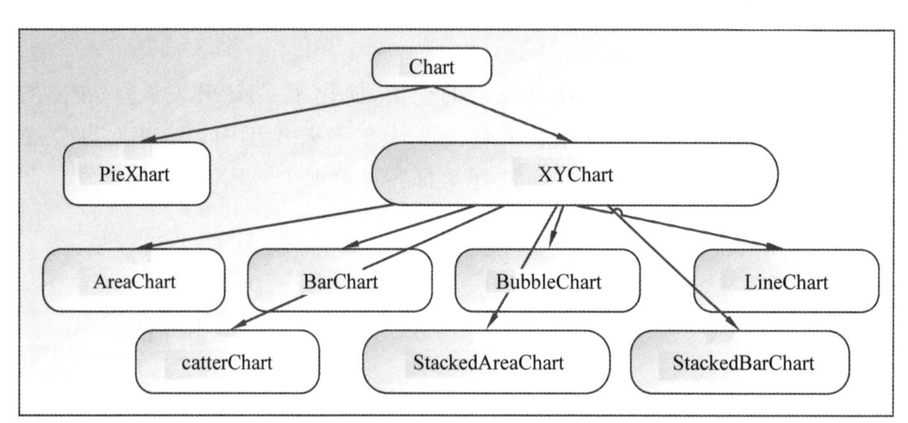

图 16.1 JavaFX Chart API 的结构

图表由三部分组成:标题、图例和内容。内容针对图表的每个实现都是特定的,但图例和标题的概念在各个实现中是相似的。因此,Chart 类有许多属性以及相应的 getter()和 setter()方法,并允许对这些概念进行操作。Chart 类在 JavaDoc 中定义了如下属性:

```
BooleanProperty animated;
ObjectProperty<Node> legend;
BooleanProperty legendVisible;
ObjectProperty<Side> legendSide;
StringProperty title;
ObjectProperty<Side> titleSide;
```

接下来的示例中使用了其中一些属性,也展示了即使没有设置这些属性的值,图表 API 也允许创建图表。因为图表扩展了区域、父节点和节点,所以这些表上可用的所有属性和方法也可以用在图表上。其中的一个好处是，相同的 CSS 样式技术用于向 JavaFX 节点添加样式信息，同样也适用于 JavaFX 图表。JavaFX CSS 参考指南(http://download.java.net/jdk8/jfx docs/javafx/Scene/doc/File/cssref.html)中包含可由设计师和开发者更改的 CSS 属性概述。在默认情况下，JavaFX 9 运行时所附带的样式表同样适用于 JavaFX 图表。有关在 JavaFX 图表中使用 CSS 样式的更多信息，请参阅 Oracle 官网的图表教程。

16.2　使用 JavaFX PieChart

饼图以典型的饼状结构呈现信息，其中切片的大小与数据的值成比例。在深入探讨细节之前，先展示一个使用 PieChart 的应用。

1. PieChart 示例

下面的示例显示了基于 2017 年 4 月 TIOBE 指数的多种编程语言的“市场占有率”。TIOBE 编程社区索引可在 https://www.tiobe.com/tiobe 上查询，它提供了基于搜索引擎流量的编程语言流行程度排行。2017 年 4 月的排名截图如图 16.2 所示。

Apr 2017	Apr 2016	Change	Programming Language	Ratings	Change
1	1		Java	15.568%	-5.28%
2	2		C	6.966%	-6.94%
3	3		C++	4.554%	-1.36%
4	4		C#	3.579%	-0.22%
5	5		Python	3.457%	+0.13%
6	6		PHP	3.376%	+0.38%
7	10	↑	Visual Basic .NET	3.251%	+0.98%
8	7	↓	JavaScript	2.851%	+0.28%
9	11	↑	Delphi/Object Pascal	2.816%	+0.60%
10	8	↓	Perl	2.413%	-0.11%
11	9	↓	Ruby	2.310%	-0.04%
12	15	↑	Swift	2.287%	+0.81%
13	12	↓	Assembly language	2.168%	-0.03%
14	13	↓	Objective-C	2.163%	+0.45%
15	18	↑	R	2.138%	+0.87%
16	14	↓	Visual Basic	2.058%	+0.45%
17	16	↓	MATLAB	2.045%	+0.70%
18	44	⇈	Go	1.974%	+1.73%
19	24	⇈	Scratch	1.668%	+0.86%
20	17	↓	PL/SQL	1.619%	+0.30%

图 16.2　2017 年 4 月 TIOBE 编程社区排行榜

【例 16.1】　将 TIOBE 排行榜用饼图形式呈现。

```
package com.projavafx.charts ;
import javafx.application.Application;
```

```
import javafx.collections.FXCollections;
import javafx.collections.ObservableList;
import javafx.scene.Scene;
import javafx.scene.chart.PieChart;
import javafx.scene.layout.StackPane;
import javafx.stage.Stage;
public class ChartApp1 extends Application {
    @Override
    public void start(Stage primaryStage) {
        PieChart pieChart = new PieChart();
        pieChart.setData(getChartData());
        primaryStage.setTitle("PieChart");
        StackPane root = new StackPane();
        root.getChildren().add(pieChart);
        primaryStage.setScene(new Scene(root, 400, 250));
        primaryStage.show();
    }
    private ObservableList<PieChart.Data> getChartData() {
        ObservableList<PieChart.Data> answer = FXCollections.
observableArrayList();
        answer.addAll(new PieChart.Data("java", 15.57), new PieChart.Data("C",
6.97), new PieChart.Data ("C++", 4.55), new PieChart.Data ("C#", 3.58), new
PieChart.Data("Python", 3.45), new PieChart.Data ("PHP", 3.38), new PieChart.
Data("Visual Basic .NET", 3.25));
        return answer;
    }
    public static void main(String[ ] args) {
        launch(args);
    }
}
```

【运行结果】

该示例的运行结果如图 16.3 所示。

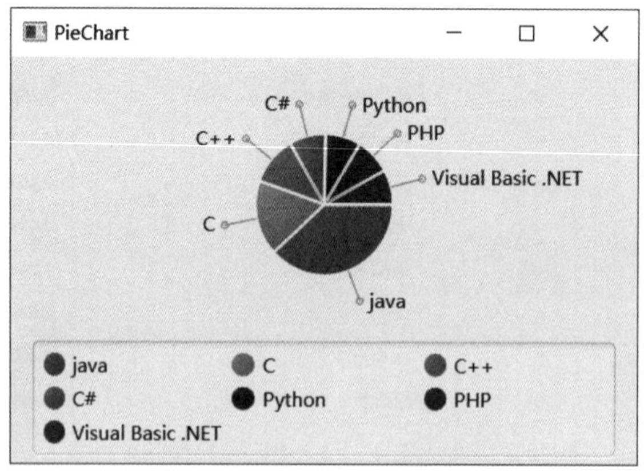

图 16.3　ChartApp1 的运行结果

【分析讨论】

- 首先,设置应用程序、舞台和场景所需的代码;然后,PieChart 扩展了节点,可以将其添加到场景图中。

- start()方法中的前两行代码创建了 PieChart,并向其中添加了所需的数据：
  - PieChart pieChart = new PieChart();
  - pieChart.setData(getChartData());
- 数据类型为 ObservableList<PieChart.Data>是从 getChartData()方法获得的，在示例中，它包含静态数据。例如，getChartData()方法的返回类型所指定的是静态数据，返回的数据是 PieChart 的 ObservableList.Data，是 PieChart 的一个嵌套类，它包含绘制饼图一部分所需的信息。
- Data()有一个构造方法，该构造方法采用切片的名称及其值。使用这个构造方法进行创建会包含编程语言的名称及其在 TIOBE 排行榜中的名次。
  - new PieChart.Data("java", 15.57);
- 然后，将这些数据元素添加到 ObservableList<PieChart.Data>中并返回。

2. 完善 PieChart 示例

虽然这个示例的结果看起来不错，但仍然可以进行代码调整和渲染。

(1) 该示例使用以下两行代码创建 PieChart 并用数据填充：

```
PieChart pieChart = new PieChart();
pieChart.setData(getChartData());
```

因为 PieChart 也有一个单参数的构造方法，所以上述代码片段可以按照如下方式进行替换。

```
PieChart pieChart = new PieChart(getChartData());
```

除了抽象图表类定义的属性外，PieChart 还具有以下属性。

```
BooleanProperty clockwise
ObjectProperty<ObservableList<PieChart.Data>> data
DoubleProperty labelLineLength
BooleanProperty labelsVisible
DoubleProperty startAngle
```

例 16-2 包含 start()方法的修改版本。

【例 16-2】 例 16-1 的修改版。

```
public void start(Stage primaryStage) {
    PieChart pieChart = new PieChart();
    pieChart.setData(getChartData());
    pieChart.setTitle("Tiobe index");
    pieChart.setLegendSide(Side.LEFT);
    pieChart.setClockwise(false);
    pieChart.setLabelsVisible(false);
    primaryStage.setTitle("PieChart");
    StackPane root = new StackPane();
    root.getChildren().add(pieChart);
    primaryStage.setScene(new Scene(root, 400, 250));
    primaryStage.show();
}
```

因为这里使用了侧边，所以在新代码的左字段中必须导入 Side 类，这是通过在代码的导入块中添加以下代码完成的。

```
import javafx.geometry.Side;
```

【运行结果】

运行这个修改后的版本会得到修改后的输出,如图 16.4 所示。

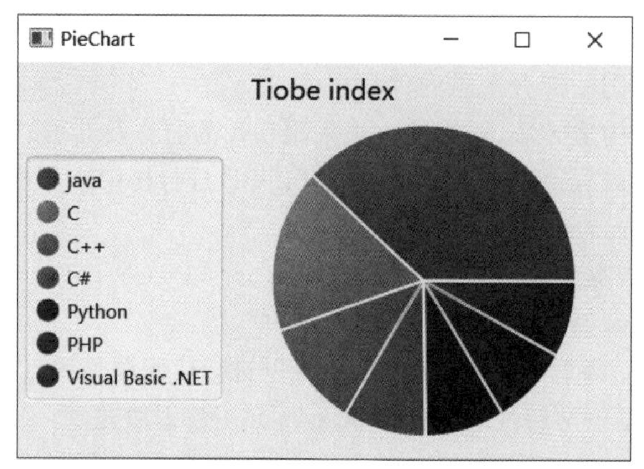

图 16.4 修改后的 ChartApp1 的运行结果

更改几行代码就会导致输出看起来非常不同。下面将详细阐述例 16-2 中所做的更改。

(1) 在图表中添加了一个标题,这是通过下列语句实现的:

```
pieChart.setTitle("Tiobe index");
```

或者使用下列语句:

```
pieChart.titleProperty().set("Tiobe index");
```

这两种方法的结果相同。注意,接下来的修改也可以使用相同的模式来完成。这里只使用了 setter()方法,但很容易用基于属性的方法替换。

(2) 修改后的示例中的下一行代码更改了图例的位置:

```
pieChart.setLegendSide(Side.LEFT);
```

如果未指定 legendSide,图例将显示在图表下方的默认位置。标题和 legendSide 都是属于抽象图表类的属性。因此,它们可以设置在任何图表上。修改后的示例中的下一行修改了特定于 PieChart 的属性:

```
pieChart.setClockwise(false);
```

(3) 在默认情况下,PieChart 中的切片是顺时针渲染的。通过将此属性设置为 false,切片将逆时针渲染,并且禁止在图表中显示标签。标签仍显示在图例中,但它们不再指向各个切片,这是通过以下代码实现的:

```
pieChart.setLabelsVisible(false);
```

(4) 从 Java 代码中删除布局更改,并添加一个包含一些布局说明的样式表。例 16-3 显示了 start()方法的修改代码,例 16-4 包含添加的样式表。

【例 16-3】 移除布局指令。

```
public void start(Stage primaryStage) {
    PieChart pieChart = new PieChart();
    pieChart.setData(getChartData());
    pieChart.titleProperty().set("Tiobe index");
    primaryStage.setTitle("PieChart");
    StackPane root = new StackPane();
    root.getChildren().add(pieChart);
    Scene scene = new Scene (root, 400, 250);
    scene.getStylesheets().add("/chartappstyle.css");
    primaryStage.setScene(scene);
    primaryStage.show();
}
```

【例 16-4】 饼图示例的样式表。

```
.chart {
-fx-clockwise: false;
-fx-pie-label-visible: true;
-fx-label-line-length: 5;
-fx-start-angle: 90;
-fx-legend-side: right;
}
.chart-pie-label {
-fx-font-size:9px;
}
.chart-content {
-fx-padding:1;
}
.default-color0.chart-pie {
-fx-pie-color:blue;
}
```

【运行结果】

经过上述修改后的 ChartApp1 的运行结果如图 16.5 所示。

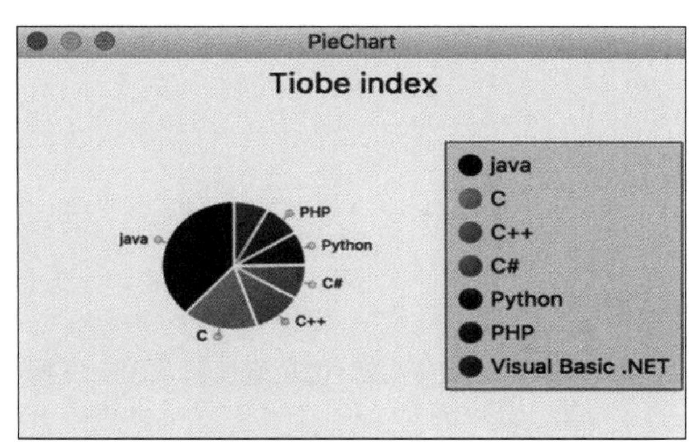

图 16.5 应用 CSS 后的 ChartApp1 的运行结果

现在回顾一下我们所做的改变。在详细讨论各个更改之前，先展示如何将 CSS 包含在应用程序中，这是通过将样式表添加到场景中实现的，实现语句如下：

```
scene.getStylesheets().add("/chartappstyle.css");
```

在运行时,样式表文件必须包含在 classpsath 环境变量设置的值中,并且设置 Clockwise 为 false。

```
pieChart.setClockwise(false)
```

从例 16-3 的代码中删除这一行,在样式表中的 chart 类上定义-fx 顺时针属性:

```
.chart {
    -fx-clockwise: false;
    -fx-pie-label-visible: true;
    -fx-label-line-length: 5;
    -fx-start-angle: 90;
    -fx-legend-side: right;
}
```

同样地,在图表类的定义中,通过将-fx-pie-label-visible 属性设置为 true,使饼图上的标签可见,并将每个标签的线条长度指定为 5。此外,将整个饼图旋转 90 度是通过定义-fx start- angle 属性实现的。标签现在在样式表中定义,通过省略以下行从代码中删除相应的定义:

```
pieChart.setLabelsVisible(false)
```

为了确保图例显示在图表的右侧,指定-fx-legend-side 属性。默认情况下,PieChart 使用 caspian 样式表中定义的默认颜色。第一个切片用 default-color0 填充,第二个切片用 default-color1 填充,以此类推。更改不同切片颜色的最简单方法是覆盖默认颜色的定义。在样式表中,这是通过如下语句实现的:

```
.default-color0.chart-pie {
    -fx-pie-color: blue;
}
```

其他切片也可以这样做。如果在没有 CSS 其他部分的情况下运行该示例,会发现图表本身非常小,标签占用了太多的空间。因此,修改标签的字体大小,代码如下:

```
.chart-pie-label {
    -fx-font-size:9px;
}
```

此外,还减少了图表区域中的填充:

```
.chart-content {
    -fx-padding:1;
}
```

最后,改变背景颜色和边框颜色以及宽度,这是通过覆盖图表图例类实现的,代码如下:

```
.chart-legend {
    -fx-background-color: #f0e68c;
    -fx-border-color: #696969;
    -fx-border-width:1;
}
```

16.3 使用 XYChart

XYChart 类是一个抽象类,有 7 个直接已知的子类。这些类与 PieChart 类的区别在于,XYChart 有两个轴和可选的 alternativeColumn 或 alternativeRow,这将转换为 XYChart 上的附加属性列表：

```
BooleanProperty alternativeColumnFillVisible
BooleanProperty alternativeRowFillVisible
ObjectProperty<ObservableList<XYChart.Series<X,Y>>> data
BooleanProperty horizontalGridLinesVisible
BooleanProperty horizontalZeroLineVisible
BooleanProperty verticalGridLinesVisible
BooleanProperty verticalZeroLineVisible
```

XYChart 中的数据按顺序排列。这些系列的渲染方式是特定于 XYChart 子类的实现。通常,一个系列中的单个元素包含多个对。以下示例使用 3 种编程语言的市场份额的假设,预测 Java、C 和 C++ 的 TIOBE 排行,并添加随机值。Java 的结果(年份、数字)对构成了 Java 系列,C 和 C++ 也是如此。因此有 3 个系列,每个系列包含 10 对。

PieChart 和 XYChart 的主要区别在于 XYChart 中存在 x 轴和 y 轴。创建 XYChart 时需要这些轴,这可以从如下构造方法中观察到：

```
XYChart (Axis<X> xAxis, Axis<Y> yAxis)
```

Axis 类是一个抽象类扩展区域(也扩展父类和节点),包含两个子类：CategoryAxis 和 ValueAxis。CategoryAxis 用于呈现字符串格式的标签,这从类定义中可以看出：

```
public class CategoryAxis extends Axis<java.lang.String>
```

ValueAxis 用于呈现表示数字的数据条目,它本身就是一个抽象类,定义如下：

```
public abstract class ValueAxis <T extends java.lang.Number> extends Axis<T>
```

ValueAxis 类有一个具体的子类,即 NumberAxis：

```
public final class NumberAxis extends ValueAxis<java.lang.Number>
```

下面展示一些不同 XYChart 实现的示例。

注意,因为 Axis 类扩展了区域,所以它们允许应用于任何其他区域相同的 CSS 元素,还允许应用于高度定制的轴实例。

【例 16-5】 散点图的实现。

```
package com.projavafx ;
import javafx.application.Application;
import javafx.collections.FXCollections;
import javafx.collections.ObservableList;
import javafx.scene.Scene;
import javafx.scene.chart.NumberAxis;
import javafx.scene.chart.ScatterChart;
import javafx.scene.chart.XYChart;
import javafx.scene.chart.XYChart.Series;
```

```
import javafx.scene.layout.StackPane;
import javafx.stage.Stage;
public class ChartApp3 extends Application {
    public static void main(String[ ] args) {
        launch(args);          }
    @Override
    public void start(Stage primaryStage) {
        NumberAxis xAxis = new NumberAxis();
        NumberAxis yAxis = new NumberAxis();
        ScatterChart scatterChart = new ScatterChart(xAxis, yAxis);
        scatterChart.setData(getChartData());
        primaryStage.setTitle("ScatterChart");
        StackPane root = new StackPane();
        root.getChildren().add(scatterChart);
        primaryStage.setScene(new Scene(root, 400, 250));
        primaryStage.show();
    }
    private ObservableList<XYChart.Series<Integer, Double>> getChartData() {
        double javaValue = 15.57;
        double cValue = 6.97;
        double cppValue = 4.55;
        ObservableList<XYChart.Series<Integer, Double>> answer = FXCollections.
observableArrayList();
        Series<Integer, Double> java = new Series<>();
        Series<Integer, Double> c = new Series<>();
        Series<Integer, Double> cpp = new Series<>();
        for (int i = 2017; i < 2027; i++) {
            java.getData().add(new XYChart.Data(i, javaValue));
            javaValue = javaValue + 4 * Math.random() - 2;
            c.getData().add(new XYChart.Data(i, cValue));
            cValue = cValue + Math.random() - .5;
            cpp.getData().add(new XYChart.Data(i, cppValue));
            cppValue = cppValue + 4 * Math.random() - 2;
        }
        answer.addAll(java, c, cpp);
        return answer;
    }
}
```

【运行结果】

运行结果如图 16.6 所示。

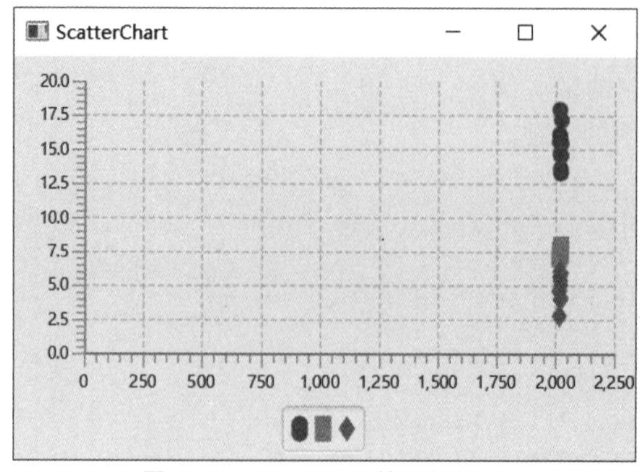

图 16.6　ChartApp3 的运行结果

虽然图表显示了所需的信息，但是可读性不强。需要添加一些增强功能，与 PieChart 示例类似，创建一个单独的方法来获取数据，原因是在现实世界的应用程序中不太可能有静态数据。通过隔离数据使得更改获取数据的方式更容易。单个数据点由 XYChart 实例定义，其中的参数具有以下定义。

```
i: Integer, representing a specific year (between 2017 and 2026)
d: Double, representing the hypothetical TIOBE index for the particular series in
the year specified by I
```

单个数据点由 XYChart 实例定义——数据＜Integer，Double＞表示使用的是一张图表。

XYChart.Series＜Integer，Double＞中的参数具有以下定义：

```
java.getData().add (...)
c.getData().add(...)
and
cpp.getData().add(...)
```

最后，所有系列都被添加到 ObservableList＜XYChart.Series＜Integer，Double＞＞中并返回。应用程序的 start()方法包含创建和呈现散点图以及使用从 getChartData()方法获得的数据填充散点图所需的功能。

如前所述，可以在 PieChart 中使用不同的模式。示例中使用了 JavaBeans 模式，也可以使用属性。

要创建散点图，需要创建一个 xAxis 和一个 yAxis。在第一个示例的实现中，使用了 NumberAxis 的两个实例：

```
NumberAxis xAxis = new NumberAxis();
NumberAxis yAxis = new NumberAxis();
```

除了调用下面的 ScatterChart()构造方法之外，这个方法与 PieChart 并没有什么不同。

```
ScatterChart scatterChart = new ScatterChart(xAxis, yAxis);
```

16.4　改进示例的实现

观察图 16.6，首先观察到的是，一个系列中的所有数据图几乎都是渲染在彼此之上的。原因是 x 轴从 0 开始，到 2250 结束。默认情况下，NumberAxis 自动确定其范围。可以设置 autoRanging 属性为 false，并提供下限和上限的值。如果在原始示例中进行更换，则可以通过以下代码实现：

```
NumberAxis xAxis = new NumberAxis();
xAxis.setAutoRanging(false);
xAxis.setLowerBound(2017);
xAxis.setUpperBound(2027);
```

运行结果如图 16.7 所示。

可以向 XYChart 的 3 个实例添加名称，也可以向图例节点中的符号添加标签。getChartData()方法的相关部分变为：

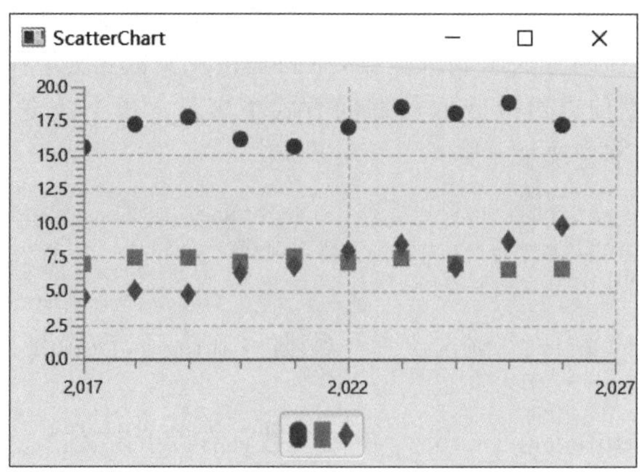

图 16.7 改进后的 ChartApp3 的运行结果 1

```
Series<Integer, Double> java = new Series<>();
Series<Integer, Double> c = new Series<>();
Series<Integer, Double> cpp = new Series<>();
java.setName("java");
c.setName("C");
cpp.setName("C++");
```

运行结果如图 16.8 所示。

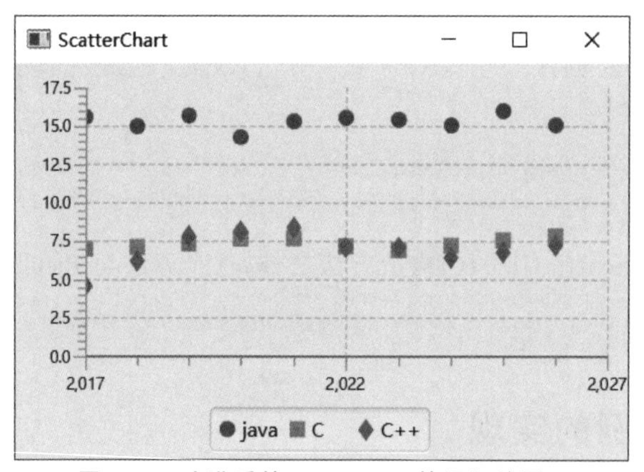

图 16.8 改进后的 ChartApp3 的运行结果 2

目前为止,用数字 X 表示 X。因为年份可以用数字表示,这是有效的。由于不对年份进行任何数字运算,而且连续数据之间的间隔始终为一年,因此也可以使用字符串值来表示此信息。现在修改代码以使用 xAxis 的 CategoryAxis。将 xAxis 从 NumberAxis 更改为 CategoryAxis 还意味着 getChartData()方法应该返回 ObservableList<XYChart.Series<String, Double>>,这意味着单个系列中的不同元素应该具有 XYChart 类型——数据<String,Double>。在例 16-6 中,原始代码已被修改为使用 CategoryAxis。

【例 16-6】 使用 CategoryAxis 替代 NumberAxis 作为横轴。

```
package projavafx;
import javafx.application.Application;
import javafx.collections.FXCollections;
```

```
import javafx.collections.ObservableList;
import javafx.scene.Scene;
import javafx.scene.chart.CategoryAxis;
import javafx.scene.chart.NumberAxis;
import javafx.scene.chart.ScatterChart;
import javafx.scene.chart.XYChart;
import javafx.scene.chart.XYChart.Series;
import javafx.scene.layout.StackPane;
import javafx.stage.Stage;
public class ChartApp4 extends Application {
    public static void main(String[ ] args) {
        launch(args);
    }
    @Override
    public void start(Stage primaryStage) {
        CategoryAxis xAxis = new CategoryAxis();
        NumberAxis yAxis = new NumberAxis();
        ScatterChart scatterChart = new ScatterChart(xAxis, yAxis);
        scatterChart.setData(getChartData());
        scatterChart.setTitle("speculations");
        primaryStage.setTitle("ScatterChart example");
        StackPane root = new StackPane();
        root.getChildren().add(scatterChart);
        primaryStage.setScene(new Scene(root, 400, 250));
        primaryStage.show();
    }
    private ObservableList<XYChart.Series<String, Double>> getChartData() {
        double javaValue = 15.57;
        double cValue = 6.97;
        double cppValue = 4.55;
        ObservableList<XYChart.Series<String, Double>> answer = FXCollections.
observableArrayList();
        Series<String, Double> java = new Series<>();
        Series<String, Double> c = new Series<>();
        Series<String, Double> cpp = new Series<>();
        java.setName("java");
        c.setName("C");
        cpp.setName("C++");
        for (int i = 2017; i < 2027; i++) {
            java.getData().add(new XYChart.Data(Integer.toString(i), javaValue));
            javaValue = javaValue + 4 * Math.random() - .2;
            c.getData().add(new XYChart.Data(Integer.toString(i), cValue));
            cValue = cValue + 4 * Math.random() - 2;
            cpp.getData().add(new XYChart.Data(Integer.toString(i), cppValue));
            cppValue = cppValue + 4 * Math.random() - 2;
        }
        answer.addAll(java, c, cpp);
        return answer;
    }
}
```

【运行结果】

运行结果如图 16.9 所示。

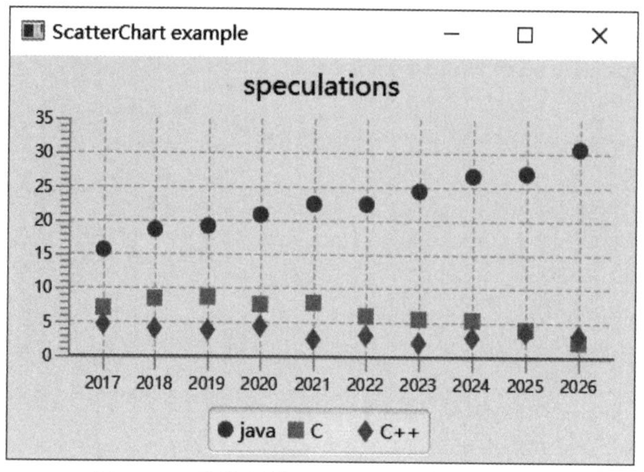

图 16.9　改进后的 ChartApp4 的运行结果

16.5　使用 LineChart

上一节中的示例中的数据条目用单点或符号表示。通常情况下,人们希望用一条线将点连接起来,因为这有助于看到趋势。JavaFX 折线图非常适合这种情况。线形图的 API 与散点图的 API 有许多相同的方法。事实上,可以重用例 16-6 中的大部分代码,只需将散点图替换为折线图即可。由于数据仍然完全相同,所以只在例 16-7 中显示新的 start() 方法。

【例 16-7】　使用折线图替代散点图。

```
public void start(Stage primaryStage) {
    CategoryAxis xAxis = new CategoryAxis();
    NumberAxis yAxis = new NumberAxis();
    LineChart lineChart = new LineChart(xAxis, yAxis);
    lineChart.setData(getChartData());
    lineChart.setTitle("speculations");
    primaryStage.setTitle("LineChart example");
    StackPane root = new StackPane();
    root.getChildren().add(lineChart);
    primaryStage.setScene(new Scene(root, 400, 250));
    primaryStage.show();
}
```

【运行结果】

运行结果如图 16.10 所示。散点图的大部分功能也可用于折线图。使用折线图可以更改图例的位置、添加或删除标题。

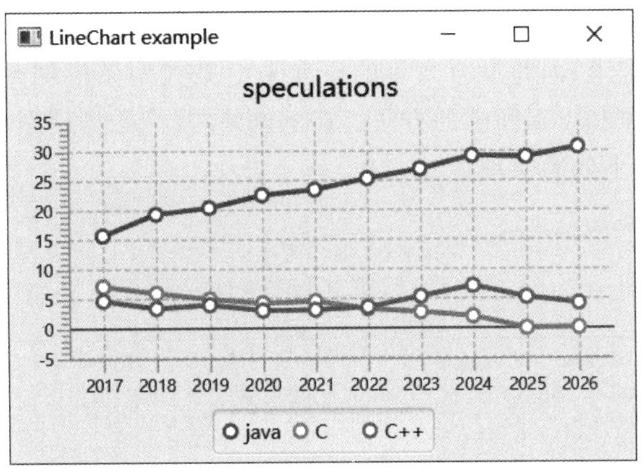

图 16.10 使用 LineChart 的 ChartApp4 的运行结果

16.6 使用 BarChart

柱状图能够呈现与散点图和折线图相同的数据，柱状图需要 CategoryAxis 作为 x 轴，这是因为已经修改了 getChartData()方法以返回包含 XYChart 的可观察列表。

【例 16-8】 使用柱状图替代散点图。

```
public void start(Stage primaryStage) {
    CategoryAxis xAxis = new CategoryAxis();
    NumberAxis yAxis = new NumberAxis();
    BarChart barChart = new BarChart(xAxis, yAxis);
    barChart.setData(getChartData());
    barChart.setTitle("speculations");
    primaryStage.setTitle("BarChart example");
    StackPane root = new StackPane();
    root.getChildren().add(barChart);
    primaryStage.setScene(new Scene(root, 400, 250));
    primaryStage.show();
}
```

下面把 JavaFX 的“import javafx. scene. chart. ScatterChart;”语句替换成“import javafx.scene.chart. BarChart;”，再次构建应用程序并运行，运行结果如图 16.11 所示。

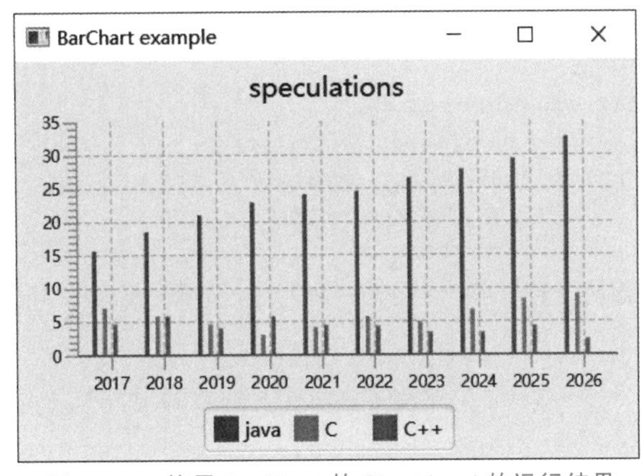

图 16.11 使用 BarChart 的 ChartApp4 的运行结果

虽然结果确实显示了每年的数值之间的差异,但并不是十分清楚,因为界限相当小。由于总场景宽度为 400 像素,因此没有太多的空间来渲染大型条形图。但是,柱状图 API 包含定义柱状图内部间隙和类别间隙的方法。在示例中,我们希望柱形之间的间隙更小,例如一个像素,可以通过以下代码实现:

```
barChart.setBarGap(1);
```

将这行代码添加到 start()方法,然后重新运行程序,运行结果如图 16.12 所示。

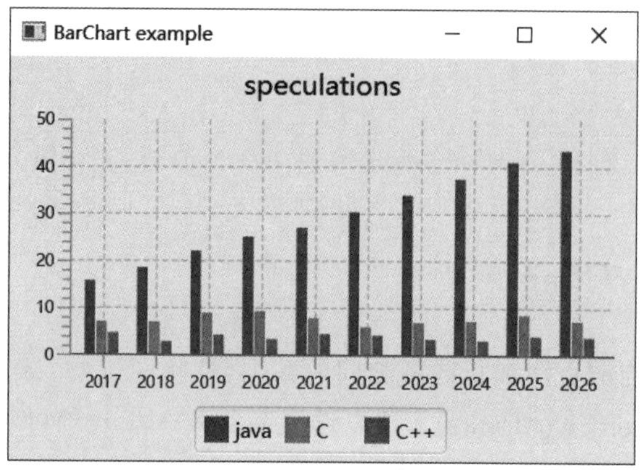

图 16.12　使用 BarChart 的 ChartApp4 的运行结果

显然,这一行代码会导致可读性上的巨大差异。

16.7　使用 StackedBarChart

StackedBarChart 是在 JavaFX 2.1 中新增的功能。StackedBarChart 以柱状图的形式显示数据,但是 StackedBarChart 显示的不是相邻的同一类别的柱状图,而是同一类别内的相互重叠。通常,类别与数据系列中的公共键值相对应。因此,在示例中,不同年份可以被视为类别,可以加上这些 x 轴的分类,代码如下:

```
IntStream.range(2017, 2026).forEach(t -> xAxis.getCategories().add(String.
valueOf(t)));
```

除此之外,唯一的不同是在代码和 import 语句中用 StackedBarChart 替换了柱状图。

【例 16-9】　使用堆叠条形图替代散点图。

```
public void start(Stage primaryStage) {
    CategoryAxis xAxis = new CategoryAxis();
    IntStream.range(2017,2026).forEach(t -> xAxis.getCategories().add(String.
valueOf(t)));
    NumberAxis yAxis = new NumberAxis();
    StackedBarChart stackedBarChart = new StackedBarChart(xAxis, yAxis,
getChartData());
    stackedBarChart.setTitle("speculations");
    primaryStage.setTitle("StackedBarChart example");
```

```
    StackPane root = new StackPane();
    root.getChildren().add(stackedBarChart);
    Scene scene = new Scene(root, 400, 250);
    primaryStage.setScene(scene);
    primaryStage.show();
}
```

16.8 使用 AreaChart

在某些情况下,填充连接点的线下的区域是有意义的。虽然呈现的数据与折线图相同,结果看起来却不同。例 16-10 中包含修改后的 start()方法,该方法使用面积图而不是原始的散点图。与前面的修改一样,并没有更改 getChartData()方法,如图 16.13 所示。

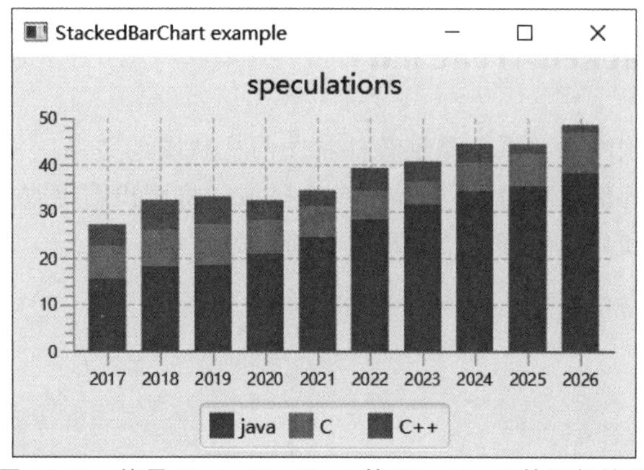

图 16.13 使用 StackedBarChart 的 ChartApp4 的运行结果

【例 16-10】 使用面积图替代散点图。

```
public void start(Stage primaryStage) {
    CategoryAxis xAxis = new CategoryAxis();
    NumberAxis yAxis = new NumberAxis();
    AreaChart areaChart = new AreaChart(xAxis, yAxis);
    areaChart.setData(getChartData());
    areaChart.setTitle("speculations");
    primaryStage.setTitle("AreaChart example");
    StackPane root = new StackPane();
    root.getChildren().add(areaChart);
    primaryStage.setScene(new Scene(root, 400, 250));
    primaryStage.show();
}
```

【运行结果】

运行结果如图 16.14 所示。

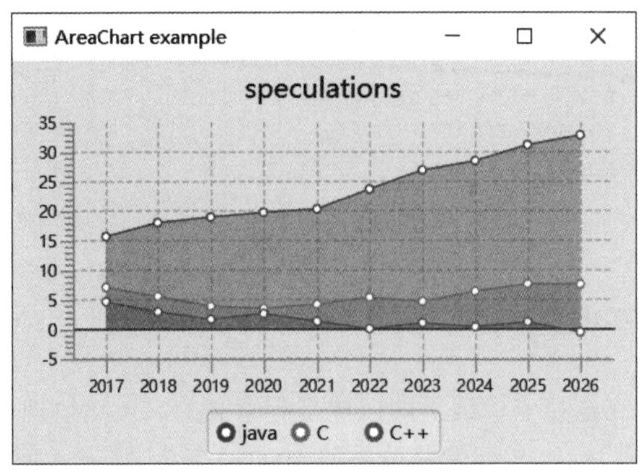

图 16.14　使用 AreaChart 的 ChartApp4 的运行结果

16.9　使用 StackedAreaChart

堆叠柱状图与面积图的关系就像堆叠柱状图与柱状图的关系一样。StackedAreaChart 始终显示特定类别中的值之和,而不是显示单个区域。将面积图更改为 StackedAreaChart,只需要更改一行代码和相应的导入语句即可。将下列语句:

```
AreaChart areaChart = new AreaChart(xAxis, yAxis);
```

替换成:

```
StackedAreaChart areaChart = new StackedAreaChart(xAxis, yAxis);
```

运行结果如图 16.15 所示。

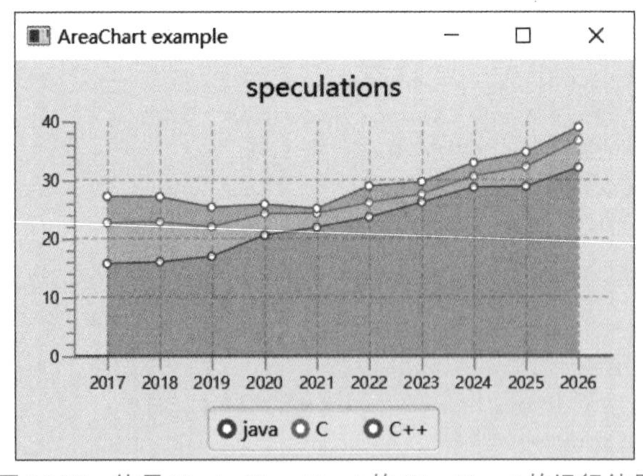

图 16.15　使用 StackedAreaChart 的 ChartApp4 的运行结果

16.10　使用 BubbleChart

XYChart 的最后一个实现是一个特殊的实现。BubbleChart 不包含在 XYChart 类中,但它是当前 JavaFX 图表 API 中唯一直接使用 XYChart 上的附加参数的数据类。

首先，修改例 16-6 中的代码，使用 BubbleChart 代替散点图。因为默认情况下，当 X 轴上的跨度与 Y 轴上的跨度大不相同时，气泡会被拉伸，这里不使用年，而是使用十分之一年作为 X 轴上的值。这样，就有了 100 个单元的跨度(10 年)与 Y 轴上约 30 个单元的跨度，因此，气泡呈现相对圆形。例 16-11 包含呈现 BubbleChart 的代码。

【例 16-11】 使用气泡图。

```
package com.projavafx.charts;
import javafx.application.Application;
import javafx.collections.FXCollections;
import javafx.collections.ObservableList;
import javafx.scene.Scene;
import javafx.scene.chart.*;
import javafx.scene.chart.XYChart.Series;
import javafx.scene.layout.StackPane;
import javafx.stage.Stage;
import javafx.util.StringConverter;
public class ChartApp5 extends Application {
    public static void main(String[ ] args) {
        launch(args);
    }
    @Override
    public void start(Stage primaryStage) {
        NumberAxis xAxis = new NumberAxis();
        NumberAxis yAxis = new NumberAxis();
        yAxis.setAutoRanging(false);
        yAxis.setLowerBound(0);
        yAxis.setUpperBound(30);
        xAxis.setAutoRanging(false);
        xAxis.setAutoRanging(false);
        xAxis.setLowerBound(20170);
        xAxis.setUpperBound(20261);
        xAxis.setTickUnit(10);
        xAxis.setTickLabelFormatter(new StringConverter<Number>() {
            @Override
            public String toString(Number n) {
                return String.valueOf(n.intValue() / 10);
            }
            @Override
            public Number fromString(String s) {
                return Integer.valueOf(s) * 10;
            }
        });
        BubbleChart bubbleChart = new BubbleChart(xAxis, yAxis);
        bubbleChart.setData(getChartData());
        bubbleChart.setTitle("Speculations");
        primaryStage.setTitle("BubbleChart example");
        StackPane root = new StackPane();
        root.getChildren().add(bubbleChart);
        primaryStage.setScene(new Scene(root, 400, 250));
        primaryStage.show();
    }
    private ObservableList<XYChart.Series<Integer, Double>> getChartData() {
```

```
        double javaValue = 15.57;
        double cValue = 6.97;
        double cppValue = 4.55;
        ObservableList<XYChart.Series<Integer, Double>> answer = FXCollections.
observableArrayList();
        Series<Integer, Double> java = new Series<>();
        Series<Integer, Double> c = new Series<>();
        Series<Integer, Double> cpp = new Series<>();
        java.setName("java");
        c.setName("C");
        cpp.setName("C++");
        for (int i = 20170; i < 20260; i = i + 10) {
            double diff = Math.random();
            java.getData().add(new XYChart.Data(i, javaValue));
            javaValue = Math.max(javaValue + 2 * diff - 1, 0);
            diff = Math.random();
            c.getData().add(new XYChart.Data(i, cValue));
            cValue = Math.max(cValue + 2 * diff - 1, 0);
            diff = Math.random();
            cpp.getData().add(new XYChart.Data(i, cppValue));
            cppValue = Math.max(cppValue + 2 * diff - 1, 0);
        }
        answer.addAll(java, c, cpp);
        return answer;
    }
}
```

X 轴的范围为从 2017 年到 2026 年,但是如果想要展示轴心的年份,可以使用以下调用:

```
xAxis.setTickLabelFormatter(new StringConverter<Number>() {
    ...
}
```

这里提供的 StringConverter 将使用的数字(例如 20210)转换为字符串(例如 2021),反之亦然。这样一来,就可以使用想要的数量来计算气泡,并且可以很好地格式化标签。该示例的运行结果如图 16.16 所示。

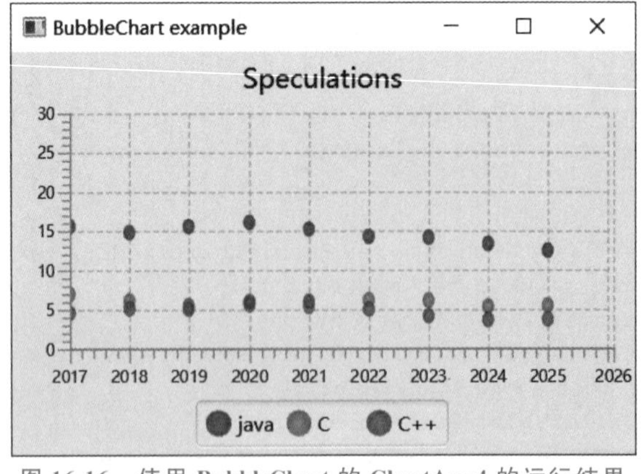

图 16.16　使用 BubbleChart 的 ChartApp4 的运行结果

现在,还没有利用 XYChart 的三参数构造方法。除了已经熟悉的两个参数构造方法以外,还有一个单个参数的构造方法:

```
XYChart.Data (X xValue, Y yValue, Object extraValue)
```

extraValue 参数可以是任何类型，允许开发人员实现自己定义的 XYChart 的子类，它利用可以包含在单个数据中的附加信息要素 BubbleChart 使用这个额外的值，以决定气泡的大小。

现在修改 getChartData()方法以使用三参数构造函数。xValue 和 yValue 参数仍然与上一个示例 8 中的相同，但现在添加了第三个参数，预示着一个即将到来的趋势。这个参数越大，下一年的上升幅度就越大。修改后的 getChartData()方法如例 16-12 所示。

【例 16-12】 使用三参数构造函数创建 XYChart.Data。

```
private ObservableList<XYChart.Series<Integer, Double>> getChartData() {
    double javaValue = 15.57;
    double cValue = 6.97;
    double cppValue = 4.55;
    ObservableList<XYChart.Series<Integer, Double>> answer = FXCollections.
observableArrayList();
    Series<Integer, Double> java = new Series<>();
    Series<Integer, Double> c = new Series<>();
    Series<Integer, Double> cpp = new Series<>();
    java.setName("java");
    c.setName("C");
    cpp.setName("C++");
    for (int i = 20170; i < 20270; i = i+10) {
        double diff = Math.random();
        java.getData().add(new XYChart.Data(i, javaValue, 2 * diff));
        javaValue = Math.max(javaValue + 2 * diff - 1,0);
        diff = Math.random();
        c.getData().add(new XYChart.Data(i, cValue,2 * diff));
        cValue = Math.max(cValue + 2 * diff - 1,0);
        diff = Math.random();
        cpp.getData().add(new XYChart.Data(i, cppValue, 2 * diff));
        cppValue = Math.max(cppValue + 2 * diff - 1,0);
    }
    answer.addAll(java, c, cpp);
    return answer;
}
```

将此方法与例 16-11 中的 start()方法集成，产生图 16.17 所示的输出。

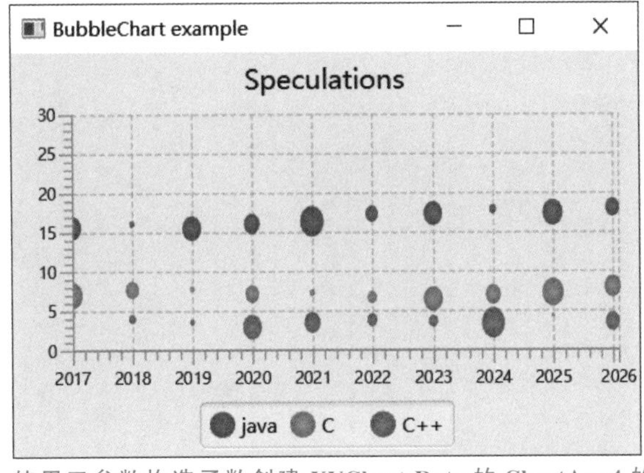

图 16.17 使用三参数构造函数创建 XYChart.Data 的 ChartApp4 的运行结果

16.11 本章小结

JavaFX 图表 API 为不同的图表类型提供了许多现成的实现。每种实现都有不同的用途,开发人员可以选择最合适的图表。通过应用 CSS 规则或使用特定于图表的方法或属性,可以修改图表,并针对特定的应用程序进行调整。如果需要更加个性化的图表,可以扩展抽象图表类,并利用该类上的现有属性。如果图表需要两个轴,则可以扩展抽象 XYChart 类。

参考文献

[1] 宋波. Java应用开发教材[M]. 北京：电子工业出版社，2002.

[2] 宋波，董晓梅. Java应用设计[M]. 北京：人民邮电出版社，2002.

[3] 宋波. Java Web应用与开发教程[M]. 北京：清华大学出版社，2006.

[4] 宋波，刘杰，杜庆东. UML面向对象技术与实践[M]. 北京：科学出版社，2006.

[5] [美]埃克尔. Java编程思想[M].4版. 陈昊鹏，译. 北京：机械工业出版社，2007.

[6] 刘斌，费冬冬，丁薇. NetBeans权威指南[M]. 北京：电子工业出版社，2008.

[7] 宋波. Java程序设计——基于JDK 6和NetBeans实现[M]. 北京：清华大学出版社，2011.

[8] 成富. 深入理解Java 7核心技术与最佳实践[M]. 北京：机械工业出版社，2012.

[9] [英]Raoul-Gabriel Urma，等. Java 8实战[M]. 北京：人民邮电出版社，2016.

[10] 千锋教育高教产品研发部. Java语言程序设计[M]. 2版. 北京：清华大学出版社，2017.

[11] [美]赫伯特·希尔德特. Java 9编程参考官方大全[M]. 10版. 北京：清华大学出版社，2018.

[12] 林信良. Java学习笔记[M]. 北京：清华大学出版社，2018.

[13] 关东升. Java编程指南[M]. 北京：清华大学出版社，2019.

[14] [美]凯·S.霍斯特曼. Java核心技术 卷Ⅰ 基础知识(原书第11版)[M]. 北京：机械工业出版社，2019.

[15] 宋波. Java程序设计——基于JDK 9和NetBeans实现[M]. 北京：清华大学出版社，2022.

图书资源支持

感谢您一直以来对清华版图书的支持和爱护。为了配合本书的使用，本书提供配套的资源，有需求的读者请扫描下方的“书圈”微信公众号二维码，在图书专区下载，也可以拨打电话或发送电子邮件咨询。

如果您在使用本书的过程中遇到了什么问题，或者有相关图书出版计划，也请您发邮件告诉我们，以便我们更好地为您服务。

我们的联系方式：

清华大学出版社计算机与信息分社网站：https://www.shuimushuhui.com/

地　　址：北京市海淀区双清路学研大厦 A 座 714

邮　　编：100084

电　　话：010-83470236　010-83470237

客服邮箱：2301891038@qq.com

QQ：2301891038（请写明您的单位和姓名）

资源下载：关注公众号“书圈”下载配套资源。

资源下载、样书申请

书圈

图书案例

清华计算机学堂

观看课程直播